Bernd Leitenberger

Mit Raumsonden zu den Planetenräumen

Die goldenen und dunklen Jahre: 1958 bis 1992

Mein besonderer Dank geht an

die beiden Korrekturleser

Joachim Uhlig

und

Mario Remler

Bernd Leitenberger

Mit Raumsonden zu den Planetenräumen

Die goldenen und dunklen Jahre: 1958-1992

Bibliografische Information der Deutschen Nationalbibliothek. Die Deutsche Nationalbibliothek verzeichnet diese Publikation in der Deutschen Nationalbibliografie; detaillierte bibliografische Daten sind im Internet über http://dnb.d-nb.de abrufbar.

http://www.raumfahrtbuecher.de
Herstellung und Verlag: BoD-Books on Demand, Norderstedt
1. Auflage 2018
ISBN-13: 978-3-74603-680-9

Vorwort

Meine Faszination für die Raumfahrt begann 1980, als ich das Planetenlexikon von Bruno Stanek las. Mich faszinierten die Aufnahmen der Viking- und Voyager-Raumsonden. Ich begann, mich näher mit diesen zu beschäftigen. Heute sind Raumsonden neben Raketen mein Hauptinteressengebiet bei der Raumfahrt. So liegt es nahe, ein Buch über sie zu schreiben. Ich habe schon mehrere Bücher über Trägerraketen veröffentlicht, doch schreckte ich lange vor einem Buch über Raumsonden zurück. Alleine auf meiner Website gibt es genug Material, um Tausende Seiten zu füllen, das war mir zu viel Arbeit. Dieser Band richtet sich daher nicht an diejenigen, die alle technischen Details über eine Mission wissen wollen, sondern an die, die eine kurze Zusammenfassung der Geschichte, Mission, Technik und Ergebnisse interessiert. Daher auch die Eingruppierung in die Edition „Raumfahrt kompakt".

Schon die Abgrenzung, was in das Buch aufgenommen werden sollte, fiel nicht leicht. Nimmt man die einfachste Definition: „Eine Raumsonde ist eine Sonde, die das Gravitationsfeld der Erde verlässt", so muss man alle Mondsonden und alle Körper, die in den Librationspunkten stationiert sind, weglassen. Denn sie befinden sich noch in der Gravitationssphäre der Erde, zumindest bei den Punkten L1 und L2.

Nimmt man die Definition „Eine Raumsonde erforscht die Körper des Sonnensystems außer der Erde", so muss man alle Sonnenbeobachtungssatelliten hinzuzählen. Ich habe folgenden Kompromiss geschlossen: ich bespreche alle Raumsonden, die zu makroskopischen Körpern (Planeten, Monde, Planetoiden) aufbrachen und alle, die das interplanetare Medium und seine Wechselwirkung mit der Sonne untersuchen. Aber ich bespreche keine Mission, die sich primär mit der Sonnenforschung oder Weltraumwettervorhersage beschäftigt und keine Teststarts von Surveyor-Massemodellen oder unbemannten N-1 Mondmissionen. Sie finden sich in einer eigenen Tabelle auf S. 383).

Ein zweites Problem ist, wie man die Missionen am besten anordnet. Man könnte sie alphabetisch sortieren. Das würde man von einem Lexikon erwartet. Ich nehme aber an, dass die meisten Leser dieses Buch linear durchlesen werden und nicht nachschlagen. Das geht heutzutage einfacher im Web. Diese Reihenfolge ist auch deswegen schlecht gewählt, weil sie nicht die Geschichte und Ereignisse wiedergibt: Im Normalfall wird eine neue Mission auf der Basis der Ergebnisse einer früheren Mission konzipiert. Eine chronologische Reihenfolge gibt dies wieder. Auch das in den Sechziger Jahren ausgeprägte Weltraumrennen wird so an der Missionsabfolge deutlich. Doch da die Missionen von verschiedenen Ländern geplant wurden, ist auch diese Reihenfolge nur eingeschränkt sinnvoll. Ich entschloss mich zu einer anderen Reihenfolge: Die Raumsonden sind nach Ländern und dann chronologisch sortiert. So bekommt man einen guten Einblick in die Forschungsaktivitäten jeder Nation.

Zwei Dinge sind für das Verständnis wichtig. Raumsonden erforschen unser Sonnensystem. Daher sollte man über die Instrumente Bescheid wissen. Das Zweite ist die Erreichbarkeit des Ziels. Die frühen Missionen führten zu den erdnahen Planeten, weil man mit den Trägerraketen nur kleine Sonden zu weiter entfernten Zielen bringen konnte und weil die Reisedauer dann deutlich anstieg. Damals traute man der Technik noch keinen langen Betrieb zu. Diese beiden Punkte habe ich in zwei Sonderkapiteln dem eigentlichen Teil mit den Raumsonden vorangestellt. Dies erspart mir etliche Wiederholungen in den Einzelartikeln.

Sehr bald bemerkte ich beim Schreiben, das ich das Buch nicht so kurz halten konnte, wie ich wollte. Geplant war wie bei meinem Buch „Fotosafari durch den Raketenwald" nur ein bis zwei Seiten pro Sonde und dazu eine Bildseite. Schon beim Schreiben der ersten Einträge über die Sonden Pioneer 0 bis 4, über die es nur wenig zu schreiben gab, bemerkte ich, das dies nicht ging. Herausgekommen ist ein Buch, das nicht so ausführlich ist wie meine Bücher über Trägerraketen. Es geht nicht so in die Tiefe und ist nicht so voller Details, hebt sich bei den meisten Missionen aber dennoch deutlich vom Einstiegsniveau ab. Es ist ein Buch, das informiert, aber nicht mit überflüssigen Details langweilt. Zwangsläufig ist es dadurch länger geworden. Daher beschloss ich, die Geschichte in zwei Teile aufzuteilen. Zum einen wegen der Begrenzung von 700 Seiten beim Verlag. Zum anderen wegen des Handlings sowohl für mich als Autor wie auch für den Leser, der ja mit dem Buch nicht seine Armmuskeln trainieren will.

Ich habe den Bruch auf das Jahr 1992 gelegt. Alle Sonden ab 1993 kommen also im zweiten Band. Diese Jahreszahl bietet sich thematisch an. Der Untertitel ist nicht umsonst „die goldenen und dunklen Jahre". Die goldenen Jahre, das waren sie Sechziger und auch noch die Siebziger Jahre. Raumfahrtprojekte dauern oft Jahre von der Idee bis zum Start. Es gab einen Wettlauf der Supermächte im Weltraum. Er gipfelte im Mondrennen, doch er fand auch bei der Erkundung der Planeten statt. Viele Sonden wurden damals entwickelt. Etliche davon scheiterten, vor allem in den ersten Jahren. Später sorge James Webb als Administrator während des Apollo-Programms dafür, dass die NASA genügend Geld für ihre unbemannten Aktivitäten bekam.

Die daran anschließenden dunklen Jahre sind die Zeit unter den Präsidenten Carter, Reagan und Bush senior. Unter Carter fraß das Space Shuttle mit seinen ausufernden Kosten das Budget der NASA auf. Es wurden nur wenige neue Sonden genehmigt. Nach dem Amtsantritt von Ronald Reagan stoppte sein Berater viele schon begonnene Projekte. Lediglich Galileo überlebte. Als einzige neue Raumsonden wurden von 1978 bis 1992 nur Magellan, Cassini und der Mars Observer genehmigt. Letzterer ging vor Erreichen des Mars verloren und markiert somit das Ende dieser dunklen Jahre. Ab 1993 gab es unter Daniel Goldin das Discoveryprogramm, das dann in den späten Neunzigern zu einer Sondenflut führte. Mehr dazu im zweiten Band „Mit Raumsonden zu den Planetenräumen, Neubeginn bis Heute 1993 – 2018". ISBN-13: 978-3-74606-544-1.

Abgerundet wird jede Beschreibung durch ein Datenblatt mit einheitlicher Struktur. Angesichts der vielen unterschiedlichen Sonden kann es nicht alle Details wiedergeben. Es erlaubt aber zumindest einen Überblick. Bei den Ergebnissen führt es bei vielen Missionen die wichtigsten auf. Bei den letzten Missionen, die Jahre dauerten, wie Viking oder Voyager, ist dies aus Platzgründen aber nicht mehr möglich. Trotzdem war ich, damit das Buch nicht zu umfangreich wird gezwungen, bei den Datenblättern und Tabellen die Schriftgröße zu verkleinern. Anders würde das Datenblatt bei den meisten Missionen nicht auf eine Seite passen.

Ruit, im Januar 2018

Bernd Leitenberger

Inhaltsverzeichnis

Instrumente

Um zu verstehen, was eine Raumsonde bei einem Planeten entdecken kann, muss man die Funktionsweise der Instrumente an Bord kennen, sowie die Ergebnisse, die sie liefern. Dieses Kapitel soll das nötige Verständnis vermitteln.

Kameras

Die Bilder der Planeten sind nicht nur Ergebnisse, die den Laien beeindrucken. Es sind oft die Instrumente mit der höchsten Datenmenge und die Einzigen, an deren Schönheit man sich ohne Fachkenntnisse erfreuen kann.

Bis einschließlich zu den Voyager-Sonden (Start 1977) wurden bei den US-Raumsonden **Vidicons** als Bildsensoren verwendet, eine Art Fernsehkamera im Miniformat. Mit diesen Sensoren wurden die Fotos der Mariner Serie und die Bilder von Surveyor und Viking gewonnen. Vidicons haben eine lichtempfindliche Halbleiterschicht wie Selen als Detektor. Sie befindet sich auf der Glasplatte einer Elektronenröhre über einer elektrisch leitenden Schicht. Sie wird elektrisch aufgeladen. Licht verändert deren Leitfähigkeit. Das Auslesen erfolgt, indem ein genau fokussierter Elektronenstrahl auf die Schicht trifft und man die Zahl der freigesetzten Elektronen beim Auftreffen auf die Anode der Elektronenröhre misst. Dieses analoge Signal muss dann digitalisiert werden. Bei den frühen Missionen Ranger, Surveyor oder Mariner 3, 4, 6 und 7 erfolgte dies nicht. Es wurde ein analoges Fernsehsignal übertragen oder erst vor dem Senden die Wandlung durchgeführt.

Eine zweite Übertragungstechnik setzten die Sowjets ein, ebenso einige US-Missionen wie Viking Lander, Pioneer 10/11 und Pioneer Venus Orbiter. Das Bild wird von einem einzigen Detektor, einem Photometer (S. 19) erzeugt. Wird das **Photometer** durch einen Schrittmotor bewegt und synchron zur Bewegung des Motors ausgelesen, so erhält man eine Spalte aus Bildpunkten. Bewegt sich die Sonde oder dreht ein beweglicher Spiegel das Photometer, so erhält man aus vielen Spalten ein Bild. Ein Orbiter kann so einen in der Länge praktisch unbegrenzten Streifen aufnehmen. Der Nachteil ist, dass der Sensor eines Photometers groß ist. Die Instrumente hatten daher nur eine geringe Auflösung. Änderte sich der Abstand zum Planeten, wie bei Pioneer Venus Orbiter, so erhielt man ein verzerrtes Bild.

Einen anderen Weg beschritten die amerikanischen Lunar Orbiter Sonden (S. 94) und die sowjetischen Mond- und Marssonden. Sie entwickelten **Film** an Bord und digitalisierten diesen. Die Entwicklung geschieht in einem Trockenprozess, wie er auch bei Polaroidkameras eingesetzt wurde. Die Digitalisierung erfolgt durch eine Lichtquelle, die den Film von hinten beleuchtet und einem Photometer, das ihn dann punktweise abtastet. Die Auflösung und Schärfe von Film ist theoretisch besser als bei Vidicons, aber die Zahl der Bilder ist begrenzt durch den Filmvorrat. Die Lunar Orbiter gewannen Fotos, die Vidicons weit überlegen waren, mit einer noch heute eindrucksvollen Pixelzahl. Dagegen waren die veröffentlichten Bilder Russlands von nicht besserer Qualität als die mit Vidicons gewonnenen. Die USA haben nur bei den Lunar-Orbitern Film eingesetzt. Zum einen, weil nur Film die gewünschte hohe Auflösung und Flächenabdeckung liefern konnte (Breite des Films 70 mm, Vidiconröhren meist 10 bis 13 mm). Zum anderen, weil es die Technologie schon gab. Das Kamerasystem wurde vom Samos-Satelliten übernommen. Der Preis war, dass die NASA fünf Orbiter baute, um die gewünschte Anzahl an Landeplätzen zu fotografieren. Jeder war nur wenige Wochen aktiv. Sobald der Film verbraucht war, konnte er zwar noch Daten über Strahlung und Mikrometeoriten im Mondorbit sammeln, aber keine Fotos mehr anfertigen.

Heute werden **CCD** (**C**harged **C**oupled **D**evices) verwendet. Der erste Einsatz war bei den Vega-Sonden, die 1984 starteten. Ein CCD ist von seiner Funktionsweise eine Kreuzung zwischen einer Solarzelle und einem Speicherchip: Licht fällt auf ein lichtempfindliches Substrat, meist Silizium. Dabei werden wie bei Solarzellen Elektronen herausgeschlagen. Sie werden in einer Speicherschicht unter dem Silizium aufgefangen. Um die Zellen auszulesen, schiebt man die Ladung der Speicherzelle spaltenweise nach außen, wo die Elektronen einen Strom erzeugen, der digitalisiert wird (bis zu 16 Bit pro Pixel). Dabei wandern zuerst alle Elektronen der Spalte 1 in die Ausleseelektronik und die Spalte 1 wird mit den Elektronen der Spalte 2 gefüllt. Das setzt sich solange fort, bis die letzte Spalte ausgelesen wird.

Neben diesen flächigen CCD Chips gibt es auch zeilenförmige CCD Chips, ähnlich wie bei einem Flachbett Scanner oder einer Supermarkt-Kasse. Das Bild wird hier aufgebaut, indem die Zeile mechanisch bewegt wird oder bei einer Bahn um einen Himmelskörper die Ausleserate mit der Bewegung über die Oberfläche synchronisiert wird. Gegenüber flächigen CCD Chips können dabei erheblich größere Areale aufgenommen werden. Zudem gibt es nur eine Spalte, das Auslesen geht also schneller.

Von den Missionen in diesem Buch setzt nur die MOC-Kamera des Mars Observers Zeilen-CCD ein. Dessen Scanzeile hat 3.456 Pixel. Diese Typen werden mittlerweile bei fast allen Orbitern eingesetzt. In Raumsonden dagegen werden heute **CMOS**-Sensoren eingesetzt. Sie basieren auf der Technologie, in der Speicherchips gefertigt werden. CMOS Sensoren haben in den letzten Jahren deutlich aufgeholt und übertreffen inzwischen CCD hinsichtlich Ausleserate, Bildpunkte und Rauschverhalten. Die Funktionsweise ist im Prinzip die gleiche wie bei CCD.

Stereoaufnahmen, wie bei der deutschen HRSC-Kamera an Bord von Mars-Express (Band 2, S.135), erreicht man, indem man mehrere Zeilen nimmt und diese unter verschiedenen Winkeln auf die Oberfläche sehen lässt. Beispielsweise senkrecht nach unten und leicht nach vorne oder hinten verschoben.

Raumsonden machen Farbbilder durch drei Filter, die nacheinander in den Strahlengang geschoben werden. Der Nachteil ist, dass sich die Sonde bewegt und man beim Zusammensetzen der Bilder die Verschiebung der Pixel einbeziehen muss. Bei Änderung der Distanz muss man bedenken, dass die abgebildete Fläche unterschiedlich groß ist. Der Vorteil ist, dass so Falschfarbenaufnahmen oder Aufnahmen in anderen Spektralbereichen möglich sind. Ein Filterrad hat sechs bis 24 Filter. Bei Zeilen-CCD ist es einfacher, Farbaufnahmen zu machen: Man belegt mehrere Zeilen mit Filtern und ordnet sie hintereinander an. Der Vorteil ist, dass so kein Filterrad vorhanden ist, das blockieren kann, wie es z. B. bei Mariner 9 und Stardust vorkam. Einige Missionen wie Juno, Huygens oder Mars Odyssey setzen auch flächige CCD ein, bei denen ein Teil des Chips mit einem Farbstreifen belegt ist z. B. einem roten, grünen, blauen. Auch hier ist es wichtig, die Aufnahmezeitpunkte mit der Bewegung des Bildes zu synchronisieren.

CCD erlauben Aufnahmen im nahen Infrarot. Der für das Auge sichtbare Bereich des Lichtes liegt bei einer Wellenlänge von 0,38 bis 0,78 µm. CCDs haben eine Empfindlichkeit von 0,35 bis 1,2 µm. CCD sind erheblich lichtempfindlicher als Vidicons. Das ist vor allem bei Missionen ins äußere Sonnensystem wichtig, da mit steigendem Abstand zur Sonne die Helligkeit abnimmt.

Kombiniert werden die Detektoren mit einem Teleskop oder einem Objektiv. Bis 80 mm Durchmesser verwendet man normalerweise ein Linsensystem, darüber hinaus ein Spiegelteleskop, da dies leichter ist. Die Wahl des Teleskops hängt von der Mission ab. Vorbeiflugmissionen, die sich nur kurz einem Ziel nähern, verwenden oft Teleskope, während man bei Orbitern eine kleinere Apparatur einsetzen kann. Bei den Vorbeiflugmissionen von Mariner 10, Voyager und Galileo ist z. B. das Teleskop immer dasselbe, ein Cassegrain-Teleskop mit 1500 mm Brennweite und 176,5 mm Spiegeldurchmesser. Durch verbesserte Sensoren stieg die Auflösung um ein Drittel.

Spektrometer

Spektrometer sind die wichtigsten Instrumente zur Fernerkundung. Ein Spektrometer hat die Aufgabe, einen Strom von Teilchen nach Teilchenenergien aufzuteilen. Bekannt sind Spektrometer, die im sichtbaren Licht arbeiten, doch dieser Begriff ist universeller. Es gibt auch Spektrometer, die Radiowellen empfangen oder Röntgenstrahlen. Das Prinzip ist auch auf Elementarteilchen wie Protonen, Neutronen und Alphateilchen übertragbar. Spektrometer für das sichtbare Licht und die Nachbarbereiche UV und IR funktionieren mit optischen Geräten.

Trennt man das Licht, das ein Körper reflektiert, in seine Bestandteile auf, so erhält man ein **Spektrum**. Dies geschieht mit Gittern, die im Brennpunkt eines Teleskops montiert sind. Dazu kann ein Prisma genutzt werden, das ist jedoch bei Instrumenten in der Raumfahrt nicht üblich. Ein Spektrum verrät viel über die chemische Zusammensetzung eines Körpers. Insbesondere Gase, aber auch Festkörper, absorbieren Energie in bestimmten Wellenbereichen, wodurch im Spektrum ein „Einbruch“ zu sehen ist. Dadurch kann man die chemische Zusammensetzung von Planeten und ihren Atmosphären untersuchen. Beobachtet man einen Himmelskörper, so bekommt

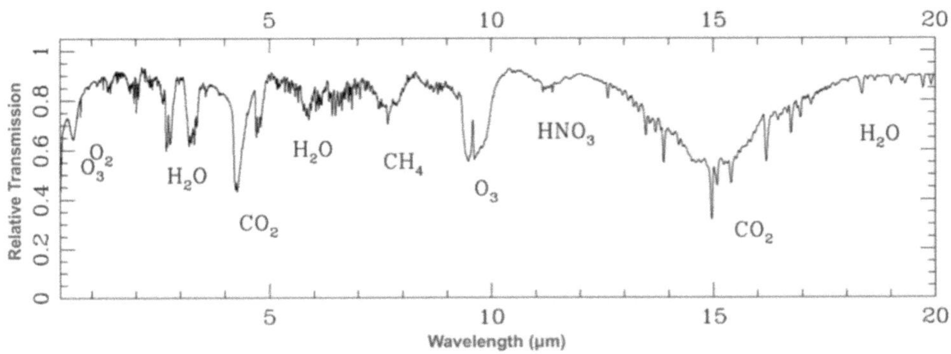

Abbildung 1: Transmissionsspektrum der Erdatmosphäre. Eingezeichnet sind die Absorptionsbande von häufigen Molekülen in der Erdatmosphäre.

man ein **Absorptionsspektrum**, in dem die Wellenlängen fehlen, die der Körper absorbiert. Dadurch wird er farbig. Pflanzen sind z. B. deswegen grün, weil es zwei Blattfarbstoffe gibt. Der eine absorbiert das rote Licht, der Zweite das blaue Licht. Übrig bleibt der mittlere, gelbgrüne Spektralbereich. Ein Absorptionsspektrum wird im sichtbaren und im infraroten Spektralbereich gewonnen. Eine genauere Bezeichnung ist die des **Transmissionsspektrums**. Ein Absorptionsspektrum kann man auch gewinnen, wenn man durch die Erdatmosphäre zur Sonne schaut. Eine Raumsonde misst aber das reflektierte Licht des Planeten.

Seltener wird ein **Emissionsspektrum** gewonnen. Hierbei senden Atome selbst Licht aus. Dazu müssen sie sehr viel Energie besitzen. Bei Himmelskörpern ist das in der Ionosphäre der Fall. Atome oder Ionen werden durch UV-Strahlung oder Partikel angeregt. Bei der Anregung springt ein Elektron auf eine höhere Bahn. Fällt es wieder zurück, so gibt es Licht ab. Anders als bei Absorptionsspektren hat das Licht eine feste Wellenlänge, entsprechend dem Energieunterschied zwischen den Bahnen.

Die Intensität ist wegen den wenigen Teilchen in der Ionosphäre gering. Dieses Licht ist oft nur an der Tag- / Nachtgrenze nachweisbar. Emissionsspektren liegen im UV-Bereich, bei Wasserstoff (0,1216 µm) und Helium (0,0558 µm) im extremen UV Bereich. Emissionsspektren werden durch **UV-Spektrometer** aufgezeichnet.

Die meisten Gase absorbieren infrarotes Licht. Auf der Absorption von Gasen im infraroten Spektralbereich beruht der Treibhauseffekt, der nicht nur für die Klimaerwärmung auf der Erde verantwortlich ist, sondern auch dazu führt, dass es auf der Venus etwa 470 °C heiß ist. Viele Sonden führen daher ein Infrarotspektrometer mit (der infrarote Bereich erstreckt sich von 0,8 Mikrometer aufwärts). Komplexe Moleküle, vor allem organischer Natur, absorbieren im sichtbaren Bereich. Der sichtbare Bereich wird oft hinzugenommen. Man unterscheidet daher zwischen einem UV- und einem Vis/IR-Spektrometer. Diese Trennung ergibt sich, weil die Detektoren unterschiedlich sind und Gitter nicht beide Spektralbereiche gleich gut auftrennen können.

Ein Spektrometer besteht aus einer Optik, einem **Monochromator**, der eine Wellenlänge aus dem Spektrum isoliert und einem Detektor.

Linsenteleskope scheiden als Optik meist aus, weil sie nur im sichtbaren Licht durchlässig sind. Ansonsten unterscheidet sich die Optik nicht von der, die man für eine Kamera benötigt. Daher gibt es Kombinationsinstrumente, bei denen eine Optik von einer Kamera und einem Spektrometer zusammen genutzt wird.

Der Monochromator engt zuerst das Blickfeld ein, indem nur ein Spalt in einer Maske Licht durchlässt. Die Begrenzung auf einen Schlitz hat zwei Gründe. Der eine ist, dass man an dem Spektrum eines Punktes interessiert ist. Ohne Eingrenzung des Blickfeldes auf einen Spalt würden sich die Spektren verschiedener Stellen überlagern. Das zweite ist, dass man nur mit einem Spalt sicherstellen kann, wo das Spektrum hinfällt. Es gibt neben dem eigentlichen Spektrum noch Spektren höherer Ordnung und diese dürfen sich nicht überlagern.

Das Licht fällt dann auf ein Gitter. Es enthält sehr viele Furchen und bricht das Licht in sein Spektrum quer zum Spalt auf. Das Spektrum fällt auf den **Detektor**. Dort wird die Intensität bei einer bestimmten Wellenlänge gemessen.

Der einfachste Detektor ist ein einzelnes Element, das die Intensität einer Wellenlänge misst. Ein Spektrum erhält man, wenn man entweder das Spektrum über den Detektor oder den Detektor über das Spektrum mechanisch bewegt, z. B. durch das Drehen eines Spiegels. Als **spektrale Auflösung** bezeichnet man den Wellenlängenbereich, den das Element abdeckt. Ein Spektrometer mit einer spektralen Auflösung von 100 nm löst zehnmal gröber auf als eines mit 10 nm. Die **räumliche Auflösung** gibt dagegen an, welchen Winkel der Detektor abdeckt. Da die Detektoren von Spektrometern viel größer sind als die Pixel von Kameras, ist die räumliche Auflösung vergleichsweise gering. Die spektrale Auflösung hängt von der Größe des Detektorelements und Dispersion des Gitters ab. Bei der räumlichen Auflösung sind Brennweite der Optik und Größe des Detektors entscheidend.

Dieses Grundprinzip kann variiert werden. So kann man ein Zeilenarray aus Detektoren bauen und ein komplettes Spektrum auf einmal gewinnen.

Oftmals ist man gar nicht an einem kompletten Spektrum interessiert. Bei Venus und Marssonden kamen auch Spektrometer zum Einsatz, die nur Detektoren hatten, die das Licht im Absorptionsband von Wasser (bei 1,38 µm) oder Kohlendioxid (bei 15 µm) maßen. Vergleicht man die Intensität mit einem Bereich unmittelbar neben dem Absorptionsband, so kann man die Konzentration dieser Gase in der Atmosphäre messen. Diese Instrumente werden dann als **Wasserdampfdetektor** oder **Kohlendioxiddetektor** bezeichnet. Analog setzte Russland bei seinen Marssonden ein Spektrometer ein, das im Absorptionsband der CH-Schwingung empfindlich war. Diese Bindung gibt es bei allen organischen Molekülen, angefangen vom Methan bis zu Aminosäuren. Damit wollte man Leben auf dem Mars detektieren.

Abbildende Spektrometer

Ein normales Spektrometer erstellt das Spektrum eines Punktes. Es macht kein Bild. Allerdings kam der Wunsch auf, ein Bild bei einer beliebigen Wellenlänge anzufertigen z. B. um die Verteilung von Wasser auf dem Mars zu bestimmen, indem man im Absorptionsband des Wasserdampfs die Intensität misst.

Galileo war die erste Raumsonde, die ein abbildendes Spektrometer (NIMS) an Bord hatte. Seitdem haben derartige Instrumente die einfachen Spektrometer ergänzt. Es gibt hier mehrere Techniken dies zu realisieren.

Galileo hatte wenige einzelne Detektoren (17 Elemente), welche jeweils die Strahlung in einem bestimmten Wellenlängenbereich registrierten. Durch Drehen des Spiegels der Optik in der Y-Achse und der Bewegung der Optik in der X-Achse, durch einen Schrittmotor, entstand ein Bild von 20 Pixeln Höhe und einer variablen Länge. Jeder Detektor lieferte für einen bestimmten Spektralbereich die Intensität an diesem Punkt, sodass man ein Spektrum aus 17 Punkten bekam. Man kann damit ein Bild in 17 Spektralfarben erzeugen. Nach diesem Prinzip arbeiten die Instrumente Mini-TES an Bord der Mars Exploration Rover und TES an Bord von Mars Observer / Mars Global Surveyor.

Die zweite Möglichkeit ist, ein herkömmliches Instrument zu benutzen, das nur einen Detektor oder wenige Detektorelemente besitzt. Man greift dann aus dem gesamten Spektrum die Wellenlänge heraus, die von Interesse ist, und misst deren Intensität. Man erhält so einen Bildpunkt und die Intensität in einem engen Wellenlängenbereich. Bewegt man die Optik mit einem Motor oder bewegt sich die Raumsonde, so erhält man ein Bild des Himmelskörpers in dem gewählten Spektralbereich.

Heute dominieren komplexere Instrumente, die hoch aufgelöste Bilder bei vielen Wellenlängen gleichzeitig anfertigen können. Der wesentliche Unterschied zu einem herkömmlichen Spektrometer ist, das sich an der Stelle, wo durch den Monochromator das Spektrum aufgespannt wird, ein CCD-Chip befindet. Im Infraroten mit einer lichtempfindlichen Schicht aus der Legierung Quecksilber-Cadmium-Tellurid (HgCdTe). Ist der Spalt parallel zur Y-Achse des Chips angebracht, so enthält jede Zeile ein komplettes Spektrum eines Punktes entlang des Spalts hinter der Optik und jede Spalte des Chips die Intensität bei einer bestimmten Wellenlänge. Bewegt sich die Sonde oder die Oberfläche relativ zur Sonde (bei Orbitern) und man liest den Chip parallel zur Bewegung aus, so bekommt man einen Streifen aus vielen Spektren entlang des Spalts. Man kann aus diesen Spektren einzelne Wellenlängen herausnehmen und damit Falschfarbenbilder erstellen.

Die abbildenden Spektrometer haben die klassischen Spektrometer weitestgehend abgelöst. Nur wenn man hochauflösende Spektren braucht (mehrere Tausend Messungen pro Spektrum), verwendet man noch Spektrometer, die einen Punkt ausmessen. Diese sind dann jedoch vom Michelson- / Fouriertyp (siehe unten).

Der größte Nachteil eines abbildenden Spektrometers mit einem Chip als Detektor ist die Datenmenge. Ein früher weitverbreiteter HgCdTe-Detektor hatte 256 × 256 Pixel. Eine 256 × 256 Pixel Aufnahme liefert pro Punkt 256 Spektren, das entspricht der Datenmenge einer 16 MPixel Aufnahme. Die Datenmenge steigt in der dritten Potenz zur Auflösung. Heute gibt es Infrarotdetektoren mit bis zu 2 Mpixel. Sie erzeugen eine Datenmenge von 1-2 GByte pro Aufnahme. Im sichtbaren Licht haben astronomische CCD bis zu 16 MPixel – sie erzeugen in einem Spektrometer eine Datenmenge von 64 GByte pro Aufnahme (16 Millionen Bildpunkte).

Daher reduziert man oft die Datenmenge. Zum einen durch **Binnen.** Darunter versteht man das Zusammenfassen von Pixeln, entweder räumlich (erhöht gleichzeitig die Belichtungszeit pro Pixel) oder spektral. Man nimmt z. B. nur 64 Messpunkte pro Spektrum anstatt 256 oder 1024.

Eine zweite Möglichkeit ist es, nicht das ganze Spektrum auszulesen, sondern nur bestimmte Wellenlängen an denen man die Absorption durch bestimmte Mineralien oder Moleküle erwartet. So enthalten die Eismonde der äußeren Planeten im Eis kleine Mengen an Methan und Ammoniak. Liest man vom Spektrum drei Bereiche aus, die dem Absorptionsmaximum von Wassereis, Ammoniak und Methan entsprechen und ordnete man diese den Grundfarben Rot, Grün und Blau zu, so kann man eine Falschfarbenaufnahme erstellen, in der Blau das Wassereis ist, rötlich Eis mit Methanhydraten und blau mit Ammoniak steht.

Michelson Spektrometer und Fourier Spektrometer

Modernere Spektrometer funktionieren nach dem Michelson Prinzip. Bei klassischen Spektrometern wird das Licht durch ein Gitter in ein Spektrum verwandelt und auf einem Detektor oder einer Detektorzeile detektiert. Die Auflösung hängt vom Gitter, der Größe des Detektors und der Dispersion ab (ein Gitter teilt ein Spektrum nicht linear auf, zum langwelligen Ende hin wird es breiter).

Eine höhere Auflösung erhält man mit einem **Michelson-Spektrometer**. Dieses enthält einen festen und einen beweglichen Spiegel sowie einen Strahlteiler. Der Strahlteiler spiegelt die Hälfte der ankommenden Strahlung zum beweglichen Spiegel und reflektiert die andere Hälfte zum festen Spiegel. Diese zwei Strahlen überlagern sich am Strahlteiler. Je nach Position des beweglichen Spiegels und der Wellenlänge steigt die Intensität oder sinkt ab.

Der bewegliche Spiegel wird mit konstanter Geschwindigkeit durch einen Linearmotor verschoben. Damit ändert sich die optische Wegdifferenz der beiden Teilstrahlen. Mit der Bewegung des Spiegels ändert sich die Intensität bei jeder Wellenlänge. Die Frequenz dieser Änderung hängt von der Wellenlänge und der Geschwindigkeit des beweglichen Spiegels ab. Der Ausgangsstrahl wird durch das Interferometer moduliert. Am Detektor wird ein elektrisches Signal generiert (Interferogramm). Das **Interferogramm** hat nichts mehr mit dem ursprünglichen Signal zu tun, jedoch kann man das Spektrum aus dem Interferogramm wieder rekonstruieren.

Von Vorteil ist, dass sich die Gestalt des Spektrums geändert hat: Anstatt einem Kurvenverlauf bekommt man scharfe Einbrüche. Diese erinnern sehr stark an die Delta-Funktion und so kann man dieses Spektrum einer Fourier Transformation unterziehen. Dies reduziert die Datenmenge drastisch. Anstatt die Intensität Tausender Messpunkte zu übertragen, kann man die ermittelten Koeffizienten der Fourier Funktion übertragen. Auf der Erde macht man dasselbe umgekehrt. Ein **Fourier-Spektrometer** ist daher ein Michelson-Spektrometer, bei dem man das Interferogramm einer Fourier-

Transformation unterzogen hat. An Bord von Venera 15/16 war das erste PFS, ein Fourier-Spektrometer. Seine Nachfolger wurden an Bord von Mars 96, Mars Express und Venus Express eingesetzt. Es gewinnt bis zu 16.384 Messpunkte pro Spektrum.

Photometer

Ein Photometer misst die Energiemenge, die ein Planet emittiert. Dazu platziert man einen Sensor, der die Lichtintensität misst, im Brennpunkt eines Teleskops. So bestimmt man die abgestrahlte Energie. Wenn man das Signal mit dem eines voll reflektierenden Körpers vergleicht, so kann man den **Strahlungshaushalt** bestimmen, (gibt der Planet mehr Energie ab, als er erhält oder umgekehrt). Sehr oft wird ein Photometer benutzt, um die Abschwächung eines Sterns bei einer Bedeckung durch einen Planeten zu verfolgen. Man kann so die Dichte der Atmosphäre in Abhängigkeit von der Höhe oder die optische Dichte von Planetenringen, wenn sie einen Stern bedecken, untersuchen. Daraus sind Rückschlüsse über die Gesamtmasse sowie Teilchengröße der Planetenringe möglich. Bei Pioneer 10/11, Pioneer Venus Orbiter und zahlreichen Sowjetraumsonden wurde ein Photometer zweckentfremdet, um Aufnahmen einfacher Qualität zu gewinnen, indem man ein Bild aus Tausenden von Messpunkten des Photometers zusammensetzte,

Polarimeter

Ein Polarimeter misst die Drehung (Polarisation) von Licht. Kristalle in Mineralien können die Schwingungsebene des Lichtes drehen. Bestimmt man das Licht eines Körpers hinter einem drehenden Polarisationsfilter, so nimmt die Intensität bei einem bestimmten Winkel rapide zu. Der Winkel ist charakteristisch für bestimmte Mineralien, wodurch die mineralogische Zusammensetzung von Himmelskörpern bestimmt werden kann. Da man wie beim Photometer Lichtintensitäten misst, kombiniert man oft beide Instrumente. Dafür wird vor dem Photometer ein Filterrad montiert. Für das Photometer ist eine Position im Rad unbelegt. Die anderen Filter sind unterschiedlich polarisiert.

Radiometer

Ein Radiometer misst im infraroten Bereich oder mit Mikrowellen die Eigenstrahlung eines Himmelskörpers. Dadurch kann die Oberflächentemperatur festgestellt werden, um eine Temperaturkarte herzustellen. Dazu wird ein Bolometer erwärmt, ein Strahlungsthermometer im Brennpunkt eines Teleskops. Das erzeugt einen Strom, der gemessen wird. Verglichen wird diese Erwärmung mit einem zweiten Detektor, der in den Weltraum schaut. Er liefert den immer vorhandenen Hintergrundstrom als Referenz. Ein zweiter Referenzpunkt kann eine Platte sein, die durch Beheizen eine definierte Temperatur hat. Ein rotierender Spiegel wechselt dann das Gesichtsfeld des Detektors zwischen Weltraum → Planet → Referenzoberfläche.

Genauere Daten erhält man, wenn man mehrere Detektoren für verschiedene Spektralbereiche verwendet. Damit kann man auch zwischen Oberflächentemperatur und Atmosphärentemperatur unterscheiden. Man spricht dann von einem **Mehrkanalradiometer**. Radiometer werden oft mit Infrarot Spektrometern kombiniert.

SAR

Die Abkürzung SAR steht für **S**ynthetic **A**pperature **R**ADAR. Ein normales RADAR sendet im Mikrowellenbereich (2 bis 20 GHz) Radiostrahlung zum Planeten und empfängt das Echo mit einer Antenne. Damit kann man eine Karte erstellen. Zuerst kommen die Echos von Bergen, dann die von Tälern. So kann man aus der Laufzeit ein Höhenprofil erstellen. Ebenso wie Licht werden auch RADAR Strahlen gestreut und gedreht, dadurch erhält man Informationen über die Oberflächenrauigkeit (Sand, Steine, Felsbrocken?) und Neigung (steil, flach?). In der Praxis hat man allerdings ein Problem: Die Bodenauflösung hängt von der Wellenlänge und dem Antennendurchmesser ab. Die Wellenlänge liegt bei Mikrowellen aber beim 100,000 fachen des Lichtes. Daher ist die Auflösung durch die langen Wellen viel geringer als bei einem optischen Teleskop.

Normales Radar wurde z. B. bei Pioneer-Venus 1 (S. 164) eingesetzt und erreichte eine Auflösung von maximal 16 bis 20 km.

Der Trick beim SAR ist es, die Antenne schräg zum Flugpfad auszurichten und zu schwenken. So erhält die Antenne nicht nur ein Echo, sondern viele, unter verschiedenen Winkeln gestreut. Ein Objekt emittiert zuerst Signale, die unter einem flachen Winkel gestreut sind, dann die mit höheren Winkeln. So erhält man nach und nach immer mehr Signale aus unterschiedlichen Winkeln von der beobachteten Stelle. Diese werden mit den Laufzeitunterschieden gespeichert. Zuletzt berechnet man aus den Daten die Höhendifferenz. Im Prinzip kompensiert man die geringe Auflösung durch verschiedene Ansichten eines Objektes. Magellan hat mit dieser Technik die Auflösung gegenüber konventionellem RADAR um den Faktor 60 auf 100 m gesteigert. Die Raumsonde sammelte in einer Sekunde 800 Kilobit Daten. Dabei tastete die Sonde nur eine Fläche von 16 × 6 km ab. Es wurden zehnmal mehr Rohdaten als Nutzdaten gewonnen.

Die Bilder sehen aus wie Fotos, aber sie zeigen etwas anderes. So sind helle Gebiete nicht hohe Gebiete, sondern dort wurden die Radarstrahlen gut zurückgestreut. Dunkle Gebiete dagegen schlucken die Strahlen weitgehend.

Radar kommt zum Einsatz, wenn man ein Objekt optisch nicht erfassen kann. Dies ist z. B. bei der Venus durch die dichte Atmosphäre gegeben. Auch bei Titan, der eine dichte Smogschicht hat, schaut Cassini mit seinem SAR unter die Wolken. Durch Verbesserung der Elektronik kann man heute mehr Signale verarbeiten und Erdbeobachtungssatelliten erreichen mit SAR Auflösungen im Meterbereich.

Altimeter

Den Abstand einer Raumsonde zu der Oberfläche eines Himmelskörpers kann man mit einem Laserstrahl bestimmen: Man schickt ihn zum Boden und misst die Zeit, die vergeht, bis man das Echo empfängt. Der Empfänger ist ein kleines Teleskop mit einem Lichtdetektor. Verwendet werden ND:YAG Laser. Dies sind Festkörperlaser, die bei 1,064 µm Wellenlänge im nahen Infrarot arbeiten. Dies ist nützlich, um bei unregelmäßig geformten Himmelskörpern (Asteroiden) die genaue Form festzustellen oder Höhenprofile zu gewinnen. Macht man dies über längere Zeit, so kann man die Änderungen des Orbits durch Massekonzentrationen verfolgen. Man erhält also Hinweise über den inneren Aufbau des Planeten. Der erste Einsatz von Laserhöhenmessern war beim Mars Observer.

Auch mit RADAR (oder einfacher mit der Kommunikationsantenne) ist der Abstand nach dem gleichen Prinzip bestimmbar. Der Nachteil ist, dass eine Antenne ein größeres Gebiet abdeckt, während man einen Lichtstrahl auf einen Punkt ausrichten kann. Zudem wiegt ein Radar-Altimeter deutlich mehr als ein Laser-Altimeter. Ist die Atmosphäre aber nicht optisch durchlässig, wie bei der Venus, so kann nur diese Technik eingesetzt werden. Pioneer Venus 1, Venera 15/16 (S. 330) und Magellan setzten Radarhöhenmesser ein. Daneben wurden sie in vielen Landesonden eingesetzt, um die Höhe und Geschwindigkeit zu messen (Letztere erhält man, wenn man die Höhendifferenz zweiter Messwerte durch die Zeitdifferenz teilt). So in Surveyor, Luna 4 bis 9 und 15 bis 24, Viking.

Radiowellen Sender/Empfänger

Radiowellen längerer Frequenz (einige Megahertz) können dicke Bodenschichten durchdringen. Sendet man Signale aus und misst die Signallaufzeit und Empfangsenergie, so kann man Aussagen über die Struktur des Untergrundes treffen z. B. die Dichte, das Vorhandensein von Hohlräumen oder Stoffen, die Radiostrahlung absorbieren wie Wasser. Der erste Einsatz der Technik war das Instrument GRUNT (Boden) bei Phobos 1 und 2 (S. 343). Heute nutzt man die Technik bei Marsorbitern, um nach unterirdischen Wasservorkommen zu suchen.

Sende- und Empfangsantennen sind wegen der großen Wellenlänge Stabantennen von mehreren Metern Länge. Die Auflösung ist wegen der langen Wellen gering. Bei Mars Express liegt sie zwischen 5 und 9 km in Flugrichtung und 15 bis 30 km quer dazu. Beim Mars Reconnaissance Orbiter (MRO) mit zehnfach höherer Wellenlänge bei 0,3 bis 1 km in Flugrichtung und 3 bis 7 km quer dazu. Die Entfernung (Höhe der Oberfläche) ist durch Messung der Signallaufzeit besser bestimmbar und liegt im Bereich von 10 bis 100 m.

Magnetometer

Mit einem Magnetometer misst man die Stärke und Ausrichtung von planetaren und interplanetaren Magnetfeldern sowie deren zeitliche Änderung. Manche Planeten besitzen ein starkes (Jupiter), manche ein schwaches Magnetfeld (Mars). Magnetometer für schwache Felder werden oft an einem Mast mehrere Meter von der Sonde entfernt angebracht, um so Messungen ohne Störungen durch das Magnetfeld der Sonde zu ermöglichen. Anfangs wurden Magnetometer an Bord jeder Sonde mitgeführt. Bei ihnen ging man von einem Feld aus, das in etwa die Intensität des Erdmagnetfeldes aufwies. Als man bei Mond, Mars und Venus kein Magnetfeld entdeckte, stellte man dies ein. Erst mit einer neuen Generation von empfindlicheren Magnetometern hat sich dies wieder geändert. Mit diesen kann man auch kleinste Magnetfelder entdecken und sogar Restmagnetisierungen beim Mond nachweisen.

Es gibt verschiedene Typen von Magnetometern. Helium Magnetometern bestimmen Magnetfelder über den Zeemann-Effekt. Helium wird durch Radiostrahlung in einen angeregten Zustand überführt. Magnetfelder führen zur Aufspaltung der Absorptionslinien und zur Veränderung des Absorptionsverhaltens. Dies wird gemessen.

Verbreiteter ist das Fluxgate-Magnetometer. Dieses Gerät geht von der schnellen Magnetisierung eines Paares leicht magnetisierbarer Spulenkerne hoher Permeabilität aus, die jeweils im Inneren eines konzentrischen Spulenpaars (primäre und sekundäre Windungen) sitzen. Ein durch die Primärspule fließender Wechselstrom magnetisiert den Kern, wodurch eine Spannung in der Sekundärspule induziert wird. In Gegenwart eines äußeren Feldes wird die Magnetisierungskurve des Kerns verschoben. Durch die Verwendung von zwei Kernen, die so angeordnet sind, dass sich die Messsignale bei Nichtanliegen eines äußeren Feldes aufheben, erhält man eine Sekundärspannung, die man digitalisiert.

Um das Magnetfeld in allen drei Raumrichtungen zu messen, kombiniert man mehrere Sensoren, die jeweils senkrecht zueinander in allen drei Raumachsen angeordnet sind. Um sehr schwache Magnetfelder zu messen, ohne dass das Eigenmagnetfeld der Sonde die Messung stark verfälscht, nutzt man zwei identische Magnetometer, wobei das eine Magnetometer näher am Sondenrumpf ist. Man zieht dann dessen Messung von der des äußeren Magnetometers ab,

Staub und Partikelexperimente

Im Sonnensystem gibt es Staub, sowohl interplanetar, wie auch um und in Planetenringen. Ein Staubdetektor misst Anzahl, Richtung, Geschwindigkeit und Masse kleinster Staubteilchen. Dies kann durch Messung der Energie, die beim Aufschlag freigesetzt wird, der Bruchstücke und der Flugrichtung geschehen. Es gibt hier mehrere Techniken, um dies zu bewerkstelligen. Zuerst wurden Mikrofone eingesetzt, deren Membran eine Platte oder bei den ersten Pioneer-Sonden die ganze Raumsonde war. Ein Einschlag auf der Platte bringt diese in Vibration und das Mikrofon zeichnet den Einschlag als elektrische Schwingung auf.

Der nächste Detektor waren gasgefüllte Kammern, versiegelt mit einer Folie. Ein Teilchen durchschlägt die Folie und das Gas strömt aus. Das Gas wird durch eine Kathode ionisiert und so wird der Strom durch das Ausströmen ansteigen. Man kann so den Durchmesser des Lochs bestimmen. Der Nachteil: Solche Detektoren können pro Zelle nur einen Einschlag detektieren. Sie wurden bei Pioneer 10/11 eingesetzt.

Moderner sind piezoelektrische Materialien, die flach als Folie ausgebracht werden. Auftreffende Staubteilchen bringen die Folie zum Schwingen und verursachen einen elektrischen Impuls. Durch mehrere Elemente, die aneinander liegen, verursachen abprallende Sekundärteilchen bei diesen ebenfalls einen Impuls. Dadurch ist die Einfallsrichtung bestimmbar. Heute wird oft ein Polyvinylidenfluorid Film als piezoelektrisches Medium eingesetzt.

Die modernsten Systeme verwenden ein Massenspektrometer zur Detektion. Ein Ziel wird von Staubteilchen getroffen. Diese erzeugen ein Plasma, das durch ein Massenspektrometer analysiert wird. Die Anzahl der Ionen in der Plasmawolke korreliert mit der Masse des Teilchens. Es ist möglich, die am Ziel entstehende Wolke aus verdampftem Gestein zusätzlich zu ionisieren und dann im Massenspektrometer die chemische Zusammensetzung festzustellen. Daher verwendet man als Ziel ein relativ seltenes Element wie Silber, Gold oder Platin. So kann man die Ionen, die vom Ziel kommen, von denen des Einschlags unterscheiden. Bei dieser Analyse erhält man zusätzlich zu den Daten über die Masse und Geschwindigkeit des Staubteilchens auch seine chemische Zusammensetzung. Durch eine Blende kann man bei allen Staubdetektoren leicht das Gesichtsfeld einengen und so die Einfallsrichtung grob bestimmen. Beim Bau derartiger Detektoren hat sich Deutschland Kompetenz erworben. Sie flogen daher nicht nur auf europäischen Raumsonden, sondern auch auf US-Raumsonden mit.

Teilchenexperimente

Von der Sonne geht ein ständiger Strom von Protonen, Elektronen und Heliumkernen aus. Geladene Teilchen gelangen auch vom interstellaren Medium ins Sonnensystem. Durch Magnetfelder werden die Teilchen umgelenkt und beschleunigt. Planeten bilden daher Strahlungsgürtel aus. Daneben wechselwirken die Teilchen mit der obersten Schicht der Atmosphäre. Sie übertragen auf Atome der Ionosphäre Energie und führten zu deren Ausdehnung. Die Sonne durchläuft einen elfjährigen Aktivitätszyklus, in dem sie mal mehr, mal weniger Teilchen ausstößt. Dies kann sich kurzfristig durch Sonneneruptionen innerhalb von Stunden ändern, wobei diese Ausbrüche häufiger bei einer aktiven als bei einer inaktiven Sonne vorkommen. Die Sonnenaktivität wird mittlerweile überwacht, da sie Satelliten beschädigen kann. Auch auf der Erde kam es durch Sonneneruptionen schon zu Stromausfällen (vor allem in hohen Breiten, wo die Teilchen den Magnetfeldlinien folgen und tief in die Atmosphäre eindringen).

Auch wenn Teilchenexperimente unspektakulär sind, gab es bei diesen Experimenten große Fortschritte. Konnte man zuerst nur Teilchen zählen, kam später die Information über die Energie hinzu. Heute ist es möglich Einfallswinkel, Teilchentyp, Ladung, Geschwindigkeit und Energie zu bestimmen. Meistens benötigt man dazu mehrere Instrumente, da sich bestimmte Messungen gegenseitig ausschließen. Daher haben viele Sonden mehrere Teilchenexperimente an Bord.

Einige Probleme die Teilchenexperimente haben:

Selektivität: Es gibt bei Teilcheninstrumenten nicht einen Monochromator, der bei einem Spektrum einen Energiebereich selektiert. Ein Instrument das geladene Teilchen niedriger Energie detektiert wird auch Teilchen mit hoher Energie detektieren, nur wird ein energiereiches Teilchen dann eine ganze Lawine von Ereignissen anstoßen. Zudem erfolgt die Detektion aller geladenen Teilchen durch die Energieübertragung, das bedeutet, dass die Sensoren auch für energiereiche Röntgen- und Gammastrahlen empfindlich sind.

Die Selektivität wird oft durch Abschirmung erreicht: Eine dünne Folie kann energiearme Elektronen abhalten, ebenso UV-Strahlung. Eine dickere Barriere auch Protonen. Für die Detektion von ganz energiereichen Teilchen verwendet man noch stärkere Abschirmungen. Teilchen können eine Energie einiger Elektronenvolt (eV) haben oder Millionen Elektronenvolt (MeV). Ein Photon des sichtbaren Lichts, das immerhin Moleküle in Anregung bringen kann, hat eine Energie von 2 bis 4 eV. 10 eV reichen aus, um ein Elektron aus jeder chemischen Bindung zu lösen. Ein Elektron hat eine Masse von 511.000 eV. Demgegenüber können Protonen oder Alphateilchen Energien von einigen Millionen Elektronenvolt haben.

Einfallsrichtung: Es ist schwer möglich, Teilchen zu bündeln, wie dies mit einem Teleskop geschieht. Um die Richtung festzustellen, verwendet man Blenden. Der Detektor wird an allen Seiten bis auf eine abgeschirmt, sodass von dort kein Teilchen einfallen kann. Platziert man auf der letzten Seite dann noch einen Tubus, so können auch keine Teilchen schräg von vorne einfallen. Trotzdem erreicht man so selten kleinere Gesichtsfelder als 30 Grad.

Besser geht die Begrenzung der Einfallsrichtung durch ein elektrostatisches Feld. Dazu müssen die Teilchen vor dem Detektor eine Zone passieren, in der zwei Metallplatten unter Spannung stehen. Sie erzeugen ein elektrisches Feld. Dies lenkt geladene Teilchen aus ihrer Bahn ab. Man kann das Feld so steuern, dass nur bestimmte Teilchen den Detektor erreichen. So kann man Elektronen von Protonen oder Ionen trennen, einfach geladene von doppelt geladenen Teilchen oder schnelle von langsamen. Eines der am weitesten entwickelten Instrumente dieser Sorte ist ASPERA an Bord von Phobos 1+2, Mars Express, Mars 96 und Venus Express. Variiert man die Spannung systematisch, so passieren zu einem bestimmten Zeitpunkt nur Teilchen mit einer bestimmten Energie und Ladung den Eingang Dies ist dann ein **Plasmaanalysator**. Die Einengung der Einfallsrichtung geschieht durch die Rotation der Sonde: Zu einem bestimmten Zeitpunkt können nur Teilchen von einer Raumrichtung den Eingang erreichen.

Von einem Teilchen- oder **Partikelspektrometer** spricht man, wenn das Experiment die Teilchen über ihre Teilchenenergie summiert. Man spricht dann oft von **Spektralkanälen**. Der erfassbare Energiebereich wird in viele Teilbereiche aufgeteilt. Pro Teilbereich wird die Summe der Teilchen erfasst. Mit dem elektrostatischen Feld zur Vorselektion, (**elektrostatischen Analysator**), kann man den Energiebereich jedes Kanals vorgeben. Alle anderen Teilchen erreichen nicht die Detektoren.

Historisch gesehen waren die ersten Detektoren **Proportionalzähler**. Nach diesem Prinzip funktionieren die Geiger-Müller Zähler. In einer gasgefüllten Kammer wird ein Draht in der Mitte unter Spannung gesetzt. Ein einfallendes geladenes Teilchen ionisiert durch Zusammenstoß Atome des Gases. Diese werden zum Draht durch ein elektrisches Feld beschleunigt und treffen dort auf und verursachen einen Strom. Der Detektor heißt so, weil der Strom proportional zur Energie der Teilchen ist. Durch die Gasfüllung und die angelegte Spannung ist der Messbereich und die Empfindlichkeit festlegbar. Der Proportionalzähler detektiert auch ionisierende Strahlung wie Gamma- oder Röntgenstrahlung.

Heute üblicher sind **Szintillationszähler**. Dabei passieren Teilchen eine Substanz und stoßen dort mit den Atomen zusammen. Die Atome geben die Energie als einen

Lichtblitz wieder ab. Das Licht wird durch Photomultiplier verstärkt und in ein elektrisches Signal umgewandelt. Diese Detektoren sind empfindlicher, da die Atome nicht ionisiert werden müssen. Die Detektoren bestehen aus lichtdurchlässigen Einkristallen bestimmter Salze wie Cäsiumiodid und Natriumiodid.

Eine Abwandlung sind Detektoren die **Tscherenkow-Strahlung** nachweisen. Durchquert ein sehr schnelles Teilchen ein Material, so hinterlässt es eine Lichtspur, vergleichbar der Überschallwelle eines Flugzeugs in der Luft. Das abgegebene Licht wird detektiert. Der Tscherenkow-Detektor erfasst nur Teilchen ab einer bestimmten Energie, ist also selektiver.

Auch Halbleitermetalle eignen sich als Detektoren. In ihnen sind die Elektronen schon im Normalzustand nur leicht gebunden. Ein Teilchen kann dann Elektronen freisetzen, diese prallen auf weitere und übertragen auf diese Energie. So erzeugt ein Teilchen einen Schwall von Elektronen. Den entstehenden Strom wird gemessen. Er kann durch eine angelegte Spannung verstärkt werden. Hat man mehrere Detektoren aus Halbleitern, getrennt durch Isolatoren, so kann man auch die Energie des Teilchens feststellen. Ein energiereiches Teilchen wird in mehreren Lagen ein Ereignis verursachen, ein energiearmes nur in der ersten Lage. Verwendet man eine Matrix wie bei einem CCD, so kann man über Vergleich des Orts in mehreren Lagen auch den Einfallswinkel ermitteln. Solche Halbleiterdetektoren werden allerdings vor allem genutzt, um Gamma- und Röntgenstrahlen zu detektieren. Sie sind sehr einfach aufgebaut und diese Strahlen sind sehr durchdringend. Man zieht dann ihr Signal vom Signal eines Teilchendetektors ab, um nur geladene Teilchen, aber nicht ionisierende Strahlung zu detektieren.

Eine Besonderheit sind **Microchannel Plate** oder MCP Detektoren. Man findet sie auch in anderen Instrumenten. Massenspektrometer benutzen MCP als Detektoren. Sie sind zweidimensionale Elektronenverstärker, die aus mehreren Millionen einzelnen Channeltron (Elektronenvervielfacher) bestehen. Diese bestehen aus kleinen Bleiglasröhrchen, die in einer zweidimensionalen Matrix parallel angeordnet sind. Die Röhrchen sind innen mit einer siliziumdioxidhaltigen Schicht auf einem Halbleitermaterial ausgekleidet, welche eine hohe Sekundärelektronenausbeute besitzt.

Zwischen der Oberkante und der Unterkante der MCP wird eine hohe Spannung, typischerweise 1.000 bis 3.000 V angelegt. Die Spannung zwischen Eingang und

Ausgang beschleunigt die Elektronen der ersten Generation in Richtung Ausgang. Sie setzen weitere Elektronen aus der Halbleiterschicht frei, sodass durch die hohe Sekundärelektronenausbeute eine Verstärkung des Eingangsstromes um einen Faktor >5.000 erreicht wird. MCP werden daher auch bei Nachtsichtgeräten eingesetzt, um das Restlicht zu verstärken.

Die Elektronen am Ausgang werden dann gemessen. Zusammen mit dem Detektor spricht man von einem CEM (**C**hannel **E**lectron **M**ultiplier). Ein Vorteil des MCP ist, dass durch die vielen Elemente eine hohe Ortsauflösung resultiert.

Da die Teilchen ionisiert sind, kann man MCP als Detektor für ein Massenspektrometer benutzen. Man erhält dann genaue Information über Masse, Ladung und Energie.

Den erzeugten Strom durch geladene Teilchen misst man mit einer **Faraday Cup** Sonde. Das ist ein Metallzylinder, der die Elektronen aufnimmt. Sie entladen sich in ihm. Außen ist er mit einem keramischen Material isoliert. Am Zylinder liegt eine hohe Spannung an. Damit können die Elektronen nicht entweichen. Gegen einen zweiten äußeren Zylinder ist der innere Zylinder durch einen dünnen Draht verbunden. Zwischen beiden Zylindern kann der Gesamtstrom, der durch die Elektronen verursacht wird, gemessen werden.

Elektronendichten und Temperaturen misst man durch **Langmuir Proben**. Das sind Elektroden, die in das Plasma zeigen. Von dem Plasma wird die Ladung der Elektrode verändert. Man vergleicht dies mit einer Referenzelektrode und kann die Plasmatemperatur messen, indem man die Spannung zwischen beiden Elektroden variiert.

Neutronendetektoren

Neutronen entstehen erst in planetaren Atmosphären oder der Oberfläche, wenn Protonen auf andere Atomkerne prallen und dabei ein Neutron freigesetzt wird. Dieses wechselwirkt dann mit der Materie. Neutronen sind anders als Protonen sehr durchdringend und können je nach Zusammensetzung der Oberfläche einige Hundert Meter Tiefe erreichen. Das Messprinzip ist nur bei Himmelskörpern einsetzbar, bei der Protonen bis zur Oberfläche vordringen können, also Körpern ohne oder mit dünner Atmosphäre.

In diesem Band 1 haben nur Phobos 1 und 2 Neutronendetektoren. Sie werden inzwischen bei vielen Sonden eingesetzt. Neutronen werden von Elementen hoher Atommasse kaum beeinflusst. Doch Elemente mit niedriger Atommasse, vor allem Wasserstoff, bremsen Neutronen ab. Neutronendetektoren sind daher Wasserstoffdetektoren. Da Wasserstoff sich praktisch nur in Form von Wasser oder Hydrogencarbonaten in planetaren Oberflächen findet, ist dies gleichbedeutend mit dem Nachweis von Wasser. Damit ergänzen sie Röntgenfluoreszenzspektrometer, die nur schwere Elemente quantifizieren können.

Bestimmt man die Energie der durch kosmischen Strahlen freigesetzten Neutronen, die von der Planetenoberfläche emittiert werden, so kann man die Menge von Wasser bestimmen, das sich nahe der Oberfläche befindet. Dazu gibt es zwei Methoden. Niedrig-energetische Neutronen werden über den Einfang von Neutronen von Bor bestimmt. Dazu wird ein klarer Kunststoffkörper, z. B. aus Polyethylen, mit Bor dotiert. Ein Neutron stößt mit den Wasserstoff- und Kohlenstoffkernen des Kunststoffs zusammen und wird verlangsamt. Schließlich erreicht das Neutron eine Geschwindigkeit, die ausreicht, um von einem Bor-Kern eingefangen zu werden. Der Bohrkern zerfällt dadurch in einen Lithiumkern. Dies verursacht einen Lichtblitz, der durch Photomultiplierröhren detektiert und verstärkt wird.

Moderne Instrumente schirmen den Kunststoff in vier von sechs Richtungen (oben, unten, links, rechts, hinten sitzt der Detektor) ab und verwenden mehrere Detektoren, die gegenüber und orthogonal aufeinander stehen. Durch Subtraktion der Signale von vorne und hinten ist unterscheidbar zwischen Neutronen aus dem Weltraum und vom Planeten. Analog kann man thermale von nicht thermalen Neutronen durch die Geschwindigkeit der Sonde und den daraus entstehenden Energieunterschieden der Detektoren in Flugrichtung unterscheiden. Nach diesem Prinzip arbeitet z. B. der Neutronendetektor an Bord von Mars Odyssey.

Auf russischen Sonden wird ein Detektor verwendet, der auch Neutronen hoher Energie detektieren kann. Er verwendet die Reaktion $^3He(n, p) \rightarrow {}^3H + 0{,}768$ MeV. Der Detektor enthält Helium-3. Wird Helium-3 von einem Neutron getroffen, so gibt es ein Proton ab. Es wird zu Tritium, Wasserstoff mit der Atommasse 3, und sendet Röntgenstrahlung aus, die detektiert wird. Der Detektor ist üblicherweise auf fünf Seiten von Cadmium umgeben, um Neutronen aus dem Weltall zu stoppen. Eine Folie aus Polyethylen dient als Moderator und bremst einfallende Neutronen ab. Durch verschieden starke Polyethylenschichten kann man die Empfindlichkeit in einem breiten Bereich von 0,1 eV bis 1 MeV Neutronenenergie variieren.

Neutronen werden auch von Oberflächensonden detektiert. Hierbei befindet sich die Quelle der Neutronen im Instrument selbst. Auch hier nutzt man das Prinzip aus, um Wasser unterhalb der Oberfläche nachzuweisen. Das Instrument DAN an Bord von Curiosity kann so Wasser unter dem Rover in bis zu 1 m Tiefe nachweisen.

Summiert das Experiment nur die Zahl der Neutronen eines bestimmten Energiebereichs, so spricht man von einem **Neutronenspektrometer**.

Plasma- und Radiowellendetektoren

Radiowellen werden von Elektronen ausgesandt, wenn diese sich entlang der Magnetfeldlinien bewegen. Dies kommt in den Magnetosphären von Planeten vor. Jupiter mit seinem starken Magnetfeld und daher starken Strahlungsgürtel ist auch eine sehr starke Quelle von Plasmawellen. Die Radiowellen liegen bei Frequenzen von einigen Kilohertz bis maximal 40 MHz.

Als Empfänger werden lange Peitschenantennen (bis zu 90 m) verwendet. Das Instrument ist im Prinzip ein Breitbandempfänger mit einer Antenne. Bei einem **Plasmawellenspektrometer** wird die Energie der Radiostrahlung in einem breiten Wellenbereich bestimmt. Manche Experimente messen auch die Wellenform. Dann kommen sehr große Datenmengen zusammen. Bei Voyager und Galileo lieferten diese Experimente genauso viele Daten wie die Kameras. Der Name Plasmawellenspektrometer ist etwas irreführend, da man nicht Teilchen des Plasmas misst, sondern die Radiowellen, die beim Abbremsen von Plasma emittiert werden. Die Angabe "Spektrometer" sagt aus, dass man die Energie der Teilchen über den Messbereich in einzelnen Kanälen summiert.

Skaliert man die Wellenlänge auf den hörbaren Bereich herunter, so kann man die Plasmawellen hörbar machen. Bei den Voyager Messwerten von Jupiter und Saturn klang dies wie eine Mischung aus Walgesängen, rauschendem Wasser und Formel-1 Rennstrecke.

Kommunikationsexperimente

Ein Experiment hat jede Sonde an Bord: die Funkverbindung zur Erde. Schon durch die Verschiebung der Frequenz (Dopplereffekt) des Signals durch die Geschwindigkeitsänderung einer Sonde beim Vorbeiflug an einem Planeten kann man auf dessen Masse schließen. Bei sehr nahen Vorbeiflügen kann man sogar die Masseverteilung bestimmen. Wird das Signal beim Durchgang durch eine Atmosphäre abgeschwächt, so kann man ein Höhenprofil der Dichte erstellen. Eine Sonde in einem Orbit erfährt Bahnänderungen, die sich ebenfalls über den Dopplereffekt bestimmen lassen. Damit können lokale Massekonzentrationen bestimmt werden. Beim Dopplereffekt verschiebt sich eine Welle in den kürzer- oder längerwelligen Bereich, wenn sich ein Körper bewegt. Damit man auch kleinste Abweichungen der Frequenz bestimmen kann, nutzt man dazu USO: **Ultrastabile Oszillatoren.** Das sind elektronische Bauteile, die ein Signal mit einer festen, von äußeren Faktoren nur wenig abhängigen Frequenz abgeben. So können Dopplerverschiebungen genau bestimmt werden. Nur so gelang es, die Masse von kleinen Himmelskörpern wie Phobos oder Deimos genau zu bestimmen. In den ersten Jahrzehnten der Raumfahrt wurden USO laufend verbessert. Seit Voyager aber wurden USO nur noch wenig leistungsfähiger. Für derartige Messungen sendet man die reine Trägerwelle, also keine Nutzsignale. Hat eine Sonde mehrere Sender in verschiedenen Bändern (heute meistens S-Band, X-Band und Ka-Band), dann profitieren vor allem Atmosphärenuntersuchungen davon, dass die Abschwächung frequenzabhängig ist.

Enorme Steigerungen gab es auch beim Bodensegment. Leistungsfähigere Empfänger und VLBI-Messungen wurden in den Siebzigern und Achtzigern eingeführt. Inzwischen setzt man die Delta-DOR (ΔDOR) Technik ein. Beim **Delta-Differential One-Way Ranging** empfängt man das Signal einer Raumsonde mit zwei Empfangsstationen, die möglichst weit voneinander entfernt sind. Dadurch ergeben sich Zeitunterschiede im Empfang. Mit diesen kann man durch Dreiecksberechnung die Position der Raumsonde bestimmen. Das geht heute so genau, das das Deep Space Network die Position einer Raumsonde in 100 Millionen km Entfernung auf 500 m genau feststellen kann. Bei Mariner 2 waren es noch 20.000 km bei derselben Distanz. Die höhere Genauigkeit verringert den Bedarf an Treibstoff für Kurskorrekturen. Vor allem kann man mit ΔDOR kleinere Bahnabweichungen und damit Einflüsse eines Himmelskörpers bestimmen.

Röntgen und Gammastrahlenspektrometer

Die Sonne beschießt Mond und Planeten ständig mit Röntgen- und Gammastrahlung. Diese regt Mineralien zur Fluoreszenz an, die man von Raumfahrzeugen aus messen kann. Da die hochenergetische Strahlung durch Gase abgeblockt wird, funktioniert diese Messmethode nur bei Himmelskörpern ohne oder mit dünner Atmosphäre, wie dem Mond, Merkur, Mars oder Asteroiden. Zur Naherkundung kann diese Methode auf Landefahrzeugen (Surveyor, Viking) eingesetzt werden, indem man eine Probe mit dieser Strahlung bestrahlt. Elemente mit kleineren Atommassen als Magnesium sind mit dieser Methode allerdings schwer nachweisbar.

Die radioaktiven Elemente Uran, Thorium und Kalium sind aktive Gammastrahler. Deren lokale Konzentration kann man sehr gut bestimmen und daraus eine Karte des Vorkommens dieses Elementes erstellen. Die Detektoren sind oft die gleichen wie bei geladenen Teilchen wie Szintillisationsdetektoren aus Einkristallen.

Gammastrahlen werden oft mit einem großen Halbleiterkristall, meist aus Germanium oder Bismutgermanat bestimmt. In diesem Material gibt es Bindungselektronen, die nur schwach gebunden sind. Hochenergetische Strahlung stößt mit den Elektronen zusammen und schlägt sie aus der Bindung heraus. Die hohe Energie der Elektronen reicht aus, dies bei weiteren Zusammenstößen auch mit anderen Elektronen zu tun. So vervielfacht sich die Zahl der freien Elektronen in dem Kristall und es gibt einen messbaren Strom. Dieser wird gemessen und die Stärke digitalisiert. Ein Kanal entspricht dann jeweils einem bestimmten Energiebereich. Für ein Spektrum werden die Ereignisse in jedem Kanal gezählt.

Man kann die Genauigkeit der Messung noch verbessern, wenn man den Kristall unter hohe Spannung setzt (beim GRS an Bord von Mars Observer / Mars Odyssey 3000 V), dies führt zu einer Verstärkung des Stromes. Durch die Gammastrahlung altert die Kristallstruktur, sodass man den Kristall zyklisch auf 100 Grad erhitzen muss, um diese Defekte zu minimieren.

Ein Nachteil der Instrumente ist, dass man über Stunden Ereignisse registrieren muss, um aufschlussreiche Ergebnisse zu erhalten. Im Orbit empfängt man nur wenig der reflektierten Strahlung. Erst nach Monaten hat man genügend Messwerte für eine grobe Analyse, da man jeden Ort in Sekunden überflogen hat.

Instrumente auf Landesonden

Gaschromatograph

Das Grundprinzip eines Gaschromatographen ist einfach. Eine gasförmige Probe (entweder eine Gasprobe oder eine verdampfte feste Probe) wird durch eine sehr lange Kapillarsäule, das ist eine innen hohle Glasfaser mit einer rauen Oberfläche, durch ein Trägergas gespült. Das Trägergas ist je nach Detektor Helium oder Wasserstoff. Die Länge einer solchen Kapillarsäule, die aufgewickelt wird, beträgt zwischen einigen und bis zu 30 m. Wasserstoff und Helium sind inerte Substanzen, die meisten Moleküle sind mehr oder weniger polar. Nun befindet sich auf der Oberfläche des Glases eine dünne Schicht eines polaren Materials wie z. B. Siliziumdioxid mit einer großen Oberfläche. Die polaren Moleküle fühlen sich zu diesem hingezogen und gehen eine schwache Bindung ein. Auftreffende Moleküle des Trägergases drängen das Molekül aber weiter. Je größer und je polarer ein Molekül ist, desto öfters wird es gebunden und desto langsamer passiert es die Säule. Die Geschwindigkeit kann man einstellen, indem man den Behälter mit der Säule beheizt. Bessere Geräte haben mehrere Säulen zwischen den man wechseln kann. Sie können unterschiedlich lang oder unterschiedlich beschichtet sein.

Am Detektor kommen die Bestandteile der Probe nacheinander, getrennt nach ihren chemischen Eigenschaften, an. Man kann diese nun detektieren, z. B. durch einen Wärmeleitfähigkeitsdetektor (vorbeiströmende Moleküle ändern die Temperatur eines Drahtes) oder durch einen Flammenionisationsdetektor (eine Flamme ionisiert die Moleküle und die Ionen werden detektiert). Häufig setzt man ein Massenspektrometer als Detektor ein. Ein Massenspektrometer ist nicht nur sehr sensitiv, sondern es liefert auch Informationen über die Molekülmasse. Ein Gaschromatograph kann nicht direkt feststellen, aus welchen Substanzen die Probe besteht, sondern sie nur in ihre Bestandteile auftrennen. Man wird daher nur auf ein Massenspektrometer als Detektor verzichten, wenn es enge Gewichtsanforderungen gibt oder man kein Vakuum für das Massenspektrometer herstellen kann (ist z. B. auf der Venus schwieriger als auf dem Mars). In diesem Fall muss man im Labor Proben mit einer ähnlichen Zusammensetzung und bekannten Bestandteilen mit demselben Instrument analysieren und die Detektionszeitpunkte vergleichen.

Massenspektrometer

Massenspektrometer sind sehr universelle Instrumente. Man kann sie als Teilchendetektoren nutzen, zur Analyse von interplanetarem Staub, aber auch zur Bestimmung der Isotopenverhältnisse von Atmosphären.

Der Vorteil eines Massenspektrometers ist:

- Es ist hochempfindlich und kann wenige Atome / Moleküle nachweisen (Betrieb in der Hochatmosphäre eines Planeten oder der Koma eines Kometen).
- Es liefert die genaue Atommasse einer Substanz. Mit Bibliotheken und den Daten über Flugzeit oder Ablenkwinkel ist oft die chemische Substanz identifizierbar. Es kann Moleküle mit fast identischer Atommasse unterscheiden, so z. B. Kohlenmonoxid von Stickstoff.
- Es können durch eine Ionenquelle Moleküle, ohne Ionenquelle nur Ionen bestimmt werden.

Trennt ein Gaschromatograph die Probe vorher nach chemischen Eigenschaften auf, so erhält man noch mehr Selektivität, da die Substanzen zeitlich verzögert am Detektor ankommen.

Bei Landesonden liegt der Nutzen auf der Hand. Dabei kann ein solches Massenspektrometer auch als Staubanalysator fungieren: Staub trifft auf ein Ziel und wird durch die Aufschlagenergie teilweise ionisiert. Das ionisierte Plasma wird dann durch ein Massenspektrometer analysiert. Deutsche Staubdetektoren funktionieren nach diesem Prinzip und wurden seit 1985 auf jeder Kometenmission (von Russland, der ESA und den USA) eingesetzt.

Jedes Massenspektrometer besteht aus folgenden Einzelteilen:

- Ionisierungsquelle
- Analysator
- Detektor

Die Ionisierungsquelle ionisiert die Probe. Üblich sind Metallplatten, die erhitzt werden und Elektronen freisetzen. Diese werden auf ein Ziel, z. B. Drähte aus Rhenium beschleunigt, indem zwischen Metallplatte und Ziel eine Spannung angelegt wird. Dazwischen treffen Sie auf die Probenmoleküle und schlagen Elektronen heraus, sodass Ionen vorliegen. Dies geht nur, wenn die Konzentration der Probe niedrig ist. Im Massenspektrometer herrscht ein Hochvakuum. (10^{-6} Pa).

Der Analysator unterscheidet sich von Gerätetyp zu Gerätetyp. Das empfindlichste Instrument ist das **Quadrupol-Massenspektrometer**. Dabei besteht der Analysator aus vier Stäben, von denen jeweils die gegenüberliegenden elektrisch verbunden sind. Auf jedem Stabpaar liegt eine Gleichspannung an, die von einer Wechselspannung hoher Frequenz überlagert wird: Ein Ion wird durch die Gleichspannung von einem Stab angezogen. Durch die Wechselspannung wechselt die Anziehungskraft dauernd zwischen den beiden Stäben. Es gibt nun genau drei Fälle:

- Das Ion ist zu schwer: Der schnelle Wechsel des Spannungsfeldes kann es von seinem langsamen, aber steten Weg zum Stab nicht abbringen. Es prallt auf den Stab.
- Das Ion ist zu leicht: Bevor einmal die Spannung gewechselt wurde, ist es schon auf dem Stab aufgeschlagen.
- Das Ion hat genau die richtige Masse und beschreibt nun einen Zickzack-Weg zwischen den beiden Stäben und erreicht so den Detektor.

Das **Quadrupol-Massenspektrometer** sortiert also alle Teilchen aus, die einem Kriterium (Masse, Ladung) nicht genügen. Nur die anderen werden durchgelassen und detektiert. Variiert man Gleich- und Wechselspannung, so kann man die Masse der Ionen, die am Detektor ankommen, beeinflussen. Dadurch dauert eine Messung länger als bei einem Flugzeitmassenspektrometer. Verbessern kann man dies noch, wenn man hinter dem Analysator noch ein Magnetfeld erzeugt. Dann trennt es die einzelnen Ionen noch nach dem Kriterium Masse / Ladung auf. Man spricht dann von einem doppelt fokussierenden Massenspektrometer.

Der Detektor ist unterschiedlich, je nach Einsatzzweck. Kommt es nicht auf eine Ortsauflösung an, so kann man Dynoden oder andere Elektronenvervielfacher verwenden. Die auftreffenden Ionen schlagen aus einer Schicht Elektronen heraus, die durch eine Spannung beschleunigt werden und weitere Elektronen freisetzen. So wird das Signal 1 Million Mal verstärkt. Bei doppelt fokussierenden Massenspektrometern ist auch der genaue Detektionsort wichtig. Dann werden MCP (S .27) als Detektoren eingesetzt.

Eine zweite Variante sind die **Flugzeitmassenspektrometer**. Hier werden die Ionen durch ein elektrostatisches Feld beschleunigt, sodass leichte Ionen schneller am Detektor ankommen als schwere. Damit man weiß, wie lange ein Ion zum Passieren des Feldes braucht, wird ein Teil der Ionen vorher detektiert z. B. durch ein Gitter am Eingang, dessen Spannung durch auftreffende Ionen absinkt. Gemessen werden Flugzeit und Energie der Ionen. Die Ionen werden nacheinander detektiert.

Beide Techniken haben Vor- und Nachteile. Das Quadrupol-Massenspektrometer ist empfindlicher. Geräte an Bord von Planetensonden erreichen Massenauflösungen von 1.000 bis 10.000. Eine Massenauflösung von 1.000 bedeutet, dass das Gerät bei einem Molekül mit der Masse 100 einen Fehler von maximal 0,1 Masseneinheiten hat (die detektierte Masse liegt also zwischen 99,9 und 100,1).

Das bedeutet, dass ein Quadrupol-Massenspektrometer Kohlendioxid (Atommasse 28,0104) von Stickstoff (Atommasse 28,0134) unterscheiden kann. Allerdings braucht eine Messung Zeit und die Probenzusammensetzung darf sich in dieser Zeit nicht verändern. Ein solches Gerät eignet sich zur stationären Untersuchung von Atmosphären von Planeten, der Ionosphäre oder der Koma von Kometen. Überall dort, wo man nicht innerhalb von Sekundenbruchteilen mit neuen Proben neuer Zusammensetzung rechnet.

Will man die chemische Zusammensetzung von Staub, der auf einem Ziel ionisiert wird oder von einzelnen Ionen, die von einem Teilchendetektor kommen, untersuchen, so ist das Flugzeitmassenspektrometer geeigneter. Es hat meist nur eine Auflösung von 50 bis 250, kann also nur grob die Molekülmasse wiedergeben. Aber es kann 4.000 bis 10.000-mal pro Sekunde ein Massenspektrum erstellen und so bei Teilchen- oder Staubeinschlägen jeden Einschlag einzeln untersuchen. Bei organischen Substanzen gibt es viele Moleküle mit gleicher Atommasse. Hier nutzt man die Detektion von Sekundärionen, entstanden durch Zerfall der Moleküle oder mehrfache Ionisation einer Substanz, zum Identifizieren.

Massenspektrometer und die Evolution von Atmosphären

Wichtig für die Planetenforschung ist die Evolution einer Atmosphäre, das heißt, wie hat sie sich im Laufe der Zeit verändert. Hier liefern Massenspektrometer über Isotopenanalysen wertvolle Informationen. Fast jedes Element kommt in mehreren Isotopen vor, d. h. Atomen mit unterschiedlicher Atommasse. Beim Wasserstoff ist sein schweres Isotop, Deuterium mit Atommasse 2, allgemein bekannt ebenso beim Kohlenstoff das Isotop C^{14} (gesprochen: C vierzehn), da es zur Altersbestimmung benutzt wird. Die Atommasse eines Isotops wird als hochgestellte Ziffer angegeben.

Jede Atmosphäre wird nach oben hin dünner und gelangt schließlich in einen Bereich, wo die Moleküle durch solare UV-Strahlung in Atome gespalten werden. Dabei werden die Atome durch solare Strahlung beschleunigt. Manche erreichen die Fluchtgeschwindigkeit des Himmelskörpers. Auf der Erde ist dies für Wasserstoff und Helium möglich. In dem Urnebel, aus dem sich alle Himmelskörper formten, gab es ein konstantes Verhältnis der Isotope zueinander. Je schwerer ein Atom ist, desto weniger Masse verliert der Planet. Daher reichern sich die schweren Isotope im Laufe der Zeit an.

Bestimmt man das Verhältnis der Isotope, so kann man ableiten, wie sich die Atmosphäre seit der Entstehung des Himmelskörpers verändert hat. So verriet das N^{15} zu N^{14} Verhältnis bei Titan, dass Titan ¾ seiner Atmosphäre verloren hat. Bei der Venus verriet das Verhältnis von $^{2}H/^{1}H$, dass sie einmal große Wassermengen besaß.

Eine Sonderrolle nimmt das Edelgas Argon ein. Argon ist selten im solaren Urnebel. In vielen planetaren Atmosphären kommt es dagegen häufig vor. Auf der Erde ist es mit 0.934 Volumenprozent das dritthäufigste Gas. Der Grund liegt zum einen daran, dass die Atommasse von Argon von 36 bis 40 (je nach Isotop) so hoch ist, dass selbst Mars Argon halten kann. Zum anderen wurde das meiste Argon erst später gebildet. Argon besteht aus drei Isotopen mit den Atommassen 36, 38 und 40. In der Sonne gibt es nur Argon 36 und 38 im Verhältnis von 5 zu 1. Anders sieht es auf der Erde aus. 99,6 % des Argons der Erdatmosphäre bestehen aus Ar^{40}, 0,337 Prozent aus Ar^{36} und 0,063 Prozent aus Ar^{38}. Das Argon 38/36 Verhältnis ist wie bei der Sonne 5.

Argon-40 ist das Zerfallsprodukt von Kalium-40. K^{40} ist ein radioaktives Isotop mit einer Halbwertszeit von 1,3 Milliarden Jahren. Kalium ist ein häufiges und leichtes

Element, kommt also verstärkt in der Kruste von Planeten vor. Bei der Halbwertszeit von 1,3 Milliarden Jahren ist über 90 % des K^{40} seit Entstehung der Planeten zu Ar^{40} zerfallen. Auf der Erde stammen 99.6 % des Argons aus dem Zerfall von K^{40}. Dies liegt an der Plattentektonik, die dauernd Erdmantelmaterial aufschmilzt und dadurch das Ar^{40} freisetzt. Auf der Venus gibt es 300-mal weniger Ar^{40}. Das bedeutet, dass der Planet geologisch weniger aktiv ist. Gleichzeitig verrät die Absolutmenge des Argons 36/38, dass die Venusatmosphäre schon immer dichter als die irdische war.

Auf Titan fand Huygens überhaupt kein Argon 36 und 38. Das bedeutet, dass Titan eine sekundäre Atmosphäre hat. Das heißt, er hat entweder seine Uratmosphäre verloren und später eine neue gebildet, oder er besaß zuerst keine und hat erst später eine gebildet. Isotopenanalysen können also viel über die Veränderung eines Planeten über die Zeit verraten.

Wettersensoren

Wettersensoren sind die gleichen wie in einer Wetterstation: Sensoren für Druck, Windrichtung und Geschwindigkeit, Temperatur und Feuchtigkeit. Man findet diese in Atmosphärensonden oder Landefahrzeugen. Bei Landesonden oftmals auf Auslegern als „Wetterstation“.

Nephelometer

Ein Nephelometer misst die optische Dichte einer Atmosphäre, also wie viel Licht sie verschluckt bzw. wie weit man sehen kann. Man hat solche Instrumente in Venuslandekapseln oder in der Galileo Atmosphärensonde eingesetzt. Man bestimmt mit Nephelometern die Größe von Tröpfchen (Aerosolen) in Wolken und ihre Zahl. Dazu wird das von Wolken reflektierte Licht einer Lichtquelle vermessen.

Seismometer

Ein Seismometer misst, ob auf einem Planeten oder Mond Bodenbewegungen vorkommen und wie stark diese sind. Bei Himmelskörpern, die keine Atmosphäre haben, wie dem Mond, verursachen auch Meteoriteneinschläge leichte Beben. Die Zusammensetzung des Mantels und des Kerns ist durch die Ausbreitungsgeschwindigkeit von größeren Wellen mit Seismometern bestimmbar. Seismometer waren an

Bord der Apollomissionen und der Viking-Raumsonden auf dem Mars. Mit Insight wird nach 40 Jahren erneut ein noch empfindliches Seismometer eingesetzt um die innere Struktur des Mars zu durchleuchten. Bei den Venera-Landesonden zweckentfremdete man Seismometer, um die Windgeschwindigkeit zu messen, da die Venusatmosphäre so dicht ist, dass ein Windstoß so detektierbar ist.

Alphateilchen und Protonen Spektrometer

Wird ein Gestein mit den hochenergetischen Protonen oder Alphateilchen (Helium-Kernen) bestrahlt, so werden diese an den Kristallstrukturen gestreut. Das kann das Aussenden von eigenen Protonen und Elektronen bewirken. Leichte Elemente senden Röntgenstrahlen aus, schwere Elemente streuen die Alphateilchen. Bestimmt man die Energie der reflektierten Strahlung, so kann man die elementare Zusammensetzung der Probe von der Atommasse von Natrium bis etwa zu der Atommasse von Nickel/ Zink bestimmen. Der Wasserstoff kann so nicht bestimmt werden.

Da die hochenergetischen Alphateilchen sehr rasch abgestoppt werden, muss man die Proben sehr nahe an das Instrument bringen, entweder durch Sammeln oder indem man das Instrument direkt an die Probe heranbringt. Quelle für die Alphateilchen sind radioaktive Isotope wie Curium 244.

Das gleiche Messprinzip nutzen auch Instrumente an Bord von Orbitern, wenn der Himmelskörper keine oder nur eine dünne Atmosphäre hat. Ein Nachteil der Instrumente ist, dass man sehr viele Ereignisse registrieren muss, um aufschlussreiche Ergebnisse zu erhalten. Eine typische Messphase dauert über 10 bis 12 Stunden.

Röntgenfluoreszenzspektrometer

Die Röntgenfluoreszenzanalyse stellt die elementare chemische Zusammensetzung einer Materialprobe fest.

Die Materialprobe wird dabei entweder durch Röntgenstrahlung, Gamma- oder Ionenstrahlung angeregt (z. B. mit einem Elektronenstrahl). Dabei werden kernnahe Elektronen von inneren Schalen des Atoms herausgeschlagen. Dadurch können Elektronen aus höheren Energieniveaus zurückfallen. Die dabei freiwerdende Energie wird in Form von elementspezifischer Fluoreszenzstrahlung abgegeben. Diese Fluoreszenzstrahlung wird von einem Strahlungsdetektor ausgewertet. Es gibt zwei Einsatzgebiete. Zum einen kann ein Satellit bei einem atmosphärenlosen Körper (oder einer dünnen Atmosphäre wie beim Mars) die emittierte Röntgenstrahlung empfangen. Die anregende Strahlung stammt dann von der Sonne. Bei einer Landesonde bestrahlt man dagegen das Oberflächenmaterial (es genügen einige Milligramm bis Gramm) mit einer radioaktiven Quelle. Diese Methode ist erheblich schneller, da der Strahlungsfluss viel höher ist als der solare. Russland setzte diese Technik sogar bei den Venera Landesonden ein, die nur eine halbe bis eine Stunde für die Analyse hatten.

Die Methode ist um so genauer, je höher das Atomgewicht der Probe ist. Bor ist das leichteste detektierbare Element. Bis zur Ordnungszahl von Fluor sind die Ergebnisse noch mit großem Fehler behaftet und brauchbare Resultate gibt es erst bei den Elementen der dritten Periode ab der Ordnungszahl von Natrium. Damit muss man die Menge der wichtigen Nichtmetalle Sauerstoff und Kohlenstoff meist errechnen.

Gammastrahlenspektrometer

Die Gammaspektroskopie ist die Messung des Spektrums der Gammastrahlung einer radioaktiven Strahlungsquelle. Gammaquanten haben nicht beliebige, sondern bestimmte (diskrete), für das jeweilige Radionuklid charakteristische Energien, ähnlich wie in der optischen Spektroskopie die Spektrallinien für die in der Probe enthaltenen Stoffe charakteristisch sind. Deshalb ist die Gammaspektroskopie eine wichtige Methode zur Untersuchung radioaktiver Substanzen. Auf der Erde wird damit radioaktiver Abfall untersucht. Bei Raumsonden misst man die Isotope der radioaktiven Elemente Thorium und Uran sowie deren Zerfallsprodukte und die vom radioaktiven Isotop K^{40} abgegebene Gammastrahlung. Obwohl man mit dieser Methode nur die Menge von drei Elementen (Kalium, Thorium, Uran) bestimmen kann, kann man über Vergleich der bestimmten Menge mit bekannten Mineralien eine Bodenprobe einer Mineralstoffklasse zuordnen.

Die Methode kann sowohl auf einer Landesonde verwendet werden, indem man den Detektor einfach auf die Oberfläche legt, wie auch von einem Orbiter aus, wenn die Atmosphäre dünn genug ist. Bei einem Orbiter benötigt man wegen der großen Distanz sehr lange Messperioden. Beim Mars Global Surveyor hatte man erst nach zwei Jahren Messzeit hinreichend genaue Ergebnisse.

Gammastrahlenspektrometer kommen mittlerweile auch zum Einsatz, um Wasser nachzuweisen. Wasser schwächt Gammastrahlung ab. Damit kann man unterirdische Wasservorkommen bis in 1 m Tiefe nachweisen.

Gammastrahlenspektrometer kamen bei den Venera-Landesonden, Luna 13, Mars-Landesonden aber auch bei den Mars Orbitern, Luna 14, 22 und dem Mars Observer zum Einsatz.

Mechanische Experimente

Greifer, Stoßdämpfer oder auch die Fotografie des Landefußes (Einsinken, auf dem Fuß gelandetes aufgewirbeltes Material) geben Aufschluss über die Beschaffenheit des Bodens, seine Körnigkeit, Tragfähigkeit, Adhäsion. Bringt man am Greifer noch Sensoren an, so kann man auch die magnetischen, elektrischen oder thermischen Eigenschaften des Bodens untersuchen.

Himmelsmechanik

Die Erforschung der Planeten wird maßgeblich von deren Erreichbarkeit bestimmt. Dabei spielen zwei Aspekte eine große Rolle: die Startgeschwindigkeit und die Reisedauer. Beide hängen leider zusammen: je höher die Startgeschwindigkeit, desto geringer die Reisedauer. So erkauft man sich einen Vorteil immer mit einem Nachteil.

Schon in den zwanziger Jahren des letzten Jahrhunderts erkannte Walter Hohmann, das die energieärmste Möglichkeit, zwischen zwei Bahnen zu wechseln, ein Transfer ist, bei dem man auf der inneren Bahn gerade so weit beschleunigt, dass die dabei entstehende Ellipsenbahn die Zielbahn berührt. Ist die Zielbahn innerhalb der Ursprungsbahn, muss man dagegen abbremsen. Der Ankunftspunkt liegt genau entgegengesetzt dem Startpunkt. Daraus ergibt sich ein konkreter Startzeitpunkt. Die Sonde muss so starten, dass der Zielplanet bei der Ankunft 180 Grad vom Startpunkt entfernt ist. In der Praxis ist ein Startfenster zwei bis vier Wochen lang. Es beginnt, sobald die Startenergie die maximale Energie unterschreitet, welche die Trägerrakete für die Nutzlast aufbringen kann. In der Mitte des Startfensters sinkt sie auf ein Minimum ab, um danach wieder anzusteigen.

In der Praxis kommen Hohmann-Transfers fast nie vor. Der Grund liegt darin, dass die Bahnen der Planeten zur Erdbahn geneigt sind. Beim Zielpunkt ist dann der Planet etwas oberhalb oder unterhalb der Erdbahnebene. Diese Anpassung der Bahnneigung kostet viel Energie, weshalb man einen Vorbeiflugpunkt vor oder nach dem optimalen Passagepunkt wählt, bei dem der Abstand zur Erdbahnebene geringer ist. In beiden Fällen schneidet die Transferbahn die Planetenbahn. Bei einem Schnittpunkt vor dem idealen Punkt (Winkel < 180 Grad) erreicht sie den Planeten vor dem Aphel. Diese **Hohmann-Typ-I Bahn** wird schneller durchlaufen, als eine Hohmann Bahn. Ist der Schnittpunkt der Bahn dagegen hinter dem Zielpunkt der Hohmannbahn (Winkel: >180 Grad) so hat die Sonde schon das Aphel durchlaufen und befindet sich auf dem Rückweg. Die Reisedauer ist dann höher als auf der Hohmann Bahn. So kann man den Mars nach fünf Monaten (Mariner 6 und 7) oder erst nach zehn Monaten (Viking 2) erreichen. Der Preis beider Lösungen ist eine höhere Startgeschwindigkeit und eine höhere Ankunftsgeschwindigkeit. Letztere spielt eine Rolle, wenn man in einen Orbit einschwenken will.

Bei den ersten Planetenmissionen strebte man eine möglichst kurze Reisedauer an. Zum einen, weil die Lebensdauer der Sonden damals begrenzt war. Zum Zweiten war bei der Ankunft die Distanz zur Erde kleiner. Das erhöhte die Datenrate. Mariner 6 und 7 erreichten den Mars nach fünf Monaten. Der Mars war 106 Millionen km entfernt. Mariner 4 dagegen benötigte acht Monaten bei einer Distanz von 218 Millionen km zur Erde.

Die Reisezeit ist leicht zu berechnen. Es gilt nach den keplerschen Gesetzen: Die Kuben der Umlaufszeiten verhalten sich wie die Quadrate der Halbachsen. Die Halbachse ist die mittlere Entfernung von der Sonne, der Mittelwert von sonnenfernsten und sonnennächsten Punkt. Bei einer Hohmannbahn beträgt die Reisedauer genau die halbe Umlaufdauer. Bei den äußeren Planeten nimmt die Reisedauer rasch zu. Die Erde umrundet im Mittel in 149,6 Millionen km Entfernung die Sonne, der Jupiter in 780 Millionen km. Die Halbachse der Transferbahn beträgt dann 464,8 Millionen km oder dreimal so viel, wie die Entfernung der Erde von der Sonne. Nach obigem Gesetz braucht man dann die 5,47-fache Zeit für die ganze Umlaufbahn oder die 2,24-fache Zeit für die halbe Transferbahn. Man erreicht den Jupiter also erst nach 2 ¼ Jahren. Für eine Bahn zu Saturn sind es schon 6 Jahre. Zu Neptun wäre man auf einer Hohmann-Transferbahn über 30 Jahre unterwegs.

Es geht auch schneller. Bei einer Ellipsenbahn hat die Sonde beim Start eine höhere Geschwindigkeit als für eine Kreisbahn notwendig. Je höher sie liegt, desto schneller entfernt sie sich von der Sonne und desto schneller erreicht sie ein Ziel. Wird die 1,4-fache Kreisgeschwindigkeit überschritten, so wird die Bahn hyperbolisch und die Sonde verlässt das Sonnensystem. Auf hyperbolischen Bahnen kann man die Planeten viel schneller erreichen. Bisher erreichte nur eine Raumsonde schon beim Start diese Geschwindigkeit. Dies war New Horizons 2006.

Seit Mariner 10 (S. 127) kann man über ein Swing-By oder Fly-by Manöver, auch Gravity-Assist genannt, die Reisedauer verkürzen. Dabei nutzt man aus, dass jeder Vorbeiflug die Bahn verändert. Der Planet krümmt die Bahn zu sich hin, sodass der planetennächste Punkt näher liegt, als wenn es das Phänomen nicht gäbe. Beim Verlassen der Einflusssphäre bleibt die Krümmung erhalten. Der entscheidende Punkt ist, dass durch die Krümmung der Bahn der Geschwindigkeitsvektor in Bezug auf die Sonne gedreht wird. Dabei sind drei Möglichkeiten denkbar:

- Die Sonde wird abgebremst: Das Perihel sinkt ab.
- Die Sonde wird beschleunigt: Das Aphel steigt an.
- Die Bahnneigung wird verändert.

Jupiter als massereichster Planet kann so:

- Eine Raumsonde so stark beschleunigen, dass sie das Sonnensystem verlässt (Aphel ins Unendliche angehoben: So erfolgt bei Pioneer 10 und 11 (S. 120) und Voyager (S. 148)
- Eine Raumsonde so stark abbremsen, dass sie in die Sonne stürzt, (Perihel unter die Sonnenoberfläche abgesenkt, war für die (inzwischen gestrichene) Sonde Solar Probe geplant)
- Die Bahn so drehen, dass die Sonde dann senkrecht zur Ekliptik, der Erdbahnebene, ihre Reise fortsetzt. Dies wurde bei Ulysses (S. 373) ausgenutzt.

Nähert sich eine Sonde von „hinten" dem Planeten, also in seiner Bewegungsrichtung, so wird sie beschleunigt, nähert sie sich von „vorn", also gegen die Bewegungsrichtung so wird sie abgebremst.

Den Grad, wie ein Körper die Bahn verändern kann, hängt von seiner Masse, der ursprünglichen Geschwindigkeit der Sonde und dem Minimalabstand ab.

Swing-By Manöver wurden erstmals von Mariner 10 eingesetzt. Ohne einen Venusvorbeiflug hätte die Trägerrakete die Sonde niemals zu Merkur schicken können. Seitdem sind sie Routine. Voyager 2 nutzte jeden der Gasriesen als Sprungbrett, um den nächsten zu erreichen. Voyager 1, die etwas schneller unterwegs ist, (sie näherte sich nur Jupiter und Saturn, aber näher als ihre Schwestersonde und wurde dadurch stärker beschleunigt) passierte schon am 22.3.1987 die Neptunbahn. Weniger als 10 Jahre nach dem Start. Mit einer Hohmann-Transferbahn hätte sie über 30 Jahre für die gleiche Entfernung gebraucht. Swing-Bys wurden erst möglich, als man mit Computermodellen die Bahnen hinreichend genau berechnen konnte. Zudem musste die Navigation verbessert werden, denn eine kleine Abweichung vom idealen Passagepunkt bedeutet eine große Abweichung beim Ziel. Zwischen 1961 und 1971 hatte man die Ungenauigkeit der Positionsbestimmung bei US-Raumsonden von 10.000 auf 100 km (bei 100 Millionen km Distanz) gesenkt. Damit konnte man die noch vorhandenen Abweichungen mit nachträglichen Zündungen der Triebwerke der Raumsonde kompensieren. Als man Swing-By plante, konnte das Deep Space Network die Position einer Sonde auf 1000 nrad, das sind 100 km in 100 Millionen km Entfernung, orten. In den achtziger Jahren stieg die Genauigkeit zuerst durch VLBI-Messungen (mit mehreren Antennen gleichzeitig) und dann durch ΔDOR auf 30 nrad und heute sind 5 nrad möglich. Nur deswegen sind nahe Vorbeiflüge überhaupt möglich. Bei der ersten Raumsonde, Mariner 2, war die Position nur auf 200.000 nrad genau bestimmbar. Das erklärt die anfangs sehr hohen Vorbeiflugdistanzen an den Planeten. Bei diesem großen Fehler dürfte man sich nicht zu stark nähern, sonst könnte die Sonde auf dem Ziel aufschlagen. Mariner 2 verfehlte ihren Zielpunkt noch um 15.000 km bei einer Passagedistanz von 34.773 km.

Bei Mariner 10, die als erste Sonde Swing-By nutzte, musste man pro Kilometer Abweichung vom idealen Zielpunkt bei der Venus die Geschwindigkeit um 0,3 m/s erändern. Bei rund 100 m/s Gesamtkorrekturkapazität war der Spielraum gering. ariner 10 musste nach der Venuspassage den Kurs um 5 m/s anpassen, da sie 0 km vom Zielpunkt entfernt die Venus passierte. Hätte sie ihn um mehr als 400 km erpasst, so wäre die Mission gescheitert.

eute dominieren vor allem Vorbeiflüge an Erde und Venus. Der Vorbeiflug an der de mag auf den ersten Blick wenig bringen, da die 3 bis 4 km/s Geschwindigkeitsewinn, die er bringt, auch beim Start mit wenig Mehrgeschwindigkeit erreichbar ist. ufgrund der Tatsache, dass man aus einer Gravitationsmulde startet, erreicht man e solare Geschwindigkeitsdifferenz von 3 bis 4 km/s schon durch eine zusätzliche schleunigung von 500 bis 600 m/s über der Fluchtgeschwindigkeit. Die Vorbeife an der Erde haben oft die Aufgabe, die Bahnneigung anzupassen, um Asteroiden erreichen, die stark geneigte Bahnen haben.

e Raumsonde BepiColombo wird, wenn sie Herbst 2017 startet, einen Rekord aufellen. Für sie sind nicht weniger als neun Swing-By Manöver geplant: ein Erdvoreiflug, zwei an der Venus und nicht weniger als sechs bei Merkur.

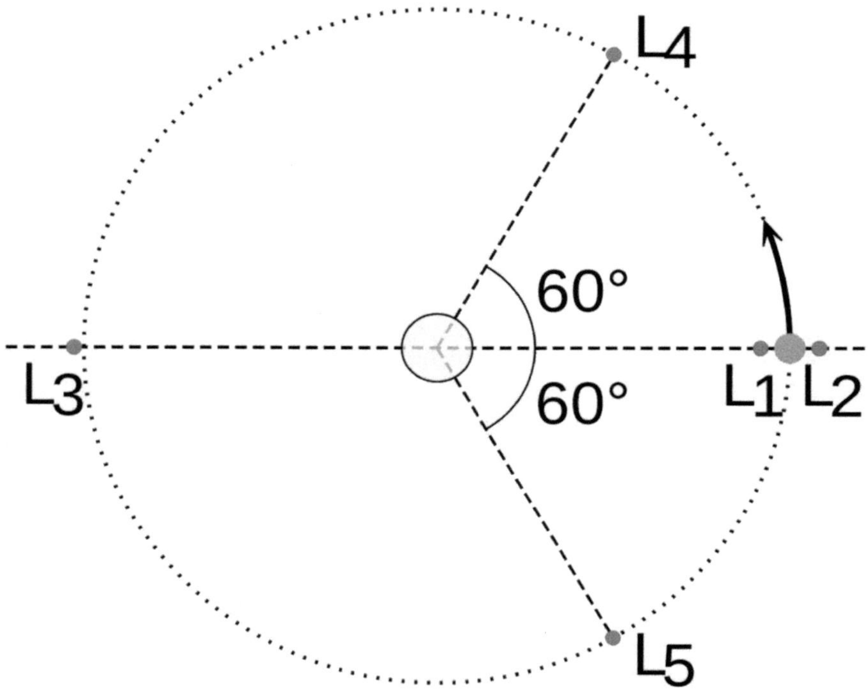

2. Abbildung: Die Lage der Librationspunkte

Swing-By wurde nur bei den letzten Sonden dieses Buches eingesetzt. Heute ist eine Raumsonde ohne Swing-By die Ausnahme. Nur noch Mond-, Venus- und Marssonden kommen ohne Swing-By aus. Der Preis sind verlängerte Missionszeiten. Doch hier senkt Autonomie bei den Sonden die Kosten für die Betreuung während dieser Zeit.

In einem System aus zwei Himmelskörpern gibt es fast keine stabilen Bahnen, die um beide Körper führen. Ein Satellit kann z. B. die Erde umrunden oder den Mond. Aber er wird keine stabile Bahn um Erde und Mond einnehmen können. Luna 3 (S. 209), die auf eine solche Bahn gelangte, verglühte durch Störungen von Erde und Mond nach 7 Monaten in der Erdatmosphäre. Es gibt von dieser Regel fünf Ausnahmen, das sind die Librationspunkte oder nach dem Mathematiker Lagrange, der sie berechnete, Lagrangepunkte.

- L4 und L5 liegen auf der Umlaufbahn des leichteren Körpers um den Schweren, aber 60 Grad vor bzw. nach dessen Position.
- L1 bis L3 liegen auf der Linie: L3 – Erster Körper – L1 – Zweiter Körper – L2.

Raumsonden in den Librationspunkten umkreisen diese in unregelmäßigen elliptischen Bahnen, sogenannten Halo-Orbits. Seit 1977 hat man zunehmend die Librationspunkte im System Erde-Sonne genutzt. In L1 werden Sonnenobservatorien „geparkt". Sie können von dort aus die Sonne beobachten und ermöglichen eine Frühwarnung bei Sonnenstürmen. Dieser Punkt ist 1,5 Millionen km näher an der Sonne und wird zuerst von einer Eruption erreicht. Die erste Raumsonde, die L1 erreichte, war ICE (S. 175). In L1 befinden sich das Sonnenobservatorium SOHO und die Frühwarnroboter ACE und DSCOVR.

Der Punkt L2, jenseits der Erdbahn, wird für Weltraumteleskope genutzt, die permanent im Halbschatten der Erde sind, was für Infrarotsatelliten, die gekühlt werden müssen, von Vorteil ist. In L2 befinden sich die Weltraumobservatorien Herschel und Planck. Als Nächstes soll das James Webb Space Teleskope dort stationiert werden.

Für Landungen auf der Mondrückseite denkt man an die Nutzung der L4 und L5 Librationspunkte für Kommunikationssatelliten, da die Mondrückseite permanent von der Erde abgewandt ist. Die L4 und L5 Punkte sind zudem die einzigen Librationspunkte, die langzeitstabil sind. Bei zahlreichen Himmelskörpern befinden sich dort andere Körper, so bei einigen Saturnmonden (Dione/Thetys) und im L4/L5-Punkt von Sonne-Jupiter eine ganze Familie von Asteroiden. Die Raumsonde Lucy wird Asteroiden in den L4 und L5 Punkten des Systems Sonne/Jupiter besuchen.

Der L3 Punkt im System Erde-Sonne wurde noch nie genutzt, da dann keine Funkverbindung möglich ist. Die Radioemission der Sonne würde diese zu stark stören.

Die Erforschung des Sonnensystems begann von innen nach außen und von den großen Körpern zu den kleinen. Das ergibt sich relativ einfach aus der Erreichbarkeit und dem damaligen technischen Stand. Für Venus und Mars benötigt man nur wenig mehr Startenergie als zum Mond. Gleichzeitig sind die Planeten tausendmal größer als Asteroiden, die man ähnlich leicht erreichen kann. Mit dem damaligen Stand der Technik hätte man bei so kleinen Körpern keine Daten gewinnen können.

In den siebziger Jahren brach man dann zu Merkur und Jupiter auf. Ohne Swing-By sinkt die Nutzlast wegen der höheren Startenergie dann auf ein Viertel der Nutzlast für Venus und Mars ab. Man benötigte also größere Trägerraketen und Raumsonden, die über Jahre funktionsfähig blieben. Mit der Untersuchung von Halley begann die Untersuchung der kleinen Körper. Dank der Fortschritte der Digitaltechnik ist es heute möglich, auch bei einem Vorbeiflug an einem kleinen Körper sehr viele Daten zu gewinnen. Inzwischen gibt es auch die ersten Sonden, die auf Kometen und Asteroiden landen, oder diese umkreisen. So Dawn, Rosetta und Osiris-Rex.

Einige häufig benutzte Fachbegriffe:

Aphel, Apogäum, Apolunäum: sonnenfernster, erdfernster, mondfernster Punkt einer Bahn. Allgemeiner Ausdruck Apoapsis.

Perihel, Perigäum, Perilunäum: sonnennächster, erdnächster, mondfernster Punkt einer Bahn. Allgemeiner Ausdruck: Periapsis.

Inklination: Neigung einer Bahn zu einer Referenzebene. Bei den Planeten die Äquatorebene, bei Bahnen im Sonnensystem die Erdbahnebene.

AE / AU: Abkürzung für Astronomische Einheit (Unit): Die mittlere Entfernung der Erde von der Sonne: 149.597.870,7 km (rund 149,6 Millionen km)

Steuerung von Raumsonden

Die Steuerung von Raumsonden unterscheidet sich nicht von Satelliten. Satelliten haben einen Kommandoempfänger, der ein Kommando dekodiert und ausführt. Ein Kommando kann z. B. sein „Drehe die Solarpaneele um 10 Grad nach links" oder „schalte die Heizung für die Kamera ein". Diese Vorgehensweise gibt es noch heute, nur sind die Kommandos granulärer geworden. Für eine einzige Aufnahme der HRSC-Kamera von Mars Express benötigt man 50 Kommandos.

Eine Raumsonde empfängt die Kommandos aber nicht sofort. Selbst bei Mondsonden sind sie eineinhalb Sekunden unterwegs. Bei Sonden zu Venus oder Mars können es 10 Minuten oder mehr sein. Nachdem man die ersten Mondsonden noch direkt durch Kommandos steuerte, führte man beim Ranger-Projekt den **Sequencer** ein. Ein Sequencer ist nichts anderes, als eine Elektronik, die eine feste Folge von Kommandos mit Zeitstempeln zur richtigen Zeit ausführt. Die Folge muss vor dem Start genau festgelegt werden. Bei Ranger gab es genau eine Speicherstelle, die nicht fest vorgegeben war. Das war das Ausmaß der Mittkursveränderung, da diese erst nach einer Bahnvermessung bekannt war. Dieser Wert wurde per Funk übertragen.

Bei den ersten Marinersonden (1 bis 5) waren alle Abläufe fest vorgegeben. Damit die Mission erfolgreich war, musste die Bodenkontrolle die Raumsonde beim Vorbeiflug an eine genau vorher berechnete Position zu einer ebenfalls fest vorgegebenen Zeit bringen. Nur in dieser Position würden die Instrumente auf das Ziel schauen. Der Zeitpunkt des Vorbeiflugs stand daher auf die Minute genau schon vor dem Start fest.

Die Situation besserte sich, als Mariner 6 und 7 programmierbare Sequencer erhielten. Diese konnten bis zu 128 Kommandos zwischenspeichern, womit man mehr Flexibilität bekam. Bei Mariner 7 nutzte man dies, um die Zahl der Nahaufnahmen von 24 auf 33 zu erhöhen. Mit immer komplexeren Sonden und dem Wunsch nach mehr Daten bei einer Mission, gelangten Sequencer an ihre Grenzen. Bei Mariner 10, der letzten Sonde, die Sequencer einsetzte, kam die Bodenkontrolle bei den Vorbeiflügen an Merkur und Venus kaum noch mit dem Übertragen der Sequenzen nach.

Seit Viking werden echte **Computer** eingesetzt. Dies waren zuerst Einzelanfertigungen für die Raumsonden. Galileo war die erste Raumsonde, die einen kommerziellen Prozessor einsetzte. Computer haben den Vorteil, dass sie viel flexibler sind als die

Sequenzer. So waren nun SOS-Programme möglich, bei denen die Raumsonden sich selbst auf Probleme testeten. Tritt ein Problem auf, brechen sie das Messprogramm ab. Das Programm bringt dann die Raumsonde in eine sichere Lage, in der die Solarzellen zur Sonne ausgerichtet sind. So ist die Stromversorgung gewährleistet. Daneben schaltet es auf die Niedriggewinnantenne um, da diese, wenn auch mit geringer Datenrate, aus jeder Lage eine Funkverbindung mit einer Bodenstation ermöglicht. Die Raumsonde geht dann in einen **Safemode**.

Heute werden spezielle strahlengehärtete Mikroprozessoren eingesetzt, die auf Abwandlungen kommerzieller Prozessoren beruhen. Bei der NASA ist der PowerPC Prozessor die Ausgangsbasis, bei der ESA der SPARC-Prozessor, wobei hier derzeit der Übergang auf den ARM-Prozessor vollzogen wird. Strahlengehärtete Prozessoren funktionieren noch bei Strahlendosen von 100 krad. Das ist die 100-fache über lange Zeit oder 12-fache über kurze Zeit tödliche Dosis für einen Menschen. Diese Prozessoren sind etwa 10 bis 20-mal resistenter als strahlungstolerante Elektronik.

Strahlungstolerante Elektronik ist besondere kommerzielle Elektronik. Sie wird in Flugzeugen eingesetzt, die beim Flug durch die Stratosphäre einer höheren Strahlenbelastung ausgesetzt sind. Sie kann in der ISS eingesetzt werden, wo die Metallhülle die Strahlungsbelastung absenkt. Für Raumsonden, ohne diesen Schutz, ist sie aber nicht robust genug. Ein Grund für den Ausfall von Phobos-Grunt war offensichtlich, dass sein Bordcomputer aus strahlungstoleranter, aber nicht strahlungsresistenter Elektronik bestand. Normale Elektronik ist noch empfindlicher. Für sie gilt in etwa die gleiche Dosis wie die letale Dosis für den Menschen: 1 – 2 krad.

Strahlungsresistente Elektronik arbeitet im Erdorbit über Jahrzehnte ohne Probleme. In Jupiters Strahlungsgürtel würde aber auch sie nach kürzester Zeit ausfallen. Pioneer 10 bekam bei seinem Vorbeiflug eine Dosis von 500 krad ab, Galileo bis zum Missionsende (wobei sich dann die Ausfälle häuften) 650 krad. Die Raumsonde Juno erhält während ihrer Primärmission 600 krad. Diese Dosis, sechsmal höher als die Dosis, für die die Elektronik ausgelegt ist, wird durch Abschirmung auf 25 krad reduziert: Die gesamte Elektronik sitzt hinter 1 cm dicken, 157 kg schweren, Platten aus Titan. Auch bei Galileo wurde die Elektronik abgeschirmt, allerdings weniger als halb so stark wie bei Juno.

Es wird am Anfang eines Projekts festgelegt, wie der Computer aufgebaut ist. Seine Bauteile müssen nicht nur existieren, sondern auch bereits bewährt sein. Eingesetzt wird daher das, was bei Projektbeginn Stand der Technik ist. Daher starten Raumsonden aufgrund der langen Projektlaufzeiten mit einer Hardwareausrüstung, die im Vergleich zur Konsumerelektronik veraltet ist.

Daten wurden lange Zeit auf **Bandlaufwerken** gespeichert. Man nutzte Magnetbänder, die spurenweise beschrieben wurden. Sie ähneln im Funktionsprinzip einer Videokassette oder Kompaktkassette. Magnetbänder werden mechanisch bewegt und können reißen oder sich verwickeln. Dies ist bei Galileo (S. 185) vorgekommen. Die Lebensdauer von Magnetbändern begrenzte oft Missionen. Bei vielen Missionen nutzte man sie deswegen nur sporadisch, wenn z. B. kein Funkkontakt möglich war.

Inzwischen sind Magnetbandlaufwerke durch **Solid State Mass-Memorys** abgelöst worden. Das sind Laufwerke, die sich als Massenspeicher ausgeben, jedoch aus Speicherbausteinen bestehen. Zuerst waren dies Platinen mit DRAM-Bausteinen. Heute bestehen sie aus Flash-Speichern. Sie sind das weltraumtaugliche Gegenstück zur SSD oder SD-Speicherkarte.

Nicht nur Sequenzer wurden durch Computer ersetzt, auch Experimente wurden intelligent. Beginnend mit Galileo erhielten Experimente ihren eigenen Computer, **DPU** (Data Processing Unit) genannt. Die DPU steuert nicht nur das Experiment, sie wertet auch die gewonnenen Daten aus. Eine DPU kann z. B. Daten komprimieren oder einer Transformation unterwerfen. Sie entlasten dadurch den Zentralcomputer. So ist es auch einfacher möglich, ein Experiment von einer Raumsonde auf eine andere zu verschieben. Meistens sind die DPU leistungsfähiger, weil die Wissenschaftler experimentierfreudiger sind und die Entwicklungszyklen kürzer sind.

Während bei den Bordcomputern Abwandlungen kommerzieller Mikroprozessoren eingesetzt werden, findet man bei den DPU aufgrund der speziellen Aufgabe vor allem Signalverarbeitungsprozessoren. Das ist oft nur für diese Aufgabe erstellte Hardware. Als die diskrete Cosinus-Transformation, die mathematische Grundlage der JPEG-Komprimierung, in den frühen Neunziger Jahren aufkam, wurden anfangs eigene Logikbausteine eingesetzt, die nur diese Funktion durchführten.

Was sich vergrößert hat, ist der Unterschied zwischen Hardware im Laden und im Weltraum. Galileo sollte Mitte der Achtziger Jahre starten und hatte einen 8-Bit-Prozessor an Bord. Er hatte die Leistung eines Heimcomputers vergleichbar dem C64, Sinclair Spectrum oder CPC 464. Auch die Speichergröße war vergleichbar. Die letzte US-Mission, OSIRIS-REx, setzt einen RAD 750 Prozessor mit 200 MHz ein. Er wird seit 2005 auf Raumsonden eingesetzt und hat in etwa die Leistung eines Pentium II/III aus dem Jahr 1997/98. Ein ähnliches Missverhältnis gibt es bei der Speicherkapazität.

Allerdings müssen die Rechner lediglich eine Raumsonde steuern. Diese Aufgabe erfordert weitaus weniger Rechenleistung, als ein Internetbrowser benötigt. Wird mehr Rechenleistung benötigt, dann entwickelt man meist spezialisierte Hardware in Form von hardwareverdrahteten Bausteinen **ASIC** (Application-Specific Integrated Circuit). Heute werden durch Programm (während der Mission) umprogrammierbare Logikbausteine wie **FPGA** (Field Programmable Gate Array) eingesetzt. Das ist vergleichbar einer Grafikkarte, die bei der Verarbeitung von Bilddaten jede CPU um Längen schlägt, aber nicht universell einsetzbar ist. Typische Anwendungsgebiete für diese Hardware ist die Verarbeitung von großen Datenmengen wie SAR-Daten oder aufwendige Aufarbeitung der Daten wie die Fouriertransformation bei Fourierspektrometern.

Der Fortschritt in der Entwicklung von Elektronik zeigt sich auch in einem Vergleich von Magellans SAR und Mini-SAR, einem Experiment an Bord von LRO (Lunar Reconnaissance Orbiter) und Chandrayaan 1. Bei Magellan wog alleine die Elektronik in 17 Racks zum Auswerten der SAR-Signale 154 kg. Bei Mini-SAR sind es noch 5,5 kg. Dabei ist trotz kleinerer Antenne die Auflösung wesentlich höher (die Auflösung von Radar ist unabhängig von der Wellenlänge und Entfernung, aber die Rechenlast steigt mit der Auflösung an).

USA

Die USA haben die meisten erfolgreichen Raumsonden gestartet. Sie haben auch die unterschiedlichsten Ziele angesteuert. Die meisten Raumsonden der USA wurden von der zivilen NASA gestartet, doch nicht alle. Pioneer 0 bis 4 wurden genehmigt, bevor die NASA gegründet wurde. Sie wurden von der US-Air-Force und Army gestartet. Später gab es dann noch eine militärische Raumsonde. Sie war ein Abfallprodukt des SDI-Forschungsprogramms, bei dem es eigentlich um die Abwehr von anfliegenden Interkontinentalraketen ging. Die Aufgabenstellung, mit Sensoren ein Ziel zu verfolgen und Instrumente autonom auf ein Ziel auszurichten, konnte man auch an einem kleinen Himmelskörper erproben. So sandte das Militär die Raumsonden Clementine zu dem Planetoiden Geographos.

Innerhalb der USA werden die Raumsonden oft vom JPL betreut. Es plant die Missionen und stellt oft die Instrumente. Der Auftrag für den Bau der Sonde geht an die Industrie. Das JPL hat heute einen exzellenten Ruf in der Raumfahrt, diesen musste es sich aber hart erkämpfen, denn die ersten Projekte des JPL, Ranger (S. 66) und Mariner 1/2 (S. 73) machten vor allem durch Pannen auf sich aufmerksam.

Die meisten US-Raumsonden haben ihre Mission nicht nur erfüllt, sondern übertroffen, arbeiteten also länger als vorgesehen. Es gab in den Sechziger und Siebziger Jahre viele Fehlstarts. Gelang ein Start, so fielen die Sonden allerdings kaum aus (mit Ausnahme des Ranger Programms). Fehlschläge häuften sich erst um die Jahrtausendwende, als das NASA-Management meinte, man könnte viel Geld bei der Entwicklung sparen. Man wollte neben einer Tonne Raumsonde nicht zusätzlich eine Tonne Papier in Form von Dokumenten über Tests, Abläufe, Qualitätssicherungsmaßnahmen etc. produzieren. Damals gingen innerhalb von drei Jahren die Raumsonden Mars Polar Lander, Mars Climate Orbiter und Contour verloren. Bei der Genesismission wurde die Kapsel bei der Landung zerstört.

Das damals aufgelegte Discovery Programm gibt es zwar nach wie vor, doch mittlerweile muss man nicht mehr so extrem sparen, sodass seitdem alle Missionen glückten.

Pioneer 0 bis 2

Das erste Ziel von Raumsonden war natürlich unser nächster Himmelskörper, der Mond. Am 4.10.1957 startete die Sowjetunion den ersten Satelliten, Sputnik 1. Er ging auf die Initiative von Sergej Koroljow zurück, der die erste ICBM Russlands zur Erforschung des erdnahen Raums nutzen wollte. Dieser konnte den Satellitenstart dem Militär verkaufen, das keinerlei Interesse an Forschung hatte. Er argumentierte, auch der Satellitenstart wäre ein Testflug der R-7, die vorher nur zweimal getestet wurde.

Das öffentliche Echo auf den ersten Satelliten im Ausland war enorm. Russland wurde vorher als rückständig angesehen und nun hatten sie vor den USA einen Erdsatelliten gestartet. Schnell bekam Koroljow den Auftrag, einen weiteren Satelliten, nun mit einem Lebewesen, zu starten. Sputnik 2 mit der Hündin Laika war ein noch größerer propagandistischer Erfolg. Als im Mai 1958 Sputnik 3 folgte, der mit 1,3 t Gewicht 15-mal schwerer als Sputnik 1 war, sahen viele Russland als den USA technisch überlegen an. Schließlich hatten sie in weniger als einem Jahr die Nutzlast ihrer Rakete beträchtlich gesteigert.

In den USA ging man zum Gegenangriff über. So legte das JPL die Initiative „Red Socks" auf. Ziel war es, Russland im Weltall zu „schlagen", indem man vor der Sowjetunion eine Erstleistung erbrachte. Zwar starteten die USA schon 1958 mehr Satelliten als Russland und sie erschlossen Anwendungsgebiete wie Wettervorhersage oder Kommunikation über Satelliten. Doch im öffentlichen Bewusstsein ging es um Erstleistungen. Das nächste Ziel war daher der Mond. Red Socks sah nicht weniger als neun Starts vor, auch um Fehlstarts abzufangen.

Allerdings braucht man, um zum Mond zu gelangen, eine Geschwindigkeit, die um 3 km/s höher ist als für einen Erdorbit. Die Nutzlast einer Trägerrakete nimmt daher stark ab – wenn sie überhaupt diese Geschwindigkeit erreichen kann. Mit den verfügbaren Trägerraketen der USA waren nur kleine Sonden möglich.

Auf die Initiative „Red Socks" hin entwickelten Army und Air Force Raumsonden. Durch die Rivalität der beiden Waffengattungen konnte man sich nicht auf ein gemeinsames Programm einigen. So gab Präsident Eisenhower am 17.3.1958, zwei Tage nach dem Start von Sputnik 3, das Okay für beide Programme.

Die Air Force war zuerst bereit. Schon am 17.8.1958, nach fünf Monaten und noch vor der ersten russischen Raumsonde, wurde die erste Pioneer-Sonde gestartet. Intern hießen sie, wie schon die Vanguard Satelliten, nach der neuen Oberstufe der Trägerrakete: „Able 1-3". Ziel war es, in eine Mondumlaufbahn einzuschwenken. Der kurzen Entwicklungszeit wurde alles andere untergeordnet. So war nur eine Betriebszeit von zwei Wochen vorhergesehen. Die Experimente bestanden aus einem Temperatursensor und einem Mikrometeoritendetektor. Sie sollten untersuchen, ob die Sonde von Staub getroffen wird oder überhitzt. Das einzige Experiment, das den Mond untersuchen sollte, war das „TV-Experiment". Es war angesichts des damaligen Stands der Technik und der Gewichtsbeschränkung einfach aufgebaut: Eine Photodiode maß das Licht, das ein Parabolspiegel auf die Diode warf. Durch die Rotation der Sonde wurde aus vielen Messungen ein „Bild" erhalten. Die Auflösung war grob. Dazu kam ein Magnetometer, das das irdische Magnetfeld messen sollte.

Pioneer 2 erhielt noch eine Ionisationskammer, die geladene Teilchen detektierte. Zudem wurde bei ihr die Photodiode durch ein Photometer ersetzt. Dieses konnte nicht nur bestimmen, ob es Licht oder kein Licht gab, sondern auch dessen Intensität messen und lies so Graustufen für die Helligkeitswerte zu,

Das ambitionierte Ziel war eine Mondumlaufbahn. Dazu gab es an der Basis einen kleinen Feststoffantrieb, mit dem man eine elliptische Umlaufbahn erreicht hätte. Zur Bahnkorrektur, damit man die richtige Passagedistanz von 29.000 km erreicht, gab es an der gegenüberliegenden Seite einen Ring von acht kleinen Feststoffantrieben, die man einzeln zur Bahnanpassung zünden konnte.

Die Raumsonde war ein zylinderförmiger Kreisel aus Fiberglas, überzogen mit hellen und dunklen Streifen zur Temperaturregulation. Sie war oben und unten durch einen Kegelstrumpf abgeschlossen. An der Zylinderaußenseite schauten die Experimente ins All. Zur Stabilisierung und gleichmäßigen Erwärmung rotierte die Sonde langsam um ihre eigene Achse.

Als die Raumsonden gestartet wurden, waren die Trägerraketen noch unzuverlässig. Für die Raumsonden wurde eine neue, noch unerprobte, Trägerrakete, die Thor Able gewählt. Bei der Thor Able setzte man die beiden Oberstufen der Vanguard auf die Thor. Diese Oberstufenkombination war sehr unzuverlässig. Nicht nur bei der Thor, sondern auch der Vanguard und Atlas. So scheiterten alle drei Starts. Aufgrund der Oberstufe werden die Raumsonden auch „Able I-III“ genannt.

Beim ersten Exemplar benannte man es nach dem Fehlstart noch in „Pioneer 0“ um, in der Hoffnung, Pioneer 1 würde dann ein Erfolg werden. Schon 77 s nach dem Abheben explodierte die Thor-Trägerrakete in 15,2 km Höhe. Man empfing die Telemetrie der Sonde 123 s lang, bis sie auf dem Ozean aufschlug.

Am 11.10.1958 folgte Pioneer 1. Die zwei Monate wurden genutzt, um zu der Instrumentierung noch einen Temperatursensor und eine Ionisationskammer hinzuzufügen. Die Thor setzte diesmal die Sonde mit den Oberstufen aus, aber auf einer etwas zu hohen Bahn. Die Oberstufe schaltete daher um 10 s verfrüht ab und die letzte Stufe wurde in einem falschen Winkel gezündet. Als Folge fehlten der Raumsonde 150 m/s an Geschwindigkeit. Man zündete nun die Feststoffantriebe im Kopf, um die Sonde zu beschleunigen, doch die addierten nur 45 m/s. Ein Versuch, die Sonde mit dem zweiten Feststoffmotor in eine elliptische Erdumlaufbahn zu bringen, scheiterte, da durch tiefe Temperaturen der Zünder ausgefallen war. So erreichte die Sonde nur eine Gipfelhöhe von 144.800 km und fiel zurück zur Erde. Pioneer 1 lieferte Teilchen- und Magnetfeldmessungen bis zu einem Drittel der Monddistanz. Erdsatelliten hatten bis dahin nur 3.800 km Entfernung erreicht. Insgesamt gab es aber nur wenige Daten von Pioneer 1.

Die letzte Mission, Pioneer 2, startete einen Monat später am 8.11.1958. Sie erhielt zusätzlich einen Geigerzähler, um Teilchen nachzuweisen. Der Flug der ersten beiden Stufen verlief ohne Probleme, doch die dritte Stufe zündete nicht. So erreichte Pioneer 2 nur eine Gipfelhöhe von 1.550 km, bevor die Sonde im Atlantik versank. Damit waren alle drei Starts der Air Force gescheitert. Luna 1 (S. 205) war daher die erste Sonde, die den Mond erreichte.

3. Abbildung: Pioneer 1 bei den Startvorbereitungen

Datenblatt Pioneer 0-2	
Start:	17.8.1958 Pioneer 0: (Thor Able I Nr. 127): Fehlstart 11.10.1958 Pioneer 1: (Thor Able I Nr. 130): Erreicht 144.800 km Höhe. 8.11.1958 Pioneer 2: (Thor Able I Nr. 129): Erreicht 1.550 km Höhe.
Mission:	Einschwenken in Mondumlaufbahn
Missionsdauer:	14 Tage
Gewicht:	34,3 kg Pioneer 0 38,3 kg Pioneer 1 39,6 kg Pioneer 2, davon 11 kg Feststoffantrieb
Abmessungen:	0,77 m Länge, 0,74 m Durchmesser
Instrumente:	Drei bis sechs Instrumente im Gewicht von 11,3 kg (Pioneer 0) – 17,8 kg (Pioneer 2) • Mikrometeoritendetektor • Magnetfeldsensor: Messbereich 0,6 bis 1.200 nT. • TV System: 128 Pixel/Zeile, Auflösung 0,5 Grad. Gewicht 1,4 kg / 3,7 kg. • Ionisationskammer (ab Pioneer 1): 0,5 bis 10 Millionen Röntgen/h, empfindlich für Elektronen > 1MeV, Protonen > 5 MeV, Alphateilchen > 200 MeV • Temperatursensor (ab Pioneer 1) • Proportionalzähler (Pioneer 2)
Bemerkungen:	Keine einzige Raumsonde erreicht den Mond. Einige Daten über die Strahlungsgürtel der Erde.

Pioneer 3 und 4

Nach der USAF bereitete die US-Army ihre drei Sonden auf den Start vor. Sie benutzte die Jupiter, eine parallel zur Thor entwickelte Mittelstreckenrakete, erweitert um die Feststoffraketen der Juno. Diese Kombination, Juno II genannt, war noch leistungsschwächer als die Thor Able, welche die ersten drei Pioneer startete. So sind Pioneer 3 und 4 mit 6,1 kg Gewicht die leichtesten jemals gebauten Raumsonden.

Pioneer 3 und 4 wurden vom JPL entwickelt. Ihr Auftrag war weniger ambitioniert als bei Pioneer 0 bis 2. Sie sollten nur den Mond passieren. Das einzige Experiment war ein Geiger-Müllerzähler, der geladene Teilchen auf dem Weg zum Mond nachweisen sollte. Ein technologisches Experiment war eine Photodiode: Sie erprobte, ob man eine Kamera automatisch auslösen könnte, wenn der Mond Licht auf die Photodiode wirft. Ursprünglich war auch eine Kamera als Experiment geplant. Doch die Entdeckung des Strahlengürtels um die Erde durch Explorer 1 und 3 führte dazu, dass man lieber einen Teilchendetektor mitführte, um diesen genauer zu untersuchen.

Pioneer 3 und 4 waren spitze Kegel, die von abwechselnden Streifen aus weißer und schwarzer Farbe bedeckt waren. Damit wurde die Temperatur reguliert. Die Kegel rotierten mit 11 U/Min. Das Gehäuse bestand aus Fiberglas, um die elektrostatische Aufladung zu verringern.

Pioneer 3 startete am 6.12.1958. Kurz zuvor war die NASA gegründet worden und so war Pioneer 3 auch die erste Sonde der NASA. Die Jupiter-Erststufe schaltete 3,7 s zu früh ab und so erreichte Pioneer 3 nur eine Erdferne von 102.260 km. Während 25 Stunden des 43 Stunden langen Flugs erhielt man Daten, die einen zweiten, äußeren Strahlengürtel nahelegten.

Pioneer 4 startete am 3.3.1959. Inzwischen hatte Russland Luna 1 (S. 205) erfolgreich gestartet und als Erste den Mond passiert. Die Juno II brachte Pioneer 4 auf einen zu schnellen Kurs, sodass sie den Mond schon nach 30,25 (anstatt 33,5) Stunden in einem Abstand von 59.455 km (geplant: 32.000 km) passierte. Bis 82 Stunden nach dem Start in 655.000 km Entfernung konnten Signale des Senders empfangen werden. Die empfangenen Daten belegten einen zweiten Strahlungsgürtel. Man verzichtete nach dem erfolgreichen Vorbeiflug darauf, die dritte Sonde zu starten.

Datenblatt Pioneer 3+4	
Mission:	Mondvorbeiflug
Start:	6.12.1958: Pioneer 3 (Juno II AM-11): Erreicht eine Höhe von 102.260 km. 3.3.1959: Pioneer 4 (Juno II AM-14): Erreicht Sonnenumlaufbahn.
Ankunft:	4.3.1959: Pioneer 4 passiert den Mond in 59.455 km Entfernung.
Missionsende:	7.3.1959: Pioneer 4
Gewicht:	5,9 kg (Pioneer 3) 6,1 kg (Pioneer 4)
Abmessungen:	58 cm Höhe, 25,5 cm Durchmesser
Instrumente:	Zwei Instrumente: • Photodiode • Geigerzähler. Sättigung bei 100 Röntgen/Stunde, maximal 200.000 Ereignisse/s. Erfasst Elektronen mit mehr als 2,2 MeV und Protonen mit mehr als 30 MeV Energie.
Bemerkungen:	Pioneer 4 erreicht eine Sonnenumlaufbahn. Erste erfolgreiche US-Sonde. Daten liefern erste Hinweise auf den äußeren Van-Allen Gürtel.

4. Abbildung: Nachbau von Pioneer 3 und 4 im Smithsonian Museum

Atlas Able / Pioneer P

Nachdem mit Luna 2 die erste Raumsonde auf dem Mond aufschlug, arbeitete die USAF daran, die Russen bei der nächsten Erstleistung zu schlagen. Der folgerichtig nächste Schritt war ein Mondorbiter. Aufgrund der gebundenen Rotation weist der Mond der Erde immer die gleiche Seite zu. Wie die andere Seite aussieht, wusste damals niemand. Ein Mondorbiter könnte sie fotografieren, aber auch andere Untersuchungen durchführen. Das versprach eine spektakuläre Erstleistung. Mit der Einschätzung, Russland plane noch keinen Mondorbiter, hatte man recht. Der erste Mondorbiter Russlands wurde erst 1966 gestartet. Allerdings gelang schon früher die Fotografie der Mondrückseite durch Luna 3 (S. 209).

Die Pioneer-P3-Sonden, die erst nach dem Start einen offiziellen Namen erhalten sollten, waren für die damalige Zeit komplex. Sie wogen mit bis zu 175 kg mehr als viermal so viel wie Pioneer 0 bis 2. Die Bezeichnung der ersten Sonde war P3. Die Nummerierung schloss an die Thor Able Pioniers an, die intern P0 bis P2 hießen. Als man später zwei weitere, etwas schwerere Exemplare nachbaute, erhielten diese die Bezeichnung P30 und P31. Eine zweite Bezeichnung war „Atlas Able". Von der Startmasse von bis zu 175,3 kg waren 55 kg Experimente – mit zehn Instrumenten erheblich mehr Experimente als bei den Vorgängern.

Die Sonden bestanden aus einer Sphäre, an die ein einfacher Antrieb angebracht wurde, der Hydrazin katalytisch zersetzte. Mit ihm sollten die Sonden in einen Mondorbit einschwenken. Da der Schub nur 90 N betrug, ergab sich eine lange Betriebsdauer. Eine mondnahe Bahn ist dann riskant, da sich während des Betriebs Richtung und Geschwindigkeit laufend ändern. Man strebte daher eine elliptische Anfangsbahn an, die man sukzessive näher an die Oberfläche heranführen wollte.

Die Experimente maßen vor allem die kosmische Strahlung. Vier Experimente suchten mit verschiedenen Detektoren nach Strahlung niedriger und hoher Energie oder bestimmten den gesamten Energiefluss.

Eine Antenne sollte die Radiostrahlung bestimmen, die geladene Teilchen abgeben, wenn sie in einem Magnetfeld aus der Bahn gelenkt werden (Plasmawellen). Das Magnetfeld der Erde (und des Mondes) wurde von einem Magnetometer bestimmt. Ein Transponder sollte die Signalabschwächung durch den interplanetaren Raum bestimmen. Dazu kam ein Mikrometeoritendetektor, um den Staub in Erdnähe zu bestimmen. Das einzige Experiment, das speziell auf den Mond ausgelegt war (die anderen bestimmten auch Parameter der Erdumgebung), war ein einfaches fotografisches Experiment. Eine weltraumtaugliche, miniaturisierte, TV-Kamera war noch nicht entwickelt. So verwandte man eine Photodiode, ein lichtempfindliches Element das Licht in Strom umwandelt. Die Sphäre rotierte. Durch die Rotation bildete die Photodiode einen Streifen rund um die Sonde ab. Die Fortbewegung über die Oberfläche erzeugt ein Bild aus vielen dieser Streifen. Mit dieser Methode lieferte ein baugleiches Exemplar des Instruments auf dem Erdsatelliten Explorer 6 das erste Bild der Erde aus dem All.

Das Programm der Air Force scheiterte an der noch unerprobten Trägerraketenkombination. Die stärkste im Einsatz befindliche Trägerrakete Thor konnte 38 kg zum Mond bringen. Die USAF entschied, die Able Oberstufen der Vanguard Rakete auf die Atlas zu montieren. Diese Kombination hatte die erforderliche Nutzlast. Um die Ungenauigkeit des Feststoffmotors der letzten Stufe auszugleichen, wurden wie bei Pioneer 0 bis 2 acht kleine Feststofftriebwerke im Adapter angebracht. Sie konnten die Nutzlast um bis zu 22,6 m/s beschleunigen.

Die Erste von sechs Sonden sollte noch auf einer Atlas C starten, da die Atlas D noch nicht einsatzbereit war. Die folgenden Sonden sollten mit der Atlas D starten.

Zu diesem Zeitpunkt liefen noch die Testflüge der Atlas-ICBM. Die Rakete war noch nicht ausgereift. So verwundert es nicht, dass alle drei Starts der Atlas-Able scheiterten. Bei einem Flug lag die Ursache an der Atlas, bei einem Zweiten an der Able. Ein Dritter scheiterte an der kollabierenden Nutzlasthülle. Schon vorher explodierte die Atlas C auf der Startrampe. Am 24.9.1959 explodierten bei einem Testlauf die Triebwerke. Dabei wurde die gesamte Startrampe 12 zerstört. Es dauerte sieben Monate, bis die Schäden repariert waren. Nach drei Fehlstarts wurde auf den Start der restlichen beiden Sonden verzichtet.

Damit teilte das Pioneer P Programm das Schicksal der ersten Pioneer Sonden, die mit einer ähnlichen Kombination, der Thor-Able, gestartet waren. Einen offiziellen Namen haben die Sonden nie erhalten, weil keine auch nur einen Orbit erreichte.

Datenblatt Pioneer P	
Mission:	Mondorbiter
Start:	26.11.1959: P3: Nach 45 s kollabiert die Fiberglashülle und zerstört die Nutzlast. 25.9.1960: Pioneer P30: Oberstufe entwickelt nur 70 % Schub und taumelt. 15.12.1960: Pioneer P31: Nach 68 s zündet die Able vorzeitig und bringt die Atlas zur Explosion.
Trägerraketen:	Atlas C und D, Seriennummern 9C, 20D, 81D und 90D
Ereignisse:	24.9.1959 die für P-3 vorgesehene Atlas C wird bei einem Countdown-Test zerstört.
Missionsende:	Einstellung nach Fehlstart von Pioneer P31.
Gewicht:	168,9 kg (Pioneer P3), 175,3 kg (Pioneer P30 und P31)
Abmessungen:	100 cm Durchmesser, 270 cm Spannweite.
Instrumente:	10 Instrumente in einem Gesamtgewicht von 55,6 kg: • Zähler für Hochenergiestrahlung (Proportionalzähler) • Ionisationskammer • Geiger-Müller Zähler (Messung des gesamten Strahlungsflusses) • Niedrigenergiestrahlungszähler (Szintillationszähler) • Zwei Magnetometer (Fluxgate- und Suchkeulenmagnetometer) • Scanner auf Basis einer Photodiode (1 kg Gewicht) • Mikrometeoritendetektor • VLF Empfänger für Plasmawellen • Transponder zum Studium der Elektronendichte im interplanetaren Raum • Helligkeitsdetektor oder Sonnendetektor
Bemerkungen:	Programm nach drei Fehlstarts in Folge eingestellt
Projektkosten:	40 Millionen Dollar, davon 28,4 Millionen für die Raumsonden

5. Abbildung: Vorbereitung der ersten Sonde P-3

Pioneer 5

Pioneer 5 basierte auf den Entwicklungen für Explorer 6 und Pioneer P. Der Sondengrundkörper mit den charakteristischen, vier gegeneinander verdrehten Solarpaneelen von 26 × 46 cm Größe ähnelte diesen. Nur war Pioneer V kleiner als Pioneer P. Die interne Bezeichnung „P-2" erinnert ebenfalls an das Pioneer-P-Programm, wo die Nummerierung mit P-3 startete. Es war eine USAF-Sonde, die zum Able Programm gehörte und von einer Thor Able Trägerrakete gestartet wurde.

Ursprünglich war für Pioneer 5 ein Venusvorbeiflug geplant. Nach dem erfolgreichen Mondvorbeiflug von Lunik 1 stellte das Management die Pläne um. Das Ziel von Pioneer 5 war es zu beweisen, dass die USA über interplanetare Distanzen kommunizieren konnten (Pioneer 4 gelangte in eine Sonnenumlaufbahn, doch ihr schwacher Sender war nur wenige Tage lang verfolgbar). Das nächste Startfenster zur Venus öffnete sich erst im Februar 1961. So lange wollte man mit dem Start nicht warten. Zumal Russland sicher auch dieses Startfenster nutzen würde. Pioneer 5 konnte, da er auf schon in der Entwicklung befindlichen Sonden basierte, schon im März 1960 gestartet werden, bevor das Pioneer-P Programm abgeschlossen war.

Pioneer 5 war anders als alle vorhergehenden und folgenden Sonden des Pioneer-Programms eine Einzelsonde. Trotz einer Startmasse von nur 43,2 kg (weniger als die Vorbilder Explorer 6 und Pioneer P wogen) wogen die Instrumente 18,1 kg. Die Experimente bestanden aus zwei Teilchendetektoren, einem Magnetometer und einem umgebauten Mikrofon, dass als Mikrometeoritendetektor fungierte.

Neu war das erste digitale Sendesystem „Telebit", das mit 5 und 150 Watt Sendeleistung übertrug. Diese hohe Sendeleistung war nötig, um ohne Richtantenne die Daten zu übertragen. Die hohe Sendeleistung limitierte die Dauer einer Session auf nur 25 Minuten und so erhielt Pioneer 5 ein Bandlaufwerk, um die Daten zwischenzuspeichern. Die Datenrate war trotzdem beschränkt: anfangs 64 Bit pro Sekunde, dann abnehmend auf 8 und schließlich auf 1 Bit pro Sekunde.

Eine zweite Sonde wurde als Explorer 6 am 7.8.1959 in einen elliptischen Erdorbit gestartet, um vergleichbare Messungen zu erhalten. Von Explorer 6 erhielt man bis zum 6.10.1959 Messdaten.

Beim Start am 11.3.1960 brachte die Thor Able die Pioneer 5 auf eine um 150 m/s zu geringe Geschwindigkeit. Die Bahn, die bis in Venusentfernung (108 Millionen km) reichen sollte, endete so in 120 Millionen km Entfernung von der Sonne. Pioneer 5 wurde nach dem Start von den größten Radioteleskopen Jordell Bank in England und Hilo auf Hawaii bis zum 30.4.1960 verfolgt. Danach konnte man noch das Signal empfangen, aber keine Daten mehr extrahieren. Der letzte Kontakt mit Jordell Bank kam am 26.6.1960 in 36,2 Millionen km Entfernung zustande.

Pioneer 5 konnte das irdische Magnetfeld bis in 14 Erdradien Entfernung nachweisen, eine erste „Karte“ des interplanetaren Magnetfeldes anfertigen und Ende März 1960 den ersten Sonnensturm registrieren, der sieben Tage später die Erde erreichte. Während einer Woche wurden 87 Einschläge von Mikrometeoriten registriert. Man konnte die Astronomische Einheit (AE), das ist die mittlere Entfernung der Erde von der Sonne, durch die Bahnverfolgung um 30 % genauer angeben. Von den Experimenten fiel nur ein Geigerzähler frühzeitig aus.

6. Abbildung: Pioneer 5 auf der Trägerrakete Thor Able IV

Ihr Ziel, einen Betrieb über mindestens einen Orbit hinweg, das sind acht Monate, hat Pioneer 5 aber nicht erreicht. Schlussendlich erwies sich das Sendesystem als unterdimensioniert, trotz der Idee, kurze Impulse mit hoher Sendeleitung zu senden. Spätere US-Raumsonden erhielten eine Richtantenne und die NASA begann mit dem Aufbau eines Netzwerks aus großen Empfangsantennen in Kalifornien, Südafrika, Spanien und Australien. Anfangs mit 26 m Antennen, später ergänzt um 35 und 64 m Antennen. Das Deep Space Network erlaubte erst die Missionen von Pioneer 6 bis 11 und den Mariner Sonden.

Auch die Thor Able Trägerrakete erwies sich als unzuverlässig und wurde bald ausgemustert. Aufgrund des frühen Kontaktverlusts verzichtete die NASA auf den Start des zweiten Flugexemplars.

Datenblatt Pioneer 5	
Start:	11.3.1960 mit Thor Able IV (Nummer 219)
Ankunft:	Bahn: 0,806 × 0,992 AU × 3,35 Grad mit einer Periode von 312 Tagen.
Missionsende:	26.6.1960
Mission:	Erforschung des interplanetaren Mediums zwischen Erde und Venus
Gewicht:	43,2 kg
Abmessungen:	0,66 m Durchmesser der Sphäre, 1.40 m Spannweite mit Solarpaneelen
Instrumente:	6 Instrumente mit zusammen 18,1 kg Gewicht: • Magnetometer, empfindlich zwischen 0,1 nT und 1.200 nT. • Ionisationskammer • Zwei Geiger-Müller-Zähler. Empfindlich für Protonen > 25 / 35 MeV und Elektronen >1,6 / 2,9 MeV. • Mikrometeoritenspektrometer • Proportionalzähler: empfindlich für Elektronen > 13 MeV, Protonen > 75 MeV. • Messung der Position zur Sonne mittels fotoelektrischer Zelle
Bemerkungen:	Bahn reicht nur bis in 120 Millionen km an die Sonne heran, anstatt bis in 108 Millionen km Entfernung. Die Lebensdauer von 8 Monaten wird nicht erreicht.
Ergebnisse:	Daten bis in 28,4 Millionen km erhalten, Funkkontakt bis in 36,6 Millionen km Entfernung – neuer Kommunikationsrekord Grenze des irdischen Magnetfelds in 14 Erdradien gefunden Erste Messungen des interplanetaren Magnetfelds. Erster Sonnensturm entdeckt.
Bilder:	Keine, 3 Millionen Bits in 138,9 Stunden übermittelt.

Ranger

Das Projekt Ranger durchlief während der Umsetzung gravierende Änderungen und gilt heute als Lehrzeit des JPL, das erstmals für die Konstruktion einer komplexen Raumsonde verantwortlich war.

Ranger wurde am 21.12.1959 genehmigt und war nach den vorherigen Schnellschüssen Pioneer (0 bis 5) das erste Programm, einer zunehmend komplexeren Serie von Raumsonden. Es sollten noch Surveyor (weiche Landung) und Lunar Orbiter (Kartierung von Mondlandeplätzen) folgen. Das JPL hatte komplexe Raumsonden in der Planung und sah Ranger als ein Erprobungsprogramm für diese an. Dadurch wurde die Mondsonde unnötig komplex. So sah der Flugplan eine Mittkurskorrektur vor, obwohl die Rakete die Raumsonde direkt auf Kollisionskurs zum Mond bringen konnte. Eine Hochgewinnantenne, wie sie Raumsonden benötigten, sollte die Daten übertragen. Ranger bestand anfangs aus zwei Phasen, genannt Block I und Block II. Die Block I Geräte sollten das Design erproben und noch nicht den Mond erreichen, sondern in einem hochelliptischen Erdorbit mit einem Apogäum in 820.000 km Erdentfernung verbleiben.

Block I hatte, da die Sonden nie zum Mond fliegen sollten, die Aufgabe, den erdnahen Raum zu untersuchen. Die Experimente bestanden aus verschiedenen Detektoren zum Nachweis von geladenen Teilchen sowie kosmischer Strahlung, einem Magnetometer, einem Lyman-Alpha-Teleskop zur Beobachtung der Sonne in dieser Spektrallinie und ein Experiment zum Nachweis der Röntgenstrahlung, die bei Atombomben freigesetzt wird.

Die Block II Geräte hatten eine Kapsel. Sie hatte einen kleinen integrierten Feststoffantrieb, der sie kurz vor dem Aufschlag auf 130 bis 160 km/h abbremsen sollte. Der Restschock sollte durch eine Flüssigkeitsfüllung absorbiert werden, die nach der Landung abgelassen wurde. Die Instrumentierung der Kapsel bestand nur aus einem Seismometer und einem Thermometer. Batterien hätten eine Betriebsdauer von einigen Tagen erlaubt. Ein weiteres Experiment an Bord der Hauptsonde, die auf dem Mond zerschellen sollte, war eine einfache TV-Kamera, die 200 Zeilen in 10 s abtastete und übertrug. Block II unterschieden sich nicht nur äußerlich von Block I, sondern waren erheblich komplexer. Nur sie hatten ein Triebwerk zur Kurskorrektur, die Batterie war wiederaufladbar. Der Sender hatte die 12-fache Sendeleistung und sie verfügten anders als die Block I Geräte über einen Sequencer. Sie waren Prototypen von Raumfahrzeugen. Aus ihnen sollten die Raumsonden Mariner 1 und 2 (S. 73) entstehen.

Am 22.8.1961 startete **Ranger 1** mit einer Atlas-Agena B. Erstmals erfolgte der Start zum Mond über einen Parkorbit, bei dem die Agena abgeschaltet wird, wenn eine niedrige Kreisbahn erreicht ist und erneut gestartet, wenn das Gespann den besten Startpunkt für die Mondtransferbahn erreicht hat. Dies erlaubt es, die Abweichungen von der Sollbahn zu verkleinern. Doch wenige Sekunden nach dem erneuten Zünden der Agena setzte diese aus und die Sonde verblieb in einem Erdorbit von 186 × 501 km Höhe. Die Sonde durchlief bei jedem Umlauf den Erdschatten, verlor die Orientierung und verbrauchte viel Treibstoff, um sich auf der Sonnenseite erneut auszurichten. Nach wenigen Tagen war der Treibstoff erschöpft. Schon am 30.8.1961 verglühte Ranger 1 beim Wiedereintritt.

Am 17.11.1961 folgte **Ranger 2**. Erneut versagte die Agena B – sie zündete diesmal überhaupt nicht nach Erreichen der Parkbahn. Ranger 2 blieb in der niedrigen Parkbahn und schon nach zwei Tagen trat Ranger 2 wieder in die Atmosphäre ein.

Obwohl das JPL nicht die Testdaten der ersten beiden Block I Geräten bekommen hatte, die man sich als Vorbereitung für Block II wünschte, ging man an die nächste Generation: Block II (Ranger 3 bis 5).

Am 26.1.1962 startete **Ranger 3**. Die Atlas verlor kurzzeitig den Kontakt zur Bodenstation. Die Bodenstation übermittelte dem Autopiloten genaue Daten über Position und Geschwindigkeit. Ohne diese Daten geriet Ranger 3 auf einen falschen Kurs, der sie 20.000 km am Mond vorbeifliegen lassen würde. Man entschloss sich das Programm trotzdem auszuführen, auch wenn mit den vorhandenen Treibstoffvorräten die Abweichung nicht korrigierbar war. Doch beim Mittkursmanöver zeigte das Triebwerk in die falsche Richtung und vergrößerte die Distanz auf 36.780 km. Vom Vorbeiflug gab es überhaupt keine Daten, da der Timer/Sequenzer, das „Gehirn" der Sonde schon vorher ausfiel. Später konnte man wieder Ranger 3 kontaktieren, doch das TV-Experiment, als wichtigstes Experiment der Hauptsonde, war nicht getestet worden. Es gab nun gegenseitige Schuldzuweisungen von USAF und NASA. Die Air Force war für die Starts zuständig und alle drei Starts waren missglückt. Allerdings waren auch wichtige Systeme an Bord der Ranger 3 ausgefallen.

Am 23.4.1962 folgte **Ranger 4**. Diesmal wurde die Raumsonde auf einen perfekten Kollisionskurs ausgesetzt, eine Kurskorrektur war nicht nötig. Doch es gelang nicht, mit der Sonde Kontakt aufzunehmen. Sie taumelte und führte auch nicht die Sequenz zur Inbetriebnahme, wie das Entfalten der Solarpaneele, aus. Nur mit dem Batteriestrom versorgt, verstummte sie nach wenigen Stunden, ohne dass die Kontrolle wiedererlangt wurde. Am 26.4.1962 schlug Ranger 4 auf dem Mond auf.

Die letzte Ranger Block II, **Ranger 5**, startete am 18.10.1962. Auch diesmal beförderte die Atlas-Trägerrakete die Sonde auf einen Mondkurs, wenn auch keinen Kollisionskurs. Als man die Solarpaneele ausfuhr, gab es einen Kurzschluss und die Hauptsonde verstummte. Lediglich durch den Sender in der Kapsel konnte man die Sonde weiter verfolgen, die den Mond in 720 km Entfernung passierte.

Damit waren alle fünf Sonden, die ursprünglich genehmigt waren, gescheitert. Man setzte eine Untersuchungskommission ein, die Mängel in der Organisation, vor allem beim JPL, aber auch beim Sondendesign fand. Die Raumsonden waren nicht „robust" genug, hatten zu wenig redundante Systeme und waren unnötig komplex.

Inzwischen war das Apollo-Programm initiiert worden und Ranger erhielt eine dritte Serie, die **Block III** Geräte. Anstatt der Kapsel montierte das JPL auf die Sonden ein TV-System aus sechs Kameras, das 173 kg wog. Zwei der Kameras tasteten die volle Fläche des Videosensors ab, die vier anderen nur einen kleinen zentralen Bereich. Zusammen mit zwei Brennweiten erhielt man so Gesichtsfelder von 25 bis 2,1 Grad. Auch sonst gab es Änderungen an den Subsystemen. So waren die Solarpaneele nun rechteckig anstatt trapezförmig.

Die Kameras, die den gesamten Bereich abtasteten, übertrugen ein Bild aus 1.125 Zeilen alle 5,12 Sekunden. Die Kameras die nur den zentralen Bereich erfassten, 290 Zeilen alle 0,84 Sekunden. Das Hauptziel von Ranger Block III war es festzustellen, wie die Mondoberfläche auf einer Skala aussieht, die für die bemannte Landung maßgeblich ist, das heißt im Bereich einiger Meter bis in den Submeterbereich. Die letzten Bilder vor dem Aufschlag erreichten diese Auflösung. Erdgebundene Teleskope erreichten eine Auflösung von minimal 400 m.

Am 30.1.1964 starte **Ranger 6**, das erste Block III Exemplar. Während des Aufstiegs der Atlas verstummte die Sonde kurz, ließ sich dann aber in Betrieb nehmen. Es ging alles gut, bis am 2.2.1964 etwa 20 Minuten vor dem Aufschlag die TV-Kameras aktiviert wurden – sie reagierten aber nicht. Ohne ein Bild zu liefern, schlug Ranger 6 auf. Eine spätere Untersuchung zeigte, dass die bei der Stufentrennung freiwerdende Wolke aus ionisierten Partikeln einen Kurzschluss bei der Stromversorgung der Kameras ausgelöst hatte. Das ganze System musste überarbeitet werden. Ein Grund, der für die Ausfälle verantwortlich gemacht wurde, war das die NASA die Raumsonden sterilisieren lies. Der Plan, die Sonde in einem Gas, das Bakterien abtötet, zu lagern wurde verworfen. Es war unklar, ob das Gas alle versteckten Räume erreicht. So wurde Ranger 24 Stunden lang auf 125 °C erhitzt – ob die Bordsysteme diese Behandlung aber überstanden, hatte niemand getestet.

Am 28.7.1964 startete **Ranger 7**. 18 Minuten vor dem Aufschlag sprangen in 210 km Höhe, gesteuert durch den Zeitgeber, die TV-Kameras an und lieferten 4,308 Bilder, das letzte Bild mit einer Auflösung von 0,5 m aus einer Höhe von 2.110 m. Nach sechs Fehlversuchen endlich ein voller Erfolg.

Am 17.2.1965 folgte **Ranger 8**. Ranger 8 lieferte über 23 Minuten weitere 7.117 Aufnahmen, bevor sie aufschlug. Diesmal hatte man zur Erhöhung des Kontrasts die Sonde in ein schräg beleuchtetes Gebiet gesteuert.

Bei **Ranger 9** war die NASA so zuversichtlich, dass auch diesmal alles klappen würde, dass man die Bilder live ins US-Fernsehen einspeiste. 19 Minuten lang lieferte die Sonde am 24.3.1965 insgesamt 5.814 Bilder, bevor sie aufschlug.

Damit war das Ranger Programm doch noch erfolgreich abgeschlossen worden. Heute sieht man die Serie als „Lehrgeld" für das JPL. Vorher hatte das JPL kleinere, weitaus weniger komplizierte, Satelliten entwickelt, nun scheiterte es fast an den komplizierten Raumsonden. Hinzukam, dass Mariner 2 (S. 73), die auf den Ranger Block II basierte, ebenfalls zahlreiche Ausfälle zu beklagen hatte, glücklicherweise aber beim Venusvorbeiflug funktionierte. Das JPL lernte daraus, die folgenden Raumsonden wurden, soweit es ging, abgesichert, wenige Risiken eingegangen, ein rigides Management und extensive Tests eingeführt. Über die Jahre konnte das JPL nicht nur die Scharte ausbessern, sondern sogar seinen Ruf steigern, indem schon abgeschriebene Missionen doch noch gerettet wurden. Das änderte sich erst, als Ende der Neunziger Jahre man im Discoveryprogramm diese Qualitätsstandards zurückfuhr, um Kosten einzusparen.

7. Abbildung: Ranger Block III (Ranger 6-9)

Datenblatt Ranger	
Start:	23.8.1961: Ranger 1 (Atlas 111D / AA1) in einen 179 × 449 km × 32,98 Grad Orbit 18.11.1961: Ranger 2 (Atlas 117D / AA2) in einen 149 × 169 km × 33.34 Grad Orbit 26.1.1962: Ranger 3 (Atlas 121D / AA3) auf einen Fluchtkurs 23.4.1962: Ranger 4 (Atlas 133D / AA4) auf einen Fluchtkurs 18.10.1962: Ranger 5 (Atlas 219D / AA7) in einen 207 × 543.547 km × 28.32 Grad Orbit 30.1.1964: Ranger 6 (Atlas 189D / AA8) in einen 200 × 520.000 km × 29.0 Grad Orbit 28.7.1964: Ranger 7 (Atlas 250D / AA9) in einen 184 × 526.173 km × 28,96 Grad Orbit 17.2.1965: Ranger 8 (Atlas 196D / AA13) in einen 199 × 564.023 km × 28,80 Grad Orbit 21.3.1965: Ranger 9 (Atlas 204D / AA14) in einen 188 × 773.232 km × 28,50 Grad Orbit
Missionsende / Ankunft	Ranger 1: 30.8.1961 Ranger 2: 20.11.1961 Ranger 3: 28.1.1963 verfehlt Mond um 36.768 km. Ranger 4: 26.4.1963: Aufschlag bei 15°20' Süd / 130°42' West. Ranger 5: 21.10.1963 verfehlt Mond um 720 km. Ranger 6: 1.2.1964: Aufschlag bei 9`24' Nord / 21°30' West. Ranger 7: 31.7.1964: Aufschlag bei 10`38' Süd / 20°36' West. Ranger 8: 20.2.1965: Aufschlag bei 2`43' Nord / 24°38' Ost. Ranger 9: 24.3.1965 Aufschlag bei 12.83° Süd / 357,63° Ost.

Mission:	Ranger 1 und 2: hochelliptische Erdumlaufbahn, Systemtest Ranger 3 bis 5: Mondlandung der Landekapsel Ranger 6 bis 9: Mondaufschlag, TV-Aufnahmen bis zum Aufschlag
Gewicht:	Ranger 1: 306,18 kg, Trockengewicht: 295,18 kg Ranger 2: 306,18 kg Trockengewicht: 295,18 kg Ranger 3: 330 kg, davon 42,6 kg Landekapsel, Trockengewicht: 305,1 kg Ranger 4: 331,12 kg, davon 42,6 kg Landekapsel, Trockengewicht: 306,3 kg Ranger 5: 342,46 kg, davon 43 kg Landekapsel, Trockengewicht: 317,56 kg Ranger 6: 364,90 kg, Trockengewicht: 325,6 kg Ranger 7: 365,60 kg, Trockengewicht: 327,30 kg Ranger 8: 366,87 kg, Trockengewicht: 328,57 kg Ranger 9: 366,87 kg, Trockengewicht: 328,57 kg
Abmessungen:	Ranger Block I: 5,20 m Durchmesser, 4 m Höhe, Basiskörper 1,50 m Durchmesser Ranger Block II: 5,20 m Durchmesser, 3,10 m Höhe, Basiskörper 1,50 m Durchmesser Ranger Block III: 4,60 m Durchmesser, 3,60 m Höhe, Basiskörper 1,50 m Durchmesser
Instrumente:	Ranger Block I: (Ranger 1 und 2) acht Experimente im Gesamtgewicht von 51,2 kg • Elektrostatischer Analysator des solaren Plasmas (Sonnenwindes) • Geigerzähler: Messung hochenergetischer Partikel • Rubidiumdampf-Magnetometer, empfindlich zwischen 0,05 und 105 nT, bis 30 Messungen/s. • Detektor für kosmische Strahlen: Elektronen > 0,05 MeV, Protonen > 10 MeV, Alphateilchen > 40 MeV • Integrierende Ionisationskammer für kosmische Strahlen • Abbildendes Lyman-Alpha Scan Teleskop (Nachweis der Wasserstoffkorona der Erde, empfindlich zwischen 105 und 135 nm) • Mikrometeoriten Detektor • Nachweis von Szintillationen im Röntgenstrahlenbereich Röntgenstrahlen (Vela Hotel Experiment). Ranger Block II (Ranger 3 bis 5): zwei Experimente im Gewicht von 9,5 kg auf der Hauptsonde, ein Experiment im Gewicht von 3,35 kg auf der Landesonde • TV-System, 200 Zeilen × 200 Punkte, ein Bild alle 13 Sekunden. Bildgröße 1,44 × 1,44 Grad, Auflösung 6 m aus 48 km Höhe. • Gammastrahlendetektor • Seismometer in der Landekapsel Ranger Block III (Ranger 6 bis 9) • TV-Kamerasystem mit sechs Kameras im Gesamtgewicht von 173 kg. • Full-Kanal: 25 und 8,4° Größe, ein Bild von 1125 Zeilen alle 2,5 Sekunden. Brennweite der Objektive 25 und 76 mm. • Partial-Kanal: 25 mm Objektiv: 25 und 6,3° Größe, ein Bild von 290 Zeilen • Partial-Kanal: 76 mm Objektiv: 8,4 und 2,1° Größe, ein Bild von 290 Zeilen • Alle vier Kameras des Partialkanals liefern zusammen einen Bildzyklus von jeweils einer Aufnahme alle 0,84 S.
Ergebnisse:	Der Mond ist bis in den Submeter-Bereich mit Kratern bedeckt. Eine direkte Landung ist mit Abweichungen von wenigen Kilometern vom Zielpunkt möglich.
Bilder:	Ranger 7: 4.308 Ranger 8: 7.137 Ranger 9: 5.814
Kosten:	280 Millionen Dollar, davon 170 Millionen Dollar für die Raumsonden, 90 Millionen Dollar Trägerraketen, 15,4 Millionen für die abgebrochene Entwicklung der Block IV Generation.

8. Abbildung: Ranger Block II (Ranger 3-5)

9. Abbildung: Bildsequenz von Ranger 9. Kreis: späterer Aufschlagspunkt.

Mariner 1 und 2

Nach dem Wettrennen zum Mond begann das Wettrennen zu den Planeten. Startgelegenheiten zu den Planeten sind jedoch seltener. Zur Venus gibt es sie alle 584 Tage. Auch bei der ersten Venussonde kam Russland den USA zuvor. Im Februar 1961 scheiterten aber alle Sonden, die zur Venus entsandt wurden (S. 216). Das nächste Startfenster zur Venus wollten die USA nach dem „Warnschuss" von Venera 1 unbedingt nutzen. Die Mariner 1 und 2 wurden in Rekordzeit entwickelt. Am 31.8.1961 wurde das Projekt genehmigt, am 22.7.1962 startete Mariner 1 als erste Sonde des Paars.

Mariner 1 und 2 basierten auf den Ranger Block II Sonden. Intern hießen sie auch Mariner R – R für Ranger. Geplant waren erheblich besser instrumentierte Sonden, doch diese waren nicht bis zum nächsten Startfenster entwickelbar. Da Mariner aber zur Venus flog anstatt zum Mond, waren die Anforderungen erheblich höher als bei Ranger – sie sollten 25-mal länger funktionieren und mussten Daten aus mehr als der hundertfachen Entfernung übertragen. Jede Sonde bestand aus 54.000 Einzelteilen. Sie war das damals komplexeste Raumfahrzeug. Es mussten zahlreiche Systeme modifiziert werden, auch weil die Nutzlast der Atlas-Agena B zur Venus viel kleiner als zum Mond war.

Die beiden Mariner hatten sieben Instrumente und erstmals wurde der Radiosender als zusätzliches Experiment genutzt. Mit ihm wurde die Bahn verfolgt, um die Umlaufbahn der Venus genauer vermessen. Von den Instrumenten waren nur zwei für die Erforschung der Venus gedacht, ein Infrarotradiometer und ein Mikrowellenradiometer. Beide maßen die Temperatur der Venus, aber bei unterschiedlichen Wellenlängen. Zusätzlich erlaubten Sie eine Abschätzung der Konzentration von Kohlendioxid und Wasserdampf in der Atmosphäre. Die anderen Instrumente bestimmten die kosmische Strahlung, detektierten das Auftreffen von Mikrometeoriten, maßen das interplanetare Magnetfeld.

Mariner 1 ging am 22.7.1961 bei einem Fehlstart verloren. Die Atlas wich schon beim Aufstieg vom Kurs ab, was sich als Kombination des kurzzeitigen Verlusts der Radiolenkung mit einem Fehler im Computerprogramm des Autopiloten entpuppte.

Mariner 2 startete einen Monat später am 26.8.1962. Sehr bald nach dem Start häuften sich Probleme. Kurz nach der ersten Kurskorrektur verlor die Raumsonde Druckgas, mit dem der Kurs verändert wurde. Eines der Solarpaneele verlor an Leistung und fiel schließlich ganz aus – glücklicherweise erst in einer Distanz, als durch die Näherung an die Sonne, das Zweite den Leistungsabfall ausgleichen konnte. Die Temperaturen an Bord und im Radiometer stiegen auf kritische Werte an. Wenige Tage vor dem Vorbeiflug fielen zuerst Telemetriekanäle aus, dann der Sequenzer, die Programmautomatik. Die Experimente wurden durch Funkkommandos aktiviert, wobei die Signallaufzeit miteinkalkuliert werden musste.

Am 12.2.1962 passierte Mariner 2 die Venus in 34.763 km Entfernung. 42 Minuten lang wurden die beiden Radiometer auf die Venus ausgerichtet und lieferten insgesamt 22.491 Bits zur Bodenstation – Mariner 2 konnte Daten nur in Realzeit mit 8,33 Bit/s übertragen. Wenige Tage später fiel Mariner 2 endgültig aus, wahrscheinlich aufgrund Überhitzung. Die Mission war gerade so geglückt. Man hatte zeitweise tagelang keinen Kontakt zur Sonde. Mariner 2 sollte 2.500 Stunden lang arbeiten und fiel nach 3.100 Stunden aus – gerade nach Ablauf der „Garantiezeit". NASA-Intern kursierte der Witz, JPL stände als Abkürzung für „Just Plenty Luck". So verzichtete man auf den Start des Reserveexemplars, Mariner R-3, welches 1964 starten sollte.

Mariner 2 erfüllte ihre wissenschaftliche Mission. Die Raumsonde lieferte die erste fundierte Schätzung der Temperatur auf der Venus – das Mikrowellenradiometer 400, 490 und 570 °C, das Infrarotradiometer 425 °C. Die Abweichungen waren durch die hohen Messfehler begründet. Die NASA kam zum Schluss, dass die Oberflächentemperatur der Venus mindestens 425 °C betrug und Tag- und Nachtseite gleich heiß waren. Die Masse der Venus konnte um den Faktor 3 präzisiert werden. Ein Magnetfeld wurde nicht nachgewiesen. Damit war erstmals wissenschaftlich bewiesen, dass die Venus kein erdähnliches Klima hatte, wie viele Astronomen annahmen. Dies war die wichtigste Erkenntnis der ersten Marinermission.

Eine weitere Entdeckung von Mariner 2 war die des Sonnenwinds. Den Strom aus Protonen und Alphateilchen hatte der Deutsche Ludwig Biermann 1954 postuliert und Mariner 2 wies ihn erstmals nach. Es zeigte sich auch, dass der Sonnenwind kurzzeitig zu einem Sturm werden kann: Am 23.10.1962 stieg die Zahl der Ereignisse in der Ionisationskammer von 670 auf 18.000 pro Sekunde an.

Datenblatt Mariner 1 und 2	
Start:	22.7.1962 Mariner 1 (Atlas-Agena B (149D / AA5): Fehlstart 27.8.1962 Mariner 2 (Atlas-Agena B (179D / AA6)
Ankunft:	12.12.1961 Mariner 2 passiert die Venus in 34.763 km Abstand.
Missionsende:	3.1.1963
Mission:	Venusvorbeiflug
Gewicht:	202,8 kg Startmasse, 186,8 kg Trockenmasse
Abmessungen:	5,05 m Spannweite, 3,66 m Höhe. Zentraler Körper: 1,07 m Durchmesser
Instrumente:	Sieben Instrumente im Gesamtgewicht von 18,6 kg: • Mikrowellen-Radiometer, 50,8 cm große Antenne, empfindlich zwischen 15,7 und 22,2 GHz. Gewicht 9,94 kg. Schwenkgeschwindigkeit 0,1 Grad/s. • Infrarot-Radiometer, empfindlich zwischen 8,4 und 10,4 Mikrometern. Bereich 200 bis 500 K, Gewicht 1,2 kg. Referenz: Weltraumtemperatur mit 45 Grad geneigtem zweiten Detektor. • Fluxgate-Magnetometer, 64 – 320 nT Messbereich, Auflösung 2,5 nT. Intervall 21 s, 2,18 kg • Detektor für kosmischen Staub, 350 cm^2 Fläche, empfindlich für Kräfte > 7,4x10^{-9} N/s, 0,84 kg. • Detektor für kosmische Strahlen (Elektronen > 0,5 MeV und Protonen > 10 MeV), 1,2 kg. • Detektor für Teilchen niedriger Energie (Elektronen > 40 keV und Protonen > 500 keV), 0,06 kg • Spektrometer für das Sonnenplasma. 10 Stufen von 231 bis 8.824 V. Gewicht 2,18 kg
Ergebnisse:	Den von Ludwig Biermann postulierten Sonnenwind nachgewiesen Oberflächentemperaturen zu 425° C bestimmt. Temperatur an der Obergrenze der Wolken zu -32° C. Es gibt keinen bedeutenden Temperaturunterschied zwischen Tag- und Nachtseite. Wolken erstrecken sich zwischen 56 und 80 km Höhe. Kein Wasserdampf in der Atmosphäre Kein Magnetfeld und Strahlungsgürtel nachgewiesen.
Bilder:	Keine, insgesamt 22.491 Bits an Daten von der Venus, 27.8 Millionen Bits insgesamt während 120 Tagen der Mission.
Kosten:	44 – 48 Millionen $, davon 28 Millionen $ für die Raumsonden, je 7 bis 8,5 Millionen $ für die Trägerraketen

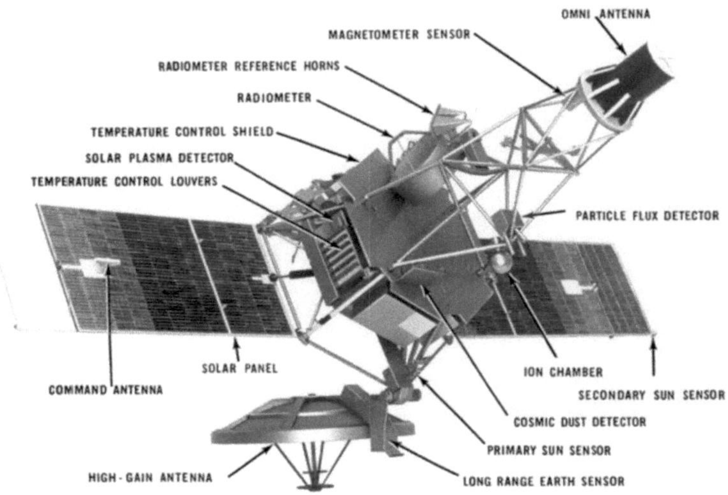

10. Abbildung: Systeme von Mariner

Abbildung 11: Mariner 2 vor dem Start

Mariner 3 und 4

Nach dem „Schnellschuss" Mariner 1 und 2 plante die NASA größere Raumsonden, welche die Atlas Centaur Trägerrakete voraussetzten. Deren Entwicklung hinkte aber hinter dem Terminplan hinterher. So schob man eine kleinere Raumsonde ein. Wie bei den Vorgängern war die Startmasse begrenzt. Immerhin erlaubte die Agena D Oberstufe eine höhere Nutzlast, als bei der Agena B, die Mariner R startete. Trotzdem wogen die Instrumente von Mariner Mars 64 (erst nach dem Start in Mariner 3 und 4 umbenannt) nur 11 kg. Es wurde wieder eine Doppelmission, falls eine Raumsonde beim Start oder dem Weg zum Mars verloren gehen sollte.

Mariner 3 und 4 unterscheiden sich im grundsätzlichen Aufbau nicht von den ersten beiden Mariner 2. Die Herausforderungen lagen in der größeren Sendedistanz und einer doppelt so langen Reisedauer zum Mars. Die Raumsonde enthielt zweieinhalbmal so viele Einzelteile wie Mariner 1 und 2 und war für 250 anstatt 100 Tage Betrieb ausgelegt. Man hatte viel Arbeit investiert, um die Raumsonden sicherer zu machen. Ansonsten unterscheiden sich die Raumsonden wenig von ihren Vorgängern. Auch sie wurden durch einen programmierbaren Zeitgeber gesteuert. Ein Triebwerk, das Hydrazin katalytisch zersetzte, führte die Kurskorrekturen durch. Die Lageregelung erfolgte durch ein zweites System, das Stickstoff-Druckgas nutzte. Aufgrund der größeren Entfernung zur Sonne gab es vier anstatt zwei Solarpaneele. Sie enthielten am Ende kleine Flügel: Mariner 2 war auf dem Weg zur Venus um mehr als 12.000 km vom Kurs abgekommen. Die Sonnenstrahlung war dafür verantwortlich. Mit den Flügeln wurde erprobt, ob man damit die Sonde steuern konnte.

Neu war die Übertragung im S-Band, anstatt L-Band und ein Bandlaufwerk. Es war durch das wichtigste Experiment nötig geworden: eine kleine TV-Kamera. Die Sonden übertrugen Daten mit 8,33 Bit/s. Eine Life-Übertragung von Fernsehbildern war so undenkbar. Die Bilder wurden zuerst auf Band aufgezeichnet und nach der Passage zur Erde übertragen. Trotz der geringen Auflösung der Kamera passten auf das Magnetband mit einer Kapazität von 5,24 Millionen Bit nur 21 Bilder.

Die Instrumentierung ähnelte weitestgehend Mariner 1 und 2: Nur beim Mars aktiv waren ein Infrarotradiometer und Mikrowellenradiometer. Beide maßen die Oberflächentemperatur, erlaubten über das Messen mit verschiedenen Wellenlängen Rückschlüsse über die Atmosphäre wie den Kohlendioxid- und Wassergehalt.

Die restlichen Instrumente wie Magnetometer, Staubteilchendetektor und Teilchendetektoren untersuchten den interplanetaren Raum auf dem Weg zum Mars. Sie sollten auch die Plasmaumgebung und das Magnetfeld des Mars erforschen.

Für die Entwicklung von Mariner Mars 64 hatte das JPL über zwei Jahre Zeit. Es gab am 1.3.1962 die offizielle Finanzierung. Schon seit November 1962 hatte man intern beim JPL an den Sonden gearbeitet. Mariner 4 blieb daher von den Problemen, die Mariner 2 hatte, weitestgehend verschont.

Mariner 3 startete am 5.11.1964. Die Atlas-Agena D hatte eine neue leichtgewichtige Nutzlasthülle aus Fiberglas bekommen. Deren Hitzebeständigkeit reichte aber nicht aus. Sie schmolz teilweise beim Aufstieg. Das so verschmolzene innere Keflargewebe wurde bei Abtrennung der Verkleidung nicht durchtrennt. Die Hülle haftete teilweise an der Sonde. Mariner 3 war zu schwer und konnte die Solarzellen nicht ausfahren. Die Sonde gelangte zwar in einen Sonnenorbit, aber nicht den geplanten und ohne die Solarzellen war der Batteriestrom nach wenigen Stunden verbraucht.

General Dynamics fertigte nun im drei Schichten eine neue Metallhülle für Mariner 4 und konnte so den Start der Schwestersonde zum Ende des Startfensters am 28.11.1964 durchführen. Auf dem Weg zum Mars fiel zwar die Hälfte der Experimente von Mariner 4 aus, aber die Raumsonde selbst hatte keine gravierenden Vorfälle zu beklagen.

Am 15.7.1965 passierte Mariner 4 den Mars und gewann innerhalb einer Stunde alle Erkenntnisse über diesen Planeten, die bei dieser Mission anfielen. Die Kamera nahm einen langen dünnen Streifen diagonal über den Mars auf, der etwa 1 Prozent der Oberfläche abdeckte. Dies war durch die Aufzeichnung der Bilder am Stück vorgegeben. Dies erlaubte es nicht, eine größere Region aus höherer Distanz zu fotografieren, da sich dann die Bilder kaum überlappen und alle das mehr oder weniger gleiche Territorium zeigten. Auf den Bildern konnte man keine Marskanäle ausmachen, die viele Astronomen bei ihren Beobachtungen des Mars zu sehen glaubten. Stattdessen gab es viele Krater auf den Bildern. Dies rief den Eindruck, dass die Marsoberfläche wie die Mondoberfläche aussieht, hervor. Das war aber genauso falsch. Der kleine Ausschnitt war schlicht und einfach nicht repräsentativ für die Topografie des Mars. Erfasst wurden 1,5 Millionen km^2 mit einer Streifenbreite von 250 km und einer Auflösung von 3 km.

Das Magnetometer konnte kein Magnetfeld detektieren, was bedeutet, dass es unter der Messgrenze ($^1/_{1000}$ des irdischen Magnetfelds) lag. Ebenso wurde kein Strahlungsgürtel, wie der Van-Allen-Gürtel, nachgewiesen. Die minimale Oberflächentemperatur des überflogenen Streifens wurde zu -100 °C bestimmt. Aus den Messungen wurde ermittelt, dass die Atmosphäre vor allem aus Kohlendioxid bestand, etwa 15 bis 16 % Stickstoff und maximal 8 % Argon. In der Realität ist der Kohlendioxidgehalt mit fast 96 % sogar noch höher.

Erstmals nutzte man den Sender der Sonde, um die Atmosphäre zu durchleuchten. Als die Sonde hinter dem Mars verschwand, passierte ihr Funksignal die Atmosphäre, bevor Mars die Funkverbindung abreisen ließ. Die Abschwächung korrespondiert mit der Dichte der Atmosphäre. Da man für 1969 Landungen von Robotern plante, benötigte man den Bodendruck für die Auslegung des Landesystems. Wernher von Braun schlug daher dieses Experiment vor. Man ermittelte einen Bodendruck von 10 bis 40

Abbildung 12: Mariner 4

mb. In der Realität liegt er beim „Nullniveau“ bei 6,1 mb. Seitdem wird „Radio Science“ als zusätzliches Experiment bei allen Raumsonden genutzt.

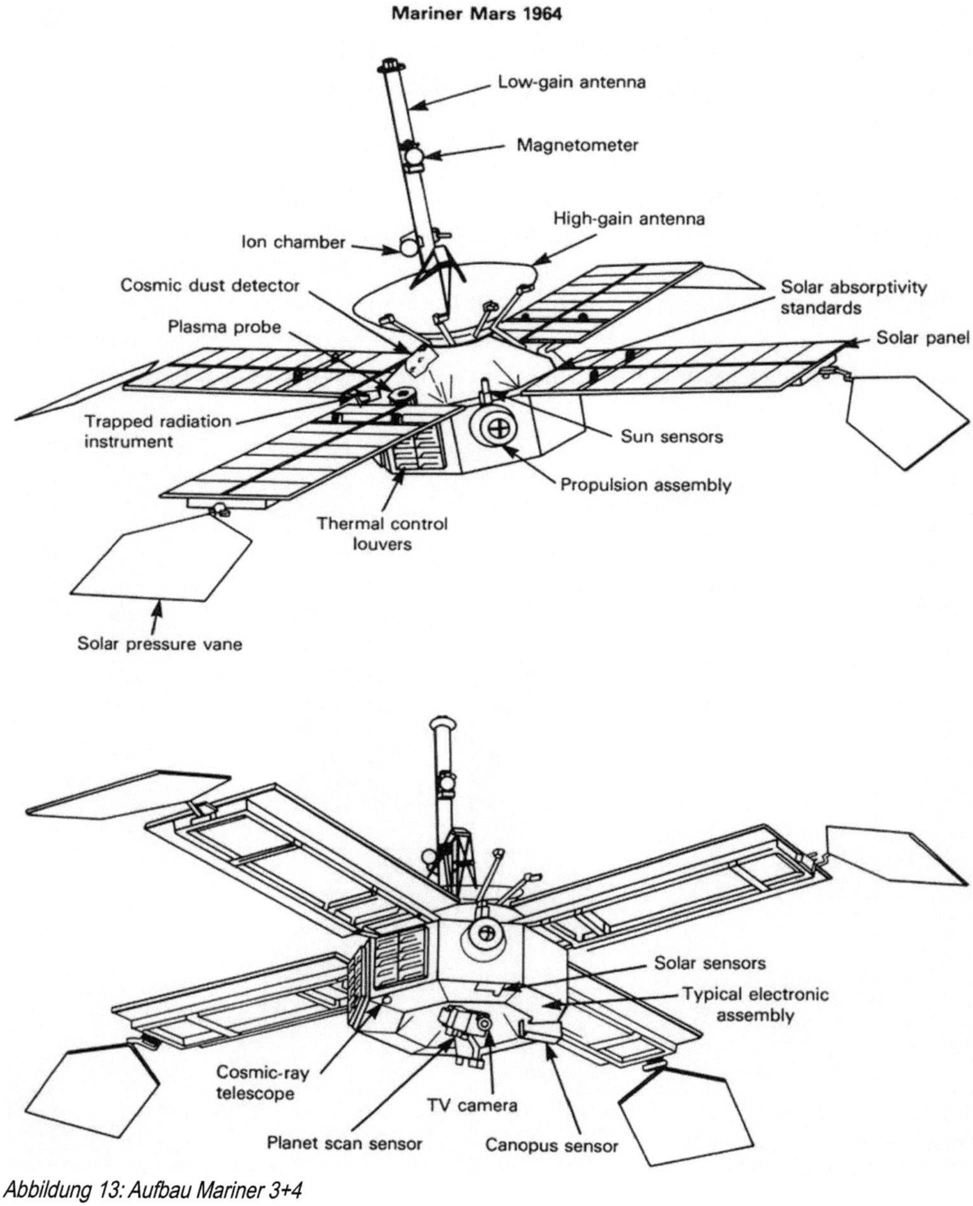

Abbildung 13: Aufbau Mariner 3+4

Nach dem Vorbeiflug wurden die Bilder übertragen. Alle anderen Messdaten wurden mit nur 8,33 Bit/s „life“ übertragen. Die Übertragung der 21 Bilder dauerte neun Tage. Anders als Mariner 2 war Mariner 4 noch lange nach dem Vorbeiflug aktiv. Die Teilchendetektoren wurden genutzt, um die Aktivität der Sonne zu überwachen. Bis zum 20.12.1967 gab es Kontakt zu Mariner 4. Insgesamt hat die Sonde während der drei Jahre Betriebszeit 9 Millionen Bits übertragen, davon entfielen alleine 5,2 Millionen Bit auf die 21 Bilder. Die Doppelmission war mehr als doppelt so teuer wie Mariner 1 und 2 die aus den Rangern entwickelt wurden.

Mariner 4 lieferte eine Abschätzung über Bodendruck, Atmosphärenzusammensetzung und Temperatur des Mars. Zusätzlich wurde fotografisch ein kleiner Teil der Oberfläche erfasst. Dass der Mars (fast) kein Magnetfeld und keinen Strahlungsgürtel hat, gilt bis heute. Mariner 4 war zu weit entfernt, um das schwache Magnetfeld des Mars zu detektieren.

Datenblatt Mariner 3 und 4	
Start:	5.11.1964 Mariner 3 (Atlas-Agena D (289D / AA11): Fehlstart 28.11.1964 Mariner 4 (Atlas-Agena D (288D / AA12)
Ankunft:	15.7.1965 Mariner 4 passiert den Mars in 9.846 km Entfernung.
Missionsende:	20.12.1967
Mission:	Marsvorbeiflug
Gewicht:	260,8 kg Startmasse, 235,5 kg Trockenmasse
Abmessungen:	6,88 m Spannweite, 2,89 m Höhe. Zentraler Körper: 1,27 m Durchmesser
Instrumente:	Sieben Instrumente im Gesamtgewicht von 15,8 kg: • TV-Kamera: 204,8 mm Brennweite, 38,1 mm Öffnung, f/7,8. 1,05 Grad Bildgröße, 200 × 200 Pixel zu je 6 Bits pro Pixel. Gewicht 5,12 kg. • Magnetometer, Genauigkeit 0,35 nT. Gewicht 2,49 kg • Plasmaprobe: bestimmte Zahl und Energie der Protonen und Elektronen des Sonnenwindes. Energie 10 eV bis 30 keV. 5 × 10^{-5} bis 5 × 10^{-9} Teilchen/cm²/s. Gewicht 2,91 kg. • Detektor für hochenergetische Teilchen: > 0,5 MeV Elektronen, > 10 MeV Protonen, 1,17 kg. • Detektor für niedrigenergetische Teilchen: > 40 keV Elektronen > 550 keV Protonen.1,20 kg. • Ionenkammer für ionisierende Strahlung: 128 Kanäle 1,2 bis 170 meV für Protonen, 1.23 kg. • Detektor für kosmischen Staub: Fläche 22 × 22 cm, maximal 256 Ereignisse/Tag. 0,95 kg. • S-Band Bedeckungsexperiment
Ergebnisse:	1 % der Oberfläche mit einer Auflösung von 3 km kartiert. Mars ist zerkratert, 70 Kater mit Durchmessern von 5 bis 120 km waren auf den Bildern erkennbar. Oberflächentemperatur -100° Celsius. Atmosphärendichte an der Oberfläche maximal 0,1 % der irdischen (100 hPa)
Bilder:	21 vollständige Bilder, ein Teil des 22-ten Bildes. Insgesamt 9 Millionen Bits an Informationen
Kosten:	120 Millionen Dollar

Pioneer 6 bis 9

Pioneer 6 bis 9 waren die ersten Raumsonden, die speziell für die Erforschung des interplanetaren Mediums entwickelt wurden. Sie gingen auf einen Entwurf einer Sonde zurück, die den erdnahen Raum bis 45 Millionen km Entfernung von der Erde untersuchen sollte. Die Raumsonden wurden vom AMES Forschungszentrum der NASA entwickelt, Hauptauftragnehmer war das Space Technologie Laboratory.

Die Raumsonden waren einfacher aufgebaut als die Mariner Serie und bestanden aus einer rotierenden Trommel von 94 cm Durchmesser und 81 cm Höhe. An der Außenseite waren Solarzellen befestigt, die in jeder Raumlage Strom lieferten. Einige Experimente waren an der Außenseite der Trommel angebracht und konnten so innerhalb einer Rotation den ganzen Raum um die Sonde erfassen. Nach außen ragte eine Antenne zur Kommunikation sowie Empfangsantennen für Plasmawellen. Daten wurden auf einem Magnetkernspeicher zwischengespeichert, bis sie von der Bodenstation abgerufen wurden. Die Datenrate betrug zwischen 8 und 512 Bits pro Sekunde. Die Raumsonden wurden durch Rotation (60 Umdrehungen pro Sekunde) stabilisiert und hatten eine Designlebensdauer von sechs Monaten. Danach waren sie so weit von der Erde entfernt, dass man keine Daten mehr empfangen konnte. Mittels Druckgas wurde die Rotationsachse verschoben.

Alle Pioneer hatten mindestens sechs Experimente an Bord, dies waren verschiedene Detektoren für unterschiedliche Arten der kosmischen Strahlung, ein Empfänger für Plasmawellen und ein Magnetometer. Pioneer 8,9 und Pioneer E hatten noch ein weiteres Plasmainstrument und einen Staubdetektor an Bord.

Ziel der Pioneer war es, das interplanetare Medium zu erforschen. Insbesondere im Hinblick auf die Mondmissionen: Man wollte feststellen, ob man Sonneneruptionen vorhersehen kann oder zumindest rechtzeitig vorwarnen kann. Würde ein Sonnensturm auftreten, dann erhalten die Astronauten, wenn sie auf dem Mond sind, hohe Strahlungsdosen.

Pioneer 6 startete am 16.12.1965. Ziel der Raumsonde war ein Orbit zwischen Erde und Venus. Man kontaktierte sie einige Jahre lang regelmäßig, vergaß sie dann aber, sodass sie sich 1980 selbst deaktivierte, weil keine Funkverbindung zustande kam. Danach gab es immer wieder sporadischen Kontakt, ohne das man Daten abrief. Der letzte war zur Feier des 35-sten Geburtstags am 8.12.2000. Damals waren noch drei Experimente funktionsfähig.

Pioneer 7 folgte am 16.8.1966. Pioneer 7 gelangte anders als Pioneer 6 in eine Bahn zwischen Erde und Mars mit einem Aphel von 1,25 AE. Auch sie wurde noch lange nach ihrer aktiven Lebensdauer von der NASA kontaktiert, zum letzten Mal im März 1995. Damals war noch ein Experiment aktiv.

Pioneer 8 startete erst nach einem Jahr, da beide Vorgänger noch aktiv waren und sowohl den sonnenzugewandten Raum um die Erde, wie auch den sonnenabgewandten erforschten. Eine neue Version der Delta-Trägerrakete erlaubte eine höhere Nutzlast, die man für zwei weitere Experimente nutzte. Pioneer 8 erforschte wie Pioneer 7 die Erdumgebung bis in 1,088 AE Entfernung.

Pioneer 9 gelangte wieder in eine Umlaufbahn mit einem Perihel innerhalb der Erdbahn und ergänzte Pioneer 6 bei der Überwachung des sonnennahen Raums. Sie fiel als einzige Sonde der Serie am 19.5.1983 nach über 14 Jahren aus.

Pioneer E (E = fünfte Sonde der Serie) wurde am 27.8.1969 gestartet. Die identisch mit Pioneer 8/9 instrumentierte Sonde ging bei einem Fehlstart verloren, als die Delta immer weiter vom Kurs abwich und vom Sicherheitsoffizier gesprengt wurde. Sekundärnutzlasten der beiden letzten Pioneers waren zwei TETR-Subsatelliten (**Te**st and **T**raining Satellite), die mit ihren Sendern das Bodennetzwerk der Apollomissionen erprobten.

Die Raumsonden Pioneer 6 bis 8 erweisen sich als äußerst langlebig. Ob sie heute noch aktiv sind, ist offen, da die NASA sie nicht mehr kontaktiert. Aufgrund der laufend abnehmenden Leistung der Solarzellen sinkt die Sendeleistung ab. Schon zu ihrer aktiven Zeit konnte die NASA die Sonden nur kontaktieren, wenn sie in Erdnähe waren. Daten der Experimente werden schon lange nicht mehr abgerufen.

Für die Vorwarnung von Sonnenstürmen entwickelte die NASA später spezialisierte Sonden: die IMP (**I**nterplanetary **M**onitoring **P**latform), Wind, ACE und DSCOVR. (Band 2 S. 422 – 424).

Datenblatt Pioneer 6 bis 9	
Start:	Pioneer 6: 16.12.1965 mit Thor Delta E (460/D35) Pioneer 7: 17.8.1966 mit Thor Delta E1 (462/D40) Pioneer 8: 13.12.1966 mit Thor Delta E1 (489/D55) Pioneer 9: 8.11.1967 mit Thor Delta E1 (479/D50) Pioneer E: 27.8.1969 mit Thor Delta L (540/D73)
Umlaufbahnen:	Pioneer 6: 0.81 × 0.98 AU × 0,169 Grad, 310,77 Tage Umlaufszeit Pioneer 7: 1,01 × 1,12 AU × 0,098 Grad, 402,9 Tage Umlaufszeit Pioneer 8: 0,99 × 1,088 AU × 0,057 Grad, 387,55 Tage Umlaufszeit Pioneer 9: 0.814 × 0.985 AU × 0,086 Grad, 297,65 Tage Umlaufszeit
Missionsende:	Pioneer 6: 8.12.2000 Pioneer 7: März 1995 Pioneer 8: Juni 2001 Pioneer 9: 19.5.1983
Mission:	Erforschung des interplanetaren Raums zwischen Venus und Mars
Gewicht:	Pioneer 6: 62,14 kg Pioneer 7: 62,14 kg Pioneer 8: 65,36 kg Pioneer 9: 65,36 kg Pioneer 9: 65,4 kg
Abmessungen:	Durchmesser des Zentralkörpers: 0,94 m Höhe, 0,88 m
Instrumente:	Pioneer 6 und 7: sechs Experimente mit einem Gesamtgewicht von 15,9 kg Pioneer 8 und 9: acht Experimente mit einem Gesamtgewicht von 20,1 kg • Sonnenwind Farady-Cup-Sonde: Bereich 150 bis 15.000 V, Elektronenmodus: 12 bis 1.000 V. Wählbarer räumlicher Bereich von 2 bis 13 × 16 Grad, • Kosmische Strahlen Detektor: erfasst Elektronen zwischen 0,31 und 5,1 eV Protonen zwischen 2,2 und 42 MeV. • Elektrostatischer Analysator (nur Pioneer 6 und 7) Bereich 200 bis 10.000 V, Elektronenmodus: 1 bis 500 V. Wählbarer räumlicher Bereich von 15, 20,30 Grad, • Magnetometer: Messbereich 2200 nT, Auflösung 0,2 nT. • Anisotropiemessung der kosmischen Strahlung: 38,2 und 23 Grad Halbwinkel, mehrere Modi Messbereich zwischen 1 und 63 eV Nukleon. • Radioempfänger/-Sender: Sandte mit einer 4,6-m-Antenne bei 49,8 MHz und 423 MHz Radioimpulse zur Erde. • Plasmawellensonde (nur Pioneer 8 und 9): drei Empfänger bei 30 kHz, 400 kHz (je 15% Bandbreite) und Breitbandempfänger von 100 Hz bis 100 KHz. • Staubdetektor (nur Pioneer 8 und 9): 100 cm² Fläche misst Geschwindigkeit zum Durchfliegen einer 5 cm Distanz zwischen zwei Foliendetektoren.
Bemerkungen:	Pioneer 6 hielt bis zum 13.8.2012 den Rekord als älteste aktive Raumsonde, bis sie an diesem Tage von Voyager 2 „überholt“ wurde.
Bilder:	Keine
Ergebnisse:	Daten über das interplanetare Medium, den Magnetschweif der Erde bis 1974. Messung von Sonneneruptionen und Sonnenstürmen. Die Möglichkeit diese vor Ankunft bei der Erde zu bestimmen führte später zu Frühwarnsatelliten die vor schlechtem „Space Weather“ warnen.

14. Abbildung: Modell von Pioneer 6 in einem Museum

Surveyor

Die Ursprünge von Surveyor gehen zurück ins Jahr 1959. Nach dem verlorenen Wettrennen, wer als Erster den Mond erreicht, erarbeitete man ein mehrstufiges Programm, mit dem man die Russen schlagen sollte. Surveyor war nach Ranger Block II als nächster Schritt gedacht. Genehmigt wurde Surveyor im Mai 1960. Die Zielsetzung änderte sich 1962, als das Apolloprogramm beschlossen wurde. Vorher trugen die Raumsonden ein umfangreiches Instrumentarium. Nun sollten sie nur noch auf dem Mond landen, und wesentliche Eigenschaften des Mondbodens feststellen, die für das Design des Apollo-Mondlanders wichtig waren.

Über die Oberflächeneigenschaften des Mondbodens war damals wenig bekannt. Man wusste, dass die Krater durch Einschläge entstanden waren. Ranger stellte fest, dass es keine Untergrenze bei den Kratern gab, die kleinsten nachweisbaren waren 1 m groß. Ohne Atmosphäre würde jeder Brocken, der größer als ein Kiesel ist, einen Krater schlagen. Dabei zertrümmert er das Gestein und verteilt es in der Umgebung. Passiert dies über Jahrmillionen, so errechneten Wissenschaftler, dann ist die gesamte Oberfläche meterdick mit Staub, Geröll und Felsbrocken bedeckt, das aus den Einschlägen stammt. Ein Mondlandefahrzeug könnte darin versinken. Der Staub könnte bei der Landung aufgewirbelt werden und den Astronauten die Sicht nehmen sowie das Triebwerk beschädigen. Andere Wissenschaftler hielten die Staubschicht für dünner und nahmen an, dass im Vakuum das Gestein durch Adhäsionskräfte aneinander haftet und damit die Oberfläche fest genug ist, um auf ihr zu landen. Ob dem so ist, das sollte Surveyor klären.

Die Surveyors waren mit der Trägerrakete Atlas Centaur verknüpft. Obwohl deren Entwicklung vor Surveyor begann, war als Entwurfsziel vorgegeben, die Masse einer Surveyor (1.130 kg) auf eine Transferbahn zum Mond zu bringen. Die Entwicklung der Centaur Oberstufe verlief aber schleppend. Man hatte massive Schwierigkeiten mit der Thermalisolation der Tanks, vor allem des Zwischenbodens. Von den ersten sieben Flügen scheiterten vier. Man musste nachbessern und das System zur Lagekontrolle im Erdorbit überarbeiten. All dies kostete nicht nur Zeit (geplant war der Start von Surveyor 1 für 1965), sondern verringerte auch die Nutzlast auf zeitweise nur noch 952 kg. Die Surveyors mussten daraufhin umkonstruiert werden, damit sie das Zielgewicht einhielten. Deswegen entfielen viele Experimente.

Die Surveyor-Raumsonden bestanden aus einem Feststoffantrieb in der Mitte, um den herum die Raumsonde konstruiert wurde. Das geschah mit Verstrebungen aus Aluminiumröhren, die einen trapezförmigen Kasten um den Antrieb herum bildeten. An ihm wurden die drei Landebeine, Instrumente, der Ausleger mit den Solarzellen, die Antenne und sonstige Teile angebracht.

Die Instrumentierung nahm wieder zu, als bei der Centaur sukzessiv Gewicht eingespart wurde. Surveyor 1 hatte nur zwei Experimente: zwei TV-Kameras mit einem Weitwinkel- und Teleobjektiv und Beschleunigungsmesser – Dehnungsmessstreifen an den Beinen, mit denen die Festigkeit des Mondbodens gemessen wurde. Die Experimente litten am meisten unter der Reduktion der maximalen Masse. Ursprünglich war eine Startmasse von 1.130 kg mit 154 kg Nutzlast geplant, darunter vier Kameras, ein Bohrer, der bis in 1,5 m Tiefe bohren konnte, ein Seismometer, Magnetometer und Sensoren für die Oberflächengravitation, Atmosphäre und zur Bestimmung von Oberflächeneigenschaften.

Ab Surveyor 3 gab es eine Baggerschaufel. Sie Schaufel hatte einen Ausleger, der nach dem Prinzip der Nürnberger Schere arbeitete. Er zog mit der Schaufel Furchen in den Mondboden. Dies wurde von der Kamera gefilmt und lieferte Daten über die physikalischen Eigenschaften der Oberfläche.

Surveyor 5 bis 7 hatten noch ein Alphateilchenspektrometer an Bord. Es bestimmte die Menge an radiogenen Elementen. Ein Mikrofon, angeschlossen an eine Membran, zählte Mikrometeoriten. Die Bestimmung dieser war wichtig, da Mikrometeoriten den Astronauten in ihren dünnen Anzügen gefährlich werden konnten. Die Wahrscheinlichkeit eines Treffers musste daher bestimmt werden.

Die Surveyors wurden auf einen direkten Kollisionskurs zum Mond geschickt. 38 Minuten vor der Landung drehte sich die Sonde so, dass das Haupttriebwerk senkrecht zum Boden zeigte. Dessen Zündung wurde durch einen Radarhöhenmesser initiiert und fand in 75 km Höhe statt. In 7,6 km Höhe war der Antrieb ausgebrannt und Surveyor auf 130 m/s abbremst. Da dies in relativ großer Höhe geschah, gab es ein Sicherheitspolster, falls der Antrieb zu spät zündete oder länger brannte als vorgesehen. Nach dem Ausbrennen wurde der Feststoffantrieb abgeworfen. Nun übernahmen an der Seite angebrachte kleine Triebwerke die weitere Abbremsung. Sie spalteten Hydrazin katalytisch und erzeugten heißes Gas aus Stickstoff und Wasserstoff.

Der Schub wurde durch das Radar mit einer Feedback-Steuerung geregelt. Es nutzte die Höhen und Geschwindigkeitsmessung zur Regelung des Schubs – hoher Schub in großer Höhe, kleiner Schub in niedriger Höhe. Ab Unterschreiten einer Mindesthöhe hielten die Triebwerke eine konstante Fallgeschwindigkeit aufrecht. In 4 m Höhe wurden sie abgestellt und die Surveyor landeten im freien Fall.

Auf dem Mond angekommen, lieferten die Surveyor zahlreiche TV-Bilder, zuerst mit der Weitwinkelkamera, dann mit der Telekamera. Sie waren ausgelegt für einen Betrieb über einen Mondtag, da sie ihren Strom aus einem Solarpaneel am Mast bezogen. Das limitierte den Betrieb auf etwa 14 Tage. Man erwartete nicht, dass die Sonden die Mondnacht überleben würden, bei denen die Oberflächentemperaturen auf Werte von unter -100° C sinken.

Als Landeplätze waren für die ersten Sonden aufgrund von Teleskopaufnahmen potenzielle Apollo-Landeplätze ausgewählt worden. Für die späteren Sonden konnte das JPL auf Lunar Orbiter Aufnahmen zurückgreifen. Die Sonden sollten dort landen, wo auch Apollo landen sollte. So bekam man einen Eindruck, wie das spätere Landegebiet aussieht. Die endgültigen Zielpunkte wurden oft nach Auswertungen der Lunar Orbiter Aufnahmen angepasst. Typischerweise landeten die Sonden innerhalb einer Zone von 3 bis 5 km Radius vom Zielpunkt entfernt.

Surveyor 1 landete am 2.6.1966 auf dem Mond. Mit dem Übermitteln des ersten Bildes, eines der drei Landebeine, hatte die Sonde schon die ersten drei primären Missionsziele erfüllt: Man hatte nach dem Desaster mit den Rangers beim JPL die Ansprüche heruntergeschraubt. Wenn die Sonde sicher landet, hatte sie schon ihre Mission erfüllt. Während der nächsten 12 Tage machte die Raumsonde 10.338 Aufnahmen, davon rund 1.000 durch Farbfilter. Surveyor 1 wies nach, dass der Mondboden die Apollo-Mondlander tragen konnte, die eine ähnliche Kraft pro Quadratzentimeter ausübten wie die Landebeine von Surveyor.

Nach dem ersten Mondtag versuchte man ab dem 28.6.1966, als die Sonne erneut aufging, die Sonde erneut zu kontaktieren, doch es gelang erst am 7.7.1966. Die Messdaten zeigten, dass die Batterie stark degradiert war, sodass man nur 812 weitere Bilder machte und sich auf das Abrufen von Messdaten der Sensoren der Sonde beschränkte. Mit dem nächsten Sonnenuntergang am 14.7.1966 beendete man die Mission.

Surveyor 2 wurde am 20.9.1966 gestartet. Bei Surveyor 2 scheiterte die Bahnkorrektor um 1,2 m/s zur Festlegung des Zielgebietes. Eine der drei Vernier-Düsen zündete nicht und Surveyor 2 geriet in eine unkontrollierbare, taumelnde Bewegung. Sie rotierte mit 58 U/Min. Alle Versuche, Surveyor 2 wieder unter Kontrolle zu bringen, scheiterten. Man gab auf, als man für Versuche, die Rotation abzubremsen, mehr als die Hälfte des Druckgases für die Lageregelung verbraucht hatte. So war eine Zündung des Feststoffantriebs nicht möglich. Am 22.9.1966 schlug Surveyor 2 im Sinus Medii auf. Daraufhin verschob die NASA den Start von Surveyor 3 und nutzte die Zeit, um nach dem Fehler zu suchen und ihn zu eliminieren.

Surveyor 3 hatte erstmals die Baggerschaufel an Bord. Sie wurde durch die TV-Kamera beim Graben beobachtet und lieferte Rückschlüsse über den Mondboden. Da die NASA am 13.1.1966 eine zweite Generation von Surveyor mit weiterer wissenschaftlicher Ausrüstung gestrichen hatte, integrierte das JPL nun deren Experimente in die noch folgenden Sonden. Eine weitere Neuerung waren zwei Spiegel, mit denen man den Boden unter Surveyor durch die TV-Kamera einsehen konnte. Hier interessierte, wie viel Material bei der Landung weggeblasen wurde.

Als Surveyor 3 am 20.4.1967 landete, verlor der Radarhöhenmesser vor der Landung den Bodenkontakt. Wie sich später zeigte, wurde dies durch Reflexion der Radarsignale von den Wällen des 200 m großen Kraters, in dem Surveyor 3 landete, verursacht. Ohne korrekte Höhenmessung schaltete die Sonde ihre Verniertriebwerke nicht ab und macht drei Sprünge von 24, 12 und 1 Sekunde Dauer über 20, 11 und 1 m Distanz. Ein Kommando von der Bodenstation schaltete die Triebwerke schließlich ab. Der Bagger hob 14 Gräben aus und wurde mehrmals aus definierter Höhe fallen gelassen. Die Furchen und Eindrücke wurden fotografiert. Nach diesen Daten wuchs die Zuversicht, dass Apollo sicher landen konnte. Surveyor 3 machte 6.316 Bilder während des ersten Mondtages. Darunter das erste Bild der Erde von der Mondoberfläche aus und eine Bedeckung der Sonne durch die Erde (Sonnenfinsternis). Ein Kontakt beim zweiten Mondtag konnte dagegen nicht etabliert werden. Sie war die einzige der gelandeten fünf Sonden, die nur einen Mondtag lang arbeitete.

Am 19.11.1969 landete Apollo 12 nur 180 m neben Surveyor 3. Die Astronauten Charles Conrad, (Commander) und Alan Bean, (LM-Pilot) untersuchten Surveyor 3 und die Umgebung. Mit einem Bolzenschneider demontierten sie 10 kg der Sonde, darunter das Kamerasystem. Man wollte feststellen, wie sich Material auf dem Mond verändert oder altert. Zudem war die Sonde zwei Jahre dem Sonnenwind und der kosmischen Strahlung ausgesetzt. So sollte sie mehr Partikel gesammelt haben als die Segel, die Apollo für wenige Stunden aussetzte.

Innerhalb der Isolierung der Kamera konnte bei der Nachuntersuchung auf der Erde eingetrockneter Schleim festgestellt werden. Wider Erwarten waren nach zwei Jahren im Schleim (von einem Niesanfall) noch keimfähige Streptococcus mitis Sporen. Dass Bakterien über zwei Jahre dem Vakuum, starken Temperaturextremen und der kosmischen Strahlung widerstehen konnten, war damals eine Sensation.

Bei **Surveyor 4** gab es weitere Änderungen gegenüber Surveyor 3. Die Wichtigste war, dass man die elektronische Schaltung des Radarhöhenmessers überarbeitete, um einen erneuten Sprung zu verhindern. Daneben wurden an einem Fußteller zwei Metallstreifen angebracht. Einer war magnetisch, der andere nicht. Mit ihnen wollte man mittels Fotografie die magnetischen Eigenschaften des Regolith untersuchen.

Nur 1,2 s vor Ausbrennen des Feststoffantriebs, in 14,9 km Höhe, mit 326 m/s sinkend, verstummte Surveyor 4 vor der Landung. Die Bodenkontrolle versuchte sie noch zu kontaktieren, konnte aber keinen Funkkontakt etablieren. Ein eingesetztes Board konnte die Ursache nicht sicher benennen, sodass man den nächsten Start von Surveyor 5 vorzog. Die Mission von Surveyor 4 entfiel.

Surveyor 5 verlor nach der Mittkurskorrektur Helium, als sich ein Ventil in den Veniertriebwerken nicht schloss. Die Missionsleitung erarbeitete einen Notfallplan und lies vor der Landung einen Teil des Treibstoffs für die Endphase durch die Düsen ab. Das restliche Helium sollte ausreichen, den verbliebenen Treibstoff zu fördern. Als Ausgleich wurde der Feststoffantrieb später gezündet. Er brannte erst in 1,3 km Höhe aus, bei einer geringeren Geschwindigkeit, die mit dem restlichen Treibstoff abbaubar war. Das frühe Ausbrennen des Feststofftriebwerks nominell in 7,6 km Höhe und dann Abbremsung mit den Verniertriebwerken über eine lange Strecke lieferte das dazu notwendige Sicherheitspolster.

Surveyor 5 hatte erstmals ein Alphateilchen-Spektrometer an Bord. Das Instrument ermittelte, das die Zusammensetzung des Mondbodens irdischem Basalt ähnelte. Surveyor arbeitete über fünf Mondtage und lieferte insgesamt 19.118 Aufnahmen. Apollo 11 landete nur etwa 32 km von Surveyor 5 entfernt.

Surveyor 6 hatte zusätzlich zum Alphateilchenspektrometer weitere Magneten an den Landefüßen, nachdem Eisen am Landeplatz von Surveyor 5 nachgewiesen wurde. Die Kamera erhielt zusätzliche Filter. Erstmals startete die Bodenkontrolle das Triebwerk nach sieben Tagen erneut. Die Sonde erhob sich um 2,5 m und landete 4 m von der alten Position entfernt. Die neue Position erlaubte durch Fotografie die Vermessung der Eindrücke durch die Landebeine bei der ersten Landung und wie viel Material die Düsen wegbliesen. Zum anderen war die stereoskopische Beobachtung der Umgebung aus zwei Blickwinkeln möglich. Surveyor 6 wurde nach Beginn der zweiten Mondnacht abgeschaltet, weil sie keine brauchbaren Daten mehr lieferte. Die Sonde hat die meisten Bilder aller Surveyor geliefert: 29.950 Stück.

Den Abschluss machte **Surveyor 7**. Sie landete nahe des Kraters Tycho. Die bisherigen Sonden hatten Apollo-Landeplätze erkundet, gemäß ihrem Namen Surveyor (Landvermesser). Die letzte Sonde ging im Hochland nieder, von dem man eine andere Zusammensetzung des Mondbodens als in den Mare erwartete. Aufnahmen der Erde wurden genutzt, um Laserblitze von der Erde zu detektieren. Apollo würde Laserreflektoren auf dem Mond hinterlassen. Aufgrund der hohen Breiten nahm die Stromversorgung durch die Paneele stark ab. Man schaltete Surveyor 7 am 21.2.1968 während des zweiten Mondtages ab. Surveyor 7 war die letzte US-Mondsonde für über 25 Jahre. Erst 1994 startete die nächste US-Mondsonde.

Die Surveyor lieferten zahlreiche Detailaufnahmen der Mondoberfläche. Darüber hinaus vermittelten sie Sicherheit – Sicherheit, dass die Lunar Module ohne Beschädigung landen konnten, und es auch auf dem Mond weitestgehend ebene Flächen zum Landen gab. Diesem Ziel wurde die wissenschaftliche Instrumentierung untergeordnet. Mit Kosten von 469 Millionen Dollar war es das bis dahin teuerste unbemannte zivile Raumfahrtprogramm, annähernd so teuer wie das gesamte Marinerprogramm und teurer als Ranger und Lunar Orbiter zusammen.

Datenblatt Surveyor	
Start / Landung:	Surveyor 1: 30.5.1966 mit Atlas Centaur D (AC-10) Surveyor 2: 20.9.1966 mit Atlas Centaur D (AC-7) Surveyor 3: 17.4.1967 mit Atlas Centaur D (AC-12) Surveyor 4: 14.7.1967 mit Atlas Centaur D (AC-11) Surveyor 5: 8.9.1967 mit Atlas Centaur D (AC-13) Surveyor 6: 7.11.1967 mit Atlas Centaur D (AC-14) Surveyor 7: 7.1.1968 mit Atlas Centaur D (AC-15)
Landung:	Surveyor 1: 2.6.1966 bei 2°27‘ Süd, 43°13‘ West. Surveyor 2: Aufschlag am 22.9.1966 bei 5°30‘ Nord, 12° West. Surveyor 3: 20.4.1967 bei 2°56‘ Nord, 23°13‘ West. Surveyor 4: Kontakt verloren 2,5 Minuten vor der Landung am 17.7.1967 bei 0,4° Nord, 1,33° West. Surveyor 5: 11.9.1967 bei 1°25‘ Nord, 23°11‘ West. Surveyor 6: 10.11.1967 bei 2,45° Süd, 41,11° West. Surveyor 7: 10.1.1968 bei 40,86° Süd, 11,47° West.
Missionsende:	Surveyor 1: 7.1.1967 Surveyor 2: 22.9.1966 Surveyor 3: 1.5.1967 Surveyor 4: 17.7.1967 Surveyor 5: 17.12.1967 Surveyor 6: 14.12.1967 Surveyor 7: 21.2.1968
Mission:	Mondlandung
Gewicht:	Surveyor 1: 995,2 kg beim Start, 294,3 kg bei der Landung Surveyor 2: 995,2 kg beim Start, 292 kg bei der Landung Surveyor 3: 1026 kg beim Start, 296 kg bei der Landung Surveyor 4: 1038 kg beim Start, 283 kg ohne Treibstoff Surveyor 5: 1030 kg beim Start, 303 kg bei der Landung Surveyor 6: 1006 kg beim Start, 299,6 kg bei der Landung Surveyor 7: 1036 kg beim Start, 305,6 kg bei der Landung
Abmessungen:	4,30 m Durchmesser, 3,0 m Höhe
Instrumente:	29,1 kg (Surveyor 1 und 2) – 40 kg (Surveyor 5 bis 7). Zwei bis sechs Instrumente: • TV-Kamera (6,4 und 25,3 Grad, 25 / 100 mm Brennweite jeweils 200 oder 600 Zeilen/Bild. Drehbar 360 Grad in der Horizontalen. Vertikaler Schwenk: +90 / -60 Grad zum Horizont. • Physikalische Eigenschaften des Mondes: Beschleunigungssensoren, Dehnmesstreifen an den Landebeinen, Gyroskoplageveränderung. • Ab Surveyor 3: Baggerschaufel die Gräben aushob. Reichweite 1,5 m Winkel 112 Grad, Tiefe 13 cm. • Ab Surveyor 5: Alphateilchenspektrometer: Detektiert Elemente ab Magnesium, indem der Boden mit einer radioaktiven Cm-232 Quelle mit Alphateilchen bestrahlt wird. • Ab Surveyor 5:Mikrometeoritendetektor • Ab Surveyor 5: Seismometer
Bemerkungen:	Primär Apollo-Vorbereitungsprogramm. Einziges Raumsondenprogramm der USA, bei dem die Sonden auf dem Mond landeten.
Bilder:	Surveyor 1: 11.240 Surveyor 2: keine Surveyor 3: 6.315 Surveyor 4: keine Surveyor 5: 19.118 Surveyor 6: 29.952 Surveyor 7: 21.038

Ergebnisse:	Der Mondboden ist ausreichend tragefähig für den Mondlander und die Astronauten. Die oberste Schicht ist locker, vergleichbar nassem Sand. Tragfähigkeit 0,7 kg/cm³ Oberflächenaufnahmen von sechs Landegebieten, die für Apollo vorgesehen waren sowie des Hochlandes.
Kosten:	469 Millionen Dollar

15. Abbildung: Pete Conrad inspiziert Surveyor 2 auf dem Mond

Lunar Orbiter

Lunar Orbiter war das letzte beschlossene Apollo-Vorbereitungsprogramm. Die Aufgabe der fünf Orbiter war klar: Sie sollten potenzielle Landeplätze für die Missionen mit hoher Auflösung fotografieren, sodass man den Ort festlegen konnte, an dem die bemannte Landung erfolgen sollte.

Ursprünglich war dazu eine zweite Serie von Surveyor, die Surveyor B vorgesehen, die in einen Mondorbit einschwenken sollte. Wie die Surveyor Landesonden (S. 86) arbeiteten diese mit Videokameras. Russland ging diesen Weg und entwickelte die Mondorbiter Luna 10 bis 12 und 14 aus den Mondlandesonden. 1962 war das NASA-Hauptquartier aber mit der Arbeit des JPL, welche Surveyor entwickelte, sehr unzufrieden. Alle drei Ranger Block II Geräte gingen verloren (S. 66) und die Raumsonde Mariner 2 (S. 73) hatte zahlreiche Probleme auf ihrem Weg zur Venus. Man übertrug dem Langley-Zentrum die Aufgabe, eine Alternative zu den Surveyor B zu erarbeiten. Dieses Konzept wurde übernommen und Surveyor B gestrichen.

Das Konzept von Langley minimierte Risiken. So war die Trägerrakete die Atlas-Agena D, eine leicht verbesserte Version der Atlas-Agena B, die schon im Einsatz war. Sie hatte weniger als die Hälfte der Nutzlast der Atlas Centaur, die Surveyor benötigte. Das Kamerasystem stammte vom Spionagesatelliten SAMOS, das Triebwerk aus dem Apolloprogramm und die Sternsensoren aus dem Marinerprogramm.

Zentrales Experiment von Lunar Orbiter war ein Kamerasystem, bestehend aus einer Weitwinkel- und Telekamera in einem druckdichten Behälter gefüllt mit einer Stickstoff-Atmosphäre. Solche Druckbehälter sind bei russischen Raumsonden die Regel, bei US-Missionen jedoch die Ausnahme. Die Kamera fertigte ein quadratisches Weitwinkel- und ein rechteckiges Telefoto an. Die Teleaufnahme lag in der Mitte der Weitwinkelaufnahme. Auf dem Film befanden sich beide Aufnahmen nebeneinander.

Der Filmvorrat reichte für 212 Aufnahmen. Der 70-mm-Film wurde im Bimat-Prozess entwickelt, indem er gegen einen zweiten Filmstreifen, versehen mit Entwickler, gepresst wurde. Der entwickelte Film wurde dann abgetastet, indem die Rückseite von einem Lichtstahl punktweise belichtet wurde und das Licht auf der Vorderseite von einer Photodiode in ein elektrisches Signal umgewandelt wurde. Dieses wurde analog zur Bodenstation über die 1,4 m große Richtantenne übertragen und dort zuerst auf Magnetbändern für Videoaufzeichnungen gespeichert. Ausschnitte des Bildes wurden dann auf eine Videoröhre projiziert und diese mit 35 mm Film abfotografiert. Die Bilder waren für die damalige Zeit sehr gut, doch die volle Qualität zeigte sich erst, als man nach der Jahrtausendwende die Originalmagnetbänder digitalisierte und Artefakte beseitigte. Ein Foto der Telekamera hatte 8.360 × 33.288 Pixels (278 MPixel), das der Weitwinkelkamera immerhin noch 8.360 × 9.888 Pixel (82 MPixel). Lunar Orbiter wurde praktisch um die Kamera herum konstruiert.

Weitere Experimente waren ein Mikrometeoritendetektor und ein Dosimeter.

Bei Programmbeginn stand nicht fest, wie viele potenzielle Landeplätze man fotografieren musste und wie viele Bilder auswertbar waren (bei den ebenfalls mit Film arbeitenden Keyhole-Spionagesatelliten war oft nur ein Teil der Aufnahmen auswertbar). Daher lies Langley insgesamt fünf Orbiter bauen.

Die Kartierungsphase dauerte pro Orbiter 15 bis 30 Tage. Dann wurden die Aufnahmen abgetastet und übertragen. Das dauerte bei einem Bild 43 Minuten. Primäres Ziel war die Kartierung von Apollolandeplätzen in Äquatornähe, aber auch potenzieller Landeplätze für Surveyor. Nach Beendigung der Primärmission nutzte man bei den letzten Lunar Orbitern den Film für die Kartierung der Mondoberfläche. Die ersten Orbiter gelangten in eine Bahn mit einem Perilunäum über dem Zielgebiet von nur 40 bis 50 km Höhe und einem Apolunänum von 1.700 km Höhe, wenig zum Äquator geneigt. Die Lunar Orbiter waren für ein Jahr Betriebszeit ausgelegt. In der erweiterten Phase sollten der Mikrometeoritendetektor und das Dosimeter Daten liefern. Mit ihnen wurde die Gefahr für Apollo durch Staubeinschläge und Sonnenstürme eingeschätzt. Starts waren alle drei Monate geplant. Dies gab genügend Zeit, um zwischen den Missionen die Aufnahmen auszuwerten und die Ziele der nächsten Mission festzulegen.

Lunar Orbiter 1 schwenkte am 14.8.1966 in die erste Umlaufbahn ein. Nach zwei Kurskorrekturen befand er sich im 39 × 1.685 km Kartierungsorbit, 12,4 Grad zum Äquator geneigt. Der mondnächste Punkt lag auf der Mondvorderseite. Sehr bald zeigte sich, dass die Teleaufnahmen verschmiert waren. Man machte ein unregelmäßig auftretendes elektrisches Signal dafür verantwortlich. Es sorgte dafür, dass der Verschluss der Telekamera nicht mit der Filmbewegung synchronisiert war. So waren nur Teleaufnahmen der Mondrückseite brauchbar, wo man wegen der großen Entfernung die Bewegungskompensation abschaltete. Zudem zeigte sich, dass der Film mit dem Entwickler am normalen Film haftete und ihn beschädigte, wenn er zu lange in Kontakt war. Als Lösung machte die Flugkontrolle in jedem Orbit mindestens ein Bild, anstatt nur alle vier Umläufe. Diesen eingeschobenen Aufnahmen verdanken wir auch das erste Bild eines Erdaufganges über der Mondoberfläche. Solche Bilder waren in der Missionsplanung eigentlich nicht vorgesehen. Am 29.8.1966 waren alle Aufnahmen im Kasten und wurden vom 30.8 bis 16.9 übertragen. Von den 205 Aufnahmen waren 187 Weitwinkel-, aber nur 19 Teleaufnahmen brauchbar. Am 29.10.1966 wurde Lunar Orbiter 1 gezielt zum Absturz gebracht.

Lunar Orbiter 2 folgte drei Monate später. Er erreichte fast sein Plansoll. Der Verstärker des Senders fiel aus, als noch sechs Aufnahmen zu übermitteln waren. Er erfasste mit den 206 übertragenen Aufnahmen trotzdem alle Aufnahmezonen. Lunar Orbiter 2 hatte nach Beendigung der Primärmission noch genügend Lagekontrollgas und Treibstoff für eine erweiterte Mission. In dieser wurde die Inklination auf 17,5 Grad erhöht, um die bei Lunar Orbiter 1 entdeckten Bahnabweichungen durch Massekonzentrationen besser zu erfassen. Erst als sich Alterungsdefekte häuften, brachte man den Mondsatelliten am 11.10.1967 nach fast einem Jahr gezielt zum Absturz. Während dieser Zeit wurde er von nur drei Mikrometeoriten getroffen. Es war die längste Betriebszeit aller Lunar Orbiter.

Nach der Beobachtung beim ersten Orbiter, dass man den Entwicklerfilm nicht zu lange in Kontakt mit dem eigentlichen Film belassen dürfte, machte auch der zweite Mondsatellit eingeschobene „Test-Pictures“. Eine Füllaufnahme von Lunar Orbiter 2 war eine Schrägaufnahme des Kraters Kopernikus. Die hier abgebildete Aufnahme wurde von Teilen der US-Presse zur „Aufnahme des 20-sten Jahrhunderts“ gekürt. Lunar Orbiter 2 lieferte die beim ersten Orbiter so vermissten Detailaufnahmen der potenziellen Landeplätze.

Lunar Orbiter 3 vervollständigte die Untersuchung von Landeplätzen, obwohl 72 Aufnahmen nach Ausfall des Filmtransports nicht übertragen werden konnten. Damit war die primäre Aufgabe des Programms trotz der Ausfälle schon nach dem dritten Orbiter erfüllt. Die beiden anderen Orbiter wurden nun wissenschaftlichen Zwecken umgewidmet. Nach dem Ende der Primärmission zirkularisierte man beim dritten Mondorbiter die Bahn in 160 km Höhe, um die Einflüsse der Mascons, welche die Bahn der Orbiter veränderten, genauer untersuchen zu können – Apollo sollte in einer 161 km (100 Meilen) hohen Umlaufbahn den Mond umkreisen. Lunar Orbiter 3 war der erste Orbiter, der eine schon gelandete Raumsonde fotografierte: Auf Aufnahmen des Landeplatzes von Surveyor 1 war diese als heller Punkt erkennbar.

Bei **Lunar Orbiter 4** wurde der Satellit erstmals in eine fast polare Umlaufbahn von 2.250 × 6.250 km Höhe gebracht. Ziel war es, die Mondvorderseite mit einer Auflösung von mindestens 50 m und die Mondrückseite, wo der mondfernste Punkt der Bahn lag, mit 120 bis 160 m zu kartieren. Die hohe Bahn hatte eine Umlaufszeit von 12 Stunden, was den Betrieb vereinfachte. Aufgrund der Entfernung war praktisch nur die Telekamera nutzbar, da schon im mondnächsten Punkt eine Weitwinkelaufnahme den halben Mond zeigte. Die Bahn stellte für die Missionsplanung hohe Ansprüche. Anstatt 50-mal pro Orbit musste Lunar Orbiter 4 die Ausrichtung 200-mal ändern. Es gab bald Probleme. Als man Kondensationswasser austreiben wollte, schloss eine Tür nicht hermetisch und der Film wurde teilweise belichtet. Später gab es einen Strahlensturm, der ebenfalls zu Nebel auf dem Film führte. Schon bei der Passage des Van-Allen-Gürtels maß die Sonde eine achtmal höhere Strahlenbelastung als seine Vorgänger. Man musste die ersten Aufnahmen wiederholen. Zuletzt gab es Probleme mit dem Auslesen des Films und die letzten Aufnahmen gingen verloren. Trotzdem hatte die NASA nach dem vierten Orbiter 95 bis 99 % der Mondvorderseite mit 33 m Auflösung und 75 % der Mondrückseite mit 134 m Auflösung erfasst.

Lunar Orbiter 5 sollte daher die Kartierung vervollständigen. Da man nicht alle Aufnahmen brauchte (es fehlten nur Teile der Mondrückseite) kam er in einen Orbit, der zwischen dem der ersten drei Orbiter und dem von Lunar Orbiter 4 lag: 200 km Perilunäum und 5.000 km Apolunäum. Neben der Kartierungsmission wurden 27 weitere Regionen auf der Mondvorderseite im Detail erfasst, auch erstmals Ziele abseits der Äquatorzone. Darunter waren die späteren Landeplätze von Apollo 14,15,17 und Surveyor 7. Man konzentrierte sich auf die Mondvorderseite, obwohl diese (anders als die Mondrückseite) bekannt war. Die NASA überlegte, spätere Apollolandungen abseits der sichersten Gebiete am Mondäquator durchzuführen. Diese Landungen würden aber immer auf der Mondvorderseite erfolgen, da es auf der Mondrückseite keine direkte Funkverbindung mit der Erde gab. Daher war das Interesse an einer hochauflösenden Karte der Mondrückseite gering.

Es ab noch genügend Bauteile bei Boeing, um einen sechsten Orbiter zu bauen. Er wäre gestartet worden, wenn Lunar Orbiter 5 ausgefallen wäre. Es gab nach dem

Start von Lunar Orbiter 5 die Diskussion, ob man nicht den sechsten Orbiter bauen sollte, zumal dieser nur 12,75 Millionen Dollar kosten sollte. Ein Gammastrahlenspektrometer wäre als neues Experiment hinzugekommen. Man entschloss sich aber gegen einen weiteren Satelliten.

Alle Lunar Orbiter arbeiteten nach der Primärmission weiter, doch nur der zweite Orbiter kam an das geplante Betriebsjahr heran. Das Hauptproblem waren steigende Temperaturen an Bord, die zum Altern von Systemen, vor allem der Batterie, führten. Man hatte die von der bis zu 120 °C heißen Mondoberfläche ausgehende Infrarotstrahlung unterschätzt. Noch 2009 fiel die indische Mondsonde Chandrayaan 1 (Band 2, S. 271) durch Überhitzung im Mondorbit aus.

Zudem erwies sich der Vorrat an Stickstoff als Lagekontrollgas als begrenzende Ressource. Mit Ausnahme von Lunar Orbiter 4, bei dem man den Kontakt verlor, wurden alle Lunar Orbiter gezielt deorbitiert. Man befürchtete, dass ein noch aktiver Orbiter, der Telemetrie sandte, aber nicht mehr auf Kommandos reagierte, die Funkverbindung zu dem folgenden Orbiter stören könnte.

Neben den Aufnahmen der Apollolandeplätze brachte das Programm weitere Erkenntnisse: Staub ist keine Gefahr für die Astronauten, auch wenn sie sich nur in einem dünnen Schutzanzug außerhalb der Fähre aufhalten. Sonnenstürme können dagegen lebensbedrohende Strahlungsdosen freisetzen. Sie sind jedoch selten und nur über einige Stunden so heftig, dass Sie für Astronauten gefährlich sind. Die wichtigste neue wissenschaftliche Erkenntnis war das Entdecken von Massekonzentrationen, sogenannten **Mascons**, vor allem unter den großen Meeren der Mondvorderseite. Sie zogen die Orbiter stärker an und führten zu elliptischen Bahnen. Innerhalb der nur 14 Tage dauernden Phase, in der die Fotografien gemacht wurden, sanken die mondnächsten Punkte der Bahnen von 55 auf 48 km ab. Dies war von großer Bedeutung für das Apolloprogramm, da ohne die Einbeziehung der Mascons die Astronauten den Landepunkt um einige Kilometer verpasst hätten.

Das Lunar Orbiter Programm war das bis dahin erfolgreichste Projekt der NASA. Alle Missionsziele wurden erreicht, keine Raumsonde ging verloren. Dabei war das Programm mit Kosten von 200 Millionen Dollar billiger als Ranger oder Surveyor und wurde in Rekordzeit umgesetzt.

Datenblatt Lunar Orbiter	
Start:	Lunar Orbiter 1: 10.8.1966 Atlas-Agena D Nummer 5801 / AA17 Lunar Orbiter 2: 6.11.1966 Atlas-Agena D Nummer 5802 / AA18 Lunar Orbiter 3: 5.2.1967 Atlas-Agena D Nummer 5803 / AA20 Lunar Orbiter 4: 4.5.1967 Atlas-Agena D Nummer 5804 / AA22 Lunar Orbiter 5: 1.8.1967 Atlas-Agena D Nummer 5805 / AA24
Ankunft:	Lunar Orbiter 1: 14.8.1966. Kartierungsorbit: 39 × 1.685 km × 12,4 Grad Lunar Orbiter 2: 10.11.1966 Kartierungsorbit: 40 × 1.853 km × 11,8 Grad Lunar Orbiter 3: 8.2.1967. Kartierungsorbit: 55 × 1.850 km × 21 Grad Lunar Orbiter 4: 8.5.1967. Kartierungsorbit: 2.706 × 6.709 km × 85,5 Grad Lunar Orbiter 5: 5.8.1967. Kartierungsorbit: 99 × 1.500 km × 13,4 Grad
Missionsende:	Lunar Orbiter 1: 29.10.1966 Lunar Orbiter 2: 11.10.1967 Lunar Orbiter 3: 9.10.1967 Lunar Orbiter 4: 16.7.1967 Lunar Orbiter 5: 31.1.1968
Mission:	Mondorbiter
Gewicht:	385,6 bis 387 kg beim Start, 263 kg trocken
Abmessungen:	3,68 m Durchmesser, 1,68 m Höhe, maximaler Durchmesser mit Antennen 5,61 m
Instrumente:	Vier Experimente im Gewicht von 67 kg • Filmkamera (80 mm f/4,5 und 610 mm f/5,6 Objektiv, 212 Bilder auf 70 mm Film. Auflösung aus 45 km Entfernung 1 m / 10 m. Bildgröße 65 × 69,7 und 65 × 230,5 mm, Bildgröße, 31,6 × 37,4 und 16,6 × 4,15 km, 8.360 × 9.880 und 8.360 × 33.280 Pixel), 64 kg • Dosimeter (0,9 kg): CsI-Szintillationszähler, abgeschirmt durch 0,17 und 2 g/cm² Metall. Schwelle für die Detektion: 11 bzw. 40 MeV für Protonen. • 20 Mikrometeoriten-Testflächen: 0,282 m² ohne, 0,186 m² mit Abschirmung. Je 20 gasgefüllte Zellen, die unter Spannung standen. • Radio-Science mit dem Sender der Sonde
Bemerkungen:	Primär Apollo-Vorbereitungsprogramm. Erstellte einen globalen Atlas der Mondvorderseite und -rückseite mit einer minimalen Auflösung von 100 bis 200. Kleine Teile der Oberfläche wurden mit bis zu 1 m Auflösung erfasst.
Bilder:	Lunar Orbiter 1: 205, davon 187 Weitwinkel / 19 Teleaufnahmen auswertbar. Lunar Orbiter 2: 206 Lunar Orbiter 3: 133 Lunar Orbiter 4: 163 Lunar Orbiter 5: 203
Kosten:	200 Millionen Dollar

16. Abbildung: Lunar Orbiter © des Bildes: NASA

17. Abbildung: Schrägaufnahme von Kreter Kopernikus, 240 km südlich und aus 40 km Höhe gewonnen © des Bildes Lunar Orbiter Image Restauration Project LORIP.

Mariner 5

Mariner 5 war eine Einzelsonde, die zur Venus entsandt wurde („Mariner Venus 67"). Es handelte sich um das Reserveexemplar der Mariner Mars 64 Mission (S. 77). Für den Flug zur Venus wurden die Solarpaneele um die Hälfte gekürzt (dies war einfacher, als zwei Paneele wegzulassen). Am Boden der Sonde wurde ein entfaltbarer Sonnenschirm angebracht, der den Zentralkörper vor Überhitzung schützen sollte.

Die Experimente von Mariner 4 wurden übernommen, mit einer Ausnahme: Die TV-Kamera wurde durch ein UV-Fotometer ersetzt. Da die Venus in Teleskopen vollkommen strukturlos erschien, glaubte die NASA nicht, dass Kamerabilder einen Erkenntnisgewinn bringen würden – damit hatte sie recht: Die Venus ist im Visuellen eine weitestgehend strukturlose, helle Kugel. Lediglich im UV-Bereich kann man Wolkenstrukturen wahrnehmen.

Das UV-Fotometer sollte die Absorption solarer UV-Strahlung durch Sauerstoff und Wasserstoff in der Hochatmosphäre messen. Die anderen Experimente untersuchten Teilchen, bzw. suchten nach einem Strahlungsgürtel der Venus, bestimmten ihr

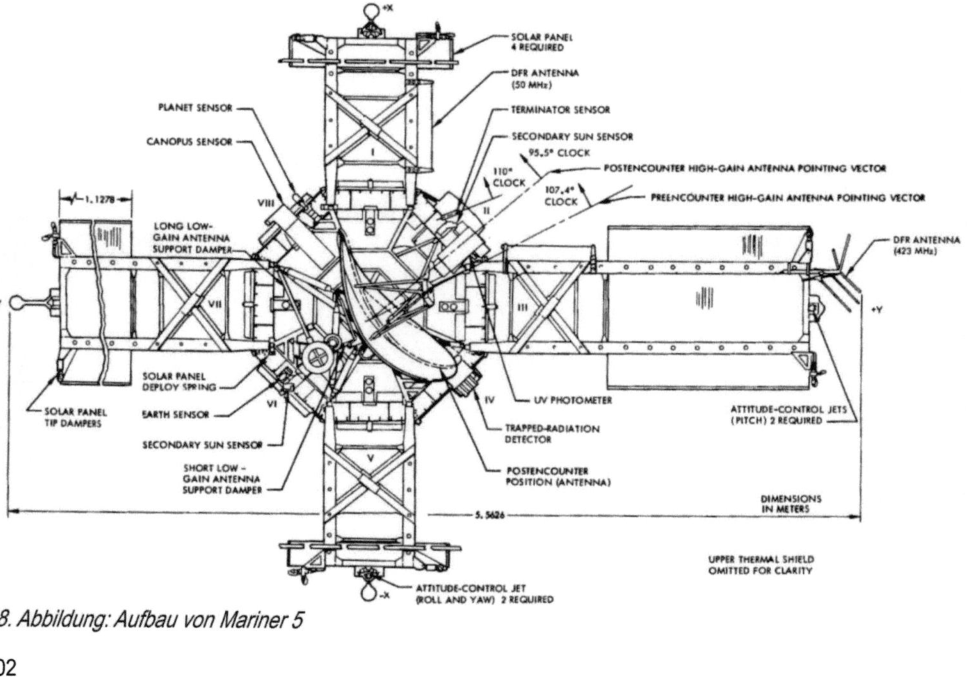

18. Abbildung: Aufbau von Mariner 5

Magnetfeld und die Häufigkeit von Staub im inneren Sonnensystem. Mit dem Sender der Sonde durchleuchtete man die Atmosphäre beim Vorbeiflug und erstellte so ein Dichteprofil.

Mariner 5 wurde am 25.12.1965 nach dem Vorbeiflug von Mariner 4 am Mars genehmigt. Am 19.10.1967 flog sie in 3.990 km Entfernung (zehnmal näher als Mariner 2) an der Venus vorbei. Die Sonde konnte weder ein Magnetfeld noch einen Strahlungsgürtel detektieren. Das wichtigste Experiment war die Durchleuchtung der Atmosphäre durch die Sender. Es ergab, das der Oberflächendruck 75 bis 100 Bar beträgt und die Atmosphäre zu rund 90 % aus Kohlendioxid besteht. Ein Team leitete aus den Messdaten auch die korrekte Oberflächentemperatur von 500 °C ab. Die Vermessung der Bahn ergab, dass die Venus 81,5 Prozent der Erdmasse hat, die Gestalt kaum von einer Kugel abweicht (Unterschied Pol-Äquatorradius 500 m) und der mittlere Radius 6.048 km beträgt.

19. Abbildung: Mariner 5

Die Ergebnisse wurden nicht von allen akzeptiert. Vor allem die Daten über die Atmosphäre wurden angezweifelt, da sie nicht auf direkten Messungen beruhten, sondern aus der Abschwächung des Sendesignals abgeleitet wurden. So nahm Russland an, ihre Raumsonde Venera 4 (S. 248), die zehn Tage nach Mariner 5 auf der Venus landete, wäre bis zur Oberfläche gelangt, wo ihr Signal dann verstummte. Doch die russischen Forscher gingen von einem Venusradius von 6.072 km aus. Nach dem Venusradius, den Mariner 5 ermittelte, ergab sich, dass Venera 4 in 24 km Höhe verstummte. Auch die Angaben über den Bodendruck von mindestens 75 Bar und der Temperatur von 500 °C hielten die russischen Experten für falsch. Sie legten die nächste Generation nur auf maximal 25 Bar Außendruck aus. Russland verlor daher noch Venera 5 und 6, die nicht die Oberfläche erreichten, weil sie schon vorher durch den enormen Druck zerquetscht wurden.

Auch nach der Passage der Venus wollte die Missionsleitung Mariner 5 weiter betreiben. Die NASA wollte ausnutzten, dass sie mit Mariner 4 und 5 zwei identisch instrumentierte Raumsonden in zwei unterschiedlichen Regionen im Sonnensystem hatte – Mariner 4 befand sich immer außerhalb der Erdumlaufbahn und Mariner 5 immer innerhalb der Erdumlaufbahn. Doch die Venus hatte Mariner 5 auf eine Bahn umgelenkt, die bis zu 88 Millionen km an die Sonne heranführte.

Am 4.12.1967 fiel die Hochgewinnantenne durch Überhitzung aus. Mariner 5 hatte noch eine Niedriggewinnantenne an Bord, diese war für die ersten Tage nach dem Start vorgesehen, um ohne ausgerichtete Hauptantenne mit der Sonde zu kommunizieren. Die Bodenkontrolle musste nun warten, bis die Sonde sich wieder der Erde näherte, da sonst das Signal der Rundstrahlantenne zu schwach war. Das war im Oktober 1968 der Fall. Nach dem 14.10.1968 empfing man zwar das Signal von Mariner 5, konnte aber keine Daten mehr extrahieren. So beendete man am 5.11.1968 alle Kommunikationsversuche mit Mariner 5.

Die von Mariner 2 und 5 bestimmten harschen Bedingungen auf der Venusoberfläche führten dazu, dass man bei der NASA weitestgehend das Interesse an der Erforschung der Venus verlor. Seitdem gab es nur drei US-Raumsonden, welche die Venus als primäres Ziel hatten: Pioneer Venus Orbiter und Multiprobe (S. 164) und Magellan (S. 179). Anders war dies in Russland. Die dichte Atmosphäre erleichterte die Landung enorm. Die hohe Temperatur begrenzte zwar die Lebensdauer einer Landesonde auf wenige Stunden. Für Russlands Raumsonden, sowieso hochgradig automatisiert, batteriebetrieben und nur für eine kurze Betriebszeit ausgelegt, war dies keine Einschränkung. Russland startete nach Venera 4, die zeitgleich mit Mariner 5 zur Venus aufbrach, noch 16 weitere Sonden zur Venus.

Datenblatt Mariner 5	
Start:	14.6.1967
Ankunft:	19.10.1967 in 3.990 km Entfernung zur Venus
Missionsende:	5.11.1968
Mission:	Venusvorbeiflug
Gewicht:	Startgewicht: 244,9 kg. Trockengewicht 224,1 kg
Abmessungen:	5,50 m Spannweite, 2,89 m Höhe, Durchmesser des Zentralkörpers: 1,27 m bei 0,457 m Höhe
Instrumente:	Fünf Instrumente im Gesamtgewicht von 22,2 kg • Zweibandempfänger bei 49,8 / 423,3 MHz. Gewicht 3,1 kg. • UV-Photometer, Drei Photokathoden empfindlich zwischen 105 bis 220 nm, 125 bis 220 nm und 135 bis 220 nm. Gesichtsfeld 3,0 und 1,2 Grad. Gewicht 4,1 kg. • Geigerzähler für kosmische Strahlung (Elektronen > 40 keV und Protonen > 500 keV), 70 und 135 Grad zur Sonne geneigt. Gewicht 1,2 kg. • Magnetometer, maximaler Messbereich: 204,8 nT, Genauigkeit 0,2 nT, Messungen alle 12,6 und 50,4 s. Gewicht 3,6 kg. • Plasmaprobe: 40 bis 9400 V, 32 Schritte, alle 5 Minuten durchfahren. Gewicht 3,1 kg. • S-Band Bedeckungsexperiment
Ergebnisse:	Mittlerer Venusradius 6048 km, maximal 500 m Abplattung zwischen Pol und Äquator Kein Strahlungsgürtel und kein Magnetfeld nachweisbar Venusionosphäre reicht bis in 500 km Höhe. Maximale Elektronendichte 650.000/cm³. Wasserstoff in der Ionosphäre nachweisbar, aber kein Sauerstoff. Atmosphäre mit mittlerem Molekulargewicht von 40 bestehend aus 72 bis 87 % Kohlendioxid, Stickstoff ist das zweithäufigste Element in der Atmosphäre. Temperaturen an der Wolkenobergrenze -43 °C, am Boden 267 bis 500 °C Bodendruck 75 bis 100 Bar Größe der Astronomischen Einheit 149.597.870 km
Bilder:	Keine
Kosten:	33 Millionen Dollar

Mariner 6 und 7

Die zweite Marsmission der NASA stellte einen bedeutenden Entwicklungssprung zu Mariner 4 dar. Da nun die Atlas Centaur zur Verfügung stand, konnte das JPL viel größere und besser ausgestattete Raumsonden zum Mars entsenden.

Mariner 6 und 7 (andere Bezeichnung: Mariner Mars 69, Mariner F+G) übernahmen den Grundkörper von Mariner Mars 64. Das JPL stattete die Raumsonden neu aus. Sie erhielten einen Kommandoempfänger, der erstmals umprogrammiert werden und Rechnungen durchführen konnte. Die vorherigen Missionen hatten eine vorgegebene Liste und man musste dafür sorgen, dass die Raumsonde an einem vorgegebenen Zeitpunkt zur richtigen Zeit war, damit die Instrumente dahin schauten, wo sie sollten. Mariner Mars 69 waren daher viel flexibler als die bisherigen Sonden.

Die bedeutendste Verbesserung gab es beim Sendesystem. Die Sendeleistung wurde verdoppelt, verbesserte Verstärker eingesetzt. Zusammen mit der geringeren Passagedistanz (von 100 anstatt 218 Millionen km) und der neuen 64 m Antenne in Goldstone (vorher nur 26 m Antennen) konnten Mariner 6/7 16.200 anstatt 8,33 Bits/s übertragen. Damit waren mehr und höher aufgelöste TV-Bilder möglich.

Die instrumentelle Ausstattung profitierte am meisten. So wogen die Experimente mehr als das Vierfache der Instrumente von Mariner 3/4. Es gab den Wandel von einer Sonde, die vorwiegend den interplanetaren Raum erforschte, zu einer Raumsonde, die auf die Erforschung des Planeten ausgerichtet war. Mariner Mars 69 machten nicht nur Bilder. Sie bestimmten auch die Zusammensetzung der Atmosphäre mit einem Infrarotspektrometer und die Oberflächentemperaturen mit einem Radiometer. Ein UV-Spektrometer beobachtete auf der Nachtseite die Emissionen von angeregten Atomen der Ionosphäre. Mit dem Radiosender untersuchten die Sonden die Dichte der Atmosphäre.

Die Atlas Centaur konnte die nur rund 400 kg schweren Sonden (maximale Nutzlast zum Mars fast 1.000 kg) auf eine schnelle Bahn zum Mars bringen. Mariner 7 brauchte nur etwas mehr als vier Monate zum Mars. Normal sind sieben bis neun Monate. Mariner 7 startete einen Monat nach Mariner 6, kam jedoch nur sechs Tage nach ihrer Schwester beim Mars an.

Nach dem einzigen Start des Mariner Programms, bei dem beide Sonden auf den Weg gebracht wurden, häuften sich die Probleme bei Mariner 7. Mariner 6 hatte nur ein Problem: Staubpartikel verwirrten den Sternsensor, der die Lage feststellte. Das Problem löste sich von selbst, als der Staub durch den Strahlungsdruck weggetrieben wurde. Mariner 7 hatte erheblich mehr Probleme mit dem Sternsensor, sodass man zeitweise einen anderen Leitstern nutzte. Schließlich verlor die Batterie durch einen Mikrometeoritentreffer Elektrolyt. Das Gas führte zu einer Kursabweichung, die man kompensieren musste. Dieser Vorfall geschah wenige Tage vor dem Vorbeiflug.

Beide Sonden hatten mehrere Perioden, in denen Bilder gemacht wurden. Zuerst zwei bzw. einen Tag vor dem Vorbeiflug. Bei diesen „Sessions" wurden die Bilder live übertragen. Dies ging, wenn die Sonde im Empfangsbereich der 64-m-Antenne von Goldstone war. Diese Bilder zeigten den ganzen Mars, bei den letzten Aufnahmen auch nur einen Ausschnitt. Trotzdem betrug die Auflösung noch mehr als 5 km pro Bildpunkt. Diese Bilder deckten eine komplette Rotation des Mars ab. Man erstellte aus den Aufnahmen eine Karte mit einer höheren Auflösung, als die noch auf Teleskopaufnahmen beruhende vorhandene Karte. Zwischen den beiden Perioden gab es eine Pause von 16 Stunden, in denen die Sonde nicht im Empfangsbereich von Goldstone war. Mariner 7 hatte einen Aufnahmezyklus mehr als Mariner 6.

Beim Vorbeiflug wurden die Aufnahmen auf Band aufgezeichnet. Mariner 6 nahm die südlichen Breiten auf, Mariner 7 die Südpolregion. Nachdem Mariner 6 ihre Zone fotografiert hatte, nutzte man die programmierbaren Sequenzer und programmierte Mariner 7 um, sodass sie südlicher gelegenes Gebiet aufnahm. Dafür gab es mehr Zeit als beim ursprünglichen Programm und so lieferte die Sonde 33 anstatt 24 (geplanter) Aufnahmen. Zusammen lieferten die beiden Sonden 201 Aufnahmen, davon 59 bei der Passage, die auf Band aufgezeichnet wurden. Sie deckten 20 Prozent der Oberfläche ab, wobei man charakteristische Gebiete „verpasst" hatte. Weder die großen Vulkane noch das Valles Marineris wurden erfasst. Stattdessen entdeckte man viele Krater, der größte war das Hellasbecken. Als eine unbekannte Geländeform wurde das chaotische Terrain entdeckt. Zudem gab es sehr gute Aufnahmen der Südpolkappe.

Da die Sonden nur kurz nach der Landung von Apollo 11 am Mars vorbeiflogen, war das Medieninteresse an der Mission gering. Die beiden Sonden lieferten die ersten genauen Werte für den Bodendruck. Ebenso sind die Temperaturwerte bis heute gültig. Als Hauptbestandteil der Atmosphäre wurde Kohlendioxid ermittelt. Dazu Spuren von Kohlenmonoxid und Sauerstoff. Die beiden letzten Gase kommen in Wirklichkeit aber nicht, bzw. nur in kleinen Mengen vor. Mariner 6 und 7 lieferten die atmosphärischen Daten, anhand derer das Landesystem der Viking Sonden ausgelegt wurde. Bis 1971 führte man noch Experimente mit den Sonden durch, überprüfte z. B. Einsteins Relativitätstheorie. Die Architektur hatte sich so gut bewährt, dass Mariner 9 (S. 114) auf dem Bus und den Experimenten von Mariner Mars 69 basierte.

Datenblatt Mariner 6 und 7	
Start:	25.2.1969 Mariner 6 (Atlas Centaur AC20) 27.3.1969 Mariner 7 (Atlas Centaur AC19)
Ankunft:	31.7.1969 Mariner 6 in 3.412 km Distanz 6.8.1969 Mariner 7 in 3.431 km Distanz
Missionsende:	Frühjahr 1971
Mission:	Marsvorbeiflug
Gewicht:	412,8 kg
Abmessungen:	5,79 m Spannweite, 3,35 m Höhe. Zentraler Körper: 1,384 m Durchmesser
Instrumente:	Vier Instrumente im Gesamtgewicht von 57,6 kg: • TV Kameras (Weitwinkelkamera 50 mm Brennweite, Gesichtsfeld 11 × 14 Grad + Telekamera (508 mm Brennweite, Gesichtsfeld 1,1 × 1,4 Grad, je 945 × 700 Pixels, 6 Bit für Helligkeitsinformationen). Gewicht 17,2 kg • IR-Spektrometer, empfindlich zwischen 1,9 bis 14,3 µm Wellenlänge, spektrale Auflösung 0,5 bis 1 % der Wellenlänge. Räumliche Auflösung 120 × 3 km. 2 × 0,06 Grad. • IR-Radiometer: 2 Kanäle bei 8-12 und 18-25 µm Wellenlänge, Genauigkeit: 0,12 bis 0,6 °C. • UV-Spektrometer: empfindlich zwischen 110 und 430 nm, spektrale Auflösung 2 nm, 600 Messpunkte pro Spektrum alle 3 s. • Radio Science mit dem Sender der Sonde
Ergebnisse:	20 % der Oberfläche kartiert Genaue Temperaturprofile und Spektren der Atmosphäre entlang des Flugpfades. Oberflächendruck zu 5.3 bis 5,9 hPa bestimmt Atmosphäre besteht fast ausschließlich aus Kohlendioxid.
Bilder:	Mariner 6: 49 aus der Ferne, 26 aus der Nähe, insgesamt 75 Aufnahmen Mariner 7: 93 aus der Ferne, 33 aus der Nähe, insgesamt 126 Aufnahmen Zusammen 201 Aufnahmen
Kosten:	125 Millionen Dollar Raumsonden, 20 Millionen Dollar Trägerraketen, 145 Millionen Dollar gesamt

20. Abbildung: Mariner 6+7

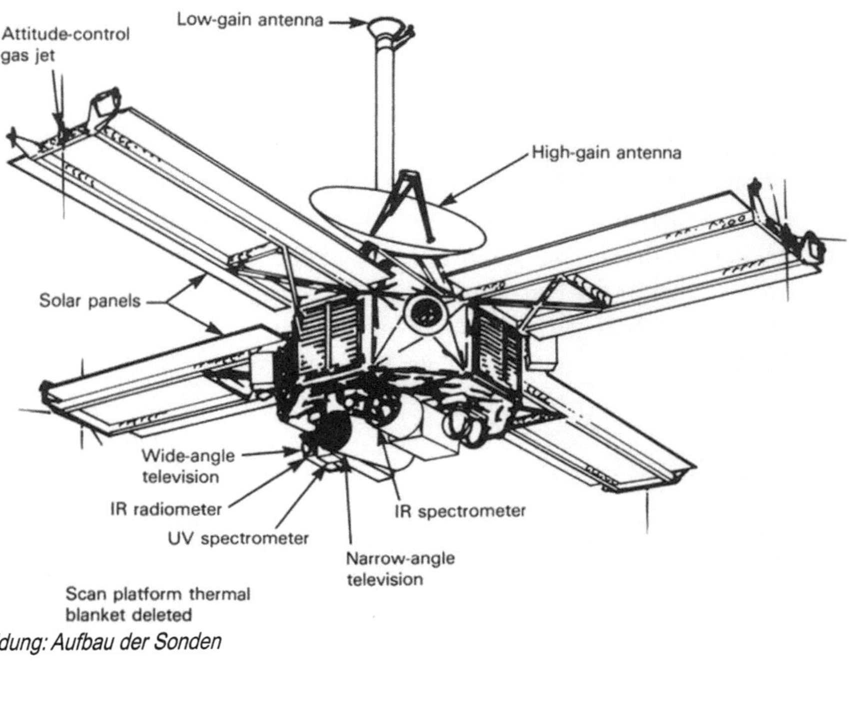

21. Abbildung: Aufbau der Sonden

PFS

Die **P**article and **F**ields **S**ubsatellites (PFS) sind bis heute die einzigen Raumsonden, die bei einer bemannten Mission ausgesetzt wurden. Die Apollo J Missionen (Apollo 15 bis 17) hatten eine stärkere wissenschaftliche Ausrichtung als die ersten Mondlandungen. Dazu gehörte ein verlängerter Aufenthalt auf dem Mond, aber auch Experimente, die im Orbit aktiv waren. So kam man auf die Idee, im Mondorbit einen Satelliten auszusetzen. Dieser konnte wesentlich länger im Orbit verbleiben als eine Apollomission, die maximal sechs Tage lang den Mond umkreiste.

Die Zielsetzung der PFS war es, die Interaktion des Mondes mit dem Sonnenwind und dem Erdmagnetfeld zu erforschen. Die Messungen sollten ähnliche Instrumente der ALSEP-Stationen und des IMP-E Satelliten (Explorer 35, S. 383), der sich damals auch im Mondorbit befand, ergänzen. Dazu gab es drei Experimente. Eines erfasste die Energie und Richtung von Elektronen und Protonen, während der Satellit langsam rotierte, ein Zweites maß das Magnetfeld des Mondes. Dazu kam zur Aufklärung der Ursachen und Wirkungen von Massekonzentrationen, welche die Bahnen von Mondsatelliten veränderten, ein Experiment, das den S-Bandsender zur genauen Bestimmung der Geschwindigkeit auf 0,6 mm/s nutzte.

Die beiden von TRW gebauten Satelliten waren relativ preiswert und einfach aufgebaut. So hatten sie kein Lageregelungs- oder Bahnanpassungssystem. Die Ausrichtung (senkrecht zur Ekliptik) wurde schon beim Start durch die Ausrichtung des Kommandomoduls festgelegt. Sie waren spinstabilisiert. Es gab drei Ausleger. An einem befand sich ein Magnetometer, die anderen beiden dienten dazu, dass der Satellit symmetrisch aufgebaut war, da er sonst um die Achse taumeln würde. Beim Ausstoßen aus dem Behälter in der Nutzlastbucht des CSM versetzte der Mechanismus den Satelliten in eine Rotation mit 140 U/Min und beschleunigte ihn um 1,2 m/s. Beim Entfalten der Ausleger sank die Rotation auf 12 U/Min ab.

Die Umdrehung wurde genutzt, dass die Experimente jeweils einen kompletten Kreis abtasteten. Daten der Mondrückseite wurden mit 16 (halber Orbit) bzw. 8 Bits/s (ganzer Orbit), auf einem Ringkernspeicher von 49.152 Bits Kapazität gespeichert. Sie konnten bei Funkkontakt in 512 Sekunden abgerufen werden. Die Datenrate der ungerichteten Antenne betrug nur 128 Bit/s. Solarzellen an der Oberfläche des hexagonalen Prismas lieferten 24 Watt Leistung, benötigt wurden 14 Watt. Eine wieder aufladbare Silberzinkbatterie mit 10 Ah Kapazität ermöglichte den Betrieb im Mondschatten. Beide Satelliten sollten ein Jahr im Mondorbit arbeiten.

Die beiden PFS waren für Apollo 16 und 18 vorgesehen gewesen. Als Apollo 18 gestrichen wurde, rückten die Satelliten nach vorne: Apollo 15 sollte PFS-1 mitführen. PFS-2 wurde von Apollo 16 ausgesetzt.

PFS-1 wurde am 4.8.1971 aus dem Servicemodul von Endeavour ausgestoßen. Am 4.2.1972 und 26.2.1972 fielen zwei der Datenkanäle aus, damit auch das Magnetometer, dessen Daten über diese Kanäle übertragen wurde. Im Juni 1972 wurde die Mission offiziell beendet. Sporadisch kontaktierte man PFS-1 noch bis Januar 1973. Bis zum 1.9.1972 war die Umlaufbahn auf 52 × 186 km Höhe abgesunken. PFS-1 zerschellte im Sommer 1973 auf der Mondoberfläche.

PFS-2 wurde am 24.4.1972 durch Apollo 16 ausgesetzt. PFS-2 hatte keine Ausfälle zu beklagen, jedoch wurde seine Umlaufbahn viel stärker als bei PFS 1 durch Mascons beeinflusst. Am 24.5.1972, nach einem Monat, war der mondnächste Punkt schon auf 12 km abgesunken und damit in der Höhe der größten Erhebungen des Mondes. Wenige Tage später schlug er am 29.5.1972 auf dem Mond auf. Die geplante Betriebsdauer von einem Jahr wurde bei Weitem nicht erreicht.

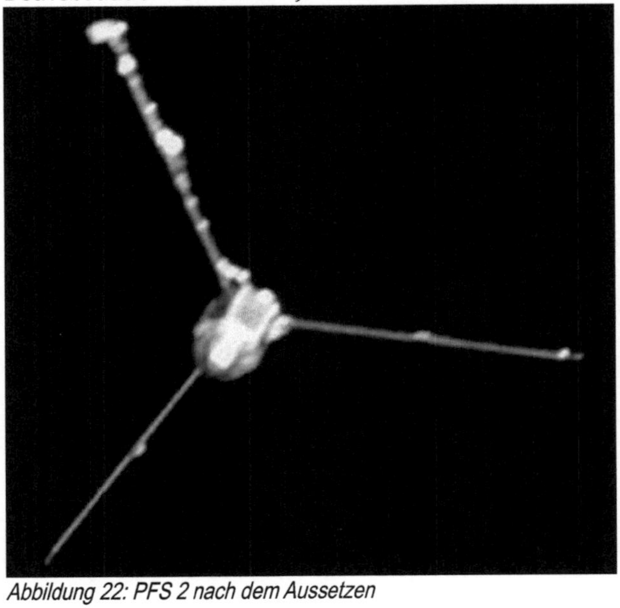

Abbildung 22: PFS 2 nach dem Aussetzen

Die PFS lieferten Daten, um die Restmagnetisierung des Mondes zu bestimmen, sowie die Plasmaumgebung des Mondes zu charakterisieren. Daneben konnte man durch den zu seiner Zeit hochgenauen S-Band-Sender eine genauere Karte der Mascons erstellen. Es wurde später bei der Auswertung der Daten und der Erstellung von Computermodellen erkannt, dass es vier Bahnneigungen gibt, bei denen die Mascons einen nur sehr geringen Einfluss auf die Bahn haben: bei 27, 56, 76 und 86 Grad Bahnneigung. Die lange Lebensdauer von PFS-1 lag daran, dass seine Bahnneigung mit 28,8 Grad relativ nahe bei der stabilen Bahn von 27 Grad lag.

Einer dieser „eingefrorenen" Orbits wird seit 2009 vom Lunar Reconnaissance Orbiter genutzt, der seitdem den Mond umkreist. Bis heute halten die PFS einen Rekord: Sie sind die günstigsten Raumsonden, die jemals gebaut wurden.

Datenblatt PFS 1 und 2	
Start:	PFS-1: 29.7.1971, Saturn V SA-511 PFS-2: 17.4.1972, Saturn V SA-512
Ankunft:	PFS-1: 4.8.1971 Aussetzen durch Apollo 15 CSM „Endeavour" in eine 104 × 139 × 28,8 Grad Bahn PFS-2: 24.4.1972 Aussetzen durch Apollo 16 CSM „Caspar" in eine 90 × 130 × 10,72 Grad Bahn
Missionsende:	PFS-1: 22.1.1973 PFS-2: 29.5.1972
Mission:	Mondorbiter
Gewicht:	36,3 kg (für PFS-2 werden auch 42 kg genannt)
Abmessungen:	3,36 m Durchmesser, 0,78 m Länge. Zentralkörper: 0,36 m Durchmesser × 78 cm Länge
Instrumente:	Drei Instrumente: • Partikelteleskop: zwei Detektoren: A: Oberflächenbarrierendetektor A+B mit Abschirmung auf 15-20 Grad Halbwinkel, Schwelle >300 eV für Elektronen > 6 keV für Protonen. Detektor B hatte eine stärkere Abschirmung. 6 Messbereiche zwischen 18,4 und 2000 eV. Elektrostatischer Analysator: Bildet durch Rotation einen 360-Grad-Kreis ab, aufgeteilt in 4 Sektoren. Fünf Energielevel zwischen 0,53 und 15,4 eV auswählbar. • Biaxiales Fluxgate-Magnetometer. Zwei Messbereiche von maximal 50 und 200 nT. Eine Messung alle 2 s • S-Band Dopplermessungen: Empfing eine stabile Frequenz von 2115 Hz, multiplizierte die Frequenz mit 240/221 und sandte sie zurück. Genauigkeit der Verschiebung des Signals: 0,01 Hz oder 0,6 mm/s.
Ergebnisse:	Genauere Karte der Mascons. Charakterisierung von Restmagnetisierungen an der Mondoberfläche. Entdeckung stabiler Orbits um den Mond. Beobachtung Wechselwirkung von Mond und Sonnenwind über 1 Jahr.
Bilder:	Keine
Kosten:	4,7 Millionen Dollar
Bemerkung	Einzige Mondsonden, die von einem bemannten Raumfahrzeug ausgesetzt wurden.

23. Abbildung: PFS-1 vor dem Einbau in das Apollo 15 CSM

Mariner 8 und 9

Der folgerichtig nächste Schritt nach Mariner Mars 69 war es, eine Raumsonde in einen Marsorbit zu bringen. Vom Orbit aus konnte der Späher dauernd den Mars beobachten, nicht nur einige Stunden beim Vorbeiflug. Die Atlas Centaur konnte auch eine schwerere Sonde transportieren. So entstand Nachfolgeprojekt Mariner Mars 71. Es wurde relativ spät genehmigt, am 14.11.1968, also nur wenige Monate vor dem Start von Mariner Mars 69.

Mariner H und I wurden aus Mariner F und G (S. 106) entwickelt, was die Entwicklungskosten reduzierte. Der gesamte Sondengrundkörper inklusive Kommunikationseinrichtungen und Elektronik wurde übernommen. Ohne das Antriebssystem wog die Sonde fast so viel wie Mariner 6/7. Neu war ein Triebwerk mit zwei Tanks für den Oxydator und Treibstoff. Das Triebwerk war nur für Bahnänderungen zuständig. Für Lageänderungen wurde wie bisher Stickstoff unter Druck verwendet. Die Elektronik wurde verbessert. So hatte der Sequenzer nun 512 anstatt 128 Speicherplätze. Das Magnetbandlaufwerk speicherte die Daten digital – die bis zum Senden analoge Verarbeitung der TV-Bilder wurde bei den Vorgängern für das erhöhte Rauschen verantwortlich gemacht.

Die Instrumente basierten auf den Vorgängersonden Mariner Mars 69. Es war sogar dieselbe Suite: Infrarotradiometer und UV-Spektrometer basierten auf den Mariner 6/7 Instrumenten. Beim TV-System wurden die Optiken erneut verwendet, jedoch neue Vidicon-Röhren eingesetzt. Es gab eine Weitwinkelkamera und eine Telekamera. Erstmals waren durch Farbfilter auch Farbaufnahmen möglich. Neu war das Infrarotspektrometer, das auf einem Instrument des Nimbus-Wettersatelliten basierte.

Dank der Verwendung von schon entwickelten Teilen war die Mission von Mariner Mars 71 nicht teurer als die von Mariner Mars 69.

Geplant war für die Doppelmission eine Aufteilung der Aufgaben. Mariner 8 sollte in eine elliptische Umlaufbahn mit einer hohen Bahnneigung und einer Periode von 12 Stunden einschwenken. Im marsfernsten Punkt würde die Sonde alle 24 Stunden (zwei Umläufe) Daten zur Erde übermitteln. Gewonnen wurden die Bilder und Messungen rund um den marsnächsten Punkt. Sie wurden auf ein Magnetband, das 180 Mbit oder 32 Bilder speichern konnte, gesichert. Mariner 8 hätte so 70 Prozent der

Marsoberfläche kartiert. 5 Prozent der Oberfläche sollten in höherer Auflösung mit der Telekamera erfasst werden.

Mariner 9 sollte dagegen in eine Umlaufbahn mit niedriger Bahnneigung und einer Periode von 20,5 Stunden gelangen. Sie hatte die Aufgabe, Veränderungen der Atmosphäre und der Oberfläche über die Dauer der Mission zu erfassen. In diesem Orbit überflog sie alle 5 Erdtage dasselbe Gebiet. Man erwartete von beiden Sonden mindestens 5.000 Bilder. Die primäre Mission im Orbit betrug nur 90 Tage.

Aufgrund der Verwendung von schon entwickelter Hardware konnten die Raumsonden in nur 30 Monaten entwickelt und gebaut werden. Der Start von Mariner 8 scheiterte, da die Korrektur des Autopiloten um eine Achse ausgefallen war. Die Centaur-Oberstufe taumelte zuerst und schaltete sich dann vorzeitig ab. Der für den 14.5.1971 vorgesehene Start der Schwestersonde wurde verschoben, um das Problem zu analysieren und den Autopiloten der Centaur zu überprüfen. Schließlich startete Mariner 9 am 30.5.1971. Nach zwei Bahnkorrekturen schwenkte Mariner H am 13.11.1971 als erster Roboter in eine Umlaufbahn um den Mars ein. Die anfängliche Bahn wurde am 16.11.1971 in eine 12-Stundenbahn abgewandelt – Mariner 9 musste nun beide Messprogramme absolvieren und bekam die Bahn von Mariner 8, da die Kartierung das primäre Ziel der Doppelmission war.

Die ersten Aufnahmen aus dem Orbit waren enttäuschend. Schon beim Anflug zeigten Probeaufnahmen, dass sich auf dem Mars ein globaler Staubsturm entwickelt hatte. Dies passiert regelmäßig, wenn der Mars seinen sonnennächsten Punkt durchläuft. Mariner 9 sandte weiter Aufnahmen zur Erde, doch auf den Bildern sah man lange Zeit fast nichts. Nur vier Punkte waren deutlich zu erkennen, dies waren die Calderen der Tharsis-Vulkane und Olympus Mons. Aus dieser Zeit stammen die einzigen Farbaufnahmen der Mission. Bei der Weitwinkelkamera blieb nach 70 Tagen das Filterrad stecken und die Telekamera deckte nur kleine Gebiete ab, sodass man nicht drei Bilder für ein Farbbild opfern wollte. Man nutzte diese Zeit für Beobachtungen der Marsmonde Phobos und Deimos.

Leider war die Weitwinkelkamera defokussiert und auch die Nachführung machte Probleme. Das führte zu verschmierten Bildern, weshalb man schon am 30.12.1971 den marsnächsten Punkt des Orbits anhob. So bildeten die Kameras größere Gebiete ab. Die Bilder deckten so schneller die Oberfläche ab. Die Bewegungsunschärfe nahm durch die größere Distanz ab.

Ab Mitte Januar 1972 konnte man auf den Bildern in höher gelegenen Regionen wieder den Boden ausmachen. Bis Ende Februar 1972 wurden schon die Calderen von 20 Vulkanen entdeckt. Von nun an war auch die Sicht in niedrig gelegene Gebiete klar. Mariner 9 musste das Programm beider Sonden erfüllen und machte auch Teleaufnahmen, wobei der marsnächste Punkt alle 17 Tage einmal um den Mars wanderte.

Die 90 Tage im Orbit wurden am 11.2.1971 erreicht und die NASA verkündete, dass die Sonde ihr Primärziel erfüllt habe und den Mars zwischen 65 Grad südlicher und 50 Grad nördlicher Breite kartiert habe.

Die Mission ging weiter. Im Juli 1972 entdeckte man ein Leck im Druckgastank für den Stickstoff. Mariner 9 hatte noch genügend Treibstoff für das Haupttriebwerk, die Lageregelung erfolgte aber mit Druckgas. Der laufend abnehmende Druck begrenzte die Missionsdauer. Das JPL konzentrierte sich nun auf das Anfertigen von Detailaufnahmen der geplanten Landeplätze für die Vikingmission.

Am 27.10.1972 nach 349 Tagen im Orbit war der Vorrat an Lagekontrollgas erschöpft und Mariner 9 wurde abgeschaltet. Sie hatte insgesamt 7.329 Bilder übermittelt. Rund 5.000 waren auswertbar. Aus 1.500 Aufnahmen erstellte man eine Marskarte mit einer Auflösung von 1 bis 2 km (Maßstab 1:5 Millionen). Etwa 1-2 % der Oberfläche wurden durch die Telekamera erfasst. Hier lag die Auflösung bei 100 – 300 m. Ausreichend für Karten im Maßstab 1:300.000 bis 1:1 Million.

Auch die anderen Experimente lieferten Ergebnisse, zusammen mit den Bildern 54 GBit an Daten. Es gab eine globale Temperaturkarte und Spektren der Atmosphäre. Während des Staubsturms konnte Mariner 9 die chemische Zusammensetzung des Staubs ermitteln, er setzte sich aus Silikatsand von differenziertem Gestein zusammen. Weiterhin sanken die globalen Temperaturen während des Staubsturms drastisch ab. Dies beobachteten zeitgleich auch Mars 2 und 3 (S. 292). Mariner 9 konnte durch die längere Betriebsdauer, obwohl man während der ersten zwei Monate kaum auswertbare Bilder erhielt, das Messprogramm beider Sonden abarbeiten und sie machte den Weg für die nun kommende Vikingmission frei.

Datenblatt Mariner 8 und 9	
Start:	9.5.1971 Mariner 8 (Atlas Centaur AC24), Fehlstart 30.5.1971 Mariner 9 (Atlas Centaur AC23)
Ankunft:	13.11.1971 Mariner 9
Umlaufbahnen:	13.11.1971: 1.397 × 17.616 km × 64.28 Grad. Periode: 12,567 Stunden 16.11.1971: 1.387 × 17.123 km × 64.3 Grad. Periode: 11.98 Stunden. 30.12.1971: 1.653 × 16.915 km × 64.3 Grad. Periode: 11.99 Stunden.
Missionsende:	27.10.1972
Mission:	Marsorbiter
Gewicht:	998 kg Startmasse, 544 kg Trockenmasse
Abmessungen:	4,35 m Spannweite, 2,29 m Höhe. Zentraler Körper: 1,384 m Durchmesser
Instrumente:	Vier Instrumente im Gesamtgewicht von 63,7 kg: • Zwei TV-Kameras (Weitwinkelkamera 50 mm Brennweite, 10.50 × 13.56 Grad Gesichtsfeld) + Telekamera (508 mm Brennweite, 1.092 × 1.413 Grad Gesichtsfeld), jeweils 700 × 832 Pixel, 9 Bits/Pixel. Gewicht 16 und 4 kg. • IR-Spektrometer, empfindlich zwischen 6 bis 50 µm Wellenlänge, spektrale Auflösung 1,2 bis 2,4 cm^{-1}. Gewicht 23 kg. • IR-Radiometer: 0,12 bis 0,6 Grad Temperaturauflösung. Räumliche Auflösung 20 bis 25 km. Gewicht 4,7 kg. • UV-Spektrometer: empfindlich zwischen 110 und 352 nm. Die spektrale Auflösung betrug 1,5 nm. Gewicht 16 kg. • Radio Science-Bedeckungsexperimente mit dem Sender der Sonde
Ergebnisse:	85 % der Oberfläche kartiert, Detailaufnahmen von 1 bis 2 % der Oberfläche Genaue Temperaturprofile und Atmosphärenspektren entlang des Flugpfades. Viking-Landeplätze und Marsmonde erfasst.
Bilder:	7.329 Aufnahmen, davon 1.500 Weitwinkelaufnahmen 54 GBit Gesamtdatenmenge.
Kosten:	129 Millionen Dollar Raumsonden, 20 Millionen Dollar Trägerraketen, 8 Millionen Dollar Missionsverlängerung, 157 Millionen Dollar gesamt

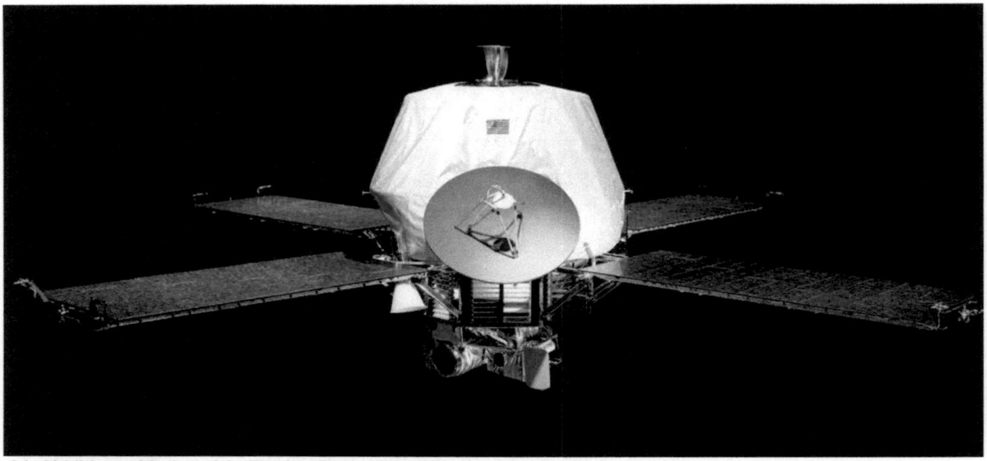

24. Abbildung: Mariner 9 in Flugkonfiguration und Aufnahme der Südpolkappe

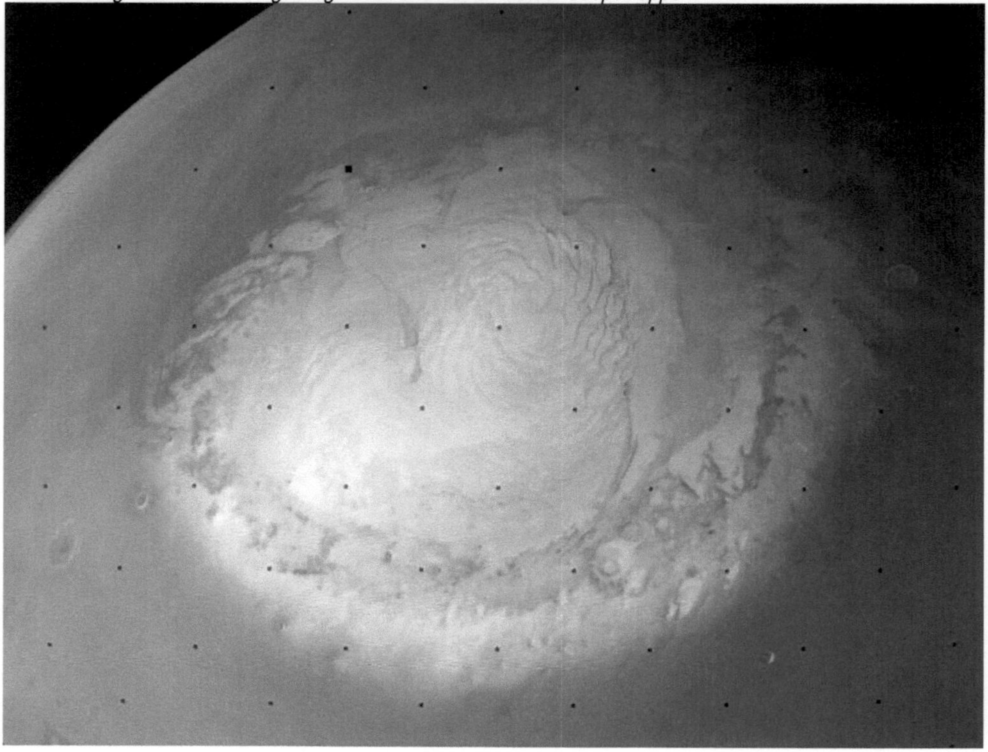

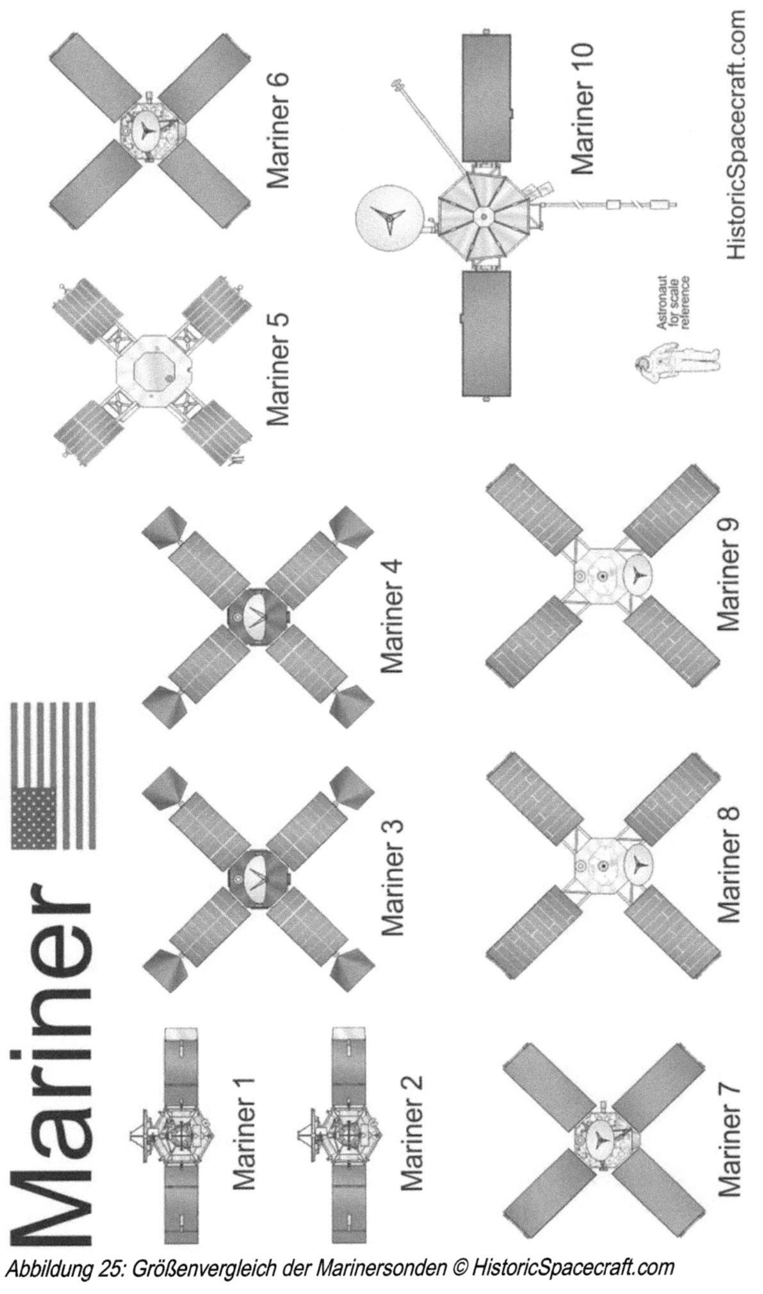

Abbildung 25: Größenvergleich der Marinersonden © HistoricSpacecraft.com

Pioneer 10 und 11

Pioneer F und G wurden im Februar 1969 genehmigt. Die beiden Sonden hatten zwei Aufgaben. Die Erste war eine Vorbereitung für die Sonden, die 1977 starten sollten und Jupiter, Saturn, Uranus und Neptun passieren sollten. Voyager war damals noch nicht vorgesehen. Aber ein noch ambitioniertes Vorgängerprojekt, das Outer Planets Grand Tour Projekt OPGTP war in Planung. Pioneer 10 und 11 sollten als Vorhut erste Erkundungen durchführen. Damit konnte man die Experimente der OPGTP-Sonden auf die beobachteten Phänomene auslegen. Zudem konnte man mit der preiswerten Doppelmission die Gefahren der Mission überprüfen. Es gab zwei Unbekannte für die Mission. Das eine war der Asteroidengürtel. Von der Erde aus konnte man nur Asteroiden erfassen, die mindestens einen Kilometer groß waren. Jedoch wird die Erde von Körpern aller Größen getroffen bis hin zu Staub. Die Zahl der Asteroiden steigt mit sinkender Größe rasch an. Wie groß war dann die Gefahr durch kleine Meteoriten? War es überhaupt möglich eine Raumsonde heil durch den Asteroidengürtel zu bringen?

Die zweite Gefahr war Jupiter. Jupiter war schon als Radioquelle bekannt. Er war die zweitstärkste Radioquelle am Himmel nach der Sonne. Radiostrahlung (so genannt, weil die Intensität in dem Bereich von 10 bis 40 MHz hoch ist, in dem auf der Erde Kurzwellenradio ausgestrahlt wird) entsteht, wenn geladene Teilchen durch ein Magnetfeld umgelenkt werden. Das Erdmagnetfeld ist für den Van-Allen Strahlungsgürtel verantwortlich. Seine hohe Dichte an Protonen und Elektronen kann die Elektronik von Satelliten beim Durchfliegen schädigen. Daher erwartete man auch einen Strahlungsgürtel bei Jupiter. Pioneer sollte dessen Strahlungsintensität messen.

Die Sonden wurden ins Pioneer-Programm eingeordnet, weil es preiswerte und einfache Sonden waren. Wie ihre Vorgänger hatten sie Experimente an Bord, die das interplanetare Medium erforschten, und waren spinstabilisiert.

Pioneer 10 und 11 wurden um die Hochgewinnantenne herum gebaut. Die 2,74 m große Antenne war so groß wie nur möglich. In der 3,05 m großen Nutzlasthülle blieb nur ein kleiner Zwischenraum für Schwingungen reserviert. An der Antenne befand sich eine sechseckige Box mit der Elektronik und an einer Seite die Experimente. Drei Ausleger gingen von dem Zentralkörper ab. Zwei mit den Radioisotopengeneratoren (RTG), die den Strom durch den thermoelektrischen Effekt aus der

Zerfallswärme von Plutonium bezogen. Einer für das Magnetometer, das zur Reduktion von Störungen durch die RTG und Elektronik an einem 6,6 m langen Ausleger angebracht war. Anders als bei Mariner gab es einen kombinierten Vorrat an Hydrazin für Lageänderungen und Geschwindigkeitsänderungen, der für eine maximale Geschwindigkeitsänderung von 200 m/s ausgelegt war.

Trotz ihrer Masse von nur 270 kg (mit Adapter zur Stufe) konnten die Sonden nur zu Jupiter gestartet werden, indem General Dynamics die Trägerrakete Atlas Centaur mit einer zusätzlichen Oberstufe ausstattete. Man nutzte dazu die Burner 2 Oberstufe der Delta, die aus dem Surveyor-Landeantrieb (S. 86) entwickelt wurde.

Die Experimente umfassten vor allem Teilchenexperimente, dazu kamen zwei Detektoren für Mikrometeoriten. Nur vier Experimente waren speziell für Jupiter ausgelegt: ein besonderer Strahlendetektor mit niedriger Empfindlichkeit, ein Radiometer und ein UV-Spektrometer. Ein Photopolarimeter, ein Helligkeitsmessgerät, wurde als Kamera genutzt. Eine einzelne Photodiode lieferte die Helligkeit eines Punktes. Durch die Rotation der Sonde mit 4,8 Umdrehungen pro Minute erhielt man eine Zeile und durch Drehung der Optik dann aus mehreren Zeilen ein Bild. Es gab zwei Dioden, empfindlich im blauen und roten Spektralbereich. Der Grünanteil wurde rekonstruiert. Die Auflösung dieser „Kamera" war beschränkt. Aufnahmen, die besser als irdische Teleskopaufnahmen waren, gab es nur kurz vor und nach der Passage Jupiters (Jupiter und Saturn waren in etwa 1,1 bis 1,2 Millionen km bildfüllend in einer 256 × 256 Pixel Aufnahme, deren Übertragung dauerte bei Jupiter 1.536 s). Wegen der kleinen Datenrate von nur 1024 Bit/s gab es nur wenige Aufnahmen der beiden Raumsonden.

Mehr Aufmerksamkeit erregte eine Plakette. Die Sonden würden als erste Objekte das Sonnensystem verlassen. Also wurde eine Plakette angebracht, die zwei nackte Menschen im Größenvergleich zu Pioneer zeigte. Dazu kam eine Grafik, mit der andere Zivilisationen unser Sonnensystem finden sollten. Als Referenz wurden Pulsare genommen, deren Frequenz bezogen auf die überall in der Milchstraße vorhandene charakteristische Emission des Wasserstoffs, angegeben wurde.

Pioneer 10 startete als erste Sonde des Duos. Anders als befürchtet, gab es kaum Einschläge von Mikrometeoriten. Im Vorfeld hatte man den Verlust einer Sonde auf 1:10 geschätzt und daher zwei Sonden gestartet. Als die Sonde Jupiter erreichte, war schon in 7,8 Millionen km Entfernung am 26.11.1973 das Magnetfeld messbar. Die Intensität der Strahlung stieg immer weiter an und es gab Störungen in der Elektronik. Einige Experimente fielen aus. So entfiel die Fotografie des Jupitermondes Io. Doch die Ausfälle waren temporärer Natur und die Instrumente waren nach einigen Stunden wieder aktiv. Mit der erfolgreichen Jupiterpassage in maximal 2 Jupiterradien Abstand hatte Pioneer 10 schon das Missionsziel beider Sonden erfüllt. Man konnte die Mission von Pioneer 11 daher neu planen.

Pioneer 11 wurde 13 Monate (ein Startfenster) nach Pioneer 10 auf den Weg gebracht. So konnte man die Mission anpassen, falls es Probleme mit Pioneer 10 gab. Nach dem Vorbeiflug von Pioneer 10 erarbeitete man eine neue Flugroute. Nun war vorgesehen, dass Jupiter die Sonde zu Saturn umlenken sollte. Die Passage fand aber vier Jahre vor dem idealen Startfenster statt. So musste die Sonde stark umgelenkt werden. Ursprünglich wollte man Pioneer 11 bis auf 8.000 km an die Wolkenobergrenze heranführen, um die Reisedauer zu verkürzen. Doch dies erschien nach den Messungen der Strahlenbelastung zu riskant. Die Missionsleitung hob den Vorbeiflugabstand daher auf über 40.000 km an.

Pioneer 11 stellte überraschenderweise fest, dass die Strahlungsintensität bei weiterer Annäherung an Jupiter wieder abnahm. Als Voyager 1 den Ring von Jupiter entdeckte, wusste man auch warum: Die Ringteilchen wirkten als Fänger für die Ionen. Pioneer 11 hatte auch ein zweites, weniger empfindliches, Magnetometer an Bord, falls das Feld Jupiters den Messbereich des von Pioneer 10 überschritt.

Jupiter lenkte Pioneer 11 auf eine Bahn um, die zeitweise 100 Millionen km über die Ekliptik führte, die Ebene, in der die meisten Planeten die Sonne umkreisen. Dadurch konnte man diese Region erstmals untersuchen. Bedingt durch den Umweg, der die Sonde zeitweise wieder in Richtung Sonne führte, kam sie erst ein Jahr vor Voyager 1 am Saturn an, obwohl sie mehr als vier Jahre vor ihr startete. Da erstmals eine Sonde die Ringe des Saturn passieren sollte, gab es Diskussionen, wo die Ringebene gekreuzt werden sollte. Die meisten Wissenschaftler wünschten eine nahe Passage, in der Lücke zwischen dem C und D-Ring. Sie wäre wissenschaftlich wertvoller gewesen. Da Pioneer 11 auch eine sichere Route für Voyager finden sollte, entschied man sich aber für eine Route außerhalb des A-Rings. Wie sich später zeigte, gab es außerhalb des A-Rings einen bis dahin unbekannten Ring, den die Sonde nahe passierte. Bei der inneren Route, das zeigten allerdings erst die Aufnahmen von Cassini, wäre sie zerstört worden. Denn frei von Ringen war diese Region nicht. Sie war nur dünner mit Materie versehen als die Hauptringe.

Die Sonden arbeiteten noch über zwei Jahrzehnte. Jedoch nahm die Leistung der RTG beständig ab. Bei Pioneer 11 stärker als bei Pioneer 10. Bei ihr musste man schon 1985 dazu übergehen, Experimente abzuschalten oder nur zeitweise zu betreiben. Da Pioneer 11 weiteren Treibstoff nach der Jupiterpassage verbrauchte, um Saturn in der richtigen Distanz zu passieren, ging der Treibstoff für Lageänderungen schneller zu Neige. Am 31.3.1995 musste man Pioneer 11 abschalten, weil der Treibstoff fast verbraucht war.

Bei Pioneer 10 begann man erst 1992, Experimente abzuschalten. Mit immer weniger aktiven Experimenten beschloss die NASA am 31.3.1997, keine Daten mehr von Pioneer 10 abzurufen. Trotzdem fand man immer wieder Mittel und Wege, die Sonde sporadisch zu kontaktieren. So nutzte man Pioneer 10 als „Schulungsobjekt" für die Missionsspezialisten der Lunar Prospektor-Mission. Nach dem 10.2.2000 konnte Pioneer 10 keine Kommandos mehr empfangen. Dazu war die empfangene Leistung zu gering. Damit war es nicht mehr möglich, die Antenne auf die Erde auszurichten. Zwei Jahre später, am 27.4.2002 war das auf der Erde empfangene Signal so schwach, das man keine Daten mehr extrahieren konnte und am 22.1.2003 gelang der letzte Empfang eines Signals von Pioneer 10.

Pioneer 10 machte noch auf andere Weise Schlagzeilen. Ab 1980 bemerkte man eine immer größere Abweichung der Bahn von der Sollbahn. Der Effekt ist klein, summiert sich über 11,5 Jahre zu einer Geschwindigkeitsdifferenz von 0,4 m/s und einer Abweichung in der Position von 100.000 km. Diese „Pioneer-Anomalie" trat bei Voyager nicht auf. Es gibt verschiedene Versuche, sie zu erklären. Die derzeit beste Erklärung ist, dass die Wärme, welche die RTG abstrahlen, von der Antenne reflektiert wird und so einen einseitigen Schub erzeugt.

Die Ergebnisse von Pioneer 10/11 führten dazu, dass man bei den Voyagersonden (S. 148) stärker auf Abschirmung achtete, da nun die Strahlenbelastung bekannt war. Zudem favorisierte die Flugplanung Routen mit einem größeren Abstand von Jupiter. Die Daten kamen aber zu spät, um die Sonden mit besonderer, strahlungsresistenter Elektronik auszustatten. Dies konnte das JPL erst bei der Galileomission (S. 185) umsetzen.

Datenblatt Pioneer 10 und 11	
Start:	3.3.1972 Pioneer 10 (Atlas SLV-3C Centaur AC27 + TE-M-364-4 Oberstufe) 6.4.1973 Pioneer 11 (Atlas SLV-3D Centaur AC30 + TE-M-364-4 Oberstufe)
Ankunft:	3.12.1973 Jupiter in 130.254 km Abstand (Pioneer 10) 2.12.1974 Jupiter in 42.750 km Abstand (Pioneer 11) 1.9.1979 Saturn in 20.900 km Abstand (Pioneer 11)
Missionsende:	31.3.1995 (Pioneer 11) 31.3.1997 (Pioneer 10) „Inoffizieller" Empfang des Signals von Pioneer 10 bis zum 22.1.2003
Mission:	Jupiter und Saturnvorbeiflug
Gewicht:	270 kg Startmasse mit Adapter, 258 kg ohne Adapter, 230 kg Trockenmasse
Abmessungen:	8,00 m Spannweite, 3,70 m Höhe. Zentraler Körper: 1,384 m Durchmesser
Instrumente:	Elf bzw. zwölf Instrumente im Gesamtgewicht von 29,6 kg: • Photopolarimeter als Kamera. Auflösung 0,5 mrad, 2 Photodioden für Blau und Rot als Detektor eines 2,54-cm-Teleskops (f/3,4. 128 × 128, 256 × 256 und 512 × 512 Pixel pro Bild mit je 6 Bits für die Helligkeitsstufen. 85 / 42 Pixel/s bei Jupiter/Saturn. Gewicht 4,3 kg. • Infrarotradiometer, empfindlich zwischen 14 und 56 µm. Gewicht 2,0 kg. • Magnetometer (Pioneer 11: zwei Magnetometer unterschiedlicher Empfindlichkeit), 2,6 kg • Geiger-Müller Zähler: Bestimmt Gesamtzahl hochenergetischer Teilchen bis 220 MeV, 1,6 kg • Plasmaanalysator: Protonen 0,1 bis 18 keV, Elektronen 1-500 eV, 3-8 Grad Auflösung. 5,5 kg. • Zusammensetzung geladener Teilchen. Erfasst Protonen und Ionen schwerer Elemente. 3,0 kg • Teilchenfalle: 5 Detektoren, erfassten Elektronen zwischen 0,01 und 35 und Protonen zwischen 0,15 und 80 MeV. Gewicht 1,7 kg. • Spektrometer für geladene Teilchen. Erfasste Energie auf 20 % genau. 3,2 kg. • Detektor für Kleinasteroiden: Suchte nach Lichtpunkten in einem 7,5-Grad-Gesichtsfeld. 3,3 kg. • Mikrometeoritendetektor: 234 gasgefüllte Zellen mit einer Fläche von 24,5 cm². Gewicht 1,7 kg. • UV-Photometer empfindlich zwischen 20 und 180 nm, 2 Filter für Emissionslinien von Wasserstoff bei 58,4 und 11,6 nm, Gesichtsfeld 20 Grad. Gewicht 0,7 kg. • S-Band Bedeckungsexperiment
Ergebnisse: (Auszüge)	Der Asteroidengürtel kann passiert werden. Jupiters Kern ist flüssig und der Planet gibt mehr Wärme ab, als er von der Sonne erhält. Bestimmung des Magnetfeldes und Strahlungsgürtels Jupiters Io hat eine Ionosphäre. Der Magnetschweif Jupiters reicht bis in Saturnentfernung Voyagers Passagekurs an Saturn ist ungefährlich. Entdeckung des F-Rings und des Mondes Janus bei Saturn Titan zeigte keinerlei Oberflächenstrukturen. Auch in der Cassinischen Teilung gibt es weitere Ringe.
Bilder:	180 Aufnahmen von Pioneer 10 von Jupiter 121 Aufnahmen von Pioneer 11 von Jupiter 220 Aufnahmen von Pioneer 11 von Saturn und den Ringen
Kosten:	350 Millionen Dollar, davon 200 Millionen Dollar für die Sonden 150 Millionen Dollar für den Start und die Missionsdurchführung bis 1997 / Datenanalyse.

26. Abbildung: Pioneer 10 vor dem Start

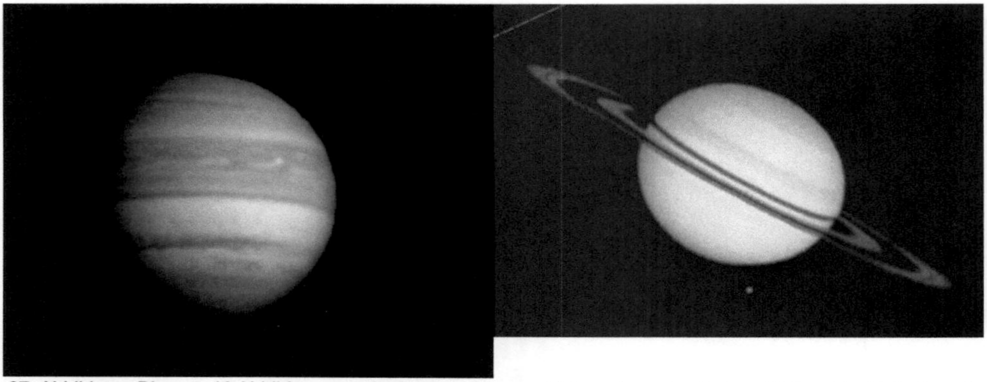

27. Abbildung: Pioneer 10 Abbildung von Jupiter und Pioneer 11 Aufnahme des Saturn. Unten: Die Plakette auf den beiden Pioneersonden

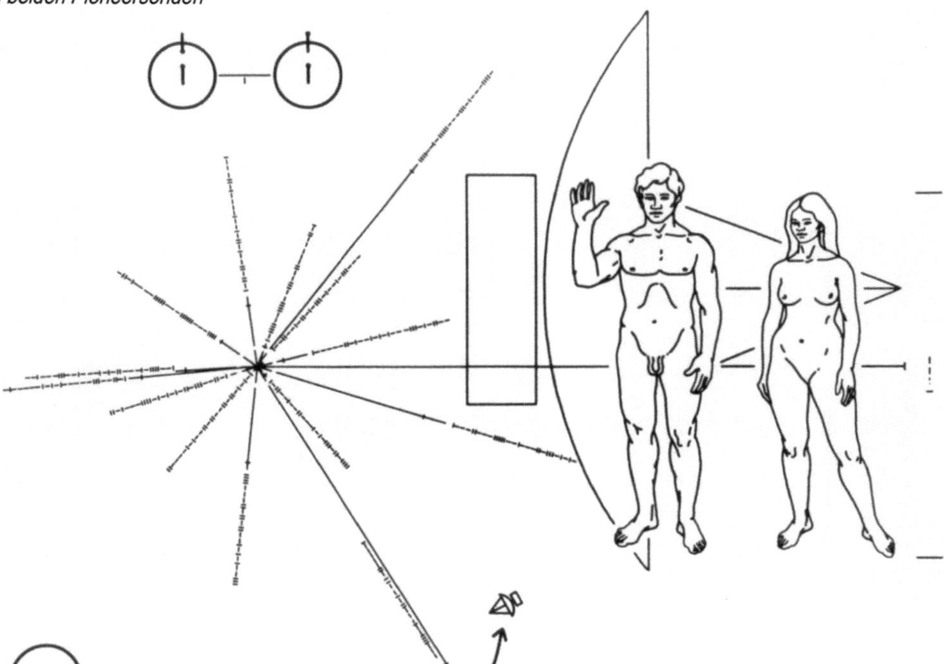

Mariner 10

Mariner 10 war die erste Raumsonde, die ein Swing-By durchführte. Dabei veränderte ein Planet die Bahn so, dass die Raumsonde zu einem neuen Ziel umgelenkt wird. Diese Technik war seit den Fünfziger Jahren prinzipiell bekannt. In den Sechziger Jahren wurden Algorithmen geschrieben, mit denen man die Flugpfade gezielt suchen konnte, anstatt computergenerierte Listen nach Bahnen abzusuchen. Sehr bald erkannten Missionsanalytiker, dass es 1970 und 1973 die Möglichkeit gab, eine Raumsonde über Venus zu Merkur zu schicken. Dabei musste die Sonde nur auf einen Venuskurs gebracht werden. Für einen direkten Start zu Merkur wäre Mariner 10 zu schwer gewesen. Am 30.12.1969 wurde Mariner 10 als letzte Raumsonde des Mariner Programms genehmigt. Inzwischen war man sich so sicher, dass der Start klappen würde, dass es eine Einzelsonde war.

Im Frühjahr 1970 entdeckte der italienische Mathematiker Giuseppe Colombo, dass die vorgesehene Bahn der Sonde nach Passage des Merkurs eine Umlaufdauer von einem halben Jahr hatte. Dies war nur wenig mehr, als die doppelte Umlaufdauer von Merkur, der die Sonne in 88 Tagen umrundet. Er befasste sich mit dem Problem und stellte fest, dass bei geschickter Wahl der Vorbeiflugdistanz die Sonde auf eine Bahn mit einer Umlaufdauer von 176 Tagen gelangen konnte und damit auf eine Bahn, die sie nach einem Umlauf wieder zu Merkur führt. Die Mission wurde nun so ausgelegt, dass eine zweifache Passage von Merkur möglich war. Primäres Missionsziel war aber nur ein Vorbeiflug an Merkur. Zu seinen Ehren heißt die neueste Raumsonde der ESA, ein Merkurorbiter, BepiColombo (Band 2, S. 411).

Es war noch eine zweite Voraussetzung nötig: Bei einem Swing-By wirkt sich ein kleiner Fehler gravierend auf die Bahn aus. Man musste also die Position der Raumsonde genau feststellen. Korrekturen waren durch die Raumsonde möglich. Allerdings war ihr Treibstoffvorrat nicht unbegrenzt. Hätte Mariner 10 die Venus 400 km näher oder ferner passiert, der Treibstoff hätte nicht mehr für die Korrektur ausgereicht. In den vergangenen Jahren hatte man die Abweichung der Sonde vom Zielpunkt deutlich verbessert, von 15.000 km bei Mariner 2 auf unter 100 km bei Mariner 9. Damit war die Mission technisch umsetzbar. Für genügend Treibstoff für die Kurskorrekturen vergrößerte man schon bei den Planungen die Tanks für Druckgas zur Lageregelung und Hydrazin für Bahnkorrekturen um 60 bzw. 117 Prozent.

Mariner 10 war eine preiswerte Mission. Zum einen, weil es eine Einzelmission war. Zum anderen, weil die Raumsonde viele Teile von Mariner Mars 71 (S. 114) übernahm. So war der Bus derselbe, ebenso der Sequenzer, das Bandlaufwerk, die Hochgewinnantenne und die Vidioconröhren der Kameras. Erstmals gab es ein fixes Budget für die Mission, das eingehalten werden musste.

Neu und entscheidend für die Mission war die erstmalige Verwendung des X-Bandes für die Sender. Beim X-Band liegt die Downlink-Frequenz (von der Raumsonde zur Bodenstation) bei etwa 8,4 GHz, beim S-Band sind es 2,3 GHz. Aus physikalischen Gründen hat eine Antenne einen um so kleineren Öffnungswinkel, je höher die Sendefrequenz ist. Der Wechsel der Sendefrequenz entspricht einer Reduktion der Fläche, auf der sich die Sendeleistung verteilt, um den Faktor 13 und so konnte Mariner 10 bis zu 117.600 Bit/s übertragen. Erst diese hohe Datenrate machte die Übertragung so vieler Bilder überhaupt möglich. Mariner 6 und 7 machten nur je 100 Aufnahmen pro Vorbeiflug, Mariner 10 dagegen 4.165 Aufnahmen von der Venus und 2.450 beim ersten Merkurvorbeiflug.

Die thermische Abschirmung war eine der Herausforderungen der Mission. Die Sonde näherte sich bis auf 67 Millionen km an die Sonne. Bisher mussten Raumsonden nur bis zur Venusentfernung funktionieren, die 108,2 Millionen km von der Sonne entfernt ist. Das bedeutet, Mariner 10 empfing bis zu 7 kW/m² Wärmestrahlung von der Sonne. Mariner 5 fiel aus, als sie durch die Venuspassage einen sonnennäheren Orbit bekam. Die Philosophie beim Entwurf war, durch einen Schirm die meiste Sonnenstrahlung von der Sonde abzuhalten. Der Rest der Oberfläche sollte einen möglichst hohen Reflexionsgrad haben, entweder durch blankpolierte Flächen oder metallisierte Folie. Die Solarpaneele wurden um bis zu 76 Grad von der Sonne weggedreht, um die Erhitzung zu verringern. Daher waren nur zwei große Solarpaneele möglich, während Mariner 3 bis 9 vier Solarpaneele hatten.

Die Instrumentensuite von Mariner 10 war die umfangreichste im ganzen Marinerprogramm. Sie war die erste Raumsonde, die verschiedenste Phänomene gleichzeitig untersuchte, wie Geologie (Kameras), Atmosphäre (UV-Spektrometer, Radiometer), Magnetfelder (Magnetometer), geladene Teilchen und Plasma (Plasmaexperiment, Detektor für hochenergetische Teilchen). Die jeweils doppelt vorhandenen Weitwinkel- und Telekameras machten fast 60 Prozent der Masse aus.

Nach dem Start am 3.11.1973 führte man erste Tests durch und fotografierte Erde und Mond. Nach zwei Bahnkorrekturen war die Sonde auf einem Kurs zur Venus, als der erste Zwischenfall passierte. Man nutzte das UV-Spektrometer zur Beobachtung stellarer Quellen und Untersuchungen des Kometen Kohoutek. Bei einer dieser Beobachtungen oszillierte die Scanplattform und die Elektronik korrigierte automatisch die Lage, um die Plattform ausgerichtet zu halten. Bis man dies bemerkte, war schon so viel Lagekontrollgas verbraucht, sodass der Späher nur noch 60 Prozent des Startvorrates hatte. Das Lagekontrollgas war nötig, um die Raumsonde zu drehen, den Sonnenschutzschirm auf die Sonne auszurichten, aber auch die Scanplattform grob auszurichten. Ohne Lagekontrollgas konnte die Missionskontrolle weder die Hochgewinnantenne noch die Instrumente ausrichten.

Am 5.2.1973 passierte Mariner 10 die Venus. Obwohl es die elfte Mission zur Venus war (aber erst die dritte Amerikanische), war es die erste Sonde, die Bilder machte. Bei terrestrischen Beobachtungen ist die Venus ohne Konturen, sodass bisher keine Raumsonde Kameras einsetzte. Inzwischen wurde festgestellt, dass im UV-Licht Strukturen sichtbar waren. Mariner 10 erhielt so einen UV-Filter im Kamerasystem, der bei der Venus genutzt wurde. Beim ersten Vorbeiflug zeigte sich der Vorteil des X-Bandes. Innerhalb weniger Tage übermittelte Mariner 4.165 Aufnahmen der Venus, mehr als Mariner 9 in einem halben Jahr anfertigte. Ihre Bilder der Venus findet man bis heute in Büchern oder im Web. Es konnte ein schwaches Magnetfeld detektiert werden und Wasserstoff, Sauerstoff und Helium in der Ionosphäre. Die dichte Atmosphäre blockierte beim Bedeckungsexperiment in 45 bzw. 53 km über der Oberfläche die Sender. Bis zu dieser Höhe wurde ein Dichteprofil erstellt.

Auf dem Weg zum Merkur testete man erneut die Gyroskope, welche die Scanplattform zum Oszillieren brachten und die seitdem abgeschaltet waren. Jedoch ohne Erfolg. Die Gyroskope waren für langsame Drehungen zuständig. Das Lagekontrollgas war ursprünglich nur für schnelle Drehungen und zum Entsättigen der Gyroskope vorgesehen. So musste man mit einem erhöhten Verbrauch an Lagekontrollgas leben, da die Missionskontrolle nun die Sonde für Beobachtungen mit der Scanplattform drehen musste. Dies wurde noch verschärft, als der Sternsensor zweimal durch helle Partikel verwirrt wurde und Mariner 10 automatisch nach einem Referenzstern suchte und sich dazu drehte.

Am 29.3.1975 stand der erste Merkurvorbeiflug an. Obwohl Merkur klein ist und Mariner 10 sich mit hoher Geschwindigkeit näherte (900.000 km pro Tag), gelangen 2.450 Bilder. Überraschend war die Entdeckung eines Magnetfeldes und dadurch einer Plasmasphäre wie bei der Erde. Als Oberflächentemperaturen wurden -120 °C auf der Nachtseite und bis zu +450 °C auf der Vorderseite ermittelt. Eine Atmosphäre wurde nicht nachgewiesen, aber Spuren von Helium, Argon, Neon und Xenon. Auf den Bildern zeigte sich Merkur als völlig zerkratert, vergleichbar mit der Mondrückseite. Ein großes Einschlagbecken, Caloris war am Rand sichtbar.

So nahe an der Sonne traten weitere Probleme auf. Die Elektronik überhitzte und schließlich fiel der Bandrekorder aus. Er wurde genutzt, um in schneller Folge ein Fotomosaik aufzunehmen, um es später zur Erde zu übertragen – jede nun folgende Merkurbegegnung fand in größerer Distanz zur Erde und damit abnehmender Datenrate statt. Mit dem Bandrekorder konnte man bis zu 38 Bilder aus nahezu gleicher Distanz aufnehmen. Das Senden dauerte viel länger als die Übertragung auf Band. Die Anfertigung von Mosaiken aus nahezu gleicher Distanz entfiel nun.

Das Plasmaexperiment verlor so stark an Empfindlichkeit, dass es ganz abgestellt werden musste. Durch einen Ausfall des Sternsensors verbrauchte die Sonde zudem mehr Gas, um die Lage zu kontrollieren. Innerhalb der Missionsleitung begann nun eine Diskussion über die Optionen. Geplant war eine zweite Passage von Merkur in größerer Entfernung. Merkur durfte die Bahn nicht zu sehr verändern. Damit wäre mit dem verfügbaren Treibstoff eine dritte Begegnung möglich. Doch würde die Raumsonde so lange durchhalten? Die Ausfälle häuften sich und das Lagekontrollgas ging zur Neige. Alternativ hätte man auf eine dritte Passage verzichten können, dafür aber Merkur in wenigen Hundert Kilometer Distanz passieren können, was vor allem für die Untersuchung des Magnetfeldes und der Plasmaumgebung von Vorteil war. Man entschied sich für die erste Option und hob die Vorbeiflugdistanz mit zwei Zündungen des Triebwerks auf 48.000 km an.

Ziel der zweiten Begegnung war eine Fotografie der Südpolregion, die bei der ersten Begegnung unter einem ungünstigen Blickwinkel gesehen wurde. Als Folge der Bahn mit 176 Tagen Umlaufszeit befand sich Merkur nicht nur an der derselben Stelle, sondern er zeigte auch dieselbe Oberfläche bei identischem Lichteinfall – Merkur rotiert in 59 Tagen um die eigene Achse, hatte also genau drei Umdrehungen absolviert. Bei der zweiten Begegnung verzichtete man auf niedrig aufgelöste Aufnahmen aus der Ferne, sodass nur 750 Aufnahmen gemacht wurden. Die große Passagedistanz erlaubte nur einen sinnvollen Betrieb von Kamera und UV-Spektrometer. Die anderen Experimente wurden nicht eingeschaltet.

Danach ging man daran, Lagekontrollgas einzusparen, damit eine dritte Begegnung möglich war. So dürfte die Sonde gezielt taumeln und die Flugkontrolle nutzte Solarpaneele und sogar die Hochgewinnantenne als Sonnensegel, um damit die Lage zu kontrollieren. Trotzdem verlor der Sternsensor zweimal Kanopus und verbrauchte zum Suchen des Sterns weiteres Lagekontrollgas. Die letzte Begegnung mit Merkur hatte die Aufgabe, das neu entdeckte Magnetfeld und die Plasmaumgebung genauer zu studieren. So näherte sich Mariner 10 von der Nachtseite Merkur und passierte so zuerst die Heliopause, die Region, in der das Magnetfeld ein Eindringen des Sonnenwinds verhindert. Das Anfertigen von Bildern war diesmal nicht oberste Priorität. 450 Aufnahmen wurden rund um den nächsten Punkt gewonnen und dienten zur Ergänzung der schon erfolgten Kartierung. Es waren schon wegen der Annäherung von der Nachtseite her weniger Bilder als bei den beiden vorherigen Vorbeiflügen.

Acht Tage nach dem vierten Vorbeiflug war das Lagekontrollgas schließlich erschöpft und Mariner 10 wurde abgeschaltet.

Mariner 10 kartierte 45 Prozent der Oberfläche Merkurs und ermittelte, dass Merkur wahrscheinlich einen flüssigen Eisenkern hat, der das schwache Magnetfeld erzeugt. Die Raumsonde war ein krönender Abschluss des Marinerprogramms: Sie arbeitete über 27 Monate und damit länger als jede ihrer Vorgängerinnen. Sie zeigte auch, dass Vorbeiflugmissionen mit einer hohen Datenrate attraktiv sein konnten: Obwohl Mariner 10 nur wenige Tage um die Begegnung (die „heiße Phase“ der Begegnung mit Merkur dauerte sogar nur 17 Stunden) aktiv war, übermittelte sie mehr Aufnahmen als Mariner 9 während ihrer ganzen Mission. Auch die Auflösung der Karten von Merkur war nicht schlechter als die des Mars anhand der Aufnahmen von Mariner 9. Das JPL war nun zuversichtlich, dass Voyager (S. 148), die gerade entwickelt wurden, bei ihren Vorbeiflügen an Jupiter und Saturn deren Monde ebenfalls in hoher Auflösung würde kartieren können. Nachdem die Missionen von Mariner 9 und 10 jeweils durch Erschöpfen des Lagekontrollgases beendet wurden, konzipierte man die nächsten Sonden mit einem integrierten System, bei dem ein Treibstoff für Lageregelung und Kurskorrektur verwendet wurde.

Merkur entpuppte sich zumindest aus geologischer Sicht als „langweilig". So dauerte es drei Jahrzehnte, bis mit MESSENGER (Band 2, S. 190) die nächste Sonde zu Merkur geschickt wurde. Mit Mariner 10 wurde das Marinerprogramm beendet. Es hatte insgesamt 554 Millionen Dollar gekostet.

Datenblatt Mariner 10	
Start:	3.11.1973 mit Atlas SLV-3D Centaur AC34)
Ankunft:	5.2.1974 Venus in 5.790 km Abstand 29.3.1974 Merkur in 327 km Abstand 21.9.1974 Merkur in 48.069 km Abstand 16.3.1975 Merkur in 705 km Abstand
Missionsende:	24.3.1975
Mission:	Venus- und Merkurvorbeiflug
Gewicht:	502,9 kg Startmasse, 444 kg Trockenmasse
Abmessungen:	8,00 m Spannweite, 3,70 m Höhe. Zentraler Körper: 1,384 m Durchmesser
Instrumente:	Sieben Instrumente im Gesamtgewicht von 78,2 kg: • Vier TV-Kameras (je zwei Weitwinkelkameras (62 mm Brennweite, Bildfeld 9,05 × 11,28 Grad) + zwei Telekameras (1.500 mm Brennweite, Bildfeld: 0,38 × 0,47 Grad), 700 × 832 Pixel, 8 Bits/Pixel. Gewicht 45,6 kg. • IR-Radiometer empfindlich zwischen 7,5 und 55 μm: 0,5 Grad räumliche Auflösung, 0,5 K thermale Auflösung. Gewicht 5,6 kg. • Extrem-UV-Spektrometer: empfindlich zwischen 30,4 und 165 nm, Gewicht 5,5 kg. Zwei Subinstrumente mit 14 Spektralkanälen. Räumliche Auflösung 0,16 und 0,13 × 2,6 Grad. • Plasmaexperiment zur Detektion von solaren Protonen und Elektronen von 0,0134 bis 400 keV Energie. Zwei Detektoren. Gesichtsfeld 3,5 × 13,5 Grad. Gewicht 9,7 kg. • Detektor für geladene energiereiche Teilchen von 0,6 bis 10,6 MeV Energie. Gesichtsfeld 70 Grad. Gewicht 3,8 kg. • Radio Science-Bedeckungsexperimente mit dem Sender der Sonde • Fluxgate-Magnetometer Meß0bereiche 16 / 128 nT. Auflösung von 0,03 / 0,26 nT je nach Messbereich. Gewicht 4,3 kg.
Ergebnisse:	45 % der Oberfläche Merkurs kartiert, Magnetfeld und Plasmaumgebung des Planeten entdeckt. Genaue Temperaturprofile entlang des Flugpfades. Edelgase in der „Atmosphäre" nachgewiesen. Konzept des Swing-by erfolgreich bestätigt.
Bilder:	~9.000 Aufnahmen, davon 4.165 von der Venus, 3.650 vom Merkur, 900 von Erde und Mond. ~ 285 Navigations- und Testaufnahmen
Kosten:	98 Millionen Dollar

28. Abbildung: Mariner 10 in Flugkonfiguration

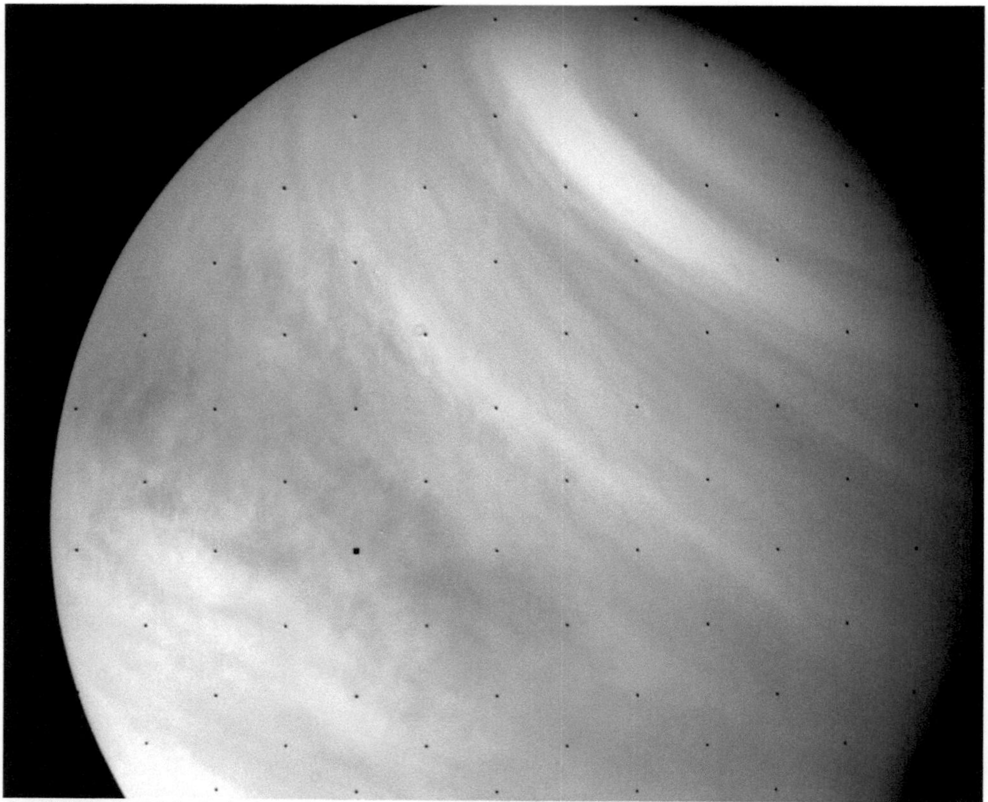

29. Abbildung: Originalaufnahme der Venus von Mariner 10 im UV

30. Abbildung: Fotomosaik von Merkur beim ersten Vorbeiflug vor der Passage

31. Abbildung: Fotomosaik von Merkur nach der Passage gewonnen

Viking

Das Viking-Programm ist sowohl an der technologischen Herausforderung wie auch an den Kosten das anspruchsvolle Programm der USA. Die 914,5 Millionen Dollar, die es kostete, entsprechen heute (Wert 2016) 3.408 Millionen Dollar.

Die Landung eines Roboters auf dem Mars hat eine lange Vorgeschichte. Schon Anfang der Sechziger Jahre plante die NASA eine unbemannte Marslandung unter der Bezeichnung „Voyager". Zuerst war ein Start mit der Saturn IB geplant. Die ersten Schätzungen über den Bodendruck durch Mariner 4 (S. 77) machten die Lander schwerer, da die Fallschirme nun unterdimensioniert waren. Das Projekt musste nun mit einer Saturn V durchgeführt werden. Damit war Voyager aber zu teuer. Voyager wurde 1967 eingestellt.

Viking wurde als preiswerte Alternative aus der Taufe gehoben. Viking war das erste Großprojekt des unbemannten Weltraumprogramms, heute würde man dazu „Flagship-Mission" sagen. Genehmigt wurde Viking am 4.12.1968. 1973 sollten die Sonden starten. Viking sollte 400 Millionen Dollar kosten. Sowohl die Vorbereitungszeit von über vier Jahre, wie auch der Kostenrahmen waren um den Faktor 2 bis 3 höher als im Marinerprogramm.

Viking war primär eine Landemission. Die Orbiter trugen nur drei Experimente, darunter ein Kamerasystem aus zwei identischen Kameras. Ihre Auflösung wurde erst 1993 vom Mars Observer übertroffen. Es waren zwei Kameras, weil das Auslesen und Löschen jeweils 4,48 s dauerte. Mit zwei Kameras hatte sich die Sonde nach 8,7 s im marsnächsten Punkt genau um die Distanz weiter bewegt, die zwei Bilder abdeckten. So erhielt man einen kontinuierlichen Streifen ohne Lücken. Dazu kamen ein Infrarotradiometer zur Messung der Oberflächentemperaturen und ein Wasserdampfdetektor, der den Anteil an Wasserdampf in der Atmosphäre bestimmte.

Um Kosten zu sparen, wurde anfangs erwogen, Mariner 9 zum Orbiter umzubauen. Doch da Viking dreimal mehr Treibstoff brauchte, da man die Lander erst im Orbit abtrennte, erschien dies zu aufwendig. Auch als die Kosten des Kamerasystems der Orbiter stiegen, (am Schluss auf 25 Millionen Dollar) wollte man es durch das Mariner 9 Kamerasystem (S. 114) ersetzen. Es wurde argumentiert, dass wenn die Landemissionen kein Leben fänden, es wichtig wäre, das die Orbiter wenigstens bessere

Bilder als Mariner 9 liefern. Dies überzeugte: Man behielt die Kameras trotz gestiegener Kosten.

Der Orbiter hatte im Prinzip denselben Aufbau wie Mariner 9: ein achteckiger Zentralkörper, der die Elektronik und Sondensubsysteme trug, in der Mitte ein Triebwerk mit den Tanks, an der Seite eine dreh- und schwenkbare Instrumentenplattform und ein Ausleger mit der Kommunikationsantenne. Vier Solarzellenpaneele lieferten den Strom. Gegenüber dem Triebwerk war der Lander angebracht. Die Orbiter waren für einen Betrieb von 18 Monaten im Marsorbit ausgelegt.

Neu war der erste Einsatz eines Computers bei einer Raumsonde. Die bei Mariner eingesetzten Sequenzer waren zu unflexibel. Man musste für jede Beobachtung eine Kommandosequenz erstellen und zur Sonde überspielen. Für den Orbiter, mit nur einem festen Beobachtungsprogramm war dies noch tragbar. Doch der Lander musste beim Abstieg zahlreiche Sensoren überwachen und anhand deren entscheiden, wann er Fallschirme auslöst und welchen Schub die Triebwerke haben sollen. Dazu kamen komplexe Aufgaben, wie die Bodenprobenentnahme und Untersuchung von Proben im Biolabor. Man schätzte, dass der Viking Lander ohne Bordcomputer nur ein Hundertstel der Ergebnisse gewonnen hätte. Entsprechend war der Bordcomputer des Landers deutlich leistungsfähiger als der des Orbiters. Er hatte den sechsfachen Speicher und war zwanzigmal schneller.

Der Lander war auch der Kostentreiber der Mission. Er war erheblich komplexer als der Orbiter. Vor allem die Instrumente machten Probleme und trieben die Kosten hoch. Dies führte dazu, dass man den Start von 1973 auf 1975 verschob. Der Lander machte schon beim Abstieg durch die Atmosphäre Messungen. Er war nur für eine Primärmission von 90 Tagen Dauer ausgelegt. Nach dieser endete auch die anfangs üppige Unterstützung durch Manpower: 700 Personen waren anfangs mit Operation, Planungen und Datenauswertung der Sonden beschäftigt.

Das Kernstück der Experimente war das Biolabor. Es war und ist das einzige Experiment, das gezielt nach Leben auf dem Mars suchte. Da man nicht wusste, wie Marsleben aussieht, beruhte es auf elementaren Annahmen: Das Leben verändert die Atmosphäre. Leben betreibt Photosynthese und Leben nutzt organische Moleküle, um daraus körpereigene Substanzen zu bilden. In zwei Experimenten setzte man radioaktiv markiertes Kohlendioxid ein (Photosyntheseexperiment) oder radioaktiv markierte Biomoleküle (Stoffwechselexperiment) und untersuchte danach die Bodenprobe und Atmosphäre, ob diese den radioaktiven Kohlenstoff enthielten. In einem dritten Experiment untersuchte man, ob sich die Zusammensetzung der Atmosphäre verändert, wenn man einer Probe Wasser und organische Substanzen zugibt (Gasaustauschexperiment). Das Biolabor war an einen Gaschromatographen und ein Massenspektrometer gekoppelt. Damit wurde die chemische Zusammensetzung der Atmosphäre sowie der Bodenprobe nach Pyrolyse zu Gas untersucht. Das Biolabor alleine kostete 59 Millionen Dollar – zwei Drittel der Kosten von Mariner 10 (S. 127).

Beim Abstieg untersuchten Sensoren die Ionosphäre, analysierten die Atmosphäre und bestimmten Druck, Temperatur und andere physikalische Eigenschaften der Atmosphäre. Sie befanden sich unter der äußeren Schutzhülle mit dem Hitzeschutzschild und lieferten schon in mehreren Hundert Kilometer Höhe Daten, während bei heutigen Sonden Experimente erst aktiv werden, wenn der Hitzeschutzschild abgeworfen wird, was erst einige Kilometer über der Oberfläche der Fall ist.

Auf der Oberfläche machten zwei Kameras Aufnahmen. Sie konnten fast die gesamte Umgebung darstellen. Es waren zwei Kameras, weil Ausleger und Abdeckhauben das Blickfeld einschränkten. In einem zentralen Bereich waren Stereoaufnahmen möglich. Auf dem Probennehmer an einem beweglichen Arm gab es Sensoren, welche die physikalischen Eigenschaften der Oberfläche bestimmten. Mit dem Greifer wurden Gräben ausgehoben und der tiefere Untergrund untersucht. Ein Seismometer suchte nach Marsbeben, fand aber keine. Eine Wetterstation bestimmte Luftdruck, Temperatur und Windrichtung/-geschwindigkeit. Ein Röntgenstrahlen-Fluoreszenzspektrometer bestimmte die Zusammensetzung der Oberfläche. Dazu kamen ein zweiter Gaschromatograph/Massenspektrometer zur Bestimmung der Zusammensetzung und Isotopenverhältnisse der Atmosphäre und flüchtiger Substanzen.

Die Stromversorgung der Lander erfolgte durch zwei RTG, die durch ihre Abwärme den Lander heizten. Um den Planeten nicht zu kontaminieren, wurde der Lander, der in einer aerodynamischen Kapsel mit einem Hitzeschutzschild verpackt war, zusätzlich vor der Sterilisierung noch in einen Bioschild verpackt, der ein Eindringen von Mikroorganismen verhinderte. Die Kapsel mit Hitzeschutzschild war nicht dicht, denn für Messsensoren gab es Öffnungen. Die Landemethode war die gleiche wie heute: Der aerodynamische Schild bremst zuerst den Lander ab, der Hitzeschutzschild wird dabei teilweise abgetragen. In 6 km Höhe wird die obere Hülle abgetrennt. Danach wird der Fallschirm entfaltet und zuletzt der untere Hitzeschutzschild abgetrennt. Gesteuert durch einen Radarhöhenmesser wird in 1,4 km Höhe der Fallschirm abgeworfen und der folgende Abstieg erfolgt mit den regelbaren Landetriebwerken. Kontrolliert durch den Bordcomputer, der laufend Höhe und Geschwindigkeit maß, wurde die Geschwindigkeit langsam abgesenkt. Ab 16,8 m Höhe fällt der Lander konstant mit 2,4 m/s. Bei Bodenkontakt werden die Triebwerke abgeschaltet.

Ein wesentlicher Unterschied zu heute ist allerdings, dass die Viking Orbiter die Lander mit in den Orbit brachten und erst nach einigen Wochen die Landung eingeleitet wurde. Die Orbiter erkundeten vorher mit ihren Kameras die Landezonen, die man bisher nur von Mariner 9 Aufnahmen kannte. Gegenüber Mariner 9 wurde die Auflösung der Kameras von 300 m auf 40 m gesteigert. Ein positiver Nebeneffekt der Vorgehensweise war, dass es bei der Landung möglich war, Daten mit hoher Datenrate über die Orbiter zur Erde zu senden. Wäre ein Lander wie 1998 der Mars Polar Lander (Band 2, S. 94) bei der Landung verloren gegangen, so hätte man durch die Daten die Ursache bestimmen können und zumindest die Messdaten der Atmosphärenanalyse erhalten. Später diente Viking Orbiter 1 als Relay für beide Lander.

Viking 1 startete mit einigen Tagen Verzögerung. Durch eine schnellere Bahn kam er 50 Tage vor Viking 2 beim Mars an. Das erlaubte es der Missionskontrolle, sich auf eine Sonde zu konzentrieren. Bei beiden Sonden schloss sich im ersten Orbit ein Manöver an, um den marsnächsten Punkt über das Landegebiet zu legen und der Orbiter fotografierte das Landegebiet. Das für Viking 1 vorgesehene Landegebiet war nach den Aufnahmen zu uneben. Der publikumswirksam auf den 4.7.1976 (200-Jahresjubiläum der Unabhängigkeitserklärung der USA) gelegte Landetermin war nicht zu halten. Das sekundäre Landegebiet genügte aber den Kriterien. Am 20.7.1976, sieben Jahre nach Apollo 11, landete Viking 1 und übertrug zuerst ein Bild eines der Beine. Falls Viking 1 einsinken würde, so sähe man dies auf der Aufnahme. Später folgte das erste Panorama. Die erste veröffentlichte Version hatte einen blauen Himmel – man hatte die Farbanteile falsch gewichtet, weil man von den Farben auf der Erde ausging. Als man die Bilder anhand von Farbfeldern auf dem Deck neu kalibrierte, war der Himmel lachsrosa bis Orange, je nach Staubanteil. Im November 2018 wird die neueste Marsmission Insight (Band 2, S. 400) nahe am geplanten primären Landeort von Viking 1 landen.

Viking Lander 2 landete am 3.9.1976. Der **Viking Orbiter 2** bekam nach Absetzung des Landers als primäre Aufgabe die Beobachtung des Mars. Dafür wurde die Bahnneigung auf 75 Grad erhöht und der marsnächste Punkt auf 800 km Höhe abgesenkt. Er passierte im Oktober 1977 den kleineren Marsmond Deimos mehrmals und nahm diesen auf. Seitdem hat keine Raumsonde mehr Deimos nah passiert. Die Viking Aufnahmen sind immer noch die besten verfügbaren Bilder von Deimos.

Viking Orbiter 1 übernahm die Datenübertragung beider Lander, passierte im Februar 1977 mehrmals Phobos und nahm den Mond auf. Später wurde bei ihm für die Gewinnung höher aufgelöster Fotos der marsnächste Punkt der Bahn auf nur 300 km Höhe abgesenkt. Die Orbiter machten ihre Beobachtungen um den marsnächsten Punkt, zeichneten diese auf Magnetband auf und übertrugen sie im marsfernsten Punkt der Bahn. Der Orbit hatte eine Periode von 24 Stunden, sodass es zu festen Zeiten eine Datenübertragung gab. Die niedrigeren Bahnen erhöhten die Auflösung der Kameras von 40 auf 20 m (Viking 2) und 8 m (Viking 1).

Der Betrieb der Orbiter war begrenzt durch den Vorrat an Stickstoff. Mit ihm wurde der Orbiter gedreht. Bei Viking Orbiter 2 war das Druckgas schon im April 1978 erschöpft, da es ein Leck gab. Viking Orbiter 1 hielt bis August 1980 durch. Vor Erschöpfen der Lageregelung passte man die Bahnen so an, dass sie mindestens 50 Jahre stabil sind, denn die Orbiter wurden nicht sterilisiert. Die Bilder der Orbiter bildeten die Grundlage für Marskarten bis 2004, da die folgenden Sonden zwar höher auflösende Kameras hatten, aber nur noch Teile der Oberfläche erfassten.

Beide Viking Lander landeten in unebenem Gebiet. Viking Lander 1 nur wenige Meter neben einem Felsbrocken von mehreren Metern Länge. Er wäre umgefallen, wenn er auf ihm gelandet wäre. Auf den Aufnahmen von seinem Landeort sind auch zahlreiche große Felsen zu erkennen. Viking Lander 2 steht schief auf dem Boden. Ein Bein kam offensichtlich auf einem Stein zur Ruhe. Auch sein Landegebiet ist übersät mit kleineren Steinen. Bei Auflösungen von maximal 40 m musste man dieses Restrisiko eingehen. Heute würden diese Gebiete gemieden werden, da man Oberflächenaufnahmen mit 0,35 m Auflösung anfertigen kann.

Die Ergebnisse des Biolabors waren über Jahrzehnte in der Diskussion. Ein Experiment war eindeutig negativ. Ein Zweites leicht positiv, aber nicht deutlich. Die Ergebnisse könnten auch von einer chemischen Reaktion stammen. Nur ein Experiment lieferte positive Resultate, aber diese waren sehr seltsam: Versetzte man eine Bodenprobe mit Wasser und organischen Substanzen, so stellte man einen rapiden Anstieg der Konzentration von Sauerstoff und Kohlendioxid fest. Viel schneller, als bei irdischen Organismen, die zudem niemals beide Gase abgeben. Bei weiterer Zugabe flaute die Reaktion aber ab und geschützte Bodenproben waren inaktiver als ungeschützte. Die beste Erklärung war die Existenz von oxidierenden Substanzen im Marsboden. Sie wurden 2007 durch die US-Sonde Phoenix nachgewiesen.

Viking Lander 2 landete nördlich von Lander 1. Bedingt durch die tiefen Temperaturen im Winter fiel er zuerst aus. Die Batterie kühlte trotz Wärmeabgabe der RTG stark ab und hatte bald keine nutzbare Kapazität mehr. Viking Lander 1 sollte bis 1994 betrieben werden, doch im November 1982 drehte man durch ein fehlerhaftes Kommando die Kommunikationsantenne von der Erde weg. Man versuchte bis März 1983 erneut Kontakt aufzunehmen, konnte aber keinen etablieren.

Viking war ein teures Unternehmen. Beim Bau arbeiteten 2.180 Personen an den Sonden. Bei der Missionskontrolle waren bis zum Ende der Primärmission Ende November 1976 noch 700 Personen beschäftigt. Danach wurde sukzessive das Engagement heruntergefahren, auch weil es 1977 und 1978 mit Voyager und Pioneer-Venus vier weitere Raumsonden gab, die betreut werden mussten.

Wie bei anderen teuren Projekten gibt es ein eklatantes Missverhältnis zwischen Bau- und Entwicklungskosten: Eine dritte Sonde hätte mit Start und Operationen nur 150 Millionen Dollar gekostet. Es gab ein drittes Flugexemplar für den Fall, das es Probleme mit einer der beiden primären Sonden gab. Aus ihm baute man die Batterie aus, als am 13.8.1975 die Batterie von Viking 1 kurz vor dem Start fast komplett entladen war. Am größten war der Unterschied zwischen Entwicklungs- und Fertigungskosten bei den Landern: 357 Millionen Dollar Entwicklungskosten, aber nur 20 Millionen Dollar Fertigungskosten pro Exemplar. Alleine die Kamerasysteme, GC-MS und Biolabor des Landers verursachten Entwicklungskosten von 152,3 Millionen Dollar – fast so viel wie Mariner 8 und 9 zusammen kosteten.

Datenblatt Viking	
Start:	Viking 1: 20.8.1975 mit Titan 3E Centaur (23E-4/TC-4) Viking 2: 9.9.1975 mit Titan 3E Centaur (23E-3/TC-3)
Ankunft:	Viking 1: 19.6.1976 in eine 1.513 × 32.800 km × 33,4 Grad Bahn Viking 1 Landung: 20.7.1976 bei 22.,3° Nord, 48 Grad Ost Viking 2: 7.8.1976 in eine 1.501 × 32.800 × 55“ Bahn Viking 2 Landung: 3.9.1976 bei 47,7° Nord, 48 Grad Ost
Missionsende:	Viking Orbiter 1: 7.8.1980 in einer 357 × 57.000 × 33.4 Grad Bahn Viking Orbiter 2: 25.7.1978 in einer 300 × 33.176 × 80 Grad Bahn Viking Lander 1: November 1982 Viking Lander 2: 11.4.1980
Mission:	Marsorbiter und Marslander
Gewicht:	3.525 kg, davon 2.325 kg Orbiter, 1.200 kg Lander. Trockenmasse Orbiter: 709 kg, Lander 576 kg. Landemasse typisch 604 kg. Treibstoffe: 1.425 kg Orbiter, 170 kg Lander. Druckgas Orbiter: 190 kg
Instrumente:	Orbiter: drei Experimente im Gesamtgewicht von 65,2 kg • MAWD: Detektor für Wasserdampf in der Marsatmosphäre. 3 × 14 km Auflösung. 14,56 kg. • VIS: Kamerasystem aus zwei identischen Kameras, je 475 mm Brennweite f/5,6. 1056 × 1182 Pixel zu je 7 Bit für die Helligkeit. Blickfeld 1,54 × 1,69 Grad. Bodenauflösung 40 m aus 1.500 km Entfernung. Gewicht: 40,05 kg • IRTM: Mehrkanal-Infrarotradiometer. Genauigkeit 0,1 Grad. 7,5 km räumliche Auflösung. Gewicht 9,30 kg. Lander: drei Instrumente in der Aeroshell und acht im Lander im Gesamtgewicht von 91 kg: • RPA: Verzögerungspotentialanalysator für Ionen der Ionosphäre • NMS: Neutralmassenspektrometer für Atome von Atommasse 7 bis 49 • Atmosphärenstruktur: Misst ab 90 km Höhe Staudruck, Temperatur und Verzögerung. • Zwei Faksimile-Kameras: je 512 Pixel Höhe, Breite von 2,5 bis 342,5 Grad (Höhe 20,8 / 62.4 Grad: Monochrom / Farbe) Auflösung 0,04 Grad Farbe, 0,012 Grad monochrom. 7,26 kg. • GC-MS: Gaschromatograph-Massenspektrometer. Für Atommasse 1 bis 200, Genauigkeit 1 Atom pro 10 Millionen. Gewicht 19 kg. • XRFS: Röntgenfluoreszenzspektrometer. Detektion von Elementen mit Atommasse 24 bis 238. Genauigkeit je nach Element 0,02 bis 2 %. Gewicht 1,95 kg. • Meteorologiestation: Windgeschwindigkeit, Windrichtung, Druck und Temperaturmessung • Seismometer: Stärke 2,5 in 100 km Entfernung messbar. Stärke 6,5 überall auf dem Planeten • Magentische Eigenschaften: Magneten am Greifer und auf dem Deck • Bodeneigenschaften: Sensoren im Greifarm maßen Bodeneigenschaften in bis zu 3 m Entfernung vom Lander. • Biolabor: Nachweis von Leben, hat ein zweites eigenes GC-MS. Gewicht 15 kg.
Ergebnisse:	Globale Karte auf 200 m Auflösung (95 % der Oberfläche) / 80 m Auflösung (28 % der Oberfläche verbessert). Suche nach Leben verlief negativ. Analyse der Oberflächengesteine zeigt undifferenziertes Gestein mit hohem Schwefel- und Eisengehalt. Wetter und Atmosphäre über mehrere Jahre analysiert. Detaillierte Panoramen von zwei Landestellen. Jahreszeitliche Temperatur- und Wasserdampfschwankungen über ein Marsjahr erfasst.
Bilder:	37.000 Viking Orbiter 1, 16.000 Viking Orbiter 2 3.043 Viking Lander 1, 3.542 Viking Lander 2
Kosten:	914,5 Millionen Dollar, davon 257 Millionen Orbiter, 553,2 Millionen Dollar Lander.
Bemerkungen	Bis heute ambitioniertestes und teuerstes Marsprojekt. Alle Daten aus der Marsatmosphäre über ca. 10 km Höhe stammen bis heute von Viking.

Abbildung 32: Test des Bodenprobenentnahmemechanismus von Viking Lander

Abbildung 33: Viking in Flugkonfiguration

Abbildung 34: Viking Lander 2 Landeplatz

Abbildung 35: Viking 1 Landeplatz

36. Abbildung: Der Felsbrocken Big Joe, 1,5 m hoch nur 7 m vom Lander 1 entfernt

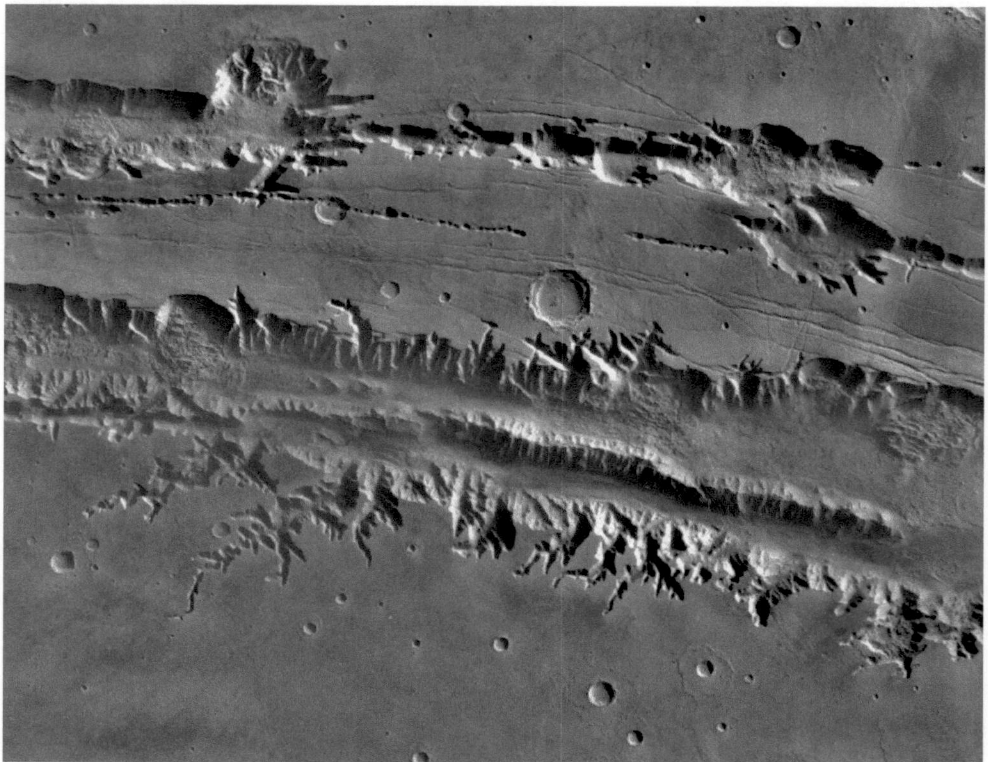

Abbildung 37: Teil des Valles Marineris, fotografiert von Viking Orbiter

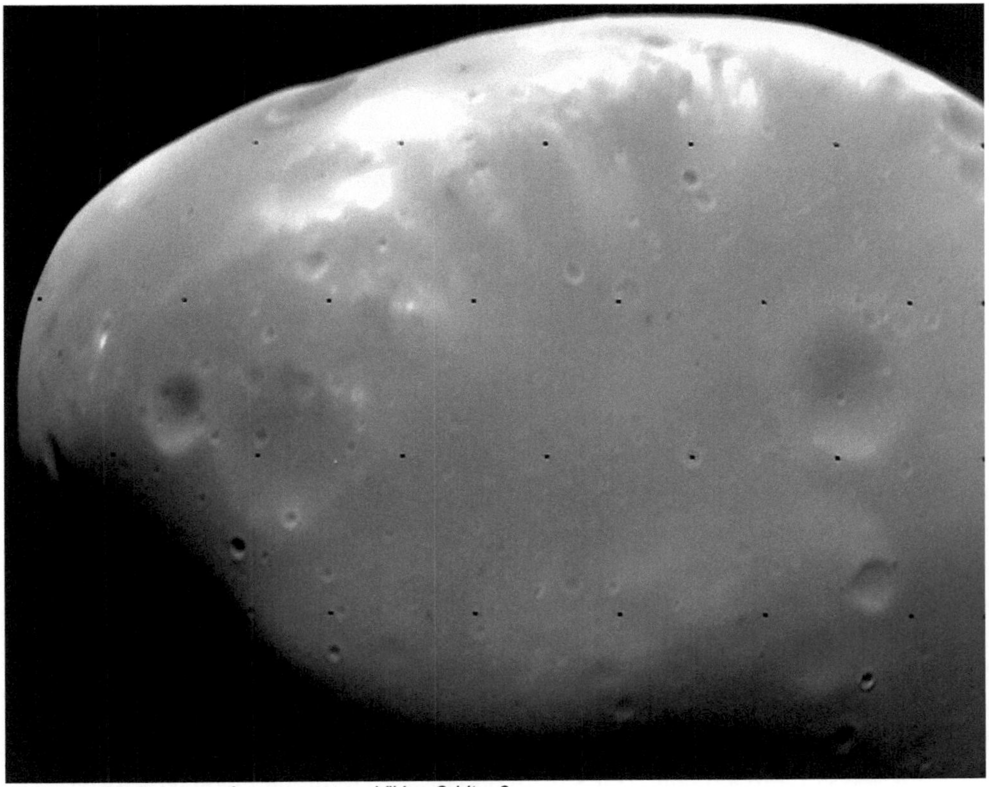

Abbildung 38: Deimos aufgenommen von Viking Orbiter 2

Abbildung 39: Detailausschnitt vom Viking 2 Landeplatz

Voyager

Die Wurzeln von Voyager gehen zurück bis in die Mitte der Sechziger Jahre. Damals studierte Gary Flandro beim JPL die Möglichkeiten des Swing-By. Dabei bemerkte Flandro, dass die äußeren Planeten Mitte der Achtziger Jahre alle in einem Sektor standen. Aufgrund der großen Gravitationskraft der Gasplaneten kann eine Raumsonde dann nacheinander alle äußeren Planeten passieren. Es gab neben den häufigen Zweiplanetenrouten auch zwei Routen, bei denen drei Planeten passiert wurden: Jupiter-Saturn-Pluto (optimaler Startzeitpunkt September 1977), Jupiter-Uranus-Neptun (November 1979) und eine Vierplanetenroute (Jupiter-Saturn-Uranus-Neptun, Start September 1977).

Nach der Veröffentlichung Flandros 1966 von begannen die Planungen für das **O**uter **P**lanets **G**rand **T**our **P**rojekt (OPGTP). OPGTP war ambitionierter als Viking. Zuerst plante man den Start mit einer Saturn V. Dabei sollte bei jedem Planeten ein Orbiter abgesetzt werden. Das erwies sich jedoch als zu teuer. Zudem wurde 1969 der Produktionstop der Saturn beschlossen. Etwas kleiner, aber immer noch ambitioniert, war das Konzept einer Vorbeiflugsonde, genannt TOPS (**T**hermoelectric **O**uter **P**lanets **S**pacecraft), mit völlig neu entwickelter Elektronik mit Selbstdiagnosefunktionen und mehrfacher Redundanz. TOPS hätte nur eine Titan IIIM Centaur erfordert. Die Titan IIIM war eine leistungsgesteigerte Version der Titan, die damals für das militärische MOL-Projekt vorgesehen war. TOPS hätte 660 bis 750 Millionen Dollar gekostet.

Doch bei dem sinkenden Raumfahrtbudget war auch TOPS nicht finanzierbar. So entstand das **M**ariner-**J**upiter-**S**aturn Projekt. MJS war, wie der Name andeutet, als Erweiterung des Mariner-Programms gedacht (Mariner 11/12). Es sollte nur noch 250 Millionen Dollar kosten. Die Kostenreduktion erfolgte durch Reduktion der Ansprüche. TOPS sollte über zwölf Jahre lang arbeiten. MJS nur über fünf. Das reduzierte die Anforderungen, vor allem an die Elektronik, enorm. So konnte man für einen Teil der Aufgaben einen modifizierten Viking-Bordcomputer übernehmen. Trotzdem war der Sprung enorm. Da das Aussehen der Raumfahrzeuge stark von den Mariner-Sonden abwich, wurden die Sonden vor dem Start in Voyager umbenannt, Sie sollten 115,2 kbit/s aus Jupiterentfernung zur Erde übertragen. Viking schaffte vom Mars, einem Bruchteil der Distanz, nur 16 kbit/s. Die hohe Datenrate war notwendig, weil Voyager nicht nur die Gasriesen untersuchte, sondern auch ihre Monde. Diese passierten die Sonden in wenigen Stunden. Es gab zwar ein Bandlaufwerk, doch es wurde nur genutzt, wenn es keinen Funkkontrakt gab. Die Bilder wurden meist in Echtzeit übertragen.

Um die Datenmenge zu verarbeiten, hatte Voyager nicht weniger als drei Computersysteme an Bord: Eines nahm Kommandos von der Erde entgegen und führte sie aus. Ein Zweites verarbeitete die Daten der Instrumente und formatierte sie in Standard-Datenformaten. Ein dritter Rechner war für die Feststellung der Lage und deren Korrektur sowie die Ausrichtung der Instrumente zuständig. Alle drei Computer waren doppelt vorhanden. Sicherheit gab es bei Voyager vor allem durch Redundanz. Soweit es ging, waren alle Systeme redundant vorhanden: Sender und Empfänger, Computer, Lageregelungstriebwerke. Wo dies nicht ging, gab es großzügige Reserven, so bei der Stromversorgung und Treibstoff: Obwohl für vier Jahre Betrieb ausgelegt, reichte die Stromversorgung noch für den wissenschaftlichen Betrieb bei Neptun. Selbst heute haben die Sonden immer noch die Hälfte ihrer Treibstoffvorräte.

Lange vor dem Start gab es Diskussionen über die besten Bahnen. Man hatte mehrere Tausend durchgerechnet und sich schließlich auf 32 Paare geeignet. Es gab viele Anforderungen. So die wissenschaftlichen Forderungen, die aber von jedem Team anders bewertet wurden: Ein Team, das die Magnetosphäre erforschte, war z. B. nicht an einer Passage von Monden interessiert. Dazu organisatorische Herausforderungen, denn die Sonden sollte nicht zeitgleich die Planeten erreichen, damit die Flugkontrolle sich jeweils einer widmen konnte.

Man einigte sich schließlich darauf, dass Voyager 1 Jupiter näher passieren würde. Das erlaubte einen nahen Vorbeiflug am Mond Io, erkauft mit einer höheren Strahlungsbelastung. Dadurch stärker beschleunigt, hat Voyager 1 bei Saturn schon einen Vorsprung von neun Monaten. Bei Saturn war der wichtigste Mond Titan. Es war schon bekannt, dass er eine Atmosphäre hatte. Titan sollte nahe passiert werden. Das würde Voyager 1 aber aus der Ekliptik heraus lenken. Ein weiterer Planet war danach nicht mehr erreichbar. Voyager 2 sollte bei Jupiter den Mond Europa nahe passieren. Die Vorbeiflugtrajektorie bei Saturn würde einen Weiterflug zu Uranus ermöglichen. Uranus und Neptun waren keine primären Missionsziele. Die Entscheidung zu Uranus zu fliegen, fiel erst, nachdem Voyager 1 Saturn passierte. Vorher diente Voyager 2 als Backup zu Voyager 1. Man konnte die Route noch Monate vor dem Vorbeiflug an Saturn an die von Voyager 1 anpassen. Uranus konnte dann Voyager 2 zu Neptun weiterleiten. Vor dem Start schätzte man die Wahrscheinlichkeit, dass Voyager 2 Uranus bzw. Neptun funktionsfähig erreicht, zu 65 beziehungsweise 40 Prozent ein.

Die Instrumente waren ausgelegt, eine Fülle von Phänomenen zu untersuchen. Es gab zwei Kameras: eine Weitwinkelkamera, die nur wenige Tage vor der Ankunft nutzbar war und die Telekamera mit der Optik der Mariner 10 Telekamera, aber leistungsfähigeren Vidicons. Es waren die letzten Vidicons, die bei Raumsonden eingesetzt wurden. Galileo (S. 185) als Nachfolgeprojekt setzte wesentlich lichtempfindlichere CCD ein. Mit mehreren Filtern, darunter auch im Methan- und Natriumabsorptionsbereich (für Titan- und Io-Aufnahmen) konnten Farbaufnahmen gemacht werden. Die Kameras befanden sich auf einer in zwei Achsen drehbaren Instrumentenplattform, die durch einen Ausleger über die 3,66 m große Antenne hinausragte. Auf der Plattform befand sich außerdem das Infrarotspektrometer, das in einem sehr breiten Wellenlängenbereich empfindlich war und das UV-Spektrometer, das angeregte Atome in der Ionosphäre nachwies. Das vierte Instrument auf der Plattform war das Photopolarimeter, das zu Helligkeitsmessungen und zur Bestimmung von Atmosphärenparametern genutzt wurde.

Während diese Experimente im Bereich des sichtbaren Lichts und den angrenzenden Wellenlängen arbeiteten, empfing das Plasmawellen- und Radiowellensubsystem mit zwei 10 m langen Peitschenantennen Radiowellen. Auf einem Ausleger befand sich das Magnetometer, das so vom Eigenmagnetfeld der Sonde abgeschirmt war.

Die dritte Gruppe von Experimenten detektierten geladene Teilchen wie Protonen und Elektronen, wie sie in den Strahlungsgürteln der Planeten vorkommen, und ermittelten ihre Energie und andere Eigenschaften.

Die Hauptantenne mit 3,66 m Durchmesser wurde so groß gefertigt wie nur möglich. Auf ihre Größe wurde die 4,28 m Nutzlastverkleidung der Titan 3E ausgelegt. Um zu Jupiter zu gelangen, wurde die Trägerrakete noch um eine vierte Stufe erweitert. Der Sender von Voyager wurde als weiteres Experiment genutzt, um die Masse von Monden durch Dopplerfrequenzverschiebung zu bestimmen, sowie die Dichte von Atmosphären und Ringen festzustellen. Dazu bekam er einen **u**ltra**s**tabilen **O**szillator (USO), der ein Trägersignal mit einer festen, sich kaum verändernden, Frequenz erzeugte. Selbst heute sind USO nicht viel leistungsfähiger als der von Voyager.

Voyager 2 startete vor Voyager 1, genau zwei Jahre nach Viking 1. Bald gab es Probleme an Bord. Zuerst stockte der Motor, der die Instrumentenplattform betrieb. Man nahm an, dass sich ein Fremdkörper im Getriebe befindet, und startete den Antrieb mehrfach, um ihn zu zerquetschen. Im April 1978 fiel der primäre Empfänger aus. Der sekundäre Empfänger hatte einen Defekt und konnte Kommandos von der Erde nur in einem eng begrenzten Frequenzintervall entziffern. Anfangs gab es deswegen zahlreiche Verbindungsabbrüche, mit steigernder Entfernung (die Frequenz ändert sich mit der Temperatur des Empfängers) entspannte sich dies aber.

Voyager 1, zwei Wochen später gestartet, überholte auf einer schnelleren Bahn am 19.12.1977 ihre Schwestersonde. Voyager 1 erreichte Jupiter daher vier Monate früher. Dadurch konnte Voyager 1 sein Messprogramm abschließen, bevor Voyager 2 die ersten Bilder anfertigte. Bei Jupiter und Saturn fanden die ersten Beobachtungen schon mehrere Monate vor dem Vorbeiflug statt. Mit den Beobachtungen begonnen wurde, wenn der Planet etwa 200 Pixel auf den Bildern der Telekamera einnahm. Die Aufnahmen wurden zu Zeitlupenfilmen kombiniert, welche die Bewegung von Wirbeln in der Atmosphäre zeigten.

Voyager 1 passierte Io in weniger als 20.000 km Entfernung und Kallisto in rund 60.000 km Entfernung. Sie fertigte von beiden Monden Mosaike an. Ganymed wurde in mittlerer Entfernung passiert. Von Europa gab es nur Aufnahmen aus der Ferne. Die Sonde entdeckte einen Schlauch aus Natriumionen, der von Io zu Jupiters Polen führte. Ebenso fand Voyager 1 eine heftige Interaktion des Mondes mit Jupiters Strahlungsgürtel. Auf der Nachtseite von Jupiter, die von der Erde aus unsichtbar ist, konnte man in den Wolken Blitze enormen Ausmaßes nachweisen. Daneben gab es viele neue Detailerkenntnisse über die Wolken, Atmosphäre und Strahlungsgürtel. Vor allem aber waren erstmals die Oberflächen der galileischen Monde bekannt.

Kallisto entpuppte sich als stark verkratert, mit einem Einschlagbecken, das Schockwellen durch die Eiskruste des Mondes getrieben hatte. Io war sehr glatt, strukturlos, ganz von gelblichen bis roten Flecken bedeckt, aus denen ab und an dunklere Gebilde herausragten. Um was es sich dabei handelte, wurde klar, als man Navigationsaufnahmen durchsah. Diese wurden angefertigt, um die Position der Sonde festzustellen. Dafür hatte man Io überbelichtet gegen den Sternenhimmel fotografiert. Auf einer der Aufnahmen sah man einen 200 km großen „Pickel", der sich als Auswurfwolke eines aktiven Vulkans entpuppte. Vulkane bedeckten die ganze Oberfläche. Die dunklen Flecke waren ihre Schlote. Ihr Auswurfmaterial überdeckte jedes andere Detail der Oberfläche. Io hatte einen flüssigen Kern und eine dünne Kruste. Auf einer Jupiteraufnahme bei der Passage der Äquatorebene sah man eine Linie, die man für einen Ring hielt. Daneben entdeckte Voyager 1 drei weitere planetennahe Kleinmonde. Das Messprogramm von Voyager 2 wurde nun angepasst. Sie sollte weitere Aufnahmen von Io machen, um die Vulkane zu studieren. Nachdem die Sonde hinter Jupiter war und dieser die Sonne bedeckte, sollte sie ein Mosaik anfertigen. Würde es einen Ring geben, so wäre er im Gegenlicht zu erkennen.

Tatsächlich konnte der Ring entdeckt werden. Auf Io konnte **Voyager 2** in nur vier Monaten Veränderungen ausmachen. Einige Vulkane waren neu ausgebrochen, andere inaktiv. Zudem hatten sich Oberflächenstrukturen verändert. Voyager 2 passierte Ganymed, bei dem man verschiedenfarbige „Kontinente" ausmachen konnte, verbunden mit Zonen, die von Grabenbrüchen durchsetzt waren. Die größte Überraschung war Europa. Schon auf den Aufnahmen von Voyager 1, aus großer Entfernung, konnte man keine Krater ausmachen. Der gesamte Mond war nahezu frei von Kratern. Stattdessen überzog ihn ein Netz von Linien. Diese interpretierte man als Eisgräben, die durch die Bewegung der Eiskruste auf einem Ozean entstand. Die Erklärung für das Aussehen aller vier Monde ist Jupiters gigantische Gravitationskraft. So wie der Mond auf der Erde die Gezeiten verursacht, so zieht Jupiter an seinen Monden. Io ist in etwa so weit von Jupiter entfernt wie der Erdmond von der Erde, doch Jupiter ist 318-mal schwerer als die Erde. Entsprechend reicht die Gezeitenkraft Jupiters aus, das gesamte Innere von Io flüssig zu halten. Bei Europa, weiter entfernt, genügt die Gezeitenkraft immerhin noch für einen flüssigen Ozean und bei Ganymed für Bewegungen der Kruste. Kallisto ist zu weit entfernt, als das Gezeitenkräfte ihn verändern könnten.

Zwischen den beiden Vorbeiflügen erschien der erste Star Trek-Film. Er handelte von einem Maschinenwesen, das um die Raumsonde Voyager 6 herumgebaut wurde. Was die Schauspieler nicht wussten: Das Modell, mit dem sie drehten, war weitestgehend flugtauglich. Es sollte 1979 auf eine Jupiter-Uranus-Neptun-Route starten, doch das JPL erhielt nicht die dafür notwendigen Mittel.

Bei Saturn hatte man die Monde zwischen beiden Sonden aufgeteilt. Voyager 1 würde Mimas, Rhea, Dione und Titan näher passieren, Voyager 2 Tethys, Enceladus, Hyperion, Iapetus und Phoebe. Der Vorbeiflug an Titan in einem Abstand 6.500 km war die nächste Annäherung an einen Mond im ganzen Programm. Leider waren die Aufnahmen der Kamera enttäuschend, da der gesamte Mond von einer mehrere Hundert Kilometer dicken Smogschicht umhüllt war. Dafür waren die Messungen der Spektrometer sehr aufschlussreich. Man entdeckte, dass die Wolken aus Methan und Ethan bestanden, mit Spuren höherer organischer Substanzen. Voyager 1 entdeckte Speichen in den Ringen des Saturn, die mit diesen rotierten. Daneben wurden zwei neue Ringe entdeckt, darunter den F-Ring, der aus drei verdrillten Ringen bestand. Er wurde von zwei Monden in Form gehalten, die sich innerhalb und außerhalb des F-Rings befanden. Weitere „Schäferhundmonde“ begrenzten andere Ringe.

Der Saturnmond Mimas hat einen Krater, der ein Drittel des Durchmessers ausmacht. Aufgrund seiner Ähnlichkeit mit dem Todesstern bekam er bald den Titel „Star Wars Mond“. Rhea hatte ein Grabensystem, das eine ganze Hälfte des Mondes durchzog. Dione enthüllte ein System von hellen Streifen, das sich auch über Krater erstreckt und daher jünger sein musste als diese. Alle diese Monde waren mit Kratern gesättigt.

Nach den Beobachtungen von Voyager 1 passte man bei Saturn das Messprogramm der Schwestersonde an. Die Sonde sollte den neu entdeckten Ring-Phänomenen, wie den Speichen, mehr Zeit widmen, und die Zahl der Einzelringe genauer bestimmen. Auf Voyager 1 Aufnahmen waren rund 100 Einzelringe erkennbar. Voyager 2 konnte durch eine günstigere Stellung zu den Ringen etwa 1.000 Einzelringe mit der Kamera aufnehmen. Das Photopolarimeter, das bei Voyager 1 ausgefallen war, beobachtete bei der Passage der Ringebene durch Voyager 2 einen Stern und maß das die Ringe passierende Licht: 100.000-mal fiel die Intensität ab, die dünnsten Ringe waren nur 100 m breit.

Kurz nach der Passage des saturnnächsten Punktes meldete der Bordcomputer einen Fehler in der Scanplattform. Sie ließ sich in einer Ebene nicht mehr bewegen. Man rief zuerst die Messdaten ab, die bei der Passage von Saturn auf Band aufgezeichnet wurden – sie waren größtenteils unbrauchbar. Aufnahmen der Monde zeigten nur das schwarze Weltall. Dann versuchte man die Plattform, erst langsam, dann schneller, zu bewegen und machte Probeaufnahmen. Wegen der Signallaufzeit von 3 Stunden zu Saturn und zurück dauerte es über drei Tage, bis Saturn wieder auf einem Bild zu sehen war. Voyager 2 war inzwischen schon 3,2 Millionen km von Saturn entfernt. Über den Rest des Programms bei Saturn betrieb man die Scanplattform nur noch mit reduzierter Geschwindigkeit.

Der Mond Enceladus war sehr glatt, mit nur wenigen Kratern. Er zeigte aber Rillen, vergleichbar mit dem Jupitermond Europa. Wie man heute weiß, hat auch Enceladus einen flüssigen Ozean unter der Kruste. Hyperion entpuppte sich als pockennarbiger, unregelmäßiger Asteroid mit schroffen Klippen. Bei Iapetus konnte man erdgebundene Beobachtungen bestätigen, dass der Mond mal hell und mal dunkel ist – eine Hälfte ist fast so hell wie Schnee, die andere so dunkel wie Kohlestaub.

Für Voyager 1 begann nach der Saturnpassage die Phase, in der die Sonde das interplanetare Medium untersuchte. Das UV-Spektrometer wurde für astronomische Untersuchungen genutzt. Vor allem war nun Voyager 1 zur Testsonde geworden: Kurz vor dem Saturnvorbeiflug hatte man die Flugbahn von Voyager 2 so angepasst, dass Saturn sie zu Uranus lenken würde. Es gab vier Jahre um Voyager 2 für Uranus „fit" zu machen. Alle Maßnahmen wurden zuerst an Voyager 1 erprobt.

Bei Uranus und Neptun gab es einige Herausforderungen. Eine war die Datenrate. Uranus ist doppelt so weit von der Erde entfernt wie Saturn. Die Datenrate würde auf ein Viertel des Wertes bei Saturn zurückgehen. Es wurden Antennen miteinander gekoppelt, um die Datenrate zu steigern. Zusätzlich entwickelte man ein Computerprogramm, das die Bilddaten reduzierte: Voyagers Bilder hatten 800 Zeilen zu je 800 Punkten. Jeder Helligkeitswert wurde in 8 Bit kodiert. Das neue Programm übertrug nur den ersten Wert in jeder Zeile mit 8 Bit. Die folgenden nur mit 3 Bits – dem Helligkeitsunterschied. Zudem wich man auf einen anderen Codierungsalgorithmus aus, der weniger Daten für die Fehlerkorrektur brauchte. Er war schon beim Start vorhanden, wurde aber, weil die Hardware nicht redundant vorhanden war, bisher nicht genutzt. Dadurch sank die effektive Übertragungszeit pro Bild von 533 auf 104 Sekunden. Bei Saturn waren es 114 Sekunden, bei Jupiter 48 Sekunden.

Doch Uranus war auch dunkler, da er weiter von der Sonne entfernt war. Man musste die Belichtungszeit erhöhen. Nahe des Planeten wären durch die Geschwindigkeit der Sonde die Bilder verschmiert. Schließlich waren Belichtungszeiten von 1 bis 2 s nötig. Als Kompensation drehte man Voyager 2, wofür man das Lageregelungssystem austricksen musste. Man gaukelte der Sonde den Drift eines Leitsterns vor. Diese Drift wurde kompensiert, indem der Computer für die Lageregelung die Lageregelungstriebwerke betätigte. Dazu kam ein ausgeklügelter Plan, wann und welches Instrument aktiv sein durfte, da der Strom nicht mehr für den simultanen Betrieb aller Experimente reichte.

Vor allem widmete man sich den existierenden Problemen: dem Sender-/Empfänger mit seiner eingeschränkten Bandbreite und der Scanplattform. Von der Scanplattform baute das JPL mehrere Modelle und versuchte mit Experimenten das Phänomen zu verstehen. Die Ursache konnte nicht gefunden werden. Man betrieb die Plattform als Folge nur mit niedriger Drehgeschwindigkeit. Vier Einsätze mit mittlerer Geschwindigkeit für wichtige Untersuchungen waren vorgesehen. Zusätzlich erhielt der Bordcomputer ein Notprogramm, das bei einem erneuten Stoppen die ganze Sonde schwenken würde. Alle Verfahren wurden zuerst an Voyager 1 erprobt. Deutlich zeigte sich der Vorteil eines programmierbaren Bordcomputers – mit einem Sequenzer wären diese Maßnahmen nicht möglich gewesen. „Die Voyager-Sonde, die Uranus erreicht, ist nicht dieselbe, welche die Erde verlassen hat", fasste der Projektmanager die Änderungen zusammen.

Sechs Tage vor dem Vorbeiflug gab es Probleme: Die Bilder wurden von schwarzen und weißen Streifen durchzogen. Man rief den Inhalt des Bordcomputers ab und stellte fest, dass ein Bit umgekippt war. Daraufhin sperrte man das Modul, in dem der Fehler lag und schrieb das Programm so um, dass es diesen Speicherbereich nicht mehr benutzte. Am nächsten Tag gab es wieder Bilder von Uranus ohne Streifen.

Uranus war, was die Aufnahmen anging, trotzdem ein Reinfall. Wie bei Titan waren die Wolken von einer Smogschicht bedeckt, die Voyagers Kameras nicht durchdringen konnten. Dafür hätten sie im Infraroten Bereich empfindlich sein müssen. In diesem Wellenlängenbereich hätte man durch die Smogschicht auf die Wolken sehen können. Auch von den Monden gab es nur wenige und meist unscharfe Bilder. Das lag daran, dass Uranus Rotationsachse um 98 Grad zur Ekliptik geneigt ist – die Pole liegen in der Ekliptik und die Monde rotieren senkrecht dazu. Damit erreichte Voyager 2 fast zeitgleich die Minimalabstände, anstatt die Monde nacheinander zu passieren. Noch schlimmer: Voyager 2 konnte nur an einem Mond nahe vorbeifliegen. Die anderen waren weit entfernt. Aufgrund der Bahn war dies der kleinste der bekannten fünf Monde: Miranda. Er entpuppte sich aber als äußerst interessant. Die Aufnahmen zeigen einen unregelmäßigen Himmelskörper, der aus verschiedenen Landschaften zusammengesetzt scheint. Am Rand von Miranda konnte man über 10 km hohe Klippen ausmachen. Große Gräben fand man auch auf Ariel, dem nächstäußeren Mond.

Wie bei Saturn entdeckte Voyager zehn weitere Monde, die den Planeten nahe der Oberfläche umkreisten. Die Ringe, die man erst nach dem Start von Voyager entdeckte, konnte die Sonde nur im Gegenlicht nach der Passage aufnehmen, so dunkel waren die Ringe. Auch die anderen Experimente lieferten neue Erkenntnisse. So hatte Uranus ein Quadrupol-Magnetfeld, das noch dazu stark zur Rotationsachse geneigt war.

Neptun war das letzte Ziel von Voyager 2. Auch beim letzten Gasriesen fiel die endgültige Entscheidung, zu Neptun zu fliegen, erst wenige Monate vor der Begegnung mit Uranus. Bei Neptun kamen die Tricks zum Einsatz, die man schon bei Uranus einsetzte. Sie waren sogar noch ein bisschen ausgefeilter. Erfahrungen lagen nun ja vor. Man vergrößerte den Durchmesser der größten Antennen des Deep Space Network von 64 auf 70 m. Erstmals war die Route frei wählbar, da kein weiterer Planet passiert werden sollte. Es begannen heftige Diskussionen über die Bahn. Atmosphärenforscher wollten eine Passage nahe an Neptun. Er würde Voyager so stark umlenken, dass man noch nach der Passage Teile des Planeten fotografieren konnte. Magnetosphärenwissenschaftler wollten eine möglichst große Distanz, damit die Sonde möglichst lange in der Magnetosphäre blieb. Die Mondexperten waren für eine mittlere Distanz, die es ermöglichen würde, den einzigen großen Neptunmond Triton zu erreichen. Dazu kam, dass die Forscher auch um Neptun Ringe vermuteten. Allerdings hatte man diese nicht nachweisen können. Sternbedeckungen gaben aber Hinweise, wo sie liegen könnten.

Schließlich entschloss man sich für einen Kompromiss. Voyager 2 würde Neptun in 5.000 km Entfernung passieren. Das war sicher außerhalb der Zone, in der die Wissenschaftler die Ringe vermuteten. Triton würde man so in 40.000 km Distanz passieren, eine nahe, doch nicht ganz nahe Begegnung mit dem Mond.

Anders als bei Uranus, zeigten schon die ersten Aufnahmen Details des Planeten. Neptun hatte einen großen Wirbelsturm, im Verhältnis zur Größe des Planeten noch größer als der große rote Fleck des Jupiters. Bänder und sogar Cirruswolken über der eigentlichen Wolkenschicht waren beobachtbar. Langzeitbelichtungen zeigten dann auch die Ringe – genauer gesagt „Ringlets", denn sie waren nicht geschlossen. Damit waren die widersprüchlichen Beobachtungen erklärt. Wie bei den anderen Planeten wurden auch bei Neptun neue Monde entdeckt. Vor allem aber lohnte sich der Besuch von Triton. Er hatte mehrere verschiedene geologische Regionen, eine mit einer granulären Struktur wie bei Cataloupe-Melonen. Andere Regionen waren von weißen und dunklen Streifen durchzogen. Es gab nur wenige Krater. Schließlich konnte man auf kontrastverstärkten Fotos aktive Geysire ausmachen. Sie spuckten Stickstoff mit Spuren von Kohlenwasserstoffen aus. Der Stickstoff gefror zu Eis und bildete einen weißen Schweif. Spuckten die Geysire Kohlenwasserstoffe, so wurden diese von der UV-Strahlung der Sonne geschwärzt. Die dunklen Streifen entstehen.

1990 stand die Auflösung des wissenschaftlichen Teams an. Vorher waren rund 400 Personen permanent mit dem Projekt verknüpft. Alleine deswegen kostete die Mission 30 Millionen Dollar pro Jahr. Man nutzte dies für ein letztes Mosaik, dass Voyager 1 aufnahm, da sie weiter von der Sonne entfernt war. Voyager schwenkte über das Sonnensystem, so dass die Bildsequenz alle großen Planeten aufnahm. Da die Gefahr bestand, dass die Sonne die Kameras erblinden ließ, war dies erst jetzt möglich. Die Erde war aus dieser Entfernung nur noch ein Punkt. Ziel des Mosaiks war es, den Menschen zu vermitteln, dass unser Erde nur ein kleiner Punkt im Universum ist. Aber es ist der einzige Ort, auf dem wir leben können. Daher sollten wir behutsam mit der Erde umgehen, so Carl Sagan, der diese Idee hatte und durchsetzte. Obwohl die Voyagers schon 12 Jahre arbeiteten, dreimal länger als geplant, ging die Mission noch weiter.

Nun wurden alle Experimente bis auf die Teilchen-, Wellen- und Magnetfeldexperimente abgeschaltet. Mit einem reduzierten Budget betreut seitdem ein Team von 20 Personen Voyager. Nur kurzzeitig werden die Daten abgefragt. Am 17.2.1998 überholte Voyager 1 den bisherigen Entfernungsrekordhalter Pioneer 10. Die Sonde ist die schnellste und am weitesten von der Erde entfernte Raumsonde. Auch New Horizons wird sie nicht überholen. Voyager 2 ist seit dem 13.8.2012 die am längsten aktive Raumsonde. An dem Tag überholte sie Pioneer 6. Sie kann nur von Voyager 1 überholt werden, deren RTG etwas mehr Leistung abgeben, als die von Voyager 2, sodass man bei Voyager 2 zuerst das letzte Experiment abschalten muss.

Limitierend für den Betrieb der Sonden ist der Strom. 2008 wurde bei beiden Sonden das PRA abgeschaltet. Nach 2011 gab es erste Einschränkungen des Betriebs der Instrumente. 2016/18 reicht der Strom nicht mehr für den gleichzeitigen Betrieb aller Experimente aus. 2016 wurde das UVS von Voyager 1 abgeschaltet, bei Voyager 2 schon 1998. Bei Drucklegung waren noch LEPS, MAG, PWS, CRS und PLS (nur Voyager 2, bei Voyager 1 wegen zu niedriger Empfindlichkeit abgeschaltet) aktiv. Ab 2020/21 muss man weitere Experimente abschalten. Nach 2025 wird man kein Experiment mehr betreiben können. Dann endet der Datenfluss und wahrscheinlich auch der Support seitens der NASA. Das sind fast 50 Jahre wissenschaftlicher Betrieb. Das unterscheidet die Voyagers von anderen Rekordhaltern, wie Pioneer 6 oder 11, von denen man in den letzten Jahrzehnten keine Daten mehr abrief. Verfolgt werden können die Sonden mit den kleineren Antennen des DSN mindestens bis 2036.

Ziel von Voyager ist es, die Grenze des Sonnensystems zu überqueren. Sie ist definiert, als die Region, in der der Sonnenwind so dünn ist, dass das interstellare Medium überwiegt. An dieser Grenze, der Heliopause, wird der Sonnenwind abgebremst. Erste Echos von Sonnenstürmen, die diese Grenze erreichen, empfing Voyager 1 (die weiter von der Sonne entfernt ist) zwischen August 2002 und Februar 2003. 2007 empfing auch Voyager 2 die Signale. Ende 2004 erreichte Voyager 1 eine Zwischenzone, in der sich beide Regionen vermischen. Voyager 2 folgte 2008.

Ob beide Sonden das interstellare Medium mit aktiven Experimenten erreichen, ist offen. Die Zwischenzone begann in rund 100-facher Entfernung der Erde von der Sonne. Die Grenze zum interstellaren Medium wird in 150 AE Entfernung vermutet, eine Distanz die Voyager 1 um 2020 erreichen wird. Voyager 2 wird auch bis 2025 nicht in diese Distanz vordringen.

Wie Pioneer 10/11 hat auch Voyager ein Geschenk an die Außerirdischen an Bord: Eine vergoldete Schallplatte samt Anleitung, wie man einen Schallplattenspieler baut (auf der Rückseite). Auf ihr befinden sich 35 natürliche und technische Geräusche, Grüße in 55 Sprachen, darunter Deutsch, 27 Musikstücke und 16 S/W-Bilder (512 × 512 Pixel). Aufgrund des Zerfalls eines aus reinen U-238 bestehenden Pellets können Aliens den Startzeitpunkt ermitteln. Wie die Plakette von Pioneer 10 und 11 machte diese Schallplatte zeitweise mehr Schlagzeilen als die Mission selbst.

Datenblatt Voyager	
Start:	20.8.1977: Voyager 2 mit Titan 3E Centaur (23E-7/TC-7) 5.9.1977: Voyager 1 mit Titan 3E Centaur (23E-6/TC-6)
Missionsende:	Etwa 2025
Mission:	5.3.1979: Jupitervorbeiflug von Voyager 1 in 278.000 km Entfernung. 9.7.1979: Jupitervorbeiflug von Voyager 2 in 643.000 km Entfernung 12.11.1980: Saturnvobeiflug von Voyager 1 in 101.300 km Entfernung. 26.8.1981: Saturnvobeiflug von Voyager 2 in 124.420 km Entfernung. 24.1.1986: Uranusvorbeiflug von Voyager 2 in 81.155 km Entfernung. 25.8.1989: Neptunvorbeiflug von Voyager 2 in 4.824 km Entfernung. Interstellare Mission seit 1990.
Gewicht:	825 kg Startmasse, 720 kg Trockenmasse
Instrumente:	11 Experimente im Gesamtgewicht von 105 kg: • ISS: Kamerasystem aus einer Telekamera (Blickfeld 0,424 Grad, Brennweite 1.500 mm) und Weitwinkelkamera (3,169 Grad, 202 mm). Jeweils 800 × 800 Pixeln mit 8 Bit für die Helligkeit pro Pixel. Empfindlich zwischen 320 und 620 nm Wellenlänge, acht Farbfilter. Gewicht 38,2 kg • IRIS: Infrarot-Spektrometer-Radiometer: IR-Spektrum zwischen 2,5 und 50 µm Wellenlänge, 96 nm spektrale Auflösung. 0,25 Grad räumliche Auflösung. Radiometer empfindlich zischen 0,33 und 2 µm. Gewicht 19,47 kg • PPS: Photopolarimeter. Empfindlich zwischen 235 und 750 nm. Gesichtsfeld 1,2 bis 8 Grad. Gewicht 2,55 kg. • UVS: UV-Spektrometer, empfindlich zwischen 40 und 160 nm. Gewicht 4,5 kg. • CRS: Detektor für Elektronen, Protonen und schwere Atomkerne verschiedener Energie. 1,8 bis 110 MeV/Nucleon in drei Detektoren. Eingesetzt wurden Oberflächenbarrierensensoren. Gewicht 7,5 kg. • PLS: Plasmaspektrometer: Registrierung Elektronen niedriger Energie. Bereich 4 – 10 keV. Gewicht 7,7 kg. • LECP: Spektrometer für Teilchen geringer Energie. 10EV bis 11 MeV für Elektronen, 15 keV bis 150 MeV für Protonen, 45 Grad Gesichtsfeld aus einem 360-Grad-Kreis, bis maximal 10^{12} Teilchen/s. Gewicht 7,5 kg • PWS: Plasmawellenempfänger. Empfänger für Plasma-Radiowellen mit einer Frequenz von 10 Hz bis 56,2 kHz. Gewicht 1,4 kg. • CRS: Empfänger für kosmische Radiowellen von 20 kHz bis 40 MHz. Gewicht 7,5 kg • MAG: zwei Magnetometer mit Messobergrenzen von 0,01 nT und 0,002 Tesla. Auflösung 0.002 und 0.0006 nT. Gewicht 5,6 kg • RSS: Nutzung des X- und S-Band Senders zur Durchleuchtung von Atmosphären und Ringen sowie zur Massebestimmung über Doppelmessungen.
Ergebnisse:	Die Ergebnisse der Voyager Sonden sind im Einzelnen in einem Datenblatt kaum darzustellen. Sie revolutionierten die Vorstellung über das äußere Sonnensystem. Das meiste was man heute über Uranus und Neptun weiß, stammt von Voyager 2.
Bilder:	17.477 und 13.350 von Jupiter (Voyager 1/2) 17.050 und 11.010 von Saturn (Voyager 1/2) 6.538 von Uranus, 9.840 von Neptun
Kosten:	Bis zum Start: 486,6 Millionen Dollar. Davon 346 Millionen Dollar Raumsonden, 104 Millionen Dollar Start, 32 Millionen Dollar Missionsdurchführung. Bis zum Ende der erweiterten Mission (1990): 865 Millionen Dollar. Seitdem 4,7 Millionen Dollar/Jahr

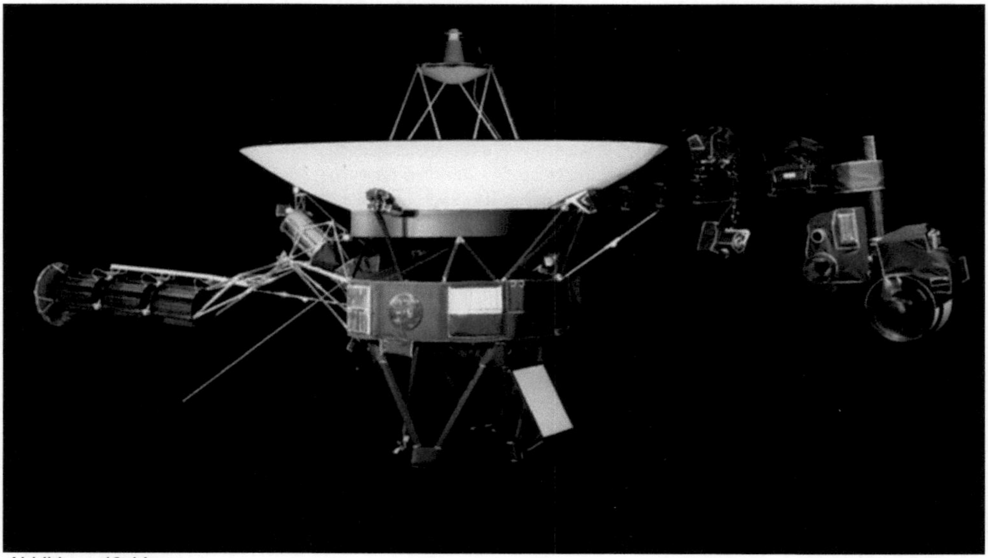

Abbildung 40: Voyager

Abbildung 41: Original Saturnaufnahme von Voyager 2

Abbildung 42: Jupiter Fotomosaik von Voyager © des Mosaiks: Planetary Society

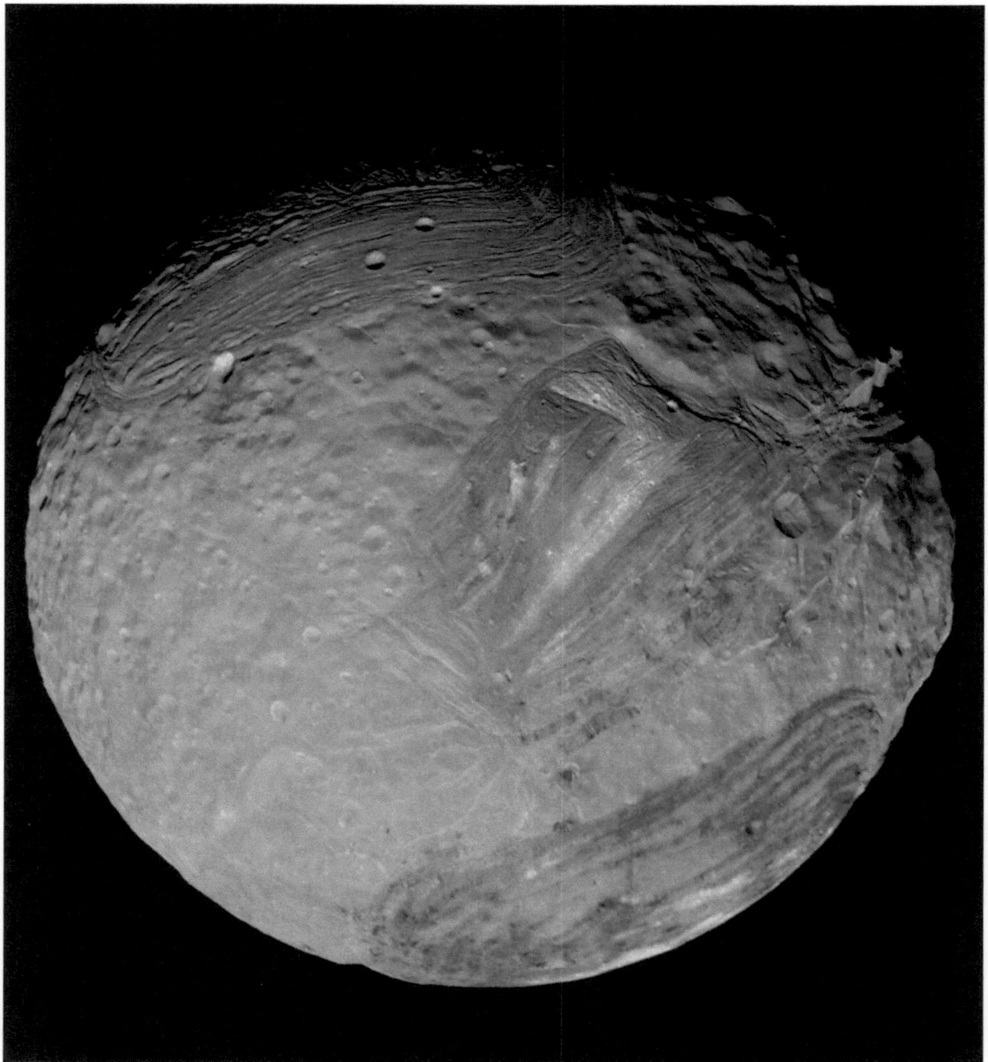

Abbildung 43: Globales Mosaik von Miranda aus Voyager 2 Aufnahmen © Ted Stryker

Abbildung 44: Fotomosaik von Neptuns Mond Triton durch Voyager 2

Pioneer Venus

Ideen für Venus-Atmosphärenkapseln gab es in den USA seit Ende der Sechziger Jahre. Nachdem Venera 7 (S. 248) Bodentemperatur und Druck ermittelt hatte, war eine technische Umsetzung möglich. Das Programm wurde schon am Anfang gekürzt von zwei Sonden mit Kapseln und zwei Orbitern auf je einen Orbiter und einen Bus mit Kapseln. Es war von Anfang an eine Sonde des Pioneer-Programms, also deutlich preiswerter als Mariner. Auch das wissenschaftliche Ziel war weniger ambitioniert.

Im Juli 1971 startete die Vorentwicklung und am 2.10.1972 bekam Hughes den Auftrag für den Bau der Sonden. Das war überraschend, denn seit Pioneer 5 wurden alle Pioneer-Sonden von TRW gebaut. Doch Hughes verwandte zum einen viele Komponenten aus anderen Satelliten, so den Zentralkörper aus der Intelsat-Serie. Zum anderen setzte Hughes denselben Bus für beide Sonden ein. Als der Kongress keine Mittel für das Finanzjahr 1974 genehmigte, rutschte der Start von 1976/77 auf 1978.

Das Ames-Zentrum würde die Kapseln betreuen, da man dort die Kapsel entwickelt und getestet hatte. Vorgeschlagen wurde die Mission vom Goddard-Zentrum. Die Fallschirme machten bei den Tests Probleme, da eine Isolierung aus Fiberglas beim Entfalten mit den Schirmen kollidierte. Ansonsten verlief die Entwicklung reibungslos.

Beide Raumsonden bestanden aus einem gemeinsamen Bus. Es war ein rotierender Zylinder, der Mantel war mit Solarzellen bedeckt. Der Orbiter hatte zusätzlich noch ein Feststofftriebwerk zum Abbremsen in den Venusorbit. Für weitere Bahnänderungen gab es einen kleinen Vorrat an Hydrazin.

Auf dem Bus (Pioneer Venus 2) waren bei der „Multiprobe" vier Kapseln montiert. Eine große und drei kleine. Zwei große waren aus räumlichen Gründen nicht möglich. Die große Kapsel saß in der Mitte und die drei kleineren außen, jeweils im 120-Grad-Winkel. So gab es keine Unwucht, wenn der Bus mit bis zu 45 U/Min rotierte.

Die drei kleineren Kapseln wurden am 16.11.1978 simultan in 13 Millionen km Entfernung von der Venus abgetrennt. Bedingt durch die Rotation erhielten sie eine Bewegung weg vom Zentrum des Flugpfads. Beschleunigt wurden sie durch Federn. Die geringe Beschleunigung, die sie dabei erhielten, erhöhte über drei Wochen die Distanz zum Bus. Die große Sonde wurde am 20.11.1978 abgetrennt. Der Bus folgte ihr und verglühte in der Atmosphäre. Zwei Experimente machten in den letzten Minuten noch Messungen in der Hochatmosphäre.

Die Vorgehensweise war einfacher als bei Venera 11 und 12, wo der Bus nach der Abtrennung noch ein Ausweichmanöver durchführte. Die Kapseln waren durch die Rotation des Busses vor der Abtrennung stabilisiert. Damit es eine genügend große Distanz zum Bus gab, mussten die kleinen Kapseln fast einen Monat vor der Landung abgetrennt werden. Je eine Sonde sollte auf der Nord- und Südseite (große Kapsel) landen, eine auf der Tagseite und eine auf der Nachtseite. Die Daten wurden direkt zur Erde übertragen.

Der Bus hatte nur zwei Instrumente. Ein Massenspektrometer für Atome und Radikale von der Universität von Bonn. Es war das erste Nicht-US-Experiment auf einer NASA-Sonde. Dazu kam ein Massenspektrometer zur Detektion von Ionen, entwickelt aus einem Instrument der OGO-Satelliten. Sie lieferten nur 63 s lang Daten. In 165 km Entfernung war die Atmosphäre dicht genug, dass die Instrumente arbeiten konnten. In 110 km Höhe verglühte der Bus.

Die Landesonden bestanden aus einem kegelförmigen Hitzeschutzschild und einer sphärischen Druckkapsel aus Titan. Sie war unter Druck gesetzt und druckdicht bis 95 Bar. Instrumente, die nach außen schauten, taten dies durch Diamant bzw. Saphirfenster. Für Umgebungssensoren gab es isolierte Öffnungen, die außen von Türen abgeschlossen waren, die erst nach Erreichen der Wolken abgesprengt wurden. Die kleinen Kapseln hatten nur wenige Experimente: Ein Instrumentenpaket aus Beschleunigungsmessern, Druck- und Temperatursensoren lieferte Daten über Druck, Temperatur und Dichte der Atmosphäre sowie die Fallgeschwindigkeit. Ein Nephelometer bestimmte die Größe von Aerosolen. Aus ihnen besteht die fast 20 km dicke Wolkenschicht. Ein Radiometer bestimmte, wie viel Energie der Sonneneinstrahlung in jeder Höhe absorbiert wurde. Das ermöglichte Rückschlüsse über den Strahlungshaushalt der Venus. Andere Experimente nutzten die Sender der Sonde als Instrument. Mit ihnen konnte man die Position und Geschwindigkeit genau ermitteln und damit die Windgeschwindigkeit, Streueigenschaften des Bodens, Dichtevariationen der Atmosphäre und atmosphärische Turbulenzen bestimmen.

Die große Probe enthielt zusätzlich einen Gaschromatograph und ein Massenspektrometer. Beide analysierten die Atmosphäre beim Abstieg. Das Massenspektrometer konnte zudem die Isotopenverhältnisse bestimmen. Für das Massenspektrometer war eine konstruktive Herausforderung, dass Massenspektrometer nur in einem Fast-Vakuum arbeiten. Man musste also eine Probe bei bis zu 90 Bar Außendruck evakuieren. Das Massenspektrometer war das erste Gerät an Bord einer Raumsonde, das einen Mikroprozessor einsetzte. Es wurde von einem Intel 4004, dem ersten 4-Bit-Mikroprozessor gesteuert.

Ein Laser wurde nach außen geschickt und aus dem zurückgestreuten Licht die Größe von Aerosolen bestimmt. Das Radiometer war gegenüber dem Instrument der kleinen Sonden leistungsfähiger. Dazu kamen die Experimente der kleinen Sonden.

Alle Sonden sandten mit 10 Watt je nach Höhe 16 oder 64 Bit/s zur Erde. Die große Sonde kombinierte vier Sender und kam so auf die vierfache Datenrate. Die Sonden sollten nur die Atmosphäre untersuchen und waren nicht für eine Landung ausgelegt. Sie landeten mit 36 km/h, einer relativ hohe Landegeschwindigkeit. Das entsprach auf der Erde einem Fall aus 5 m Höhe. Die kleinen Sonden hatten keine Fallschirme, weil man nach den Veneradaten davon ausging, dass sie auch ohne Fallschirm nicht zu schnell fallen würden. Die große Sonde hatte einen Fallschirm, um die Verweildauer in der Wolkenschicht zu verlängern.

Die Steuerung erfolgte durch ein fest vorgegebenes Programm über einen Zeitgeber, der bei der Abtrennung aktiv wurde. Drei Stunden vor dem Eintritt weckte er die Sonden, die dann Gewichte an Schnüren abtrennten. Diese reduzierten die Rotation von 45 auf 17 U/Min. Zwischen 17 und 22 Minuten vor dem Eintritt wurden die Sender aktiviert. Sobald die Abbremsung durch die Atmosphäre registriert wurde, speicherten die Kapseln für etwa 5 Minuten Daten, die sie später übertrugen. Bedingt durch die spitzkegelige Form des Hitzeschutzschildes wurden sie schnell abgebremst: in 38 Sekunden von 11 km/s auf unter 300 m/s. Zwischen 72 und 65 km Höhe wurden die Instrumentenabdeckungen abgeworfen und die Experimente begannen, Daten zu sammeln.

In 66 km Höhe wurde der Fallschirm der Hauptsonde entfaltet, 17 Minuten später, in 47 km Höhe, wurde er abgeworfen. Dabei wurde auch der Hitzeschutzschild abgetrennt. Bei den kleinen Sonden verblieb er an den Kapseln. Alle Sonden fielen danach nur durch die Atmosphäre gebremst. Die gesamte Messphase dauerte zwischen 52 und 55 Minuten.

Die Innentemperatur stieg beim Abstieg auf 47 °C. Die Nachtsonde übertrug noch 2 Sekunden nach der Landung Daten, die Tagsonde sogar 67 Minuten. Dabei stieg die Innentemperatur von 47 °C bei der Landung auf 126 °C. Dadurch fiel die Batterie aus. Als Besonderheit fielen in 12 bis 14 km Höhe bei allen Sonden die Radiometer aus und es gab Störungen bei anderen Experimenten. Man führte dies auf eine Entladung mit statischer Elektrizität zurück. Einen ähnlichen Effekt beobachtete man auch bei Venera und Vega. Das Massenspektrometer fiel bei der großen Sonde in 50 km Höhe aus, da Aerosole den Eingang verstopften. In 28 km Höhe waren sie verdampft und das Instrument arbeitete wieder.

Der Bus verglühte eine halbe Stunde nach der Landung der letzten Sonde in der Atmosphäre.

Der Orbiter (Pioneer Venus 1) bestand wie der Bus von Pioneer Venus 2 aus einem halben Intelsat IV-Bus. Er rotierte langsamer als der Bus der Schwestersonde mit maximal 5 U/Min, da sich an der Außenseite die Experimente befanden und diese sonst zu wenig Zeit für Messungen hatten. Ein Star-24-Feststoffmotor bremste die Sonde um 1.060 m/s ab. Nach Einschwenken in den Orbit wurde die Bahn mit Hydrazin aus zwei Tanks fein justiert. Hydrazin diente auch zur Lageregelung und Änderung der Rotationsrate. In der Mitte wurde die Hochgewinnantenne mit einem Motor gegen die Rotationsrichtung gedreht, sodass sie immer zur Erde zeigte. Die Datenrate betrug maximal 2.048 Bit/s. Ein weiterer X-Band-Sender wurde nur für atmosphärische Sondierungen, aber nicht zur Datenübertragung genutzt.

Die elf Experimente befanden sich an der Außenseite des Zylindermantels. Vier Experimente bestimmten die Eigenschaften von Teilchen, vor allem Elektronen. Darunter war eines der deutschen Frauenhofer-Gesellschaft. Zwei Massenspektrometer untersuchten die Ionen und Atome der Hochatmosphäre, wenn der Orbiter seinen venusnächsten Punkt durchlief. Eine Antenne empfing Plasmawellen, ein Gammastrahlendetektor suchte nach Ausbrüchen extragalaktischer Quellen. Ein UV-Spektrometer untersuchte die Ionosphäre, ein Photoplarimeter (weiterentwickelt aus dem Pioneer 10/11 Instrument S. 120) konnte Bilder aus einzelnen Punkten erstellen. Ein Infrarotradiometer maß die Temperaturen der Wolkenoberfläche.

Das wichtigste Experiment war das Radargerät. Eine nur 38 cm große Radarantenne sandte Impulse zur Venus und empfing das Echo. Bedingt durch die kleine Antenne war die Auflösung gering. Sie betrug nur 16 × 20 km im venusnächsten Punkt. Das war schlechter als die besten Aufnahmen irdischer Radarantennen (10 bis 16 km). Aber diese gab es nur von Teilen der Oberfläche. Pioneer Venus konnte fast die gesamte Oberfläche erfassen. Bedingt durch die elliptische Umlaufbahn sank die Auflösung auf 75 × 100 km zu den Polen hin ab.

Pioneer Venus Orbiter startete drei Monate vor dem Bus mit den Kapseln, kam aber erst einige Tage vor diesen an. Der Grund war, dass er sich zuerst von der Venus entfernte. Die Bahn war vorgegeben, weil man durch den feststehenden Impuls des Feststoffantriebs diesen bei einer definierten Geschwindigkeit; an einem definierten Punkt relativ zur Venus zünden musste.

Der Feststoffantrieb brachte die Sonde in eine Umlaufbahn, die nur geringe Abweichungen zu den Vorgaben hatte. Wenige Tage nach Erreichen der ersten Umlaufbahn wurde der venusnächste Punkt abgesenkt, um die Periode auf 24 Stunden zu erhöhen. Pioneer Venus 1 machte rund um den venusnächsten Punkt Beobachtungen und übertrug diese nahe der Apoapsis zur Erde. Durch die Umlaufdauer von 24 Stunden war der Zeitpunkt immer derselbe. 4 Stunden entfielen auf die Messphase. Eine Ausnahme war das Photometer, das Bilder anfertigte. Da Pioneer Venus 1 langsam rotierte, brauchte das Instrument Stunden für ein Bild. Damit sich die Größe der Venus nicht stark ändert, war es nur um den venusfernsten Punkt aktiv. Das Infrarotradiometer fiel nach 70 Tagen aus. Im Radargerät gab es immer wieder Störungen. Während der Primärmission, die bis zum Juli 1980 dauerte, hielt man den venusnächsten Punkt in einer Entfernung von 153 bis 253 km zur Oberfläche.

Das verbrauchte aber Treibstoff. Die Sonne stört den Orbit. Der venusnächste Punkt stieg erst an, dann sank er wieder ab. Nach dem Ende der Primärmission gab man die Bahnkorrekturen auf, wodurch man zuerst das Radargerät am 31.3.1981 deaktivieren musste, weil die Distanz für den Empfang der Echos zu groß war. Bis 1986 stieg der venusnächste Punkt der Bahn auf 2.290 km und sank dann wieder. Im April 1991 konnte man die meisten Experimente wieder aktivieren, als die Distanz 1.000 km unterschritt.

Diese Daten ergänzten die schon gewonnen, da sie in einem anderen Sonnenzyklus gewonnen wurden. Im Mai 1992 erreichte der venusnächste Punkt 150 km Höhe. Nun wurde mit dem verbliebenen Treibstoff erneut die Bahn angehoben. Nach sechs dieser Manöver war der letzte Treibstoff verbraucht und die Bahn sank unaufhaltsam ab. Am 8.10.1992 verglühte Pioneer Venus Orbiter nach 14 Jahren im Venusorbit.

Die Hinterlassenschaft der Landesonden sind ergänzende Messungen zu den Veneras. Es gab 1978 einen Datenaustausch zwischen Russland und den USA. Venera 11/12 (S. 317) und Pioneer Venus lieferten ähnliche Ergebnisse. Besonders wertvoll waren die Messungen der Isotopenverhältnisse mit dem Massenspektrometer. So entspricht das Verhältnis der Argonisotope eher dem der Sonne als der Erde, was auf eine geringe geologische Aktivität hinweist.

Der Orbiter entdeckte zeitliche Variationen der Schwefeldioxidkonzentration in der Venusatmosphäre. Aus diesem Gas bestehen die Tröpfchen der Wolken. Man nimmt an, dass es von Vulkanausbrüchen stammt. Leider fiel das Radiometer, das aktive Vulkane als heiße Punkte nachweisen konnte, bald aus. Die Radarkarte deckte 93 Prozent der Oberfläche zwischen 73 Grad Nord und 63 Grad Süd ab. Die Auflösung betrug am Äquator 16 bis 20 km, nahm aber zu den Polen hin auf 75 km ab. Die Höhenauflösung betrug 100 m. Ein Ergebnis war, dass die Venus kein ausgeprägtes Höhenprofil hat. Es gibt nur zwei Regionen, die sich stark vom mittleren Radius abheben: im Norden die Ischtar-Hochebene und im Süden das Aphrodite-Land. Die Auflösung des RADAR war aber zu gering, um die meisten geologischen Strukturen zu erkennen.

Das UV-Spektrometer untersuchte bei nahen Passagen zwischen 1984 und 1987 fünf Kometen und ermittelte, dass Halley 40 t Wasser pro Sekunde bei der Passage des Perihels verlor. Giotto ermittelte einen Monat später einen Wasserverlust von 18 t/s.

Mit den beiden Pioneer Venus wurde das Pioneer-Programm würdevoll abgeschlossen. Für rund 200 Millionen Dollar bekam man Daten von der Venusatmosphäre, eine grobe Radarkarte der ganzen Oberfläche und Beobachtungen der Veränderung der Wolkenzusammensetzung über ein Jahrzehnt.

Datenblatt Pioneer Venus	
Start:	20.5.1978: Start von Pioneer Venus 1 mit Atlas SLV-3D Centaur AC-50 8.8.1978: Start von Pioneer Venus 2 mit Atlas SLV-3D Centaur AC-51
Ankunft:	4.12.1978: Pioneer Venus Orbiter schwenkt in einen 378 × 66.000 × 105 Grad Orbit ein. 9.12.1978: Pioneer Venus 2 tritt in die Venusatmosphäre ein. Landekoordinaten: große Sonde: 4,4 Grad Nord, 304 Grad Ost Nordsonde: 59,3 Nord, 4,8 Grad Ost Südsonde: 31,3 Grad Süd, 317 Grad Ost Nachtsonde: 28,7 Grad Süd, 58,7 Grad Ost Bus: 37,9 Grad Süd, 290,9 Grad Ost
Missionsende:	8.10.1992: Pioneer Venus Orbiter verglüht in der Venusatmosphäre.
Mission:	Venusorbiter und Venusatmosphärensonde
Gewicht:	Pioneer Venus Orbiter: 553 kg, 374 kg im Venusorbit, 342 kg ohne Treibstoff Pioneer Venus Multiprobe: 903 kg, davon Bus: 290 kg (258 kg ohne Treibstoff), 585 kg Kapseln. Große Kapsel: 317,3 kg, kleine Kapsel: 97 kg
Abmessungen:	Bus: 2,48 m Durchmesser. Höhe Bus 1,22 m. Spannweite Orbiter mit Antennen: 4,7 m Höhe Pioneer Venus 2: 2,90 m Durchmesser große Kapsel: 1,42 m, kleine Kapsel: 75 cm.
Instrumente:	Orbiter: 11 Experimente im Gesamtgewicht von 45 kg: • ORAD:Radarhöhenmesser: 38 cm Antenne, 1.757 GHz Frequenz, 20 Watt Sendeleistung. Auflösung 23 × 7 km auf der Venus. Höhengenauigkeit 150 m. Kartierungsgenauigkeit 16 × 20 km in 150 km Distanz. 9,7 kg Gewicht. • OCPP: Wolken-Photopolarimeter: 3,7 cm Teleskop, Gesichtsfeld 0,5 mrad, 16 Filter, Auflösung 30 km aus 66.000 km, Bilder 1.000 × 1.000 Punkte. 5 kg Gewicht. • OUVS: UV-Spektrometer empfindlich zwischen 100-190 und 180-380 nm. 50 mm Teleskop, Brennweite 250 mm f/5. Spektrale Auflösung 0,44 / 1,3 nm. Zwei Modi 256 und 4 × 245 Punkte / Spektrum. 3,1 kg Gewicht. • ONMS; Massenspektrometer für ungeladene Teilchen: Messbereich zwischen 1 und 45 u. Die Auflösung betrug $\Delta m/m$ = 10.000. 3,8 kg Gewicht. • OIMS Massenspektrometer für Ionen. 3 kg Gewicht. • OETP: Elektronentemperatursonde: Langmuirsonde Bereich 0,5 bis 10 V. 2,2 kg • OEFD: Detektor für elektrische Felder: 50 Hz bis 50 kHz. 4 Kanäle. 0,7 kg Gewicht. • OPA: Sonnenwind-Plasmaanalysator: 3,9 kg • ORPA: Verzögerungspotentialanalysator (Deutschland), 2,8 kg • OIR: Infrarotradiometer für Temperaturmessungen in 60 bis 150 km Höhe. Bereich 0,2 bis 50 Mikrometern in 4 Kanälen. Genauigkeit 0,5 K. 5,9 kg Gewicht. • OGDB: Gammastrahlenausbruchsdetektor: Messbereich 100 – 2.000 keV. Zeitauflösung 11,7 ms, 2,8 kg • OMAG: Magnetometer: Messbereich: 16 – 128 nT. Empfindlichkeit 0,0625 – 0,5 nT Bus: zwei Experimente im Gesamtgewicht von 6 kg: • BNMS; Massenspektrometer für ungeladene Teilchen: 1 – 46 u Masseneinheiten, 5 kg. • BIMS Massenspektrometer für Ionen: 1 – 60 u Masseneinheiten, 1,0 kg Gewicht. Kleine Landesonden: drei Experimente im Gesamtgewicht von je 8 kg: • SAS: Atmosphärenstruktur (Druck, Temperatur, Verzögerung) 1 kg Gewicht. • SN: Nephelometer: Bestimmt die optische Dichte der Wolken. 0,6 kg Gewicht. • SNFR: Netto-Flux Radiometer: Bestimmt Strahlungsbilanz der Atmosphäre. Tagseite: 0,2 bis 4 µm. Nachtseite 1- 25 µm Wellenlänge. 0,4 kg Gewicht. Große Landesonden: sieben Experimente im Gesamtgewicht von 45 kg: • LAS: Atmosphärenstruktur (Druck, Temperatur, Verzögerung): 2,5 kg • LN: Nephelometer: Bestimmt die optische Dichte der Wolken. Anzahl und Größe von Aerosolen von 1 – 5 0 Mikrometern. 0,5 kg Gewicht.

	• LIR: Infrarot-Radiometer: Bestimmt Strahlungsbilanz der Atmosphäre. Bereich 2 bis 50 Mikrometer, Gesichtsfeld 25 Grad. 4 Kanäle, 2 kg Gewicht. • LGC: Gaschromatograph. 3 kg Gewicht. • LNPMS: Massenspektrometer. Empfindlich zwischen 1 und 212 u. 9 kg Gewicht. • LCPS: Wolkenpartikelspektrometer: Erfasst Größe der Aerosole. 2,5 kg Gewicht • LSFR: Solar-Flux Radiometer: Bestimmt Schwankungen der Sonnenstrahlung und detektiert Zonen mit höherer/niedriger Absorption. 2 kg Gewicht. Untersuchungen, die die Sender als Experiment nutzen, wurden nicht aufgeführt.
Ergebnisse:	Karte von 93 % Venusoberfläche in grober Auflösung Temperatur, Druck, Dichteprofile und Windgeschwindigkeitsmessungen von 4 Punkten Messung des absorbierten und zurückgestreuten Lichtes bis zur Oberfläche. Chemische Analyse der Venusatmosphäre 50 Massenspektren und Bestimmung der Isotopenverhältnisse
Bilder:	1.000 vom Photopolarimeter des Orbiters
Kosten:	83 Millionen Dollar Bus + Landesonden 125 Millionen Dollar Orbiter
Bemerkungen:	Atmosphärensonden durchqueren die Atmosphäre in 53 bis 56 Minuten. Eine Sonde überlebt 67 Minuten am Boden.

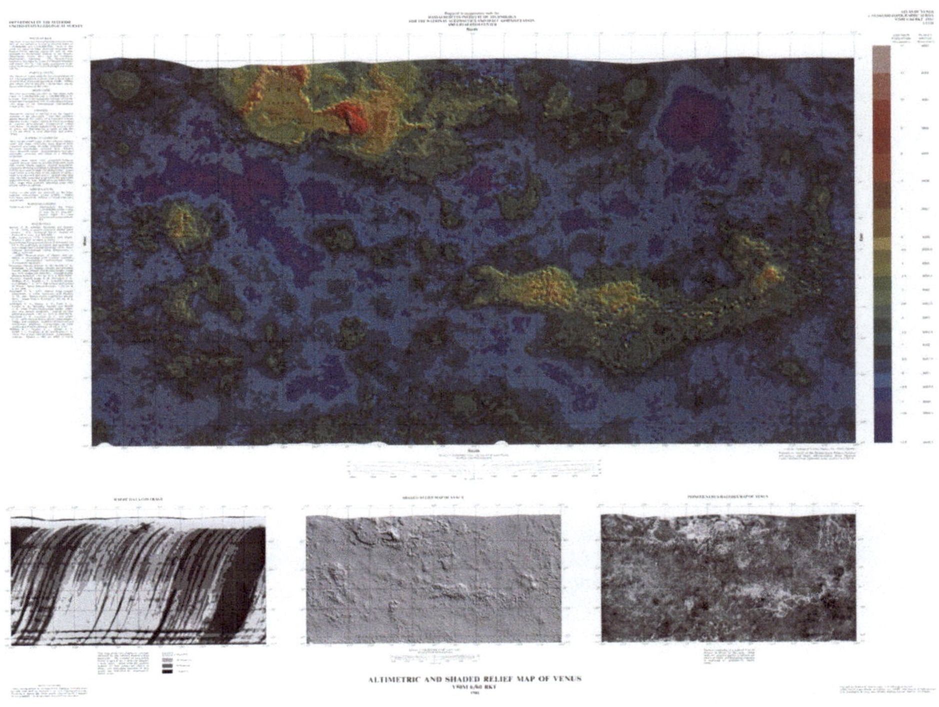

Abbildung 45: Karte der Venus nach Pioneer Venus Orbiter

Abbildung 46: Pioneer Venus Orbiter vor dem Start

Abbildung 47: Pioneer Venus Multiprobe vor dem Start

48. Abbildung: Aufnahme der Venus im UV durch Pioneer Venus Orbiter

ICE

Die Wiederkehr des Kometen Halley 1986 führte zur Halley-Watch, einem internationalen Programm zur Erforschung des Kometen. ESA, Russland und Japan entsandten Raumsonden zu Halley. Nur die USA, die Nation mit den meisten erfolgreichen Raumsonden überhaupt, taten das nicht. Mit dem Amtsantritt von Ronald Reagan wurden die meisten begonnenen Projekte eingestellt, darunter eine Sonde zu Halley. Stattdessen plante die NASA eine Shuttlemission mit Teleskopen im Erdorbit, die aber durch den Verlust der Challenger niemals startete.

Doch schon vorher machte die NASA aus der Not eine Tugend. 1978 hatte die NASA den Satelliten ISEE-3 gestartet. ISEE stand für International Sun-Earth-Explorer. Die ESA war an dem Programm beteiligt. Drei Satelliten sollten die Einflüsse der Sonne auf das irdische Magnetfeld untersuchen. Zwei umkreisten im Formationsflug die Erde. Der Dritte, ISEE-3 oder ISEE-C, wurde als erste Raumsonde in dem L1-Librationspunkt (S. 46) positioniert. So erhielt man Daten, bevor ein Ereignis auf die Erde bzw. die beiden anderen Satelliten traf.

ISEE-3 ähnelte im Aussehen Pioneer 6 bis 9 (S. 82). Er hat auch eine ähnliche Instrumentierung und vergleichbare Aufgaben. ISEE-3 ist ein Zylinder in Form eines 16-Ecks der mit 19,75 U/Min rotiert. Antennen verleihen ihm eine Spannweite von 91 m. Die Lage wird von Sonnensensoren und Neigungssensoren festgestellt. Solarzellen belegen das obere und untere Drittel des Zylinders. In der Mitte sind Experimente angebracht, die durch die Rotation alle drei Sekunden einen 360-Grad-Streifen um die Ekliptik abtasten können. Ein Experiment, LECR, stammte vom Max-Planck-Institut für Physik und Astrophysik in Garching.

Der Orbit um den Librationspunkt ist instabil. Ein kleiner Schubimpuls reicht aus, die Sonde wieder zu lösen. Computersimulationen zeigten, dass man mit vertretbarem Treibstoffbedarf ISEE-C zum Erde-Mond-System zurücklenken konnte. Weitere Vorbeiflüge am Mond könnten ISEE-C in eine Sonnenumlaufbahn bringen. Es gab auch ein Ziel: der Komet Giacobini-Zinner. Er war mit vertretbarem Aufwand erreichbar. Das war möglich, weil ISEE-3 einen großzügig dimensionierten Treibstoffvorrat hatte, von dem man bisher wenig verbraucht hatte.

Nach Ende der Primärmission wurde ISEE-C vom L1-Punkt gelöst. Nachdem sie den Magnetschweif der Erde passierte, folgten mehrere Vorbeiflüge am Mond. Nach fünf Vorbeiflügen in neun Monaten gelangte ISEE-3 am 22.12.1983 in eine Sonnenumlaufbahn. Die NASA benannte den Satelliten in ICE (**I**nternational **C**omet **E**xplorer) um. Von den 13 Experimenten an Bord waren noch sieben ohne Einschränkung nutzbar, bei anderen waren Teile ausgefallen. Eines war komplett inaktiv.

Der Komet Giacobini-Zinner wurde am 11.9.1985 in 7.900 km Entfernung passiert. Da ICE zur Beobachtung von Feldern und energiereichen Teilchen ausgelegt war, konnte sie weder Bilder des Kometen anfertigen, noch die freigesetzte Materie (Gas und Staub) untersuchen. Der wissenschaftliche Nutzen war daher im Vergleich zu speziellen Kometensonden wie Vega und Giotto klein. Immerhin konnte ICE durch den Sonnenwind ionisierte Moleküle nachweisen. Giacobini-Zinner emittierte vor allem Wasser, was aber schon bekannt war.

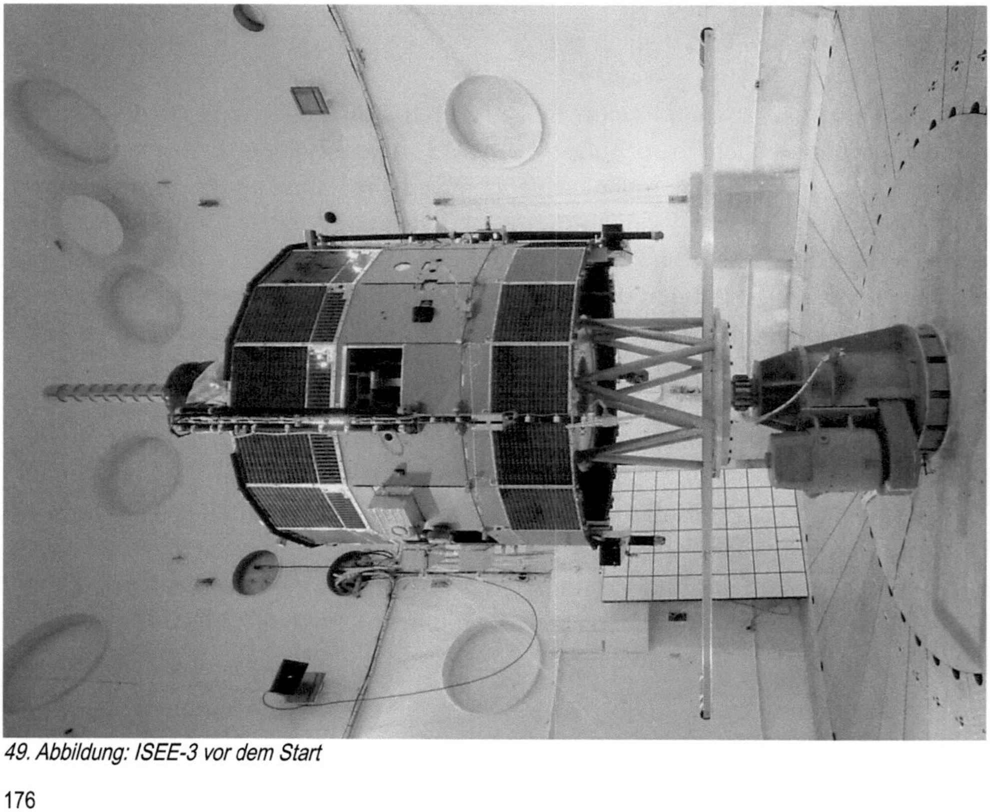

49. Abbildung: ISEE-3 vor dem Start

Am 28.3.1986 passierte ICE auch Halley. Aber nur in einer Entfernung von 40,2 Millionen km. Das reichte nicht aus, um auch nur ein Atom von Halley zu detektieren. ICE lieferte Daten über den Sonnenwind, der Halley traf und für die Ionisation von Gasen verantwortlich war. Damit waren die Ergebnisse der Sondenarmada, die gleichzeitig Halley aus der Nähe untersuchte, besser beurteilbar.

ICE setzte nach den beiden Vorbeiflügen an Kometen seine Untersuchungen der Sonne fort. Ab 1991 zusammen mit Ulysses (S. 373), um deren Messungen zu ergänzen. Allerdings nahm die Datenrate mit steigender Entfernung laufend ab. Die Sonde war für eine Kommunikationsdistanz von 1,5 Millionen km ausgelegt worden und entfernte sich nun bis auf 300 Millionen km von der Erde. Man benötigte die 70 m Antennen des DSN, um überhaupt Daten aus dem Signal zu extrahieren. Bei der Passage von Giacobini-Zinner nahm man die 300 m Antenne von Arecibo hinzu, um Daten von allen Instrumenten abzurufen, da es keine Speichermöglichkeit an Bord gab. 1995 war ICE so weit entfernt, dass die NASA befand, ein Betrieb lohne sich nicht mehr. 1999 sollte sie abgeschaltet werden, doch dies erfolgte nicht.

ICE ist auf einer Bahn, bei der sie in 31 Jahren die Sonne 32-mal umkreist. Das heißt, alle 15 Jahre kommt sie der Erde nahe und nach 31 Jahren fliegt sie ganz nahe an der Erde vorbei. Die nahe Passage 1999 sollte zur Deaktivierung genutzt wurden, doch das wurde vergessen. Der nächste Zeitpunkt einer Begegnung mit der Erde war der 10.8.2014. Die NASA hatte die Sonde allerdings aufgegeben.

Eine Crowdfunding-Campagne wurde gegründet, das ISEE-Reboot-Projekt. Ziel war es, einen Sender für die Kommunikation mit ICE zu bauen, da die NASA schon lange keine Sender mehr betreibt, die mit ICE kommunizieren könnten. Das Projekt bekam 160.000 Dollar zusammen. Das genügte, um das Equipment zu erwerben. Ab Juni 2014 war ICE nahe genug bei der Erde, dass der Sender eine Kommunikation aufbauen konnte.

Geplant war es, ICE durch Kurskorrekturen wieder auf 50 km an den Mond heranzuführen. Er sollte die Sonde soweit abbremsen, dass sie in eine Erdumlaufbahn einschwenkt. Es gelang zwar, die räumliche Lage zu stabilisieren und die Rotationsrate wieder auf den Sollwert zu senken, doch das für den 8.7.2014 vorgesehene entscheidende Kurskorrekturmanöver scheiterte. Wahrscheinlich hat ICE nicht mehr genug Druckgas, um den Treibstoff in die Leitungen zu pressen. Man aktivierte am 9.7.2014 einige Experimente und konnte bis zum 16.9.2014 Funkkontakt halten. Man nimmt an, dass ICE dann in einen Sicherheitsmodus ging, weil sie zu wenig Strom hat – beim Start waren es 173 Watt, mindestens 160 Watt benötigt die Sonde für alle Experimente. Nach 36 Jahren dürfte der verfügbare Strom stark abgefallen sein. 2029 hat man die Gelegenheit, sie nochmals zu kontaktieren.

Datenblatt ICE (ISEE-C)	
Start:	12.8.1978 mit Delta 2914 633/D144
Ankunft:	20.11.1978 im L1-Librationspunkt 10.6.1982: Verlassen des L1-Librationspunktes 30.3.1983 erster Mondvorbeiflug 22.12.1983 Verlassen des Erde-Mondsystems 11.9.1985 Vorbeiflug an Giacobini-Zinner in 7.900 km Entfernung 28.3.1986 Vorbeiflug an Halley in 40,2 Millionen km Entfernung 10.8.2014 Vorbeiflug an der Erde
Missionsende:	16.9.2014
Mission:	Sonnenforschung / Kometstudien
Gewicht:	479 kg beim Start, 386 kg ohne Treibstoff
Abmessungen:	Zylinder 1,74 m Durchmesser, 1,58 m Höhe. Mit Antennen 16 m Höhe und 91 m Durchmesser
Instrumente:	13 Experimente im Gesamtgewicht von 92 kg: • Radiokartierung: Empfänger 14 und 90 m Antenne. Bereich 30 – 1.980 kHz. Zweimal 12 Kanäle, je 3 kHz und 10 kHz Bandbreite. 15,36 kg Gewicht. • Bestimmung interplanetarer und solarer Elektronen. 2 Detektoren erfassten Elektronen von 3 bis 1000 keV Energie. Gewicht 11,6 kg. • Gammastrahlen Ausbruchsdetektor: Erstellt ein Spektrum der Gammastrahlung von 0,05 bis 6,5 MeV Energie. Gespeichert wurde zu jedem Ereignis ein Zeitindex. • Röntgen- und Gammastrahlenuntersuchungen. Zwei Proportionalzähler erfassten Röntgenstrahlen von 5 – 228 keV Energie. Zeitauflösung 0,25 – 4.000 ms. • Niedrigenergetische kosmische Strahlen (LECR) • Kosmische Strahlen mittlerer Energie (MECR) • Kosmische Strahlen hoher Energie (HECR): Erfasste Ionen von Lithium bis Nickel. • Kosmische Strahlen hoher Energie (HCR): Detektiert Teilchen von 200 bis 500 MeV/Nucleon. 2 Grad Gesichtsfeld. 8,4 kg Gewicht. • Zusammensetzung des Sonnenwinds • Sonnenwindplasmaexperiment • Anisotropie-Spektrometer für energiereiche Teilchen (EPAS) • Spektrumanalysator für Plasmawellen • Spektrum kosmischer Strahlen (CRES) • Vektor-Helium-Magnetometer. Messbereiche 4-142.000 nT. Kleinste Auflösung 0,01 nT
Ergebnisse:	Giacobini-Zinners freigesetztes Gas besteht vor allem aus Wasser. Der größte Teil der Masse, die freigesetzt wird, ist Gas. Staub wird nur zu einem kleinen Prozentsatz freigesetzt.
Bilder:	Keine

Magellan

Im selben Jahr, in dem Pioneer Venus (S. 164) startete, brachte die NASA auch einen neuartigen Satelliten auf den Weg: Seasat war der erste Satellit, der ein Seitensicht-RADAR einsetzte (Synthetic Aperture Radar, SAR). Diese Technik hat den Vorteil, dass man von einem Objekt beim Überflug mehrere Echos erhält, aus denen man ein Bild erzeugen kann, das viel höher aufgelöst ist, als eine Aufnahme eines herkömmlichen Radargeräts mit derselben Antennengröße. Schon vor dem Start von Magellan brachte Russland Venera 15/16 mit derselben Technik auf den Weg.

Lange war ein Venusorbiter, der ein SAR als primäres Instrument an Bord hat, ein vordringliches Projekt der NASA. VOIR (**V**enus **O**rbiting **I**maging **R**adar), so sein Name, sollte aus einer 1.000 km hohen Umlaufbahn die gesamte Venus kartieren. Doch mit dem Amtsantritt von Reagan wurde 1982 das Projekt gestoppt. Die Verantwortlichen suchten nach Wegen, die Sonde billiger zu machen. Man strich bis auf das SAR alle Experimente und verzichtete auf eine kreisförmige Bahn. Damit war die Auflösung abhängig von der geografischen Breite. Schützenhilfe lieferte Russland, denn Venera 15 und 16 (S. 330) erfassten schon 1983 ein Viertel der Oberfläche. Die NASA wollte nicht warten, bis weitere Veneras den Rest kartierten.

So entstand Magellan, wobei man clever Resteverwertung betrieb. Die Hauptsendeantenne, Niedriggewinnantenne, die Struktur des zehneckigen Elektronikrings und die Steuerdüsen waren Reserveexemplare aus dem Voyagerprogramm. Die Elektronik, Bordcomputer, Kabel und Pyrotechnik stammte von Galileo. Der Treibstofftank vom Space Shuttle. Der Sternenscanner von der IUS-Stufe, das Stromversorgungssystem vom militärischen P80 Satellit. Das älteste Teil war die Mittelgewinnantenne: Sie stammte noch von Mariner 71 Projekt (S. 114). Das JPL entwickelte kein eigenes Antriebssystem, sondern nutzte dazu eine PAM-D-Oberstufe der Delta. Entsprechend zusammengeschustert sah Magellan aus. Als Folge kostete Magellan erheblich weniger als die beiden zeitgleich gebauten Raumsonden Galileo und Mars Observer. Das SAR kostete wegen der Elektronik fast halb so viel wie die Sonde selbst. Von den 680 Millionen Dollar, die die Mission am Schluss kostete, entfielen nur 287 Millionen auf die Raumsonde. Außer dem SAR gab es als Experiment noch den Radarhöhenmesser, der eine weitere, 0,6 × 0,3 m große Antenne hatte. Das SAR nutzte die 3,66 m große Kommunikationsantenne als Sende- und Emfpangsantenne.

Ursprünglich sollte Magellan im Mai 1988 starten. Doch mit dem Verlust der Challenger hatten die Raumfähren Startverbot und das Startfenster verstrich. Anders als bei Galileo (S. 185) konnte Magellan ohne Probleme von der Centaur auf die leistungsschwächere IUS umziehen. Dafür gab es ein anderes Problem. Das nächste Startfenster zur Venus war im Oktober 1989, zu diesem Termin stand aber der Start von Galileo an, und der Jupiterroboter hatte Priorität, schließlich hatte man für Galileo eine neue Route mit Vorbeiflügen an Venus und Erde ausgearbeitet. Sie war nur bei diesem Startfenster umsetzbar. Magellan startete daher vor dem eigentlichen Startfenster, drehte eine Extrarunde um die Sonne und erreichte so erst nach 15 anstatt typisch vier bis fünf Monaten die Venus.

Eine Zündung der PAM-D brachte Magellan in einen elliptischen Venusorbit. Immer wenn die Entfernung 2.000 km unterschritt, wurde das RADAR aktiviert. Dies ergab einen Streifen von minimal 20 km Breite und 17.000 km Länge. Die Venus dreht sich unter der Sonde und in 243 Tagen wurde mit Ausnahme der Polgebiete die ganze Oberfläche erfasst. Dies war ein Aufnahmezyklus.

Im ersten Zyklus erfasste Magellan 83 Prozent der Oberfläche. Die folgenden Zyklen sollten die Lücken füllen. Im zweiten Zyklus gab es Ausfälle der Elektronik durch Überhitzung. So wurden nur 54,5 Prozent der Oberfläche erfasst, was die Gesamtabdeckung auf 96 Prozent anhob. Im dritten Zyklus, als der X-Band Sender ausfiel, waren es weitere 21,3 Prozent und die Gesamtabdeckung stieg auf 98 Prozent.

Aufgrund der Ausfälle, aber auch Reduktion der Finanzmittel, sandte Magellan im vierten Zyklus nur noch die Trägerwelle zur Erde. Die Bodenstation bestimmte die Veränderung des Funksignals durch lokale Massekonzentrationen und damit die Geschwindigkeit der Sonde auf 0,1 mm/s. Das wurde im fünften Zyklus fortgesetzt, bei dem das JPL erstmals die Technik des Aerobrakings erprobte: Man senkte die Bahn leicht ab, sodass die Atmosphäre Magellan im venusnächsten Punkt abbremste. Das senkte den venusfernsten Punkt der Bahn ab. Am Schluss war Magellan in einer Bahn von 180 × 540 km angekommen. Damit gewann man bessere Gravitationsdaten der Pole, die Magellan vorher nur in großer Distanz überflog. Die so gewonnene Gravitationskarte hat eine Auflösung von 700 km.

Mit dem Auslaufen der Finanzierung senkte die Flugkontrolle die Bahn nochmals ab und drehte die Solarzellenflügel quer zur Bahnrichtung. Die Atmosphäre bremste dann nicht nur Magellan ab, sondern dreht den Orbiter auch. Das Drehmoment wurde durch die Lageregelungstriebwerke ausgeglichen. So wurde die Dichte der Hochatmosphäre bestimmt. Zuerst sank die Bahn langsam von 172 auf 155 km Höhe ab. Am 10.10.1994 senkte man den venusnächsten Punkt mit einer Zündung der Bordtriebwerke bis auf 136 km Höhe ab. Am nächsten Tag überhitzten die Solarzellen und man erhielt keine Daten mehr. Am 14.10.1994 verglühte Magellan.

Magellan war die erste Raumsonde, welche die USA aufgaben, obwohl sie noch funktionsfähig war. Es gab immer weniger Mittel, um den Betrieb zu finanzieren. Schon nach dem dritten Zyklus erhielt man nur 130 von beantragten 240 Millionen Dollar, weshalb man das SAR nicht mehr nutzte. Dessen Datenmenge verursachte die meisten Kosten: Alleine im ersten Zyklus übertrug Magellan mehr Daten als alle Raumsonden, welche die USA bisher gestartet hatten – zusammengenommen!

Die mehrfachen Messungen in den ersten drei Zyklen schlossen nicht nur die Lücken, sodass die Karte das gesamte Gebiet zwischen 89 Grad Süd und 89 Grad Nord abdeckte. Sie ermöglichten zum Teil stereoskopische Aufnahmen, indem Magellan ein Gebiet aus zwei Blickwinkeln aufnahm. Die Auflösung ist durch den elliptischen Orbit unterschiedlich. In der Flugrichtung sind es immer 110 m, quer zur Flugrichtung 101 m am Äquator und 250 m am Pol. Der Radarhöhenmesser machte 4,2 Millionen Messungen mit jeweils 10,2 km Abstand entlang des Flugpfads, mit einer Höhenauflösung von 30 m. Sie wurden zu einer Höhenkarte verarbeitet.

Die wesentlichen Geländeformen der Venus hatten schon Venera 15 und 16 entdeckt, nur waren sie im Westen kaum bekannt, da russische Wissenschaftler nicht in westlichen Medien publizierten. Magellan hatte aber eine sechs bis zehnmal höhere Auflösung und ihre Karte deckte 98 Prozent anstatt 24 Prozent der Oberfläche ab. Man entdeckte zum einen typische vulkanische Gebilde wie Calderen – sowohl inaktive, erodierte, wie frische. Die Oberfläche war kraterarm und musste jung sein. Im Mittel 500 bis 600 Millionen Jahre, maximal 800 Millionen Jahre alt. Bis heute sind die Aufnahmen von Magellan die besten, die wir von der Venus haben, denn alle folgenden Missionen untersuchten vor allem die Atmosphäre.

Die bei Magellan erprobte Technik des Aerobrakings wird seit 1996 von Marsobitern genutzt, um Treibstoff einzusparen.

Abbildung 50: Magellan beim Aussetzen mit dem Space Shuttle

Datenblatt Magellan	
Start:	4.5.1989 mit STS-30 / IUS (Atlantis)
Ankunft:	10.8.1990 in einen 294 × 8.543 km Orbit
Missionsende:	14.10.1994
Mission:	Venusorbiter
Gewicht:	3.440 kg Startmasse, ohne PAM-D: 1.168 kg, ohne Treibstoff: 1.035 kg.
Abmessungen:	4,60 m Durchmesser, 6,40 m Höhe.
Instrumente:	SAR: 101 bis 250 m × 110 m Auflösung, 20 × 17.000 km Bildstreifen pro Umlaufbahn Radarhöhenmesser: 10 × 30 km räumliche Auflösung, 30 m Höhenauflösung
Ergebnisse:	Globale Karte der Venus mit 98 % Flächenabdeckung und einer Auflösung von im Mittel 150 m/Pixel. Globale Höhenkarte mit 30 m Höhenauflösung, 120 km² Flächenauflösung.
Bilder:	4.225 SAR-Mosaike je 7.168 × 8.192 Pixel
Kosten:	Gesamtkosten 680 Millionen Dollar, davon 287 Millionen Dollar für die Sonde, 120 Millionen für das SAR, 49 Millionen für den Start und die ersten 30 Tage Operation, 95 Millionen Dollar zum Betrieb bis Mitte des zweiten Zyklus. Weitere 130 Millionen für die restlichen Zyklen und die Datenauswertung.
Bemerkung:	Magellan ist die letzte US-Raumsonde zur Venus.

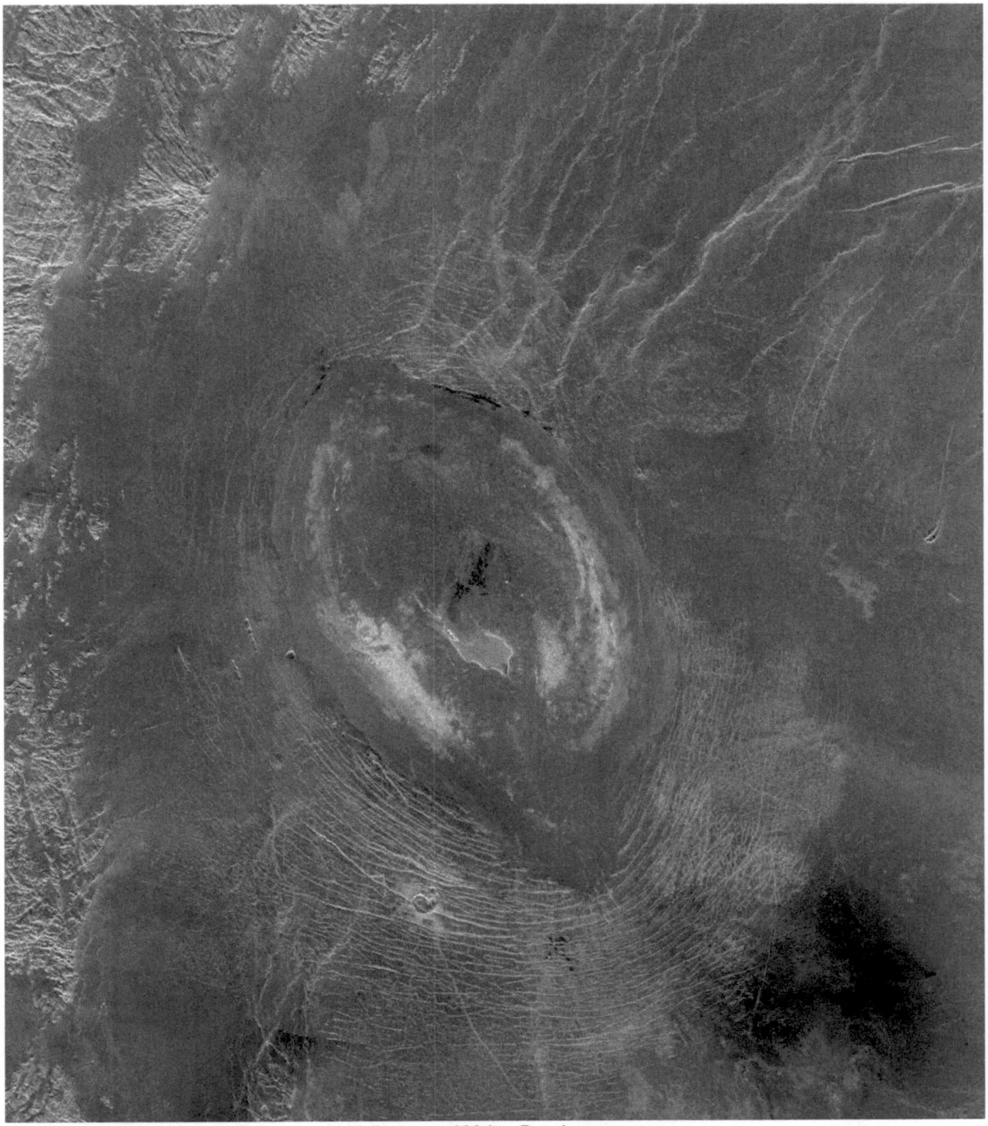

Abbildung 51: Sacajawea Patera – ein Vulkan von 420 km Durchmesser

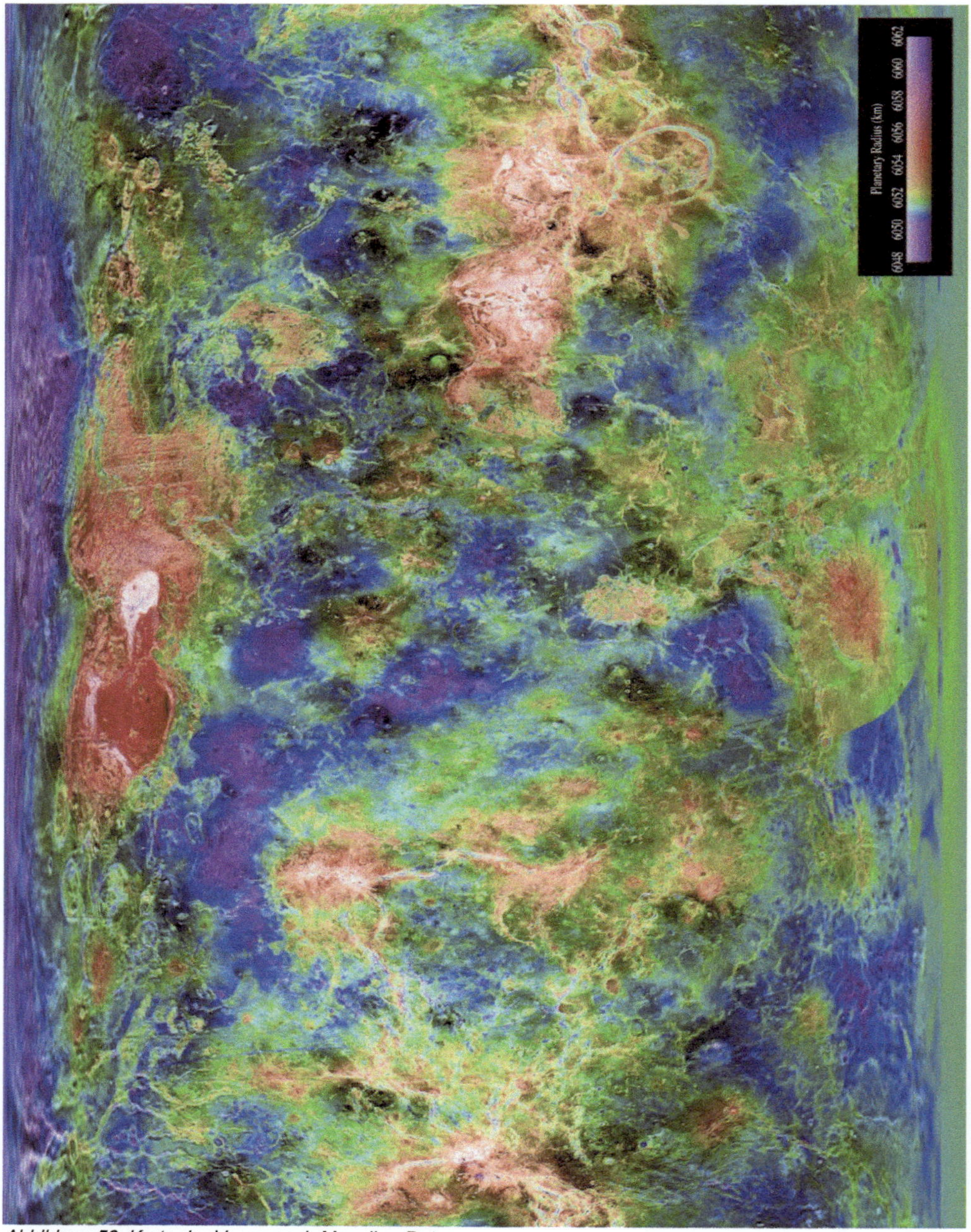

Abbildung 52: Karte der Venus nach Magellan-Daten

Galileo

Galileo begann als ambitioniertes Voyager-Nachfolgeprojekt. Nach der Vorerkundung durch Pioneer 10 und 11 und den Vorbeiflügen von Voyager sollte Galileo den Jupiter und vor allem die vier größten (galileischen) Monde aus einem Orbit erkunden. Daher auch die Namensvergabe. Galileo war die erste US-Raumsonde, die nach einem Forscher bezeichnet wurde. Der interne Projektname war JOP: **J**upiter-**O**rbiter-**P**robe. Genehmigt wurde Galileo im Oktober 1977 direkt nach dem Start von Voyager. Damals ging man von einem Start 1981/82 aus. Galileo nutzte im Jupitersystem Swing-Bys an den Monden, vor allem am massereichsten Ganymed, damit sie mit nur geringen Korrekturen bei jedem Orbit einen Mond in naher Distanz (wenige Hundert bis wenige Tausend Kilometer Entfernung) passieren konnte.

Zusätzlich wurde eine Atmosphärenkapsel zu Jupiter gebracht, die vor Eintritt in die Umlaufbahn abgetrennt wurde. Während das JPL den Orbiter baute, bekam das Ames-Forschungszentrum den Auftrag für den Bau der Kapsel. Dort hatte man schon die Pioneer-Venus Landesonden entwickelt (S. 335).

Der Orbiter war eine ungewöhnliche Konstruktion. Einige Experimente wie Magnetometer oder Teilchendetektoren sollten die ganze Umgebung der Sonde erfassen. Sie profitieren von einem rotierenden Orbiter. Kameras und Spektrometer dagegen mussten fest auf ein Ziel ausgerichtet werden. Sie erforderten eine dreiachsenstabilisierte Sonde. Man übernahm ein Konzept, das Hughes für die Intelsat-Satelliten entwickelt hatte: Galileo bestand aus einem rotierenden oberen Teil (3,25 oder 10,8 U/min) mit Auslegern für Magnetometer und Peitschenantennen und einem durch einen Motor in Gegenrichtung rotierenden unteren Teil. Dieser enthielt das Antriebssystem und die Atmosphärensonde. Auf ihm war die Instrumentenplattform mit den Experimenten, die fest auf einen Punkt ausgerichtet werden mussten.

Erstmals vergab das JPL die Fertigung der Kernkomponente einer US-Raumsonde in ein Drittland: Deutschland baute das Antriebssystem von Galileo. Die BRD hatte sich dafür qualifiziert, weil sie 1974 das Antriebssystem der Symphonie-Satelliten entwickelte. Es nutzte den gleichen Treibstoff für Haupttriebwerk und Lageregelungstriebwerke. Die USA trennen die beiden Systeme. Früher wurde die Lageregelung mit Stickstoff bewerkstelligt, heute mit Hydrazin. War eine Komponente verbraucht, das war meistens der Lageregelungstreibstoff, so musste man die Raumsonde aufgeben.

Zuletzt erging es Cassini 2017 so. Cassini hatte noch genügend Treibstoff für Lageänderungen, aber keinen mehr für Bahnänderungen. Das kombinierte System erhöhte die Lebensdauer von Galileo und sparte Treibstoff. Deutschland war mit 10 % an den Gesamtkosten des Orbiters beteiligt. Es stellte im Gegenzug den Staubdetektor des Orbiters. Bei der Kapsel sogar drei Experimente: der Heliumdetektor, den Detektor für Blitze und Radiowellen, das Instrument zur Messung energiereicher Partikel.

Die 4,7 m durchmessende Antenne von Galileo war ebenfalls eine Neuerung. Um eine größere und leichtere Antenne einsetzen zu können, verwandte man eine Konstruktion, die auf den Antennen des Datensatelliten TDRS beruhten. Dies waren Antennen aus einem Drahtnetz, das an Rippen befestigt war, und erst nach dem Start entfaltet wurde. So konnte die Antenne größer als die Breite des Nutzlastraums des Space Shuttles sein. Da Galileo im X-Band sandte, musste man das Drahtnetz mit zusätzlichen Bändern fixieren, sonst wäre die Oberflächengenauigkeit zu klein gewesen. TDRS empfing nur im S-Band, bei viermal kleinerer Wellenlänge, und damit waren viermal größere Oberflächenabweichungen tolerierbar.

Neu war auch das Computersystem. Galileo war die erste US-Raumsonde, die Mikroprozessoren einsetzte. Doch als Galileo genehmigt wurde, war die Auswahl klein. Nur zwei Prozessoren waren geeignet. Der 8-Bit-Prozessor RCA-1802 und der AMD 2900. Der RCA-1802 wurde im CDS, dem Hauptcomputer eingesetzt, aber auch in vielen Experimenten, die dadurch erstmals eine begrenzte eigene Intelligenz hatten. Das Problem, das die Designer hatten, war, dass der RCA-1802 mehr als dreimal langsamer als der Bordcomputer von Voyager war. Man löste es, indem das CDS aus drei einzelnen Computern bestand. Ein Modul für die allgemeine Steuerung und zwei Module für spezialisierte Aufgaben. Das System war dann nochmals redundant vorhanden.

Der zweite Rechner AACS, der für die Lageregelung, den Betrieb der Triebwerke und die Ausrichtung der Instrumente zuständig war, nutzte den AMD 2900. Dies war ein Bit-Slice Prozessor: Er verarbeitete nur 4 Bits, man konnte aber vier Prozessoren kombinieren. Das ergab einen 16-Bit-Mikroprozessor. Der Rechner war leistungsfähiger als das CDS. Das ermöglichte es, als die Hauptantenne unbrauchbar war, im AACS den rechenintensiven JPEG-Komprimierungsalgorithmus einzusetzen. Es gab mit den Experimenten 22 Prozessoren an Bord, die miteinander kommunizieren mussten. Ein Ingenieur bezeichnete Galileo daher als „fliegendes Rechenzentrum".

Die Instrumente Galileos waren zumeist Weiterentwicklungen von Voyager. Es gab ein weiteres Spektrometer, empfindlich im Sichtbaren- und UV-Bereich. Ein Technologieexperiment suchte nach schweren Ionen. Diese könnten Mikroprozessoren dauerhaft schädigen. Das Ingenieursexperiment konnte aber während der ganzen Mission keinen Einschlag beobachten. Eine wichtige Verbesserung war die Einführung von CCD beim Kamerasystem. Sie sind lichtempfindlicher als Vidicons und es entfällt die Wandlung Analog-Digital, sodass die Bilder schärfer sind. Die Herausforderung war, dass Galileos CCD mit 640.000 Pixeln viermal so viele Pixel enthalten sollte wie verfügbare CCD. Von mehreren Tausend hergestellten Chips erreichten nur wenige die geforderte Qualifikation. Auf eine Weitwinkelkamera wurde verzichtet, da sich Galileo in der Apoapsis so weit von Jupiter entfernte, dass man den ganzen Planeten mit einem 3 × 3 Mosaik abbilden konnte.

Neu war auch das Funktionsprinzip des Spektrometers NIMS: Es war das erste abbildende Spektrometer auf einer Raumsonde. Vorherige Instrumente machten eine Messung eines Punktes. NIMS bestimmte ein Spektrum eines Arrays von 20 Pixeln Größe. Mit einem Schrittmotor wurde die Zeile bewegt und man erhielt so ein Bild. So entstand eine Oberflächenkarte, die z. B. das Vorkommen von Methan im Eis anzeigt, oder wo bei Io ein heißer Punkt unter der Oberfläche ist.

Die Atmosphärensonde ist vom Aufbau her weitestgehend identisch mit der großen Kapsel von Pioneer Venus. Eine sphärische Kapsel nimmt die Instrumente und Elektronik auf. Die Instrumente schauen durch Fenster nach draußen, für Sensoren gibt es versiegelte Ausgänge. Die Kapsel ist druckfest bis 25 bar. Sie wird von einem spitzkegeligen Hitzeschutzschild geschützt. Hinten sitzt eine sphärische, aerodynamische Abdeckung. Die Sonde tritt mit 48 km/s in die Jupiter-Atmosphäre ein. Der Hitzeschutzschild muss viel mehr Energie als bei allen früheren Sonden aufnehmen und macht den Großteil der Masse aus. Von den 147 kg, die der Hitzeschild wiegt, verdampfen 90 kg beim Eintritt.

Die Kapsel trägt ähnliche Instrumente wie die Pioneer-Venus-Kapsel: Ein Massenspektrometer analysiert die Atmosphäre. Ein Nephelometer bestimmt die Größe und Anzahl von Teilchen in den Wolken. Sensoren messen Druck, Temperatur und Beschleunigung. Ein Radiometer erfasst die absorbierte und von Jupiter abgegebene Strahlung und bestimmt so den Strahlungshaushalt der Jupiteratmosphäre. Neu ist ein Gerät zur Messung von Blitzen, anhand der Aufhellung der Atmosphäre und der freigesetzten Radiostrahlung und ein Instrument zur Messung von energiereichen Teilchen, da die Kapsel erstmals die jupiternahe Zone durchflog.

Galileo hatte lange das Problem, wie sie zu Jupiter gelangen sollte. Sie sollte mit dem Space Shuttle starten. Doch mit den in Entwicklung befindlichen Oberstufen ging dies nur bei einem Start 1982, bei dem ein Swing-by am Mars die Startgeschwindigkeit absenkt. Das Space Shuttle hinkte jedoch im Zeitplan hinterher. Der Startzeitpunkt war nicht zu halten. Dann stoppte die Regierung Reagans 1982 die meisten Raumsondenprojekte. Galileo überlebte dank ausländischer Beteiligung (BRD) und Protesten seitens der wissenschaftlichen Gemeinde. Man entschloss sich nach Sichtung der Optionen, eine spezielle Variante der Centaur für das Space Shuttle zu entwickeln. Damit konnte die Sonde gestartet werden. Galileo wurde Anfang 1986 im Kennedy Space Center für einen Start im Mai vorbereitet, als nach der Explosion der Challenger alle Starts ausgesetzt wurden.

Galileo wurde zurück zum JPL transportiert. Dort wurden die Instrumente abmontiert und zu den Instituten zurückgeschickt. Die Sonde wurde eingemottet. Die Missionsleitung erarbeitete eine Alternative zum Start mit der Centaur, da nun die Sicherheitsanforderungen verschärft wurden: Die Centaur dürfte nicht mehr vom Space Shuttle gestartet werden. Die IUS-Oberstufe als verfügbare Alternative war aber nicht leistungsfähig genug. So musste Galileo dreimal durch Venus- und Erdvorbeiflüge Geschwindigkeit aufnahmen. Der Flug zu Jupiter würde so sieben Jahre anstatt nur zwei Jahre dauern und die Mission deutlich verteuern.

1989 stand der Start an und Galileo wurde problemlos auf einen Kurs zur Venus gebracht. Kurz vor dem Start gab es nochmals Aufregung, weil gegen den Start geklagt wurde. Es wurde argumentiert, dass bei einem Fehlstart radioaktives Material aus den beiden RTG freigesetzt werden könnte. Die Klage wurde aber abgewiesen.

Galileo passierte die Venus und zeichnete die Messdaten auf Band auf, da die Hauptantenne noch zusammengefaltet war. Sie wurden überspielt, als Galileo sich der Erde näherte. Das Kamerasystem machte beim Erdvorbeiflug 3.600 Bilder, die zu einem Film der rotierenden Erde zusammengesetzt wurden. Man nutzte den Vorbeiflug auch für einen Test: Konnte Galileo intelligentes Leben nachweisen? Die Spektrometer ermittelten, dass die Atmosphäre Sauerstoff und Methan enthält. Methan ist in einer Sauerstoffatmosphäre unbeständig, muss also laufend nachgeliefert werden.

Ebenso ist der Sauerstoff über geologische Zeiträume unbeständig. Das sprach für Leben. Der Flugpfad über Antarktis und Pazifik ermöglichte aber keine Aufnahmen menschlicher Besiedlung mit der Kamera. Das einzige Indiz für höheres Leben war bei 4 bis 5 MHz (Kurzwellenband) ein komplex amplitudenmoduliertes Signal, das vom Plasmawellenexperiment empfangen wurde.

Nach dem ersten Erdvorbeiflug war Galileo dauerhaft in ausreichender Sonnendistanz, sodass man die Antenne ausfahren konnte. Als man diese am 11.4.1991 entfalten wollte, stoppte der Motor vorzeitig. Eine Analyse ergab das 3 bis 5 Rippen das Entfalten blockierten und die Antenne sich nur teilweise geöffnet hatte. So konnte die Antenne die Signale des Senders nicht bündeln. Als wahrscheinlichste Ursache wurde auslaufendes Schmiermittel angenommen. Der vierfache Transport der Sonde per Truck vom Hersteller der Antenne Harris in Florida zum JPL in Kalifornien, wo Galileo zusammengebaut wurde, dann zum Start nach Florida, zurück zum JPL und 1989 erneut zum Start nach Florida hatte Galileo so erschüttert, dass bei einigen Rippen das Schmiermittel ausgelaufen war. Ohne Schmiermittel gehen die Metalle im Vakuum aber eine Kaltschweißverbindung ein.

Das JPL musste das Beobachtungsprogramm umstellen. Dafür hatte man vier Jahre Zeit. Auf dem Weg zum Jupiter passierte Galileo zwei Asteroiden. Die Daten wurden auf Band aufgezeichnet und bei Annäherung zur Erde übertragen. Der Asteroid Ida hatte einen eigenen Mond. Es war der erste Mond, der bei einem so kleinen Himmelskörper entdeckt wurde.

Vor der Ankunft bei Jupiter stand das Ersatzprogramm. Man koppelte Antennen auf der Erde, um die Datenrate zu erhöhen, da nur noch die ungerichtete Niedriggewinnantenne nutzbar war. Zum anderen implementierte man die JPEG-Komprimierung, um die Datenmenge zu erhöhen. Vorher verwendete Galileo die Huffmann-Codierung, die auch im TIFF-Format zum Einsatz kommt. Trotzdem mussten die meisten Bilder von Jupiter entfallen. Die wichtigen Vorbeiflüge an den Monden sollten weniger beeinträchtigt werden. Das zweite Experiment mit hoher Datenrate war der Empfänger für Radiowellen aus der Jupitermagnetosphäre. Es muste noch stärkere Einschränkungen im Beobachtungsprogramm hinnehmen. 2.000 bis 4.000 anstatt erwarteter 50.000 Bilder während der Primärmission von 20 Monaten sollte es noch geben.

Auf dem Weg zu Jupiter machte Galileo Aufnahmen des Einschlags von Bruchstücken des Kometen Shoemaker-Levy. Es sind die einzigen direkten Aufnahmen der Einschläge, da sie auf der erdabgewandten Seite von Jupiter niedergingen.

Am 13.7.1995 trennte man in 83 Millionen km Entfernung von Jupiter die Atmosphärenkapsel ab und bremste Galileo um 61 m/s ab, damit der Orbiter nicht auch in der Atmosphäre verglüht.

Als man die erste Jupiteraufnahme anfertigte, zeigte sich, dass der Bandrekorder das Band nicht stoppte. Es dauerte 15 Stunden, bis man es anhalten konnte. Man wollte keinen Bandriss riskieren und rief die Aufnahme nie ab, sondern wickelte das Band teilweise auf und würde diesen Teil nie mehr nutzen. Die Stelle, an der 15 Stunden lang gezogen wurde, war nun durch einige Extrawindungen vor Zug geschützt. Der Bandrekorder, der nach den ursprünglichen Planungen nur eingesetzt werden sollte, wenn es keine Funkverbindung gab, hatte nun eine zentrale Rolle im Beobachtungsprogramm. Durch die geringe Datenrate wurden alle Daten zuerst auf Band gesichert und dann über Wochen hinweg langsam übertragen. Mehr als die maximal 178 Aufnahmen, die der Rekorder speichern konnte, würde es von keinem Vorbeiflug geben. Ohne Bandrekorder hätte es nur noch 150 bis 300 Aufnahmen während der ganzen Mission gegeben.

Durch das Vorkommnis mit dem Bandrekorder gab es leider auch keine Bilder von Io. Io wurde vor dem Eintritt in den Orbit passiert. Einen Ausfall des Bandrekorders so kurz vor dem kritischen Bremsmanöver wollte das JPL nicht riskieren. Es war die einzige nahe Begegnung mit dem innersten galileischen Mond während der Primärmission. Jupiter hat einen ausgedehnten Strahlungsgürtel. Die Strahlung nimmt mit abnehmenden Abstand zu Jupiter zu. Zum Einbremsen in den Orbit näherte sich Galileo bis auf 185.000 km an Jupiter. Während der darauf folgenden Primärmission näherte sich die Sonde Jupiter nie weiter als auf 600.000 km. In wenigen Stunden empfing Galileo ein Drittel der Gesamtstrahlungsdosis, für die sie ausgelegt war.

Vor dem Eintritt in den Orbit trat die Atmosphärensonde in Jupiters Atmosphäre ein. Sechs Stunden vor dem Eintritt wurde sie durch einen Zeitgeber aktiviert. Drei Stunden später wurden zwei Experimente aktiviert, die Daten der Umgebung von Jupiter gewannen. Sie maßen zwischen 5 und 2 Jupiterradien Abstand vereinzelt und ab 2 Jupiterradien kontinuierlich. 450 km über dem 1 Bar-Niveau trat die Kapsel in die

Atmosphäre ein. Innerhalb von 80 Sekunden wurde sie von 48 km/s auf 0,45 km/s abgebremst und verlor 90 kg Masse. Danach wurde die hintere Abdeckung abgeworfen und ein Pilotfallschirm entfaltet. Er stabilisierte den Flug der Kapsel. Nach nur zwei Sekunden zog er den Hauptfallschirm heraus und wurde abgetrennt. Zuletzt folgte die Abtrennung des unteren Hitzeschutzschilds. Dies geschah in weniger als 30 Sekunden. Nun begannen die restlichen Instrumente mit ihren Messungen. Die Kapsel sank langsam nach unten. Nach 40 Minuten, bei 14 Bar Außendruck, fiel das Massenspektrometer als erstes Experiment aus. Nach 58,6 Minuten bei 24 Bar Außendruck riss der Funkkontrakt ab. Zuletzt waren noch Druck- Temperatur und Beschleunigungssensoren aktiv. Die Betriebsdauer lag innerhalb der Vorhersage von 60 bis 75 Minuten. Der Orbiter konnte maximal Daten über 70 Minuten speichern, nach 75 Minuten war er außer Funkreichweite.

Kurz nach Empfang der Daten drehte sich der Orbiter und zündete sein Triebwerk, um in eine Umlaufbahn einzuschwenken. Die erste Umlaufbahn führte in bis 20 Millionen km Entfernung von Jupiter und hatte eine Periode von 6 Monaten. Bei Erreichen der Apoapsis wurde das Triebwerk erneut gezündet. Das hob den jupiternächsten Punkt von 185.000 auf 786.000 km an. Damit senkte man die Strahlenbelastung deutlich ab. Die Primärmission umfasste zehn Umläufe bis zum 2.11.1997. Bei jedem Orbit passierte Galileo einen Mond in einer Distanz von 260 bis 3.000 km. Das änderte den Kurs so ab, dass man beim nächsten Orbit erneut einen Mond nahe passierte. Zwischendurch gab es kleinere Kursanpassungen mit dem Triebwerk. Während der 24 Monate gab es 1.924 Bilder, davon 1.645 nutzbar.

Die Mission wurde noch zweimal verlängert. Die **G**alileo **E**uropa **M**ission (GEM) dauerte vom 8.12.1997 bis 31.12.1999. In ihr gab es besonders viele Vorbeiflüge am Jupitermond Europa. Er war besonders interessant, da man einen flüssigen Ozean unter der Kruste vermutete. Allerdings wurde, um Kosten zu sparen, das wissenschaftliche Team auf ein Fünftel verkleinert. 200 Personen wurden anderen Projekten zugeteilt. Für die zwei Jahre standen nur noch 30 Millionen Dollar zur Verfügung. Für die vorherigen acht Jahre waren es dagegen 462 Millionen Dollar gewesen. Die sieben Vorbeiflüge an Europa (vorher nur zwei) erhöhten die Strahlungsbelastung deutlich. Es gab zwar 1.439 Bilder während der GEM, doch viele waren unbrauchbar durch Ausfälle in den Bordcomputern. Das DLR gab an, man habe nur 12 Prozent der geplanten Daten erhalten.

Die letzte Phase der Mission war die **G**alileo-**M**illenium-**M**ission (GMM), da sie in die auf den Jahrtausendwechsel fiel. Das Budget für die letzten zwei Jahre sank nochmals auf 9 Millionen Dollar. Da die Treibstoffvorräte stark abgesunken waren und sich Ausfälle häuften, setzte das JPL nahe Vorbeiflüge an Io und sogar an dem eingefangenen Asteroiden Amalthea, nur wenig außerhalb der Ringe, auf das Programm. Zum Ende der GMM würde die Flugkontrolle Galileo in Jupiters Atmosphäre verglühen lassen, um einen Absturz auf Europa zu vermeiden.

Probleme gab es nun nicht nur im Bordcomputer, sondern auch mit dem Bandlaufwerk und der Kameraelektronik. Bilder waren überbelichtet, die Elektronik der Kamera hing, und musste schließlich dauernd neu gebootet werden. Es gab während der GMM nur noch 678 Bilder, viele davon unbrauchbar. Von vier Vorbeiflügen an Io lieferte nur einer Daten. Ebenso gab es keine Bilder von Amalthea. Im Januar 2003 wurde Galileo abgeschaltet und das wissenschaftliche Team aufgelöst. Galileo befand sich nun auf einer Bahn, die ihn am 21.9.2003 verglühen ließ. Wenige Stunden vorher wurden nochmals die Teilchenexperimente aktiviert, die bis 9.820 km Höhe Daten über die Strahlungsgürtel lieferten, dann verschwand Galileo von der Erde aus gesehen hinter Jupiter und verglühte bald darauf.

Die Sonde nahm 650 krad an Strahlung auf, die vierfache Dosis, für die sie ausgelegt war. Für einen Menschen nach kurzer Zeit tödlich sind 0,8 krad. Juno, die aktuelle Jupitersonde, wird nur 25 krad aufnehmen – die gesamte Elektronik ist hier hinter zentimeterdicken Titanwänden untergebracht.

Das Projekt wurde erheblich teurer als geplant. Es sollte 285 Millionen Dollar (Wert: 1977) kosten. Bedingt durch dauernde Änderungen der Startkonfiguration und Verzögerungen beim Space Shuttle, waren es vor dem (geplanten) Start 1986 schon 865 Millionen Dollar. Die Verschiebung der Ankunft von 1988 auf 1995 addierte 462 Millionen Dollar an Kosten. Demgegenüber war die Verlängerung der Mission um vier Jahre mit 39 Millionen Dollar sehr preiswert.

Nach NASA-Angaben hat der Orbiter seiner Mission zu 40 bis 60 Prozent erfüllt, die Atmosphärenkapsel zu 100 Prozent . Zusammen sind es dann 70 bis 80 Prozent des Plansolls.

Datenblatt Galileo	
Start:	18.10.1989 Galileo mit STS-34 (Atlantis) 13.7.1995: Atmosphärensonde
Ankunft:	2.9.1990 Venus in 16.103 km Entfernung. 8.12.1990 Erde in 961 km Entfernung. 29.10.1991 Gaspra in 1.600 km Entfernung. 8.12.1992 Erde in 303 km Entfernung. 28.8.1993 Ida in 2.393 km Entfernung. 8.12.1995 Jupiter in 214.000 km Entfernung.
Nahe Vorbeiflüge an Jupitermonden:	1 × Amalthea (34 Orbit) 7 × Io (0, 24, 25, 27, 31 bis 33 Orbit) 11 × Europa (4,6,11 bis 19, 26 Orbit) 6 × Ganymed (1, 2, 7, 8, 27, 28 Orbit) 8 × Kallisto (9,10,20 bis 23, 30 Orbit) Distanzen zwischen 102 und 3.852 km.
Missionsende:	21.9.2003, Atmosphärensonde: 8.12.1995.
Mission:	Jupiterorbiter / Jupiteratmosphärensonde
Gewicht:	2.562 kg, davon 339 kg Atmosphärensonde, Orbiter ohne Treibstoffe: 1.261 kg.
Abmessungen:	4,90 m Durchmesser ohne Ausleger, 6,12 m Höhe mit Kapsel, 4,50 m ohne Kapsel, 5,30 m mit teilgeöffneter HGA Kapsel: 1,27 m Durchmesser, 0,91 m Höhe.
Instrumente:	Orbiter: 11 Experimente im Gesamtgewicht von 118 kg • SSI: Kamera 1500 mm f/8,6. 800 × 800 Pixel × 8 Bit/Pixel, 0,465 Grad Gesichtsfeld.8 Filter. Auflösung 1 km aus 100.000 km Entfernung. 28 kg Gewicht. • NIMS: abbildendes Nahinfrarotspektrometer: 20 Pixel Array. Auflösung 52 km aus 100.000 km Spektren mit 25 nm spektraler Auflösung. 18,1 kg Gewicht. • UVS: UV-Spektrometer. 50,8 cm Teleskop, 250 mm Brennweite. Empfindlich zwischen 115 und 432 nm. Drei Detektoren. Räumliche Auflösung 0,1 / 0,4 × 1,0 Grad. Spektrale Auflösung 0,7 oder 1,3 nm je nach Kanal. 4,2 kg Gewicht. • EUV: Extrem-UV Spektrometer zwischen 54 und 128 nm. Spektrale Auflösung 1,5 – 3,5 nm. • PPR: Photometer-Radiometer. Temperatur/Helligkeitsmessungen. Polarimeter 3 Kanäle, 278 – 944 nm. Radiometer 16,8 – 117 mm. 5 Kanäle. Auflösung 250 km aus 100.000 km Entfernung. 5,2 kg Gewicht. • DDS: Staubdetektor: Bestimmt die Masse, Geschwindigkeit und Richtung von Staubteilchen. • EPD: Energiereiche Partikel: > 20 keV Elektronen, > 100 keV Protonen. 10,5 kg Gewicht. • PLS: Plasmateilchen Subsystem. 1,2 bis 50.400 V elektrostatischer Analysator. 10,7 kg. • PWS: Plasmawellen. Mehrere Empfänger empfangen Radiowellen von 5 Hz bis 100 MHz. • HIC: Nachweis schwerer Atomkerne der Elemente Kohlenstoff bis Nickel. 8,3 kg Gewicht. • MAG: Magnetometer: Zwei Sensoren an einem 11 m langen Ausleger für schwache und starke Magnetfelder (32 bis 512 und 512 bis 16.384 nT). 7 kg Gewicht. • RSS: Nutzung der S-Band und X-Band Sender für Dopplermessungen und Bedeckungsexperimente Atmosphärensonde: Sechs Experimente im Gesamtgewicht von 30 kg • ASI: Druck, Temperatur, Beschleunigungssensoren • HAD: Misst Heliumkonzentration auf 0,1 % genau. • NMS: Massenspektrometer für Atome/Moleküle mit Atommasse 1 bis 150 • NFR: Nettoflussradiometer. Bestimmt durch die Atmosphäre aufgenommene und von Jupiter abgegebene Energie. • NEP: Nephelometer: Bestimmt Teilchen zwischen 0,2 und 20 Mikrometer Größe und zählt deren Vorkommen. • LRD: Blitz und Radiowellendetektor zählt Blitze anhand rascher Helligkeitsänderungen und

Datenblatt Galileo	
	emittierte Radiowellen. • EPD: energiereiche Teilchen. Bestimmte Elektronen und Protonen mit mehr als 5 MeV Energie.
Ergebnisse:	Atmosphärische Messungen über 57,6 Minuten bis 14 Bar Außendruck ohne Ausfälle. Druck / Temperaturmessungen bis 24 Bar Außendruck. Zahlreiche Detailaufnahmen der galileischen Monde, Aufklärung über deren inneren Aufbau. Beobachtung der vulkanischen Aktivität von Io.
Bilder:	432 KByte Daten von der Atmosphärensonde 14.000 Bilder insgesamt, aber nur 3.765 von Jupiter 570 NIMS Bilder 30 GByte an Daten insgesamt
Kosten:	132 Millionen Dollar Atmosphärensonde 760 Millionen Dollar Orbiter und Start 462 Millionen Dollar Betrieb von 1989 bis 7.12.1997 30 Millionen Dollar Betrieb von 8.12.1997 bis 31.12.1999 9 Millionen Dollar Betrieb von 1.1.2000 bis 31.1.2003 Gesamt: 1.390 Millionen Dollar
Bemerkungen:	Es entfiel ein Großteil der Messungen des Plasmawellensystems, nahezu alle Jupiteraufnahmen und die meisten mittelaufgelösten Mondaufnahmen. In den erweiterten Missionen zunehmende Einschränkungen durch Systemausfälle. Nach NASA-Angaben 70 bis 80 % der Gesamtmission erfüllt.

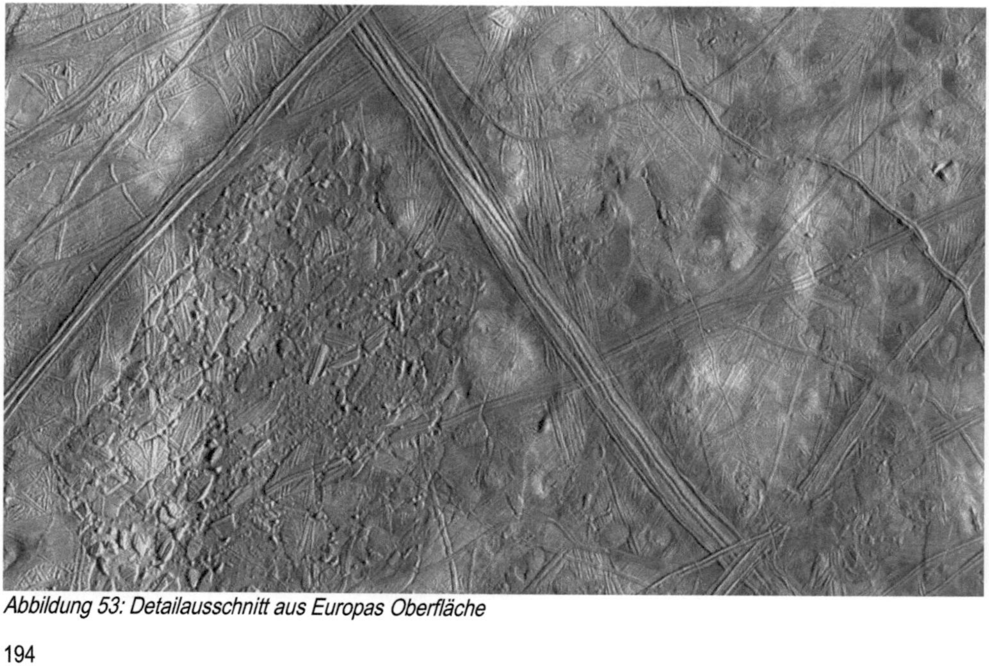

Abbildung 53: Detailausschnitt aus Europas Oberfläche

54. Abbildung: Galileo vor dem Start

55. Abbildung: Io Aufnahme von Galileo

Mars Observer

Erst 17 Jahre nach Viking startete die NASA die nächste Marssonde. Von vielen Viking-Nachfolgeprojekten war der Mars Observer das Einzige, das umgesetzt wurde. Der Mars Observer ging auf den Vorschlag eines Geologieorbiters zurück, der später zu einem Geochemieorbiter mutierte. 1983 wurde der Mars Observer zusammen mit Magellan genehmigt. Er sollte 1990 mit der TOS, einer einstufigen Version der IUS, vom Space Shuttle ausgesetzt werden.

Zuerst war geplant, einen bestehenden Satellitenbus zu verwenden, doch das JPL ließ einen neuen Satelliten konstruieren. Der Plan, zwei Orbiter zu bauen und einen in einem elliptischen Orbit zu belassen, um Phobos und Deimos bei Vorbeiflügen zu erkunden sowie größere Teile der Oberfläche in mittlerer Auflösung zu erfassen, wurde vor allem wegen der Kosten fallen gelassen.

Der Mars Observer hat ein auffälliges Aussehen, mit einem einzigen 3,7 × 7 m großen Solarzellenausleger, anstatt zwei oder vier Paneele einzusetzen. An einer Seite sind die Experimente fest angebracht. Es gibt nicht, wie bei Mariner und Viking, eine drehbare Plattform für die Experimente. Dies ist nicht nötig, weil der Mars Observer in einem kreisförmigen Orbit in 361 km Höhe den Mars umkreisen sollte. Die Seite mit den Instrumenten schaut dann permanent auf den Fußpunkt, der sich mit konstanter Geschwindigkeit über die Oberfläche bewegt. Zwei Ausleger tragen das Magnetometer und Gammastrahlenspektrometer. Die Kommunikationsantenne von 1,45 m Durchmesser befindet sich an einem 5,30 m langen Ausleger.

Die Computerausrüstung entsprach dem damaligen Stand der Technik. Hauptprozessor war der MA-1750A Prozessor, ein 16-Bit-Prozessor, vergleichbar mit dem Intel 80286 oder Motorola 68000. Daten wurden auf drei Bandrekorder mit je 1,38 GBit Kapazität gespeichert. Mit einer Datenrate von bis zu 85,3 Kbit/s und der Möglichkeiten, Daten zu komprimieren, hätte der Mars Observer mehr Daten als die beiden Viking Orbiter zusammen liefern können. 75 GByte erhoffte man sich während der Primärmission.

Die Experimente untersuchten verschiedene Fragestellungen der Geologie und Geochemie. Das Kamerasystem bestand aus zwei Kameras, einer Weitwinkelkamera und einer Telekamera. Die Weitwinkelkamera sollte einmal am Tag den ganzen Mars erfassen und Wetterphänomene untersuchen. Ihr Objektiv hatte eine starke Verzerrung zum Rand hin. Die Telekamera verwandte ein 35-cm-Teleskop und hatte die damals enorm hohe Auflösung von nur 1,4 m/Bildpunkt, also sechsmal besser als die besten Viking-Aufnahmen und damals besser als jeder zivile Erderkundungssatellit. Beide Kameras setzten Zeilen-CCD ein. Begrenzt war die Größe des Streifens nur durch den Speicher der Kamera, der mit 12 MByte für die Zeit enorm groß war.

Der Laserhöhenmesser sollte über ein Marsjahr eine topografische Karte des Mars erstellen. Ein Laserstrahl beleuchtet ein Gebiet von 160 m Durchmesser und die Laufzeit des reflektierten Signals wurde gemessen. Man erhielt die Höhe dieses Gebietes mit 30 m Auflösung. Pro Sekunde werden 10 Impulse abgegeben.

Nachdem russische Sonden ein schwaches Magnetfeld beim Mars detektierten, führte man ein leistungsfähiges Magnetometer mit. Bedingt durch die marsnahe Bahn sollte es ein Magnetfeld erkennen, wenn es eines gibt. Man erwartete kein durchgehendes Magnetfeld, sondern lokale Restmagnetisierungen. Um die Empfindlichkeit zu steigern, wurde es an einem Ausleger montiert, 6 m von der Elektronik entfernt.

Das Spektrometer TES besteht aus drei Einzelinstrumenten. Ein im mittleren Infrarot empfindlichen Spektrometer, einem hochempfindlichen Temperaturmessgerät und einem Gerät, das die Albedo, also die Menge des reflektierten Lichtes, mit hoher Genauigkeit misst. Die Auflösung aller drei Instrumente betrug 3 km. Erfasst wurde mit einer Messung ein Gebiet von 9 × 6 km.

Das Spektrometer/Radiometer PMIRR sollte erstmals die vertikale Schichtung der Atmosphäre am Horizont untersuchen. Es maß Temperaturen und bestimmte die Konzentration von Kohlendioxid und Wasser. Es hatte acht Spektralkanäle, die auf die Absorptionsmaxima wichtiger Moleküle und Staub abgestimmt waren.

Das Gammastrahlenspektrometer sollte sowohl die vom Planeten abgegebenen Gammastrahlen detektieren, wie auch die aus kosmischen Quellen stammenden reflektierten Gammastrahlen. Gammastrahlung vom Mars stammt vom Zerfall der Elemente Kalium, Thorium und Uran. Die kosmischen Gammastrahlen werden durch den Boden abgeschwächt und reflektiert. Nach summierten Messungen von einem Marsjahr Dauer hätte das Experiment die Häufigkeit der Mengenelemente von Sauerstoff bis Eisen auf 10 Prozent genau bestimmen können.

Erstmals würde eine US-Mission eine russische Mission unterstützen. Russland plante damals die Mars-94-Mission. Ein UHF-Empfänger sollte Daten der Mars 94 Landesonde sowie von französischen Ballonen, die für Mars 96 geplant waren, empfangen. Der Empfänger stammte von der CNES, welche die Ballone für Mars 96 baute.

Gegenüber Viking war der Sprung enorm und so setzte das JPL große Hoffnungen in den Mars Observer. Er sollte ein neues Kapitel in der Marsforschung einläuten.

Nach drei Monaten in einem elliptischen Marsorbit, den man dazu nutzen wollte, mit der Kamera niedrig aufgelöste Bilder zur Kartierung zu gewinnen (später kann die Kamera aufgrund ihrer hohen Auflösung nur noch kleine Flächen erfassen) hätte der Mars Observer eine sonnensynchrone Kreisbahn in 361 km Höhe erreicht. Sonnensynchron heißt, die Umlaufbahn ist mit der Bewegung von Mars um die Sonne synchronisiert. Ein Gebiet auf der Oberfläche wird immer zur gleichen lokalen Uhrzeit und gleichem Schattenwurf beobachtet. Die 687 Tage (1 Marsjahr) dauernde Primärmission sollte bis zum 3.11.1995 dauern. Die Vorräte an Treibstoff ließen eine Verlängerung der Mission zu. Für die Landung von Mars 96 im Sommer 1997 war der Mars Observer als Relay vorgesehen.

Nach dem Verlust der Challenger wurde die Missionsplanung angepasst. Für den Mars Observer bestellte die NASA eine Titan 34D, um nicht vom Space Shuttle abhängig zu sein. Das erhöhte die Kosten deutlich, da ein Space Shuttle Start in der NASA-Verrechnung nur 80 Millionen Dollar kostete. Das waren die Missionskosten ohne die Fixkosten. Die Commercial Titan, eigentlich eine Titan 34D, die vom Hersteller umbenannt wurde und die TOS, kosteten dagegen 293 Millionen Dollar.

Die Budgetkürzungen 1987/88 führten dazu, dass man den Start auf 1992 verschieben musste, was die Kosten des Orbiters erhöhte. So kostete der Mars Observer 479 anstatt geplanter 252 Millionen Dollar.

Der Orbiter startete mit der vierten und letzten Commercial Titan. Start und Flug verliefen problemlos. Unterwegs nahm man die Instrumente in Betrieb und machte mit der MOC erste Testaufnahmen von Jupiter. Am 26.7.1993, einen Monat vor dem Einschwenken in den Orbit, machte der Mars Observer zwei Testaufnahmen des Mars. Es sollten die einzigen Bilder vom Mars bleiben.

Als man am 20.8.1993, vier Tage vor dem Einschwenken in den Orbit, die Treibstofftanks unter Druck setzte, schaltete das Computerprogramm den Sender ab. Danach meldete sich der Mars Observer nicht mehr. Alle Kommunikationsversuche waren erfolglos. Die Ursache konnte nie geklärt werden. Als wahrscheinlichste Ursache wurde eine Verpuffung von Treibstoff in den Leitungen, gezündet durch die Gase des pyrotechnischen Zünders, angenommen. Dies führt zu einem Leck und zum Verlust von Treibstoff und Druckgas. Durch die austretenden Gase kam es zum Drehen des Orbiters. Der Computer unterbrach die Sequenz der Inbetriebnahme und schaltete den Sender nie mehr ein, der nach Programmende erneut aktiviert werden sollte.

Die Experimente wurden nachgebaut. Allerdings nicht der Mars Observer. Stattdessen flogen die Instrumente von 1996 bis 2001 auf drei kleineren Raumsonden zum Mars. Inzwischen gab es einen neuen Kurs bei der NASA: Anstatt einer großen Sonde, die eine Titan als Trägerrakete benötigte, sollten mehrere kleine Sonden gebaut werden, die mit einer Delta auskamen. Mit dem inzwischen von Magellan (S. 179) erprobten Aerobraking benötigt man zudem weniger Treibstoff – 60 Prozent der Masse des Mars Observers war Treibstoff. Die Missionen kosteten zusammen 683 Millionen Dollar, waren also rund 300 Millionen Dollar preiswerter. Allerdings wäre auch ein nachgebauter Mars Observer preiswerter gewesen, und wenn er Aerobraking eingesetzt hätte, hätte eine Atlas als Trägerrakete ausgereicht, was ebenfalls rund 200 Millionen Dollar eingespart hätte.

Da man die Mittel für den Betrieb und die Datenauswertung des Observers nicht mehr benötigte – immerhin fast 170 Millionen Dollar – konnte damit schon die erste Sonde, der **M**ars **G**lobal **S**urveyor (MGS, Band 2, S. 22) finanziert werden. MGS startete 1996 und trug die nachgebauten Experimente MOC, MOLA, MAG/ER, TES. 1998 folgte der **M**ars **C**limate **O**rbiter (MCO, Band 2 S. 87) mit PMIRR und 2001 Mars Odyssey (Band 2, S. 109) mit dem GRS. Auch der MCO ging beim Einschwenken in den Orbit verloren – weil man bei der NASA mit SI-Einheiten (Newton für die Kraft) und in der US-Industrie mit „imperialen Einheiten" (Pounds of Force für die Kraft) rechnete, den Umrechnungsfaktor von 4,5 aber nicht bei Kurskorrekturen berücksichtigte.

Datenblatt Mars Observer	
Start:	25.9.1992 mit Commercial Titan 3 CT-4
Ankunft:	24.8.1993
Missionsende:	20.8.1993
Mission:	Marsorbiter
Gewicht:	2.573 kg beim Start, 1.018 kg ohne Treibstoffe
Abmessungen:	Bus: 3,7 × 1,6 × 1,1 m mit Auslegern maximale Länge 15,2 m, maximale Höhe 6 m
Instrumente:	Acht Experimente im Gesamtgewicht von 156 kg: • MOC: Weitwinkelkamera 11,3 mm Brennweite, f/6,5, 140 Grad Blickwinkel 2048 Pixel Zeilenbreite, Auflösung 280 m bis 2 km. Telekamera 3.500 mm Brennweite, f/10, 35 cm Öffnung, 0,4 Grad Blickwinkel, 3.456 Pixel Zeilenbreite, Auflösung 1,4 m Bildgröße 2,8 × 2,8 bis 2,8 × 25,2 km. 21 kg Gewicht. • MOLA: Laserhöhenmesser 10 Messungen pro Sekunde von je 160 m Durchmesser am Boden mit 30 m Höhenauflösung. Teleskop mit 500 m Durchmesser, 740 mm Brennweite, 25,9 kg Gewicht. • MAG/ER: Magnetometer / Elektron-Reflektometer an einem 6 mm langen Ausleger. 16 Vektoren/s mit einer Auflösung von 0,08 nT. Messschwelle 0,05 nT. Messbereich 16-65.536 nT in 7 Bereichen. Messung freier Elektronen mit einer Energie von 0,1 eV bis 10 keV in einem Bereich von 14 × 360 Grad. 5,4 kg Gewicht • TES: Thermal Emission Spectrometer, 18,1 kg Gewicht ○ Infrarotspektrometer: empfindlich zwischen 6,25 und 50 µm Wellenlänge, 143 Punkte/ Spektrum. 3,2 km Bodenauflösung. ○ Bolometer: Temperaturmessung durch Registrierung der Infrarotstrahlung zwischen 4,5 und 100 µm Bodenauflösung 3 km ○ Albedomessungen zwischen 0,3 und 2,7 µm. Auflösung 3 km am Boden. • Mars Relay Experiment: UHF-Empfänger. Maximal 128 kbit/s Datenrate vom Mars 94 Lander / Mars 96 Ballonen. Maximal 128 kbit/s Datenrate. 6,8 kg Gewicht. • PMIRR: druckgeregeltes IR-Radiometer: Vertikale Temperatur, CO_2 und H_2O Messungen der Atmosphäre bis 80 km Höhe mit 5 km Höhenauflösung. Acht Kanäle von 6 – 50 µm Wellenlänge. Blickfeld 1,7 × 0,95 Grad. 40,2 kg Gewicht. • GRS: Gammastrahlenspektrometer: Räumliche Auflösung 280 km. Anteil der Mengenelemente am Äquator auf 10 % genau bestimmbar, zu den Polen hin genauer. Erfasst Gammastrahlen von 0,2 bis 10 MeV Energie und Neutronen von < 2,5 MeV/Neutron. Auflösung 0,61 bis 1,22 keV durch Kühlung auf 77 K. Gewicht 30,2 kg. • RS: Radio Science: Suche nach Massenkonzentrationen, Durchleuchten der Atmosphäre nahe des Pols.
Ergebnisse:	Geht vor Erreichen des Mars verloren.
Bilder:	2 vom Mars
Kosten:	813 Millionen Dollar bis zum Verlust, 980 Millionen Dollar insgesamt. Davon 479 Millionen Dollar Mars Observer, 293 Millionen Dollar Titan 34D/TOS, 150 Millionen Dollar Missionsüberwachung.

56. Abbildung: Der Mars Oberserver auf der TOS-Stufe vor dem Start

Russland

Russlands Raumsonden haben eine andere Geschichte als die US-Sonden. Den Start von Sputnik 1 musste Koroljow den Militärs noch als ICBM-Test mit anderer Nutzlast verkaufen. Das weltweite Echo auf den Start führte dazu, dass Russlands Führung dazu überging, spektakuläre Erstleistungen zu fordern, wie das erste Lebewesen im All (Laika auf Sputnik 2) und den ersten Menschen im Weltraum. Dann folgte das erste Erreichen von Mond, Venus und Mars. Die USA machten bei diesem Wettrennen mit. Schnell wurden Pionier 0 bis 4 und Pioneer P auf den Weg gebracht. Nach Mariner 2 endete diese Phase auf Seiten der USA. Es begann ein Forschungsprogramm mit aufeinander aufbauenden Missionen. Anders bei Russland. Sie versuchten nach wie vor, die Ersten zu sein. Sobald dieses Ziel erreicht war, folgten keine weiteren Sonden mehr. Beim Mond gab es Rückschläge, doch konnte man hier noch vor den USA den ersten Mondaufschlag vermelden (Luna 2), die ersten Fotos der Mondrückseite (Luna 3), die erste weiche Mondlandung (Luna 9) und der erste Mondorbiter (Luna 10). Bei den Planeten fielen die Sonden jedoch meist vor der Ankunft aus, selbst wenn der Start gelang, was bis Ende der Sechziger leider die Ausnahme war.

Die Forschungsaufgaben wurden dieser propagandistischen Wirkung untergeordnet. Das gipfelte in dem Start von Mars 4 bis 7: man wusste schon vor dem Start, dass statistisch die Ausfallwahrscheinlichkeit 50 Prozent betrug, wollte aber der zwei Jahre später stattfindenden Vikingmission zuvorkommen. Zudem waren selbst die großen Marslander nur batteriebetrieben, was angesichts des Aufwandes inadäquat war.

Anders entwickelte sich die Forschung bei der Venus. Die USA haben nach Mariner 5 für über ein Jahrzehnt keine Raumsonde mehr zur Venus entsandten. Zusammen mit der dicken Atmosphäre und hohen Temperaturen war die schwere und unflexible Auslegung der russischen Landesonden kein Nachteil mehr, sodass eine Reihe von Erfolgen verzeichnet wurde.

Noch immer hatte die Forschung einen schlechten Stand. Die meisten russischen Satelliten waren und sind militärischer Natur, dann kamen Anwendungssatelliten wie für Meteorologie und Kommunikation. Es gab nur wenige Forschungsmissionen. Nach dem Zusammenbruch der UdSSR benötigte man sogar die Fremdfinanzierung der ESA, um Mars 96 fertigzustellen. Sie war für fast zwei Jahrzehnte die letzte Raumsonde. Sie und der Nachfolger Phobos-Grunt gingen beim Start verloren.

Auffällig ist die hohe Ausfallquote bei russischen Sonden. Es gibt nicht nur außergewöhnlich viele Fehlstarts. Es fielen auch viele Sonden auf dem Weg zu ihren Zielen aus. Nach allem was man weiß, war die elektronische Ausrüstung vieler Sonden weit von den Standards der US-Sonden entfernt. Phobos 1/2 erreichten elf Jahre nach Voyager nicht deren Sicherheitsniveau.

Russland hatte den Designansatz, dass man nicht spezielle weltraumqualifizierte Hardware entwickelte, sondern die Umgebung der Erde nachstellte. So befand sich die Elektronik in einem unter Druck stehenden Teil, dessen Atmosphäre durch einen Lüfter umgewälzt wurde. Das machte die Sonden schwer. Doch ein Mikrometeorit kann ein Loch reißen, durch das Gas entweicht. Als Folge überhitzt die Elektronik. Selbst späte Raumsonden wie Venera 15/16 hatten eine beschränkte Lebensdauer. Missionen zu den äußeren Planeten waren so schon aufgrund der geringen maximalen Lebensdauer nicht möglich.

So verwundert es nicht, dass Russland sehr viel mehr Missionen zur Venus startete: Eine Landung war das Ziel der meisten Sonden. Die Sonde überlebt nur wenige Stunden, egal wie ausgeklügelt ihre Elektronik ist.

Auffällig ist, dass russische Missionen sehr unflexibel waren. Das vor dem Start festgelegte Messprogramm wurde nie angepasst. Mars 3 verblieb in seinem unplanmäßigen Orbit. Als man Venera 15 im Orbit hatte, nutzte man nicht Venera 16, um die Abdeckung der Kartierung zum Äquator hin zu erhöhen. Luna 22 sollte in der ersten Missionsphase den Mond kartieren, als das Perilunäum stark absank, beendete man diese Phase vorzeitig, anstatt es anzuheben, obwohl es genügend Treibstoff gab.

Ich habe die Sonden nach den Programmnamen benannt, nicht nach offiziellen Namen. Die offizielle Nomenklatur der gestarteten Sonden erfolgte nach Ziel, nicht nach Programm. Eine Bezeichnung erhielten nur Sonden, die zumindest die Erde verließen. Fehlstarts erhielten gar keinen Namen, im Erdorbit verbliebene Sonden eine Bezeichnung aus dem Sputnik (nicht offiziell) oder Kosmosprogramm. Die große Zahl an Sonden reduziert sich auf nur wenige Programme mit jeweils vielen Starts.

E-1: Luna 1 und 2

Die ersten beiden Luna gehörten zum Programm E-1. Russland bezeichnete alle Mondsonden, unabhängig von dem Programm, als Luna. Dies ähnelt dem Marinerprogramm, in dem auch verschiedene Raumsonden eingruppiert wurden.

Die ersten Luna-Sonden ähnelten sowohl im Aussehen wie auch Konstruktionsprinzip sehr dem ersten Sputnik. Daran erinnert auch die Namensgebung, denn sie wurden anfangs „Lunik" getauft. Luna 1 und 2 waren Kugeln aus einer Aluminium-Magnesiumlegierung, innen mit Stickstoff gefüllt, der durch einen Ventilator umgewälzt wurde. An der Hülle waren Stabantennen zur Kommunikation und ein Magnetometer an einem Ausleger angebracht. Im Inneren befanden sich Experimente zum Messen der kosmischen Strahlung und bei Luna 2 ein Mikrometeoritendetektor. Propagandistisch wichtiger waren zwei Plaketten aus massivem Metall mit eingravierten sowjetischen Hoheitssymbolen (Hammer und Sichel), die den Aufschlag der Sonden auf dem Mond überlebt hätten.

Ziel war ein Mondaufschlag. Da die Semjorka, die R-7 ICBM, die Sputnik startete, nicht die erforderliche Nutzlast hatte, entwickelte Koroljow in Rekordzeit eine neue Oberstufe. Diese Rakete wurde „Luna" genannt und so suggeriert, es gäbe eine neue Trägerrakete. Später beförderte dieselbe Rakete nun als „Wostok" bezeichnet, die gleichnamigen Raumschiffe in einen Erdorbit. Verglichen mit Pioneer 0 bis 4 mit ähnlichem Ziel waren Luna 1 und 2 enorm schwer. Sie wogen mehr als die Lunar Orbiter, die erst Jahre später starteten. Gemessen an ihrem Gewicht waren sie jedoch einfache Konstruktionen, die nur wenige Daten lieferten.

Zur Bahnverfolgung wurde auf der Drittstufe ein Behälter mit einem Kilogramm Natrium mitgeführt. Das Natrium wurde nach einem Drittel der Strecke freigesetzt. Natrium ist ein Element, das von der UV-Strahlung der Sonne leicht ionisiert wird. Ionisiertes Natrium leuchtet intensiv in Orange. Die entstehende Wolke wurde fotografiert und so der Kurs bestimmt. Sie war beobachtbar, bis die Wolke einen Durchmesser von 650 km erreichte. Erst danach wurden die Sonden von der dritten Stufe abgetrennt. Dem ersten erfolgreichen Start gingen drei Fehlschläge voraus, die, da sie keinen Orbit erreichten, keinen offiziellen Namen erhielten.

E-1 Nr.1 startete am 23.9.1958, weniger als ein Jahr nach Sputnik 1, 27 Tage nach der ersten US-Sonde Pioneer 0. Bald nach dem Abheben geriet die Luna-Trägerrakete in eine sich selbst verstärkende Resonanzschwingung um die Längsachse der Außenblöcke. Nach 93 s wurde das strukturelle Limit erreicht und die Rakete explodierte. Genauso war es beim zweiten Start am 11.10.1958, rund 15 Stunden nach dem Start von Pioneer 1. Auch diesmal gab es Resonanzschwingungen bei den Außenblöcken, die 104 s nach dem Start zur Explosion der Trägerrakete führten.

Nach zwei Fehlstarts durch dieselbe Ursache bei nahezu gleichem Zeitpunkt analysierte man das Problem und befand, dass die neue Oberstufe, die rund 8 t Gewicht addierte, den Schwerpunkt der Rakete verschoben hatte. Man besserte nach und versuchte am 4.12.1958 einen erneuten Start. Es verlief alles problemlos, bis nach 245 s das Triebwerk der Zentralstufe vorzeitig abschaltete. Die dritte Stufe wurde gar nicht erst gezündet. Die Untersuchung zeigte, dass eine Dichtung im Kühlsystem der Turbopumpe undicht war. Die Turbopumpe überhitzte und schaltete ab.

Am 2.1.1959 glückte schließlich der Start von **Lunik 1**. Erst 1963 wurde sie in Luna 1 umbenannt. Ziel war ein Mondaufschlag. Die Steuerung richtete die letzte Stufe aber falsch aus. So verpasste Luna 1 den Mond um 5.955 km. Russland benannte die Sonde sofort in „Metschka“ – Traum um, anspielend auf den Menschheitstraum, die Erde endgültig zu verlassen. 34 Stunden nach dem Start passierte Lunik 1 den Mond. Bis 62 Stunden nach dem Start gab es Funkkontrakt. Dann waren die Batterien als Stromquelle erschöpft. Sie befindet sich in einer 0,98 × 1,32 AE-Bahn um die Sonne.

Russland ließ sich nun Zeit. Da am 3.3.1959 auch die letzte Pioneer-Sonde nicht den Mond erreichte, gab es keinen Grund zur Eile. Erst nach fünf Monaten hob die nächste Rakete ab. Sie musste nach 153 s gesprengt werden, als ein Gyroskop der Steuerung ausfiel und die Rakete vom Kurs abkam. Die letzte Sonde startete am 12.9.1959. Diesmal klappte alles und **Lunik 2** schlug nach zweieinhalb Tagen auf dem Mond auf.

Nachdem diese zweite Erstleistung erbracht war, gab es keine weiteren Starts und Russland ging an das nächste Programm: E-2 mit dem Ziel die Mondrückseite zu fotografieren. Von den sechs Sonden des Programms E-1 verließen nur zwei die Erde, nur eine schlug auf dem Mond auf.

Datenblatt Luna 1 und 2	
Start:	23.9.1958 Luna 1A (Fehlstart) 11.10.1958 Luna 1B (Fehlstart) 4.12.1958 Luna 1C (Fehlstart) 2.1.1959 Luna 1 18.6.1959 Luna 2A (Fehlstart) 12.9.1959 Luna 2
Ankunft:	3.1.1959 Mondpassage von Luna 1 in 5.955 km Abstand 14.9.1959 Mondaufschlag von Luna 2 bei 29,1 Grad Nord, 0 Grad Ost.
Mission:	Mondaufschlag
Gewicht:	Luna 1: 361,3 kg, Luna 2: 390 kg
Abmessungen:	Kugeldurchmesser: 1,45 m (Luna 1) bzw. 1,90 m (Luna 2)
Instrumente:	Vier bzw. fünf Instrumente: • Magnetometer. Meßbereiche 600 und 3.000 nT, Genauigkeit 47 nT. • Drei Gasentladungsdetektoren für ionisierende Strahlung, verschiedene Abschirmung. Empfindlich für Elektronen mit mehr als 350, 650 und 1.100 keV. • Tscherenkow-Szintillationsdetektor • Ionenfalle • Nur Luna 2: Mikrometeoritendetektor
Ergebnisse:	Kein Magnetfeld des Mondes nachweisbar, ebenso kein Strahlengürtel bis in einer Höhe von 55 km über der Oberfläche. Luna 1 bestimmte die Geschwindigkeit des Sonnenwindes zu 400 km/s.

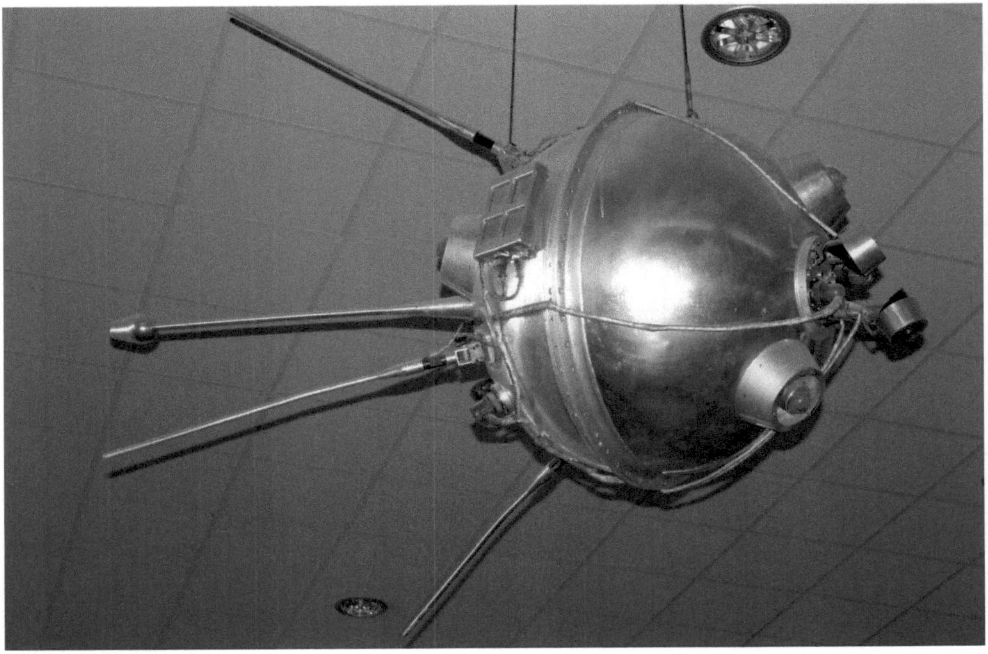

Abbildung 57: Luna 2

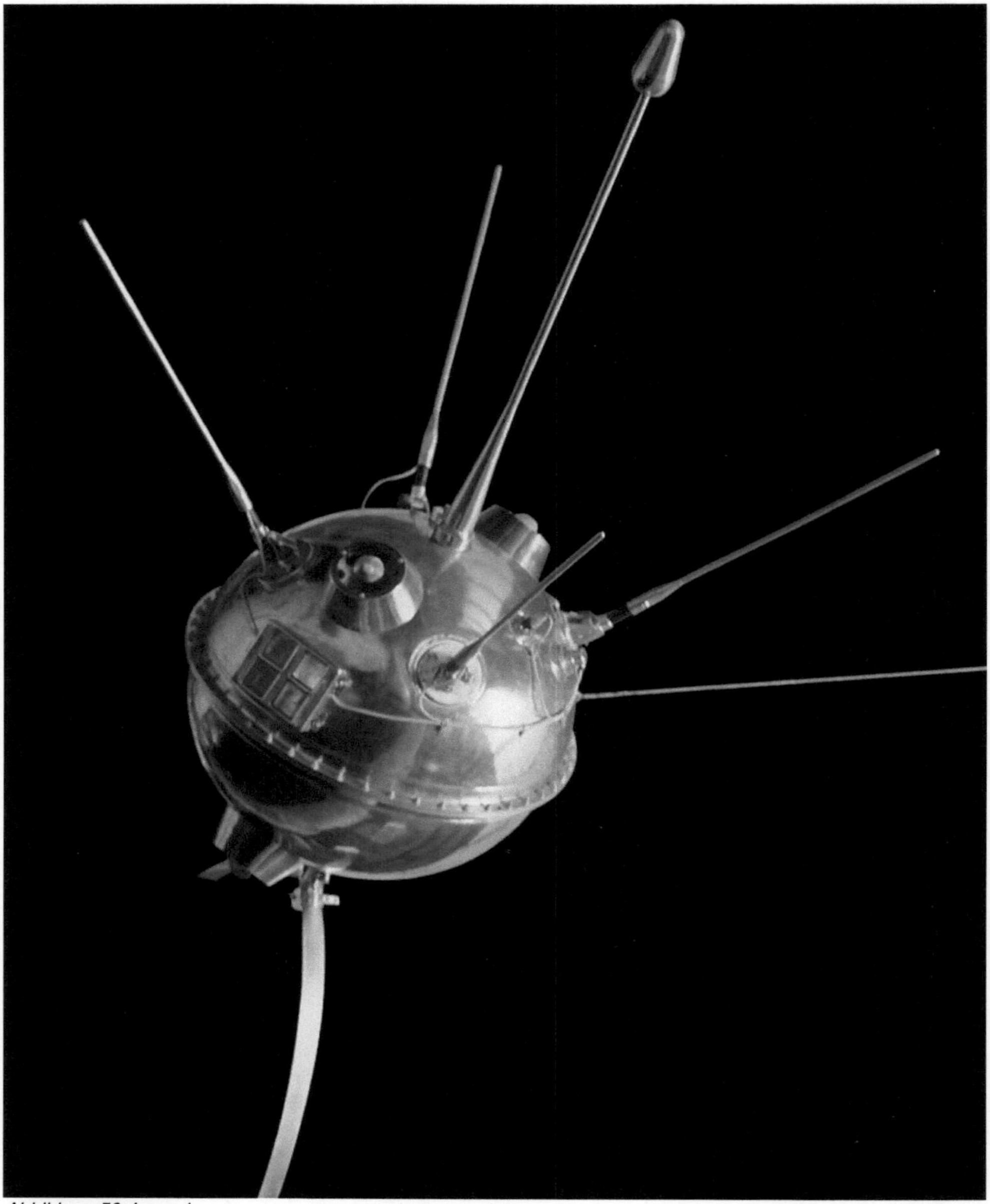

Abbildung 58: Luna 1

E-2A / E-3: Luna 3

Das nächste Programm, das zeitgleich mit dem Programm E-1 (Aufschlag auf dem Mond) gestartet wurde, war E-2A. Es hatte das Ziel, die Mondrückseite zu fotografieren. Der Mond rotiert synchron, d. h., er braucht für eine Rotation genauso lange, wie für eine Umrundung der Erde. Damit heben sich beide Bewegungen auf und wir sehen nur eine Seite. Die erdabgewandte Seite war bis 1959 unbekannt.

Eine Sonde, die den Mond bei der Passage fotografiert, ist naturgemäß erheblich komplexer, als ein einfacher Metallkörper mit Sendern, der nur aufschlägt. Daher wurden die Programme E-1 und E-2 parallel gestartet, um genügend Zeit für die Entwicklung zu haben. Nach dem Start hieß die Sonde Lunik 3. Erst 1963 wurden alle Mondsonden (auch die schon gestarteten) in Luna umbenannt.

Luna 3 war erheblich komplexer als ihre Vorgängerinnen. Sie bestand aus einem mit Stickstoff gefüllten Zylinder. In ihm befanden sich Elektronik und Kamerasystem. Vorne und hinten war der Zylinder mit halbkugelförmigen Domen abgeschlossen. Ein Ring oben war mit Solarzellen bedeckt. Dort befanden sich die Antennen, das Objektiv der Kamera sowie ein Mikrometeoritendetektor. Unten befanden sich die Düsen des Lageregelungssystems. Luna 3 wurde nach dem Start durch Rotation um ihre Längsachse stabilisiert. Geriet der Mond in das Sichtfeld eines lichtempfindlichen Sensors, so wurde die Rotation gestoppt.

Das Kamerasystem bestand aus zwei Objektiven mit Brennweiten von 200 mm und 500 mm. Das 200-mm-Objektiv konnte die gesamte Mondrückseite abbilden, das 500-mm-Objektiv nur einen Ausschnitt. Beide belichteten 35 mm Luftbildfilm. Dieser wurde wie bei Lunar Orbiter (S. 94) an Bord entwickelt, fixiert, getrocknet und dann fotoelektrisch abgetastet und als Faksimile übertragen. Die Aufnahme wurde automatisch ausgelöst, wenn eine Fotozelle neben dem Objektiv das Licht des Mondes registrierte. Maximal 40 Bilder konnten gemacht werden. Nach dem ersten Foto wurden mit festem Intervall Bilder abwechselnd mit Belichtungszeiten von 1/200 und 1/80 s aufgenommen. Die Abtastung erfolgte durch eine Kathodenröhre als Lichtquelle hinter dem Film und einem Photomultiplier als Detektor. Es gab zwei Datenraten. Eine für niedrige Datenrate für die Übertragung aus Mondentfernung und eine höhere Übertragungsrate in Erdnähe.

Am 4.10.1959 fand der Start von **Luna 3** statt. Das war der zweite Jahrestag des Starts von Sputnik 1. Der Start gelang auf Anhieb. Russland bezeichnete Luna 3 erstmals als „Interplanetare automatische Station". Beim Empfang der ersten Daten stellte man fest, dass das Signal nur halb so stark war wie erwartet und die Temperaturen anstiegen. Luna 3 war falsch ausgerichtet. Man stoppte die Rotation, richtete Luna 3 neu aus und die Temperaturen sanken von 40 auf 30 Grad – geplant waren 25 Grad. Luna 3 gelangte in eine Erdumlaufbahn mit einem Apogäum in 450.000 km Entfernung. Der Mond zog Luna 3 an. Die Sonde passierte die Mondrückseite in 6.200 km Entfernung. Als sich Luna 3 am 7.10.1959 dem Mond auf 70.000 km näherte, sprang das Stabilisierungssystem an und stoppte die Rotation. Danach wurde das Kamerasystem ausgelöst und machte während 40 Minuten zwischen 63.700 und 66.700 km Entfernung 29 Aufnahmen.

Die Übertragung der Bilder scheiterte am 8.10.1959. Die Passage hatte das Perigäum auf 45.600 km angehoben. Als das Perigäum durchlaufen wurde, startete man am 18.10.1959 einen erneuten Versuch, die Bilder auszulesen. Schon am 22.10.1959 ging der Funkkontakt zu Luna 3 verloren. Bedingt durch Störungen der Bahn durch den Mond verglühte Luna 3 am 28.4.1960 in der Erdatmosphäre. Je nach Quelle wurden 12 oder 17 Bilder übertragen. Nur sechs wurden veröffentlicht. Sie zeigten 70 Prozent der Mondrückseite. Die Bilder waren von schlechter Qualität. Erkennbar war, dass es wenige Mare auf der Mondrückseite gab. Auffällige Formationen wurden von der sowjetischen Akademie der Wissenschaften benannt. Einige Namen, wie der auffällige Krater Ziolkowski, wurden von der Internationalen Astronomischen Union offiziell übernommen.

Russland hatte zur Sicherheit drei Sonden gebaut und startet am 15.4.1960 die Zweite. Jedoch erreichte die dritte Stufe nicht die Zielgeschwindigkeit. So erreichte die Sonde nur eine Bahn mit 200.000 km Erdferne. Am Tag darauf startete man die letzte Sonde, doch hier endete die Mission nur 10 s nach dem Start in einer Katastrophe, als die Booster nur 75 Prozent des Schubs entwickelten, sich von der Rakete ablösten und die Rakete explodierte. Diese beiden Sonden des Programms E-3 hatten verbesserte Sender und ein anderes Kamerasystem, das Russland parallel entwickelt hatte. Das dazugehörige Sondenprogramm E-2 wurde aber gestrichen. Ansonsten waren sie weitestgehend identisch mit Luna 3.

Datenblatt Luna 3	
Start:	4.10.1959 Luna 3 15.4.1960 Luna 3A (erreicht nur 200.000 km maximale Erdentfernung) 16.4.1960 Luna 3B (Fehlstart)
Ankunft:	7.10.1959 Luna 3 passiert den Mond in 6.200 km Entfernung.
Missionsende:	Funkkontakt am 22.10.1959 verloren. Luna 3 verglüht am 28.4.1960 beim Wiedereintritt.
Mission:	Mondvorbeiflug und Fotografie der Mondrückseite
Gewicht:	278 kg
Abmessungen:	1,30 m Länge, maximaler Durchmesser 1,20 m. Durchmesser des Zentralteils: 0,,95 m
Instrumente:	• Yenisey-2 Kamerasystem mit zwei Objektiven mit 500/9.5 und 200/5.6 mm Brennweite. Aufnahme auf 35 mm isochromen Film. Variable Abtastrate mit bis zu 1.000 Zeilen/Bild. Übertragungsrate 1,25 Zeilen/s aus Mondentfernung, 50 Zeilen/s in Erdnähe. Gewicht 32 kg. • Mikrometeoritendetektor • Detektor für kosmische Strahlen
Ergebnisse:	70 % der Mondrückseite fotografisch in grober Auflösung erfasst Die Mondrückseite ist stärker verkatert als die Mondvorderseite, es gibt mehr Hochländer.

59. Abbildung: Luna 3 Nachbau in einem Museum

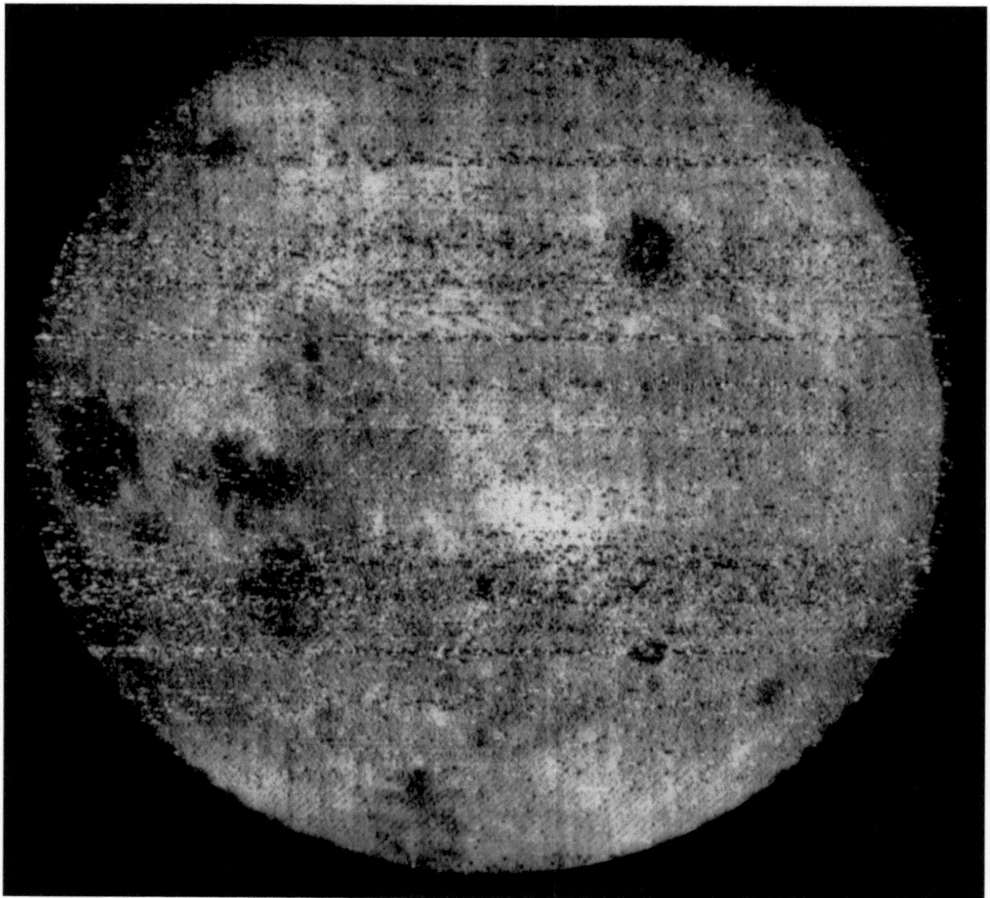

60. Abbildung: Eines der veröffentlichten Bilder von Luna 3

1M

Da die ersten Marssonden Russlands bei Fehlstarts verloren gingen, gibt es keinen offiziellen Namen. Man kennt jedoch die Programmbezeichnung: „1M". Bis heute gibt es über das Programm nur wenige Informationen. Das Projekt 1M wurde sehr schnell umgesetzt: genehmigt am 10.12.1959, sollten die Sonden schon im Oktober 1960 starten. Die Ziele von 1M waren:

- Untersuchung des interplanetaren Raumes
- Untersuchung von Mars aus einer Vorbeiflugbahn. Gewinnung von Bildern der Oberfläche
- Untersuchung, ob Instrumente mehrere Monate lang störungsfrei operieren können. Test der Kommunikation über große Distanzen.

Aus den Zielen geht hervor, dass es sich vornehmlich um eine Testsonde handelte. Schlussendlich betrat man sowohl mit der Kommunikationsdistanz wie auch der Betriebszeit Neuland. 1M bestand aus dem gemeinsamen Bus des Programms 1MV (Mars+Venus) und individuellen Anpassungen an den Mars. Wahrscheinlich hatten die Sonden einen ähnlichen Aufbau wie die Sonden des Programms 1V (S. 216).

Gebaut wurden die Sonden vom Kombinat OKB-1 unter der Leitung von Koroljow. Wie die folgenden Sonden bestand 1M aus einem hermetisch abgeschlossenen, mit Stickstoff gefüllten Zylinder. Die Experimente befanden sich mit Ausnahme der Fernsehkamera an der oberen Außenseite des Zylinders. Zwei Solarpaneele lieferten Strom. Dazu gab es eine Silber-Zinkbatterie. Eine entfaltbare Antenne mit 2,33 m Durchmesser sandte die Daten mit hoher Datenrate bei 3,75 GHz. Andere Antennen arbeiteten bei niedrigen Frequenzen und konnten auch empfangen. Die Funkverbindung zur Bodenstation wurde genutzt, um die Sonde auf die Erde auszurichten.

Der Bus unterteilte sich in eine untere Antriebssektion mit dem Triebwerk zur Kurskorrektur, der mittleren Elektroniksektion und einem oberen Experimentmodul. Die Lageregelungstriebwerke arbeiteten mit Stickstoffdruckgas. Zeitweise erwog das OKB 1 auch einen Marslander mitzuführen, doch war er in der zur Verfügung stehenden Zeit nicht entwickelbar und wurde auf eine spätere Mission verschoben.

Von den sechs Experimenten mussten das wichtigste und schwerste, das Fotoexperiment, eine Woche vor dem Start entfernt werden, weil die Sonden zu schwer waren. Das Fotoexperiment arbeitete wie bei allen frühen russischen Sonden mit Film, der an Bord entwickelt wurde und dann von einem Elektronenstrahl einer TV-Röhre beleuchtet wurde. Die Helligkeit wurde von einem Photometer detektiert. Man erwartete Aufnahmen mit einer Auflösung von 3 bis 6 km, in etwa die Auflösung, die auch die ersten Mariner 4 Bilder hatten. Aus Zeitgründen beschloss man, das Luna 3 Kamerasystem zu übernehmen, hätte also ähnlich unscharfe Aufnahmen erhalten.

Für den Start benötigte man eine neue Version der R-7 Trägerrakete. Man stattete diese mit zwei neuen Oberstufen, genannt Block I und Block L, aus. Es sollte Jahre dauern, bis diese (später Molnija genannte) Version der R-7 eine hohe Zuverlässigkeit erreichte. Sowohl „Mars 1960A" (es gibt keine offizielle Bezeichnung der Sonden, andere Bezeichnungen, die genannt werden, sind „Marsnik" oder „Korabl 4" (Schiff, Raumschiff)) wie auch „Mars 1960B" gingen beim Start verloren. Ihr Startfenster war auf den Termin einer Rede Chruschtschows vor der UN am 12.10.1960 festgelegt worden. Das war am Ende des Startfensters, der optimale Zeitpunkt lag am 27.9.1960. Chruschtschow hatte sogar ein Modell der Sonden im Reisegepäck, das er Präsident Eisenhower nach einem erfolgreichen Start überreichen wollte.

Mars 1960A hob am 10.10.1960 als erste Raumsonde ab. Schon kurz nach Zündung der dritten Stufe, Block I, geriet diese vom Kurs ab und wurde nach 309 s abschaltet. Nach Erreichen einer Gipfelhöhe von 120 km ging die Nutzlast in Ostsibirien nieder. Der Flug von Mars 1960B, gestartet am 14.10.1960, endete noch früher. Vor dem Start gab es ein Leck im Sauerstofftank der dritten Stufe, das nicht entdeckt wurde. Der austretende Sauerstoff hatte zum Einfrieren des Kerosins in den Leitungen geführt und die Turbopumpe des Triebwerks von Block I fiel schon bei der Zündung nach 290 s aus.

Hätte die Mission geklappt, so hätten die Sonden nach einer Kurskorrektur im März 1961 den Mars am 13.5.1962 und 15.5.1962 in einer Entfernung zwischen 5.000 und 30.000 km passiert. Bilder der Sonden gibt es nicht. Sie sollen Venera 1 ähneln. Das abgebildete Foto ist daher das von Venera 1.

Datenblatt 1M	
Start:	10.10.1960 „Mars 1960A“ Molnija L1-4M (Fehlstart) 14.10.1960 „Mars 1960A“ Molnija L1-5M (Fehlstart)
Vorbeiflug:	Mars 1960A: 13.5.1962 (geplant) Mars 1960B: 15.5.1962 (geplant)
Missionsende:	
Mission:	Marsvorbeiflug
Gewicht:	Geschätzt auf 480 bis 650 kg
Abmessungen:	Höhe 2 m, Durchmesser des zentralen Zylinders 1,05 m
Instrumente:	Vier Instrumente im Gesamtgewicht von 10 kg: • Magnetometer • Radiometer • Detektor für geladene Teilchen (Ionen und Elektronen) • Mikrometeoritendetektor • (Kamerasystem: Vor dem Start entfernt)
Ergebnisse:	Keine Sonde erreicht auch nur einen Parkorbit.

Abbildung 61: Venera 1, Mars 1960A/B sollen ähnlich ausgesehen haben.

1VA: Venera 1

Auch die erste Venussonde erreichte keine Umlaufbahn. Doch hier glückte der Start der zweiten Sonde. Die Sonden gehörten zum Programm 1VA. Ursprünglich hatte man für die Programme 1M (erste Marssonden) und 1V (erste Venussonden) einen gemeinsamen Bus entwickelt, das Programm 1MV. Doch das OKB-1 befand, dass die Mission zu kompliziert sei, und schuf eine einfachere Version genannt 1VA. Wie 1M und Luna 1 bis Luna 8 wurde das Programm von Koroljows OKB-1 geleitet.

Im Grundaufbau ähnelte 1VA dem 1M Sonden: Ein unter 1,2 bar Druck stehender Zylinder enthielt unten die Antriebssektion mit einem Triebwerk, das mit lagerfähigen Treibstoffen arbeitete und Stickstoff-Druckgas zur Lageregelung. In der Mitte befand sich die Elektronik, Sender, Empfänger, Batterien. Oben befand sich ein halbkugelförmiger Dom, in dem die Experimente untergebracht waren. An der Seite lieferten zwei 1 × 1,6 m große Solarpaneele den Strom. Ein System, das man von Luna 3 übernommen hatte, regelte die Temperatur auf unter 30 °C, indem es Louver (Jalousien) öffnete oder schloss. Es gab drei Antennen. Eine entfaltbare Antenne von 2,40 m Durchmesser für die Übertragung der Daten mit hoher Geschwindigkeit. Für niedrige Datenraten und für den Empfang von Kommandos gab es eine omnidirektionale Antenne und eine semiomnidirektionale Antenne an einem 2,4 m langen Mast, an dem auch das Magnetometer angebracht war. Sternsensoren und Gyroskope dienten zur Erkennung der Lage. Anders als 1M, war die Sonde während des Flugs rotationsstabilisiert. Erst bei Annäherung an die Venus würde sie in einen dreiachsenstabilisierten Modus übergehen. Das System wurde bei Luna 3 erfolgreich erprobt.

Die Instrumentierung war dieselbe Suite wie bei 1M, ergänzt um ein Infrarotradiometer zur Temperaturmessung, dafür ohne Kamera.

Als Gimmick gab es drei Plaketten mit sowjetischen Hoheitssymbolen und einem Globus in einem aerodynamisch geformten, thermisch stabilen Behälter, der auch schwimmfähig war. Damals meinte ein Teil der Astronomen, auf der Venus könnte es einen Ozean geben. Es gab aber keinen Landeapparat, noch war eine absichtliche Landung geplant. Immerhin: Beim Fehlstart überstanden die Hoheitsembleme den Wiedereintritt und konnten an der Absturzstelle geborgen werden.

Wie bei den ersten beiden Marssonden scheiterte der erste Start. Zwar erreichte die Sonde mit ihrer Oberstufe einen Orbit. Doch dort blieb die Zündung der vierten Stufe aus, welche die Sonde zur Venus bringen sollte. Russland benannte das Gespann in „Sputnik 7" um und verkündete, es habe seine Mission schon erfüllt. Die Ursache war ein Designfehler im Block L, der noch zu zahlreichen Ausfällen führen sollte. Er verhinderte die Zündung der Stufe.

Der zweite Start klappte dagegen problemlos. Nach dem Start verkündete Russland, die Raumsonde Venera 1 würde die Venus anfliegen. Geplant war eine Passage in 2.000 bis 6.000 km Distanz. Kurz nach dem Start gab es eine erste Kurskorrektur. Sie senkte allerdings die Distanz nur von 180.000 auf 100.000 km ab, da die Sonde die während des Manövers die Orientierung verlor und die Aktion abbrach. An Bord stiegen die Temperaturen, das Kühlsystem war überfordert. Der Sonnensensor überhitzte und verlor die Sonne aus dem Blickfeld, was die Sonde zu treibstoffintensiven Suchaktionen veranlasste. Man versetzte die Sonde in eine langsame Rotation, um Treibstoff zu sparen. Zwischen den Kommunikationskontakten alle drei bis fünf Tage wurde der Großteil der Ausrüstung abgeschaltet, um keine weitere Wärme zu produzieren.

Am 17.2.1962 gelang die letzte Übertragung von Daten aus 1,889 Millionen km Entfernung zur Erde. Am 22.2.1962 empfing Venera 1 noch Kommandos, sandte aber keine Daten mehr. Am 4.3 antwortete Venera 1 nicht mehr. Russland bat sogar das 76-m-Radioteleskop von Jordell Bank um Hilfe, da diese Antenne größer als alle russischen Radioteleskope war. Doch auch dieses Radioteleskop konnte kein Signal von Venera 1 empfangen. Am 17.5. sandte man auf „gut Glück" die Kommandos zur Aktivierung der Experimente, da die Passage am 19.5. anstand. Bis zum 20.6.1962 versuchte man noch, Venera 1 zu kontaktieren – ohne Erfolg.

Später fand man einen Defekt in einem Zeitgeber, der den Empfänger anschaltet, er wurde durch eine falsche Programmierung nicht mehr aktiviert. Russland konnte mit dem Ergebnis nicht zufrieden sein. Denn man konnte die USA nicht schlagen, die acht Monate vorher mit Pioneer 5 eine höhere Kommunikationsdistanz von 36,2 Millionen km erreicht hatten. Man lernte daraus und designte die in der Planung befindlichen Sonden der zweiten Generation 2MV um. Hätten 1M und 1V geklappt, dann wären innerhalb einer Woche im Mai 1962 vier Sonden an Venus und Mars vorbeiflogen.

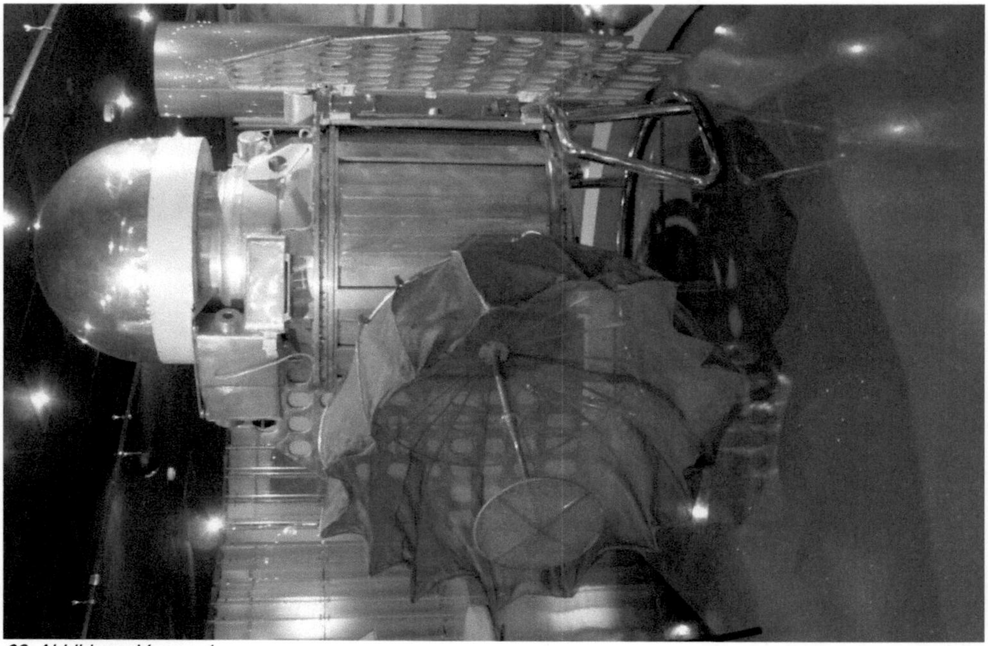

62. Abbildung: Venera 1

Datenblatt 1VA	
Start:	Sputnik 7: 4.2.1961 Molnija L1-6 in einen 212 × 318 km × 64,9 Grad Erdorbit Venera 1: 12.2.1961 Molnija L1-7
Vorbeiflug:	19.5.1962 Verena 1 passiert die Venus in 100.000 km Abstand.
Missionsende:	Sputnik 7: Tritt am 26.2.1962 in die Erdatmosphäre ein Venera 1: letzte erfolgreiche Kommunikation am 22.2.1962
Mission:	Venusvorbeiflug
Gewicht:	643,5 kg Startmasse.
Abmessungen:	Höhe 3 m, Durchmesser des zentralen Zylinders 1,05 m
Instrumente:	Fünf Instrumente: • Fluxgate Magnetometer aus drei Einzelmagnetometer, deren Achsen jeweils orthogonal aufeinander standen. Der Messbereich lag bei ± 50 nT und die Unsicherheit bei ± 1.5 nT. • Einen Mikrometeoritendetektor • Verschiedene Detektoren für geladene Teilchen (zwei Geigerzähler, Natriumiodid Szintillationsdetektoren, zwei Ionenfallen) • IR Spektrometer • Zwei Variometer, welche das schwache interplanetare Feld messen sollte.
Ergebnisse:	Keine Sonde erreicht die Venus.

2MV: Mars 1

Das nächste Programm, 2MV setzte auf gemeinsame Sonden zu Mars und Venus. Himmelsmechanisch vorteilhaft lagen die Startfenster von Venus und Mars 1962 nur zwei Monate auseinander, sodass Russland eine Sondengeneration innerhalb kurzer Zeit zu beiden Zielen schicken konnte.

Der Aufbau entsprach dem von 1MV: Ein gemeinsamer Bus, bestehend aus einem Druckteil für die Elektronik, an dem die Solarpaneele und die Parabolantenne angebracht waren, wurde unten durch eine Antriebssektion ergänzt. Das auf dem Bus oben angebrachte Experimentmodul wurde missionsspezifisch bestückt. Es konnte durch einen kleinen Lander ersetzt werden. Es gab im Bus eine 0,6 m hohe Experimentsektion, die unter Druck stand, in der das Kamerasystem und ein IR-Spektrometer installiert waren.

Nachdem es bisher jeweils zwei Sonden pro Startfenster gab, klotzte man nicht und baute sechs Sonden für vier Missionen:

- 2MV-1: Venus Landung (je zwei Sonden)
- 2MV-2: Venus Vorbeiflug (eine Sonde)
- 2MV-3: Mars Landung (eine Sonde)
- 2MV-4: Mars Vorbeiflug (je zwei Sonden)

Die Sonden waren schwerer als ihre Vorgänger und wogen beim Start zwischen 900 und 1.100 kg. Das OKB-1 lernte aus dem Ausfall von Venera 1 und kühlte das Innere des Druckteils aktiv. Eine Kühlanlage setzte Ammoniak ein, das durch die Wärme verdampfte und in einem domförmigen Radiator seine Wärme wieder abgab und dabei auskondensierte. Es gab es größere Solarpaneele mit einer Fläche von 2,6 anstatt 1,6 m^2. Batterien mit höherer Kapazität ergänzten sie. Weitere Sender wurden installiert, die Parabolantenne war mit einem Erdsensor auf die Erde ausgerichtet.

Der Landeapparat war abtrennbar. Ein Ablativschild aus Epoxidharz sollte die Energie abführen. Modelle der Lander wurden mit Höhenforschungsraketen in bis zu 50 km Höhe geschossen. Sie unterschieden sich bei den Mars- und Venussonden. Aufgrund der höheren Eintrittsgeschwindigkeit hatte der Venuslander einen dickeren Hitzeschutzschild, dafür wegen der dichteren Atmosphäre einen kleineren Fallschirm.

Beide Lander waren schwimmfähig. Der Marslander hatte ein Experiment, das nach Leben suchen sollte. Die Busse, welche die Lander zu Mars/Venus beförderten, würden in der Atmosphäre verglühen. Die Lander wurden sterilisiert, um eine Kontamination der Planeten zu verhindern.

Die Kameras an Bord beider Sonden wogen mehr als die gesamte Instrumentierung von Mariner Mars 64. Es waren Filmkameras, die mit 70-mm-Rollfilm arbeiteten. 112 Aufnahmen passten auf eine Rolle. Der Film wurde an Bord entwickelt und dann punktweise ausgelesen. Es gab drei Modi. Einen Vorschaumodus mit 96 Zeilen und zwei Abtastmodi mit 720 und 1.440 Zeilen. Bei 90 Pixeln/s dauerte die Übertragung eines Bildes im hochauflösenden Modus 6 Stunden. Die Kamera hatte zwei Objektive von 750 und 35 mm Brennweite. Beim Teleobjektiv erwartete man eine Auflösung von 650 m aus 10.000 km Entfernung. Der Film wurde auch genutzt, um beim UV-Spektrometer die Spektren aufzunehmen.

Bei den Marsvorbeiflugsonden war ein IR-Spektrometer an Bord, das die Intensität der Strahlung zwischen 2,4 und 4,1 Mikrometern im Absorptionsband organischer Substanzen maß. Einige Quellen berichten davon, dass man das Experiment vor dem Start in der Steppe Kasachstans erprobte. Doch es konnte kein Leben detektieren. Daraufhin entfernte man es angeblich vor dem Start.

Den Anfang machten die Venussonden. Zuerst startete die Landesonde 2MV-1 Nr. 1. Die Sonde erreichte problemlos einen Parkorbit. Kurz vor der Zündung der vierten Stufe (Block L) sollten vier Feststoffstufen zünden und den Treibstoff an den Tankböden sammeln. Es zündeten aber nur drei der Antriebe. Die Stufe taumelte um ihre eigene Achse. Block L arbeitete so nur 45 anstatt 240 Sekunden. Die Nutzlast wurde von NORAD **Sputnik 19** getauft. Russland vergab keinen Namen.

Wenige Tage später – die USA hatten inzwischen Mariner 2 erfolgreich gestartet – startete die zweite Venuslandesonde. Auch sie gelangte in eine Erdumlaufbahn, doch ein Befehl zum Öffnen eines Ventils in Block L unterblieb und die Sonde strandete im Erdorbit. NORAD nannte sie **Sputnik 20**.

Beim Letzten des Venustrios, 2MV-2, der Vorbeiflugsonde, sorgte schon die dritte Stufe Block I für die Probleme. Zum Betriebsende traten durch Gasblasen in den Tanks Verbrennungsunregelmäßigkeiten auf, die zum Taumeln führten. Block L gelangte mit der Sonde in eine Erdumlaufbahn, doch 0,8 s nach der Zündung schaltete sich die Stufe wieder ab, als die Gyroskope durch das Taumeln blockierten. NORAD taufte die Stufe mit Venussonde **Sputnik 21**.

Zwei Monate später öffnete sich das Startfenster zum Mars. Auch diesmal erreichte die erste Sonde nur einen Erdorbit. 16 s nach der Zündung von Block L explodierte die Turbopumpe und die Kombination zerbrach in etwa zwei Dutzend Teile. Das war am 21.10.1962, auf dem Höhepunkt der Kubakrise. Obwohl bald klar war, dass aufgrund der Bahn die Trümmerwolke keine Attacke auf die USA war, wurde angesichts von 24 Teilen, die vom Radar erfasst wurden, Alarm ausgelöst. NORAD nannte die Trümmerwolke **Sputnik 22**. Es war die erste Vorbeiflugsonde des Typs 2MV-4. Sie hätte, wenn alles nach Plan gelaufen wäre, den Mars am 17.6.1963 erreicht.

Die Kubakrise war auch die Ursache, dass die nächste Sonde drei Tage später als geplant startete. Denn die Raketenstreitkräfte, die auch für zivile Starts zuständig waren, standen nun in Alarmbereitschaft und Personal wurde vom Projekt abgezogen. Nach Erreichen eines 174 × 243 km Parkorbits mit einer Bahnneigung von 64,9 Grad brachte diesmal Block L die Sonde auf einen Kurs zum Mars. **Mars 1**, so verlautbarte es, würde den Mars in 230 Tagen erreichen. Mars 1 war die zweite Vorbeiflugsonde des Typs 2MV-4.

Die letzte Sonde, der Marslander, wurde drei Tage später gestartet. Diesmal hatte sich eine Sicherung durch starke Vibrationen beim Start aus der Verankerung gelöst und Block L zündete gar nicht erst. Diese Sonde sollte den Mars am 21.6.1963 erreichen. NORAD vergab den Namen **Sputnik 24**.

Mars 1 würde den Mars in 261.000 km Entfernung passieren. Bald nach dem Start wurde klar, dass Stickstoff aus einem Tank austrat, wahrscheinlich durch ein verunreinigtes, nicht ganz geschlossenes, Ventil. Dadurch begann Mars 1 zu taumeln. Nach einer Woche wurde die Kontrolle über Mars 1 zurückerlangt. Dafür benötigte man den Großteil des Stickstoffs aus dem zweiten Tank. Eine Kurskorrektur wurde als Folge abgesagt. Sie sollte eigentlich die Vorbeiflugdistanz auf 1.000 bis 10.000 km begrenzen. Stattdessen brachte man Mars 1, um sie zu stabilisieren, in eine langsame Rotation. Von nun an sollten die Gyroskope die Lageregelung übernehmen. Russland kontaktiere Mars 1 alle fünf Tage und rief die Daten der Instrumente ab. Alles verlief gut bis zum 1.3.1963. Dann fiel die empfangene Signalstärke deutlich ab.

Eine Analyse zeigte, dass das Lagekontrollsystem den ganzen Stickstoff zur Lageregelung verbraucht hatte. Ohne das Druckgas konnte Mars 1 die Antenne nicht mehr der Erde nachführen. Das Signal wurde langsam schwächer. Am 21.3.1963 kam in 106 Millionen km Entfernung von der Erde der letzte Funkkontakt zustande.

Damit stellte Mars 1 immerhin einen neuen Rekord auf: Es war die bisher größte Kommunikationsdistanz. Den alten Rekord hatte wenige Monate vorher Mariner 2 mit 86,7 Millionen km Entfernung aufgestellt.

Die Sonden waren gut ausgerüstet, allerdings sagt das nichts über die tatsächlich realisierbaren Resultate aus. Man muss nur die Luna 3 Bilder ansehen – sie waren voller Artefakte, verrauscht und ohne Kontrast. Die Aufnahmen von 2MV wären von ähnlicher Qualität gewesen. Ob der Film Monate im Weltraum überstanden hätte, ohne durch kosmische Strahlen belichtet zu werden, ist auch offen.

Eines ist sicher: Die beiden Landeapparate wären verloren gegangen. Sie wurden auf falsche Bedingungen ausgelegt. Die Venusatmosphäre wurde 1,5 bis 5-mal so dicht wie die Erdatmosphäre angenommen, beim Mars dagegen eine Dichte von 10 bis 30 Prozent der irdischen. Das bedeutet, die Venussonde wäre in etwa 35 km Höhe zerquetscht worden, die Marssonde wäre mit hoher Geschwindigkeit aufgeschlagen.

63. Abbildung: Mars 1

Datenblatt 2MV	
Start:	25.8.1962 2MV-1 Nr.1 (Sputnik 19), Molnija T103-12 in einen 174 × 248 × 64,88“ Erdorbit. 1.9. 1962 2MV-1 Nr.2 (Sputnik 20), Molnija T103-13 in einen 185 × 246 × 64,8“ Erdorbit. 12.9.1962 2MV-2 Nr.1 (Sputnik 21), Molnija T103-14 in einen 163 × 195 × 64,8“ Erdorbit. 24.10.1962 2MV-4 Nr.1 (Sputnik 22), Molnija T103-15 in einen 202 × 261 × 65,1“ Erdorbit. 1.11.1962 2MV-4 Nr.2 (Mars 1), Molnija T103-16 in eine Transferbahn zum Mars 4.11.1962 2MV-3 Nr.1 (Sputnik 24), Molnija T103-17 in einen 170 × 170 × 65,85“ Erdorbit.
Vorbeiflug	19.6.1962 Mars 1 passiert den Mars in 193.000 km Entfernung.
Missionsende:	Sputnik 19 verglüht am 28.8.1962, Sputnik 20 verglüht am 6.9.1962. Sputnik 21 verglüht am 14.9.1962, Sputnik 22 verglüht am 29.10.1962. Sputnik 24 verglüht am 5.11.1962, Kommunikationsverlust mit Mars 1 am 21.2.1963.
Mission:	Sputnik 19, 20: Venusvorbeiflug Sputnik 21: Venuslandung Sputnik 22, Mars 1: Marsvorbeiflug Sputnik 24: Marslandung
Gewicht:	Landesonden: 1.100 kg davon 305/250 kg Lander (Mars/Venus), Vorbeiflugsonden: 893,5 kg
Abmessungen:	4 m Spannweite, 3,60 m Höhe. Zentraler Bus 1,10 m Durchmesser
Instrumente:	Vorbeiflugsonden: • Uniaxiales Magnetometer: maximaler Messbereich 6- 12 nT. • Zwei Geigerzähler. • NaI Szintillator / CsI Szintillator. • Halbkugelförmige Ionenfallen: erfasste Ionen mit > 0V, > 50 V und Elektronen > 80 V. • Flache Ionenfallen mit Energiemodulation. • Mikrometeoritendetektor: 1,5 m² Fläche piezoelektrische Detektion, Masse > 0,1 µg. • IR-Spektrometer empfindlich bei 2,4 und 4,1 µm Wellenlänge. • UV-Spektrograph, empfindlich im Ozonabsorptionsband. • Tscherenkowzähler: erfasste Elektronen > 70-80 keV und Protonen > 500 keV. • 200 bis 2.000 kHz Plasmawellen-Radioempfänger. • Kamerasystem: zwei Objektive mit 35 / 750 mm Brennweite, 112 Aufnahmen auf 70-mm-Rollfilm. Auflösung maximal 650 m aus 10.000 km Distanz. Maximal 1.440 Linien/Bild. Landesonden: • Chemische Gasanalyse. • Temperatur-, Dichte-, Drucksensoren. • Antikoinzidenz-Gammastrahlenzähler. • Druckschwankungszähler. • Dezimeterband-Sender.
Ergebnisse:	Mars 1 stellt neuen Kommunikationsrekord auf.
Kosten:	36 Millionen Rubel, etwa 72 bis 108 Millionen Dollar

E-6: Luna 4 bis 9, 13

Das nächste russische Mondprogramm war kein Mondorbiter, sondern Russland wagte sich an die erheblich schwierigere Landung auf dem Mond. Wahrscheinlich kam die UdSSR auf die Idee, diesen Schritt zu überspringen, weil die USA 1959/1960 mit dem Pioneer P Programm (S. 60) einen Mondorbiter anstrebten. Dass dieses Programm vollkommen scheiterte, konnte die Führung vorher nicht wissen.

Das dazugehörige Programm hieß E-6. (E-4 war eine geplante Nuklearexplosion auf dem Mond, E-5 ein Orbiter auf Basis von E-2 (Luna 3)). Es entwickelte sich zum russischen Gegenstück des Ranger-Programms: nur zwei von 14 gestarteten Sonden waren erfolgreich.

Die Raumsonde des E-6 Programms bestand aus zwei Teilen. Zum einen aus dem Bus, der wiederum aus zwei Teilen bestand: der unteren Antriebssektion mit einem schubstarken Triebwerk und zwei Tanks und dem oberen Ausrüstungsmodul. Das Ausrüstungsmodul wurde mit Stickstoff unter Druck gesetzt. Er beinhaltete das Kontrollsystem. Sender, Empfänger, Batterien und das Steuerungssystem. An ihm angebracht waren bis zu 300 kg an Ausrüstung, wie Sensoren und die Steuerung für den Flug zum Mond, eine Lageregelung auf Basis von Stickstoff-Druckgas und eigene Batterien. Sobald das Haupttriebwerk für den Endabstieg zündete, wurden diese Teile abgeworfen, um Gewicht zu sparen.

Das KTDU-5A Triebwerk war das erste wiederzündbare Triebwerk Russlands. Es führte die Mittkurskorrektur und die Abbremsung beim Abstieg durch. Anders als Surveyor (S. 86) verwendete Russland lagerfähige flüssige Treibstoffe. Drei Steuertriebwerke waren für die Lagekontrolle zuständig.

Der Lander war oben auf dem Bus angebracht. Der Landeapparat steckte in einer eiförmigen Hülle mit 58 cm Durchmesser. Er wog je nach Mission nur 82 bis 113 kg.

Die nominelle Mission lief bei Luna 9 so ab: Die neu eingeführte Molnija Rakete (eine Sojus-Trägerrakete mit zusätzlicher vierter Stufe) brachte die letzte Stufe und die Luna-Sonde in eine Parkbahn um die Erde. Bei Erreichen des idealen Punkts wurde durch einen Zeitgeber die vierte Stufe gezündet. Sie sandte die Sonde zum Mond. Nach Funkvermessung der Bahn konnte ein Mittkursmanöver durchgeführt werden.

In 8.300 km Entfernung zum Mond richtete sich die Sonde mit dem Triebwerk senkrecht zur Mondoberfläche aus. In 75 km Höhe startete der Radarhöhenmesser das Triebwerk. In 25 km Höhe wurden die Airbags des Landers aufgeblasen. In 250 m Höhe wurde das Haupttriebwerk bei Erreichen einer Sollgeschwindigkeit abgeschaltet und die Steuertriebwerke übernahmen das weitere Abbremsen. Ein Bodensensor an einem Ausleger löste in 5 m Höhe die Abtrennung der Landekapsel aus. Die restlichen 22 km/h Fallgeschwindigkeit wurden durch Airbags abgebaut. Das Herumhüpfen mit den Airbags diente auch dazu, auf Distanz zu dem Bus, der daneben aufschlug, zu kommen.

Nach Einziehen der Airbags öffneten sich vier Paneele, die vorher die Oberseite des kugelförmigen Landers bedeckten. Nun waren Instrumente und Antennen freigelegt. Der Lander war batteriebetrieben. Die Lebensdauer betrug daher nur wenige Tage. Die instrumentelle Ausrüstung bestand aus einem Strahlendetektor und einer einfachen Kamera. Diese bestand aus einem Telefotometer. Diese arbeitete nach dem Faksimile-Prinzip. Luna 13 erhielt noch weitere Experimente.

Der Weg bis zur ersten erfolgreichen Landung war steinig. Ein Großteil der Fehlstarts entfiel auf das I-100 Kontrollsystem, dass nicht nur die Lunasonde steuerte, sondern auch die vierte Stufe der Molnija. Am 4.1.1963 fand der erste Start statt. Oberstufe Block-L und Luna gelangten in einen Erdorbit. Dann unterblieb das Zündkommando von Block-L. Schon am 11.1.1963 trat das Gespann wieder in die Erdatmosphäre ein und verglühte. Die USA tauften die Sonde **Sputnik 25**. Eine offizielle russische Bezeichnung gibt es nicht.

Am 3.2.1963 fand der nächste Start statt. Doch nach dem Brennschluss der zweiten Stufe war der Lageregelungstreibstoff verbraucht und das Gespann trat über dem Pazifischen Ozean wieder in die Atmosphäre ein. Eine Untersuchung zeigte, das das Steuersystem I-100 der Rakete falsche Informationen über die Bahn geliefert hatte.

Der Start von **Luna 4** am 2.4.1963 klappte. Kurz nach dem Start gab es eine kurze Meldung von TASS, dass man an einer automatischen Mondlandung arbeiten würde. Nach der Bahnvermessung am nächsten Tag war klar, das die Sonde am Mond vorbeifliegen würde und TASS gab nun einen Vorbeiflug als Ziel an. Am 4.4.1963 passierte Luna 4 den Mond in 8.336 km Entfernung. Die Funkverbindung konnte noch bis zum 6.4.1963 aufrechterhalten werden. Später brachten Störungen durch den

Mond Luna 4 in eine Sonnenumlaufbahn. Auch wenn man den Fehler des Navigationssystems nicht genau bestimmen konnte, war nach den bisherigen Fehlschlägen klar, dass es gravierende Qualitätsprobleme gab. Es gab eine Pause von einem Jahr, in der man Rakete und Sonden verbesserte. Die folgenden Sonden erhielten ein zweites Steuerungssystem. Nun war eine Mittkurskorrektur Teil der Mission. Eine Kurskorrektur war bisher nicht vorgesehen.

Am 21.3.1964 startete die nächste Sonde. Nach 290 s sank zuerst der Druck in den Leitungen des Verniertriebwerks der dritten Stufe ab. Schließlich schaltete nach 486 s das Triebwerk ab und die Parkbahn wurde nicht erreicht. Einen Monat später ging am 20.4.1964 die nächste Sonde verloren, als erneut die vierte Stufe nicht zündete. Die im Erdorbit gestrandete Sonde wurde als **Kosmos 60** ausgegeben. Erneut gab es ein Jahr Pause, in dem man das I-100 Steuersystem und den Spannungswandler, der die Zündung initiierte, überarbeitete. Als Folge trennte man die Steuerung der Oberstufe und der Sonde: Beide erhielten nun ihr eigenes Steuersystem.

Beim nächsten Startversuch am 12.3.1965 musste sich das verbesserte I-100 nicht beweisen. Nach 340 s schaltete die dritte Stufe durch einen Defekt der Steuerelektronik vorzeitig ab. Nicht viel besser erging es der Sonde, die einen Monat später am 10.4.1965 startete. Ein Druckverlust führte dazu, dass die dritte Stufe gar nicht erst zündete. Dagegen klappte der Start von **Luna 5** am 9.5.1965. Am nächsten Tag gab es das erste Mittkursmanöver einer russischen Mondsonde. Doch danach fing die Sonde durch einen Fehler der Gyroskope im I-100 Kontrollsystem an zu rotieren und bei der Landung konnte das Haupttriebwerk nicht gezündet werden. Luna 5 schlug ungebremst auf dem Mond auf.

Immerhin gab es nun keine Fehlstarts mehr. **Luna 6** startete am 8.6.1965, erneut einen Monat später. Alles verlief gut, bis am folgenden Tag das Mittkursmanöver anstand. Das Triebwerk schaltete sich nicht ab und verbrauchte den ganzen Treibstoff. So vergrößerte der Antrieb die Distanz zum Mond und Luna 6 passierte den Mond in 159.613 km Entfernung. Man nutzte die Sonde, um die Landung durchzuspielen, auch wenn sie nicht mehr möglich war.

Nach vier Monaten, am siebten Jahrestag des Starts von Sputnik 1, startete **Luna 7**. Alles verlief problemlos, bis kurz vor der Landung. Da verlor das Kontrollsystem die Orientierung und auch Kommandos, die von der Bodenstation übermittelt wurden, konnten Luna 7 nicht mehr stabilisieren. Wie Luna 5 schlug Luna 7 hart auf. Eine spätere Untersuchung zeigte, dass ein optischer Sensor, der die Erde als Fixpunkt nutzte, falsch orientiert war und während des kritischen Abstiegsmanövers die Erde aus dem Gesichtsfeld des Sensors wanderte.

Bei **Luna 8** die am 3.12.1965 startete, schien alles nach Plan zu verlaufen. Doch als man die Airbags vor der Landung aufblies, beschädigte eine Befestigungsklammer einen Airbag. Das austretende Gas brachte Luna 8 in eine Rotation mit 12 Grad/s um die eigene Achse. Kurzzeitig konnte das Steuersystem die Kontrolle wiedererlangen und das Triebwerk zünden. Doch nach 9 s begann Luna 8 erneut zu rotieren und das Triebwerk wurde automatisch abgeschaltet. Erneut crashte eine Luna auf den Mond.

Der Erfolg kam erst mit **Luna 9**, die am 31.1.1966 startete. Inzwischen hatte man den Bau der Sonden dem OKB-1 von Koroljow entzogen und NPO Lawotschkin übertragen, das rigide Qualitätskontrollen einführte. Es gab ein zweites Steuersystem und man entfaltete die Airbags nun nach Zündung des Haupttriebwerks. Seine Steuertriebwerke hatten einen höheren Schub als die Gasjets des Lageregelungssystems für die erste Phase. Dazu kamen Schockabsorber im Lander. Luna 9, das erste Exemplar, der nun **E-6M** getauften, modifizierten Serie absolvierte in 233.000 km Entfernung am 1.1.1966 das Mittkursmanöver. Auch alle folgenden Schritte klappten. 5 Minuten nach der Landung begann Luna 9, sich bei der Erde zu melden.

Die russischen Missionen wurden von Jordell Bank verfolgt, dem größten englischen Radioteleskop. Dort hatte man aufgrund der empfangenen Telemetrie schon einige Fehlstarts richtig eingeordnet. Jordell Bank lauschte auch nach Signalen von Luna 9. Diese sandte programmgemäß vorgegeben ihr erstes Panorama 7 Stunden nach der Landung, als die Sonne 7 Grad über dem Horizont war und so die Schatten nicht zu lang waren. Bis dahin waren schon Journalisten bei Jordell Bank, die das Ereignis life verfolgten und darüber berichteten.

Die Überraschung war groß, als die Übertragung begann – es stellte sich heraus das die Sonde ihre Bilder im APT-Verfahren übertrug, demselben Verfahren, das beim Bildfunk verwandt wurde. Reporter schafften schnell ein Faksimilegerät heran und schlossen es an das Radioteleskop an. Die Bilder kamen um 2 Uhr nachts Londoner Zeit an. Genügend Zeit für die Daily Express, ihre Titelseite umzugestalten und als Erste die Aufnahmen zu veröffentlichen. Russland lag drei Zeitzonen weiter östlich und die Prawda hatte schon Redaktionsschluss. Die Bilder erschienen daher erst am nächsten Tag in der Prawda, wenn auch in besserer Qualität und nicht verzerrt. Die vorzeitige Veröffentlichung führte zur Beschuldigung, der Daily Express habe die Bilder gestohlen. Luna 9 machte noch weitere Panoramen bei höherem Sonnenstand, bis am 6.2.1966 die Batterien erschöpft waren.

Nachdem die UdSSR nach drei Jahren und 12 Versuchen den ersten Erfolg verbuchen konnte, erwartet man, dass weitere Sonden folgten. Doch dem war nicht so. Die Erstleistung war erbracht, nun ging Russland an die nächste Erstleistung – einen Mondorbiter vor Lunar Orbiter 1 (S. 94) zu starten. Erst als diese Leistung erbracht war, startete man die letzte Sonde, die schon in der Fertigung war. Neue Sonden wurden nach der erfolgreichen Landung nicht mehr gebaut.

Die letzte Landesonde **Luna 13** startete am 21.12.1966 und landete an Weihnachten. Man hatte die instrumentelle Ausrüstung verbessert. So bestimmte ein Infrarotradiometer die Bodentemperaturen, ein Penetrometer die Festigkeit des Mondbodens. Ein Beschleunigungsmesser ermittelte beim Auftreffen, dass der Boden aus lockerem Material besteht, dass in 20 bis 30 cm Tiefe in eine Felsschicht übergeht. Ein Dosimeter befand, dass die Strahlung für einen ungeschützten Menschen tödlich wäre und ein Gammastrahlenspektrometer bestimmte den Gehalt der radiogenen Elemente Kalium, Uran und Thorium. Luna 13 übermittelte fünf Panoramen, bis nach 80 Stunden am 28.12.1966 die Batterien erschöpft waren.

Russland gelang schließlich die Landung auf dem Mond vor den USA. Man hatte aber viel Lehrgeld gezahlt – von 14 Missionen gelangen nur zwei. Diese Quote war noch schlechter als bei Ranger. Mehr noch: Man hatte drei Jahre Zeit verloren, den die erste Sonde sollte ja schon im Februar 1963 landen. Es gab unterschiedliche Fehlerursachen. Zum einen das Steuersystem I-100, das auch an anderen Fehlstarts von Block L mit Venus- und Marssonden schuldig war. Aber auch die gesamte Konzeption der Sonde. Russlands Sonden hießen offiziell „automatische interplanetarische Station“. Das beschreibt ihre Funktion treffend. Sie wurden automatisch gesteuert, und wenn es eine Fehlfunktion gab, so wurde eben automatisch das Haupttriebwerk abgeschaltet. Auch Kommandos von der Erde konnten es dann nicht mehr einschalten. Diese starre Vorgehensweise gab es bei allen russischen Sonden und sie rächte sich mehr als einmal.

Datenblatt Luna 4 bis 9	
Start:	4.1.1963: Sputnik 25 (erreicht nur 178 × 194 × 64,75 Grad Erdumlaufbahn) 3.2.1963: Fehlstart 2.4.1963: Luna 4 21.3.1964: Fehlstart 20.4.1964: Kosmos 60 (erreicht nur 201 × 287 × 64,8 Grad Erdumlaufbahn) 12.3.1965: Fehlstart 10.4.1965: Fehlstart 9.5.1965: Luna 5 8.6.1965: Luna 6 4.10.1965: Luna 7 3.12.1965: Luna 8 31.1.1966: Luna 9 21.12.1966: Luna 13
Erfolgreiche Landung:	3.2.1966: Luna 9 bei 7,8 Grad Nord und 64,22 Grad West 24.12.1966: Luna 13 bei 18,52 Grad Nord und 62,3 Grad West
Missionsende:	Sputnik 25: 11.1.1963 Luna 4: 6.4.1963 Luna 5: 12.5.1965: Aufschlag bei 8 Grad West, 31 Grad Süd Luna 6: 11.6.1965 Luna 7: 7.10.1965: Aufschlag bei 49 Grad West, 9 Grad Nord Luna 8: 6.12.1965: Aufschlag bei 63,18 Grad West, 9,8 Grad Nord Luna 9: 6.2.1966 Luna 13: 28.12.1966
Mission:	Mondlandung
Gewicht:	Luna 4: 1.442 kg, davon 82 kg Landeapparat. Trockenmasse: 642 kg Luna 5: 1.476 kg Luna 6: 1.442 kg Luna 7: 1.506 kg Luna 8: 1.552 kg Luna 9: 1.538 kg, davon 99 kg Landeapparat Luna 13: 1.620 kg, davon 113 kg Landeapparat
Abmessungen:	2,70 m Höhe, 1,00 m Durchmesser. Landeapparat: maximaler Durchmesser 58 cm.
Instrumente:	• Kamerasystem: max. 29 × 360 Grad, 483 × 6.000 Pixel. Auflösung 3,6 Bogenminuten. • Strahlungsdetektor • Penetrometer (nur Luna 13) • Gammastrahlenspektrometer (nur Luna 13) • Beschleunigungsmesser (nur Luna 13) • Dosimeter (nur Luna 13) • Infrarotradiometer (nur Luna 13)
Ergebnisse:	Von Luna 9 und 13 insgesamt 8 Panoramen der Mondoberfläche. Die Mondoberfläche ist nur von einer 20 bis 30 cm dicken Schicht aus Schuttgestein bedeckt. Die Dichte des Mondbodens beträgt 0,8 g/cm³. Oberflächentemperatur beträgt 117± 3 °C. Die gemessene Strahlung ist für einen Menschen tödlich (30 mrad/Tag)

64. Abbildung: Luna 9 Nachbau und Luna 9 Panorama des Landeplatzes

65. Abbildung: Panorama des Luna 13 Landeplatzes und Luna 9 Landeapparat

3MV: Zond 1 bis 3, Venera 2 und 3

Über das 3MV Projekt gibt es noch weniger Informationen als sonst über russische Projekte. Sie sind zudem widersprüchlich. Ich habe die verfügbaren Informationen zusammengetragen und mit nachprüfbaren Tatsachen verglichen.

Nach dem Desaster mit 2MV ging das OKB-1 an die nächste Generation, sinnigerweise 3MV getauft. Genehmigt wurde 3MV am 31.1.1963. Wie bei 2MV waren vier Varianten einer Sonde geplant:

- 3MV-1: Venuslandung
- 3MV-2: Venusvorbeiflug
- 3MV-3: Marslandung
- 3MV-4: Marsvorbeiflug

Nachdem die beiden Sonden von 1MV und 2MV, die den Erdorbit verließen, nach kurzer Zeit ausfielen, beschloss man zusätzliche Exemplare zu bauen und vor den Planetensonden zu starten, um das Design zu testen. Nun plante man neun Sonden: drei Erprobungssonden, zwei Venussonden, vier Marssonden.

Technisch ähnelte 3MV den Vorgängermodellen: Es gab einen zylindrischen Bus, unten mit der Antriebsektion mit einem druckgeförderten Triebwerk. Die Lageregelung durch Stickstoff wurde mit Ionentriebwerken als Backupsystem ergänzt. Die Batteriekapazität wurde von 42 auf 110 Ah erhöht, die Sonnensensoren wurden von schwarzer Folie umhüllt, um Blendung durch Reflexionen an den Solarpaneelen zu verhindern. Der Erdsensor wurde nun neben die Hochgewinnantenne montiert. Sobald der Sensor die Erde „sah“, schaltete er die Datenübertragung auf die Hochgewinnantenne um.

Zuerst starteten die Testmodelle. Sie waren gegenüber den Planetensonden vereinfacht. Die erste Mission sollte die Kommunikation über große Distanzen testen und eine Testlandung durchführen. Die Bahn würde die Testsonde langsam von der Erde entfernen bis nach drei Monaten die Maximaldistanz von 12 bis 16 Millionen km erreicht war. Dann nähert sie sich wieder der Erde, um sie nach 6 Monaten wieder zu erreichen. Nun sollte der Lander abgesetzt werden, während der Bus verglüht. Das war die Simulation einer schnellen Marsbahn bzw. länger als eine Mission zur

Venus. Das Startfenster für diese Mission lag um den 19.11.1964 und es waren zwei Bahnkorrekturen, die erste Korrektur neun Tage nach dem Start, eine zweite zehn bis 15 Tage vor der Ankunft bei der Erde, vorgesehen. Die Sonde war eine 3MV-1A, ein vereinfachtes Modell des Venuslanders, da man schon damals wusste, dass die Venusatmosphäre dichter als die Erdatmosphäre ist, die Marsatmosphäre aber dünner. Konnte die Sonde auf der Erde erfolgreich landen, so wäre es bei höherem Druck auf der Venus ebenfalls möglich.

Die erste Sonde strandete wie die meisten früheren Roboter in einem Erdorbit. Es gab schon bei der Zündung von Block L Probleme. Je nach Quelle versagte das Triebwerk bei der Zündung oder die Stufe sollte falsch orientiert sein, sodass sich das Triebwerk gleich wieder abschaltete. Die Sonde wurde als „**Kosmos 21**“ bezeichnet. Damit wurde die Tradition begonnen, im Erdorbit gestrandete Sonden als Satelliten des Kosmos-Programms auszugeben. Vorher bekamen die unfreiwilligen Satelliten keine Bezeichnung. Eine zweite Sonde konnte nicht mehr gestartet werden, da sich das Startfenster schloss und man nach der Ursache für den Fehlstart suchte. Allerdings gibt es für eine Bahn, die nur zur Erdbahn geneigt ist, kein Startfenster – eine solche Bahn kann man jederzeit erreichen und sie schneidet die Erdbahn nach 6 Monaten.

Rätselraten gibt es um die nächste Sonde, die am 19.2.1964 startete. Der Starttermin war mehr als ein Monat vor einem Startfenster zur Venus. Sie hätte mit der Molnija die Venus nicht erreichen können, der optimale Startzeitpunkt war der 29.3.1964. Die meisten Quellen geben an, dass diese Sonde eine 3MV-1A war, also ein Venuslander, der zur Erprobung auf eine Bahn geschickt wurde, bei der er nach 6 Monaten die Erde erreicht. Das erscheint sinnlos, den die einen Monat später startenden Venussonden, erreichten die Venus einen Monat, bevor die „Testsonde“ bei der Erde angekommen wäre. Es muss daher ein Erprobungsexemplar einer Vorbeiflugsonde sein, bei der das Sternfenster weitestgehend egal war, da das Vorbeiflugziel der Mond war. Die Mission diente dazu zu demonstrieren, dass man über Monate mit einer Sonde würde kommunizieren können – geplant waren 200 bis 300 Millionen km Erdferne für die Erprobungssonde zum Mars.

Da die Sonde es nicht einmal in einen Erdorbit schaffte, ist ihr Typ bis heute offen. Bei der Zündung der dritten Stufe, Block I, explodierte die Stufe, da durch ein undichtes Ventil flüssiger Sauerstoff ausgetreten war und das Kerosin so in den Leitungen einfror.

Inzwischen hatte Russland aufgrund der Arbeitsbelastung, die Vorbeiflugmission 3MV-2 zur Venus gestrichen. Wahrscheinlich spielte auch eine Rolle, dass inzwischen mit Mariner 2 die USA diese Erstleistung schon erbracht hatten. Ab nun startete Russland über zwei Jahrzehnte nur noch Venuslandesonden.

Im März 1964 öffnete sich das Startfenster zur Venus. Es gab keine Daten der Testsonden, so startete man die beiden Venussonden zusammen mit der letzten Technologiesonde, die wahrscheinlich zu einer normalen Sonde umgebaut wurde. Alle drei waren Venuslander, wie man an Zeichnungen erkennen kann.

Am 27.3.1964 startete das erste Raumfahrzeug. Wie bei vorangegangenen Fehlschlägen zündete Block L nicht. Russland taufte die Sonde **Kosmos 27**.

Diesmal hatte man jedoch an Block L eine Box angebracht, die Diagnosedaten aufzeichnete, und las sie beim nächsten Überflug von Baikonur aus. Es zeigte sich, dass Block L einen Designfehler hatte. Am unteren Ende war das System BOZ angebracht. Es sammelte mit Feststofftriebwerken den Treibstoff vor der Zündung. Zudem lieferte es den Strom während der Freiflugphase und führte während dieser Zeit die Lageregelung durch. Nach Zündung der Hauptstufe würde man BOZ abtrennen, um Gewicht zu sparen. 70 s vor dem Triebwerksstart sollte die Stromversorgung für die Lageregelung von der Batterie von BOZ auf die Batterie von Block L umschalten. Dies unterblieb. Als Folge war das Lageregelungssystem 70 s lang ohne Strom. Das System arbeitete mit Gyroskopen, schnell rotierenden Kreiseln, die kardanisch aufgehängt waren. Sie verloren an Geschwindigkeit und konnten aus ihrer Rotationsachse driften. Bei einer zu großen Abweichung blockierten die Kreisel. Dann zündete Block L nicht mehr. Die Stufe war zudem nur einmal zündbar, der Zeitpunkt wurde vor dem Start fest in die Steuerung einprogrammiert.

Mit diesem Wissen konnte man den Designfehler beheben. In der Folge waren Ausfälle seltener. Am 2.4.1964 hob die nächste Sonde ab, ebenfalls ein Venuslander. Bald nach dem Start bemerkte man, das der Druck im Geräteteil sank. Innerhalb von einer Woche war der Stickstoff aus dem Bus entwichen. Nach einigen Quellen sollen schon am Anfang die Sender ausgefallen sein, da es durch das Vakuum eine Entladung mit Kurzschluss gab. Russland machte aus der Not eine Tugend und nannte die Sonde nun „**Zond**“ (Sonde). Da die Bodenkontrolle nicht mehr damit rechnete, dass die Sonde aktiv die Venus erreichen würde, deklarierte Russland sie kurzerhand zum Testvehikel, die eigentlichen Testvehikel waren ja bei Fehlstarts verloren gegangen.

Man führte mit Zond (nach dem Start von Zond 2 in Zond 1 umbenannt) das normale Programm durch. Es gab zwei Kurskorrekturen in 560.000 und 14 Millionen km Entfernung von der Erde. Allerdings brachte auch die zweite Korrektur Zond 1 nicht auf den Venusaufschlagkurs. Sie wurde vorzeitig abgebrochen, was auf Probleme hindeutet. Bis zum 25.5.1964 gab es nach offiziellen Angaben keine Probleme, doch dann verlor der Sternsensor Sirius. Die Sonde wurde in einen dreiachsenstabilisierten Modus versetzt, stabilisiert durch die Gyroskope. Dieser war normalerweise nur kurz nach dem Start und vor der Ankunft aktiv, um Druckgas zu sparen. Nach Mitte Juni antwortete Zond nicht mehr. Am 19.7.1964 passierte Zond die Venus. Im Westen wurde sie wegen der großen Passagedistanz als Vorbeiflugsonde angesehen.

Die Venussonden des Jahres 1964 waren damit alle gescheitert.

Nach neueren Quellen erfolgten nach dem Ausfall von Zond 1 weitere Anpassungen an den 3MV. Zudem gab es zwischen September 1963 und Anfang 1964 sowohl von russischen Wissenschaftlern wie auch von westlichen Forschern neue Schätzungen über die Dichte der Atmosphäre des Mars. Beim OKB-1 ging man bisher von 85 hPa Bodendruck aus, etwa 8 Prozent des irdischen Wertes. Die neuen Werte lagen zwischen 10 und 24 hPa, also eine vier- bis achtmal dünnere Atmosphäre. Das bedeutet, dass das OKB-1 die Lander umkonstruieren müsste. Trotzdem hätten sie die Atmosphäre zu schnell durchquert, um mit der niedrigen Datenrate von 1 Bit/s genügend Informationen zu übermitteln. Im Oktober 1965, als die Mariner 4 Ergebnisse einer dünnen Atmosphäre vorlagen, beschloss das OKB-1 endgültig, die 3MV-3 Marslandemissionen komplett zu streichen und nur die Vorbeiflugsonden zu bauen.

Noch immer stand aber die Testmission aus. Da die bisherigen Sonden schon kurze Zeit nach dem Start ausgefallen waren, ging Russland nicht davon aus, die zeitgleich startenden Mariner 3/4 (S. 77) zu schlagen. Stattdessen sollte **Zond 2** als Testsonde nach dem Start mit der Kamera Erde und Mond fotografieren und die Bilder übertragen. Wenn es die Sonde zum Mars schaffen würde, so konnte man sie dort gezielt aufschlagen lassen. Dazu gab es wie bei Luna 1 und Venera 1 sowjetische Hoheitssymbole an Bord. Meine Deutung ist eine andere: Wie bei Zond 2 erkannte man bald nach dem Start, dass die Sonde Probleme hatte, und deklarierte sie als Zond. Schließlich gab es von dieser Mission keine Mondaufnahmen. Die hätte die Missionsleitung noch anfertigen können, bevor die Sonde ausfiel.

Ältere Deutungen gehen von einer Landemission aus, auch weil die Bahn eine langsamere als bei Mariner 4 war. Eine solche Bahn macht bei einem Vorbeiflug keinen Sinn, weil die Ausfallwahrscheinlichkeit im Laufe der Zeit ansteigt. Dafür war die Ankunftsgeschwindigkeit auf der langsamen Bahn geringer. Das ist für eine Landung wichtig.

Die Kamera von **Zond 2** und den folgenden Sonden von 3MV war gegenüber den früheren Exemplaren an Bord von Luna 1 und Mars 1 bedeutend weiterentwickelt. Sie arbeitete mit 25,4 mm Film, wodurch das Gewicht von 32 auf 6,5 kg sank. Trotzdem wurden die Bilder mit 1.100 Linien abgetastet, sodass die theoretische Auflösung fast gleich gut wie bei der vorherigen Generation war. Ein verbesserter Sender hätte es erlaubt, ein Bild in 34 Minuten statt über 6 Stunden zu übertragen.

Eine weitere Neuigkeit waren acht Plasmatriebwerke. Sie sollten die Lageregelung übernehmen, wenn es wieder Probleme mit dem Stickstoffkontrollgas gab. Bald nach dem Start stellte man fest, dass die Zond 2 nur die Hälfte der Stromversorgung hatte. Eines der beiden Solarpaneele hatte sich offensichtlich nicht entfaltet. Ob das Entfalten noch durch Schütteln von Zond 2 am 15.11.1964 gelang, ist umstritten. Es wäre eine Erklärung, warum die Sonde schließlich ausfiel, schließlich entfernte sie sich von der Sonne. Es gab auch weitere Probleme, vor allem mit dem Sequencer der Sonde. Zumindest die Tests der Plasmatriebwerke waren erfolgreich. Sie konnten die Vorbeiflugdistanz auf den Zielwert absenken. Nach mindestens einem Kurskorrekturmanöver (manche Quellen sprechen von zwei) verlor man irgendwann zwischen Ende Februar und Anfang Mai den Kontakt zu Zond 2. Der Verlust der Mission wurde erst am 5.5.1965 bekannt gegeben. Am 6.8.1965 flog Zond 2 in einer Entfernung von 1.500 km am Mars vorbei, knapp einen Monat nach Mariner 4.

Nach dem Streichen der Marslandemissionen hatte Russland noch die Marsvorbeiflugsonden übrig. Kurzerhand bekamen sie als neues Ziel die Venus. Doch vorher machte man einen Test. Am 18.7.1965 startete **Zond 3**. Diese Sonde sollte nun endlich die Vorbeiflugmission testen. 33 Stunden nach dem Start passierte die Sonde den Mond und die Kamera wurde in 11.570 km Distanz aktiviert. Während der nächsten 68 Minuten wurden 25 Bilder aufgenommen, dazu kamen drei UV-Spektren. Danach wurde der Film automatisch entwickelt und umgespult. Erst als Zond 3 schon 2,25 Millionen km von der Erde entfernt war, konnte man die Hochgewinnantenne einsetzen und die Bilder übertragen. Die übertragenen Bilder waren von erheblich besserer Qualität als die von Luna 3, wenige Jahre zuvor. Details von etwa 5 km Größe waren auszumachen. Sie deckten einen Teil der Rückseite, aber auch der Vorderseite ab. Nun waren nur noch 5 Prozent der Mondoberfläche unbekannt und dies ein Jahr vor dem ersten Lunar Orbiter (S. 94). Das IR-Spektrometer ermittelte, dass der Mond im sichtbaren Licht nur 10 Prozent des Lichts, bei 3,6 µm dagegen 90 Prozent der Strahlung reflektiert. Damit war die Mission ein wissenschaftlicher Erfolg. Die Übertragung der Bilder wurde dreimal wiederholt, zuletzt am 23.10.1965 in 31,5 Millionen km Entfernung. Am 16.9.1965 führte man ein simuliertes Mittkursmanöver durch und änderte die Geschwindigkeit um 50 m/s. Es gab regelmäßige Funkverbindungen mit Zond 3 bis zum 6. März 1965, über fast acht Monate. Damit hatte Russland erstmals eine Raumsonde länger betrieben, als ein Flug zum Mars dauert. Das gab Zuversicht für die nächsten Missionen.

Es gab auch die Aussage, Zond 3 wäre keine Testsonde gewesen, sondern habe ihr Startfenster im November 1964 verpasst. Ich kann diese Meinung nicht teilen. Russland hat in der Vergangenheit kein Problem gehabt, drei Sonden in einem Startfenster zu starten, nun sollten zwei zu viel sein? Es fällt schwer, das zu glauben.

Die letzten drei Sonden sollten wieder zur Venus gelangen. Nach dem erfolgreichen Start von Venera 2 (Vorbeiflugsonde) und Venera 3 (Landesonde) verblieb die Dritte wieder im Erdorbit. Auch diesmal zündete Block L nicht. Die Ursache lag diesmal in der dritten Stufe, bei der zum Betriebsende eine Leitung brach. Die Turbopumpe einer der vier Brennkammern explodierte, und brachte das ganze Gespann zum Taumeln. Bei diesen Starts hatte man die Bahnneigung der temporären Erdumlaufbahn von 65 auf 52 Grad erniedrigt, wodurch die Nutzlast anstieg. Dieses günstigere Bahnregime behielt man bei allen folgenden Starts. Die Sonde im Erdorbit benannte man wie gehabt als **Kosmos 96**.

Der Venera 3 Lander hatte 90 cm Durchmesser und war je nach Quelle zwischen 305 und 383 kg schwer. Er war zwar schwimmfähig und sollte mit einem Neigungssensor feststellen, ob er im Wasser schwimmt. Die Landesonde war wie die vorherige Generation nur für einen maximalen Außendruck von 5 Bar und maximal 77 °C Außentemperatur ausgelegt.

Die Vorbeiflugsonde Venera 2 hatte nach dem Start schon eine Bahn, die sie auf mindestens 40.000 km an die Oberfläche heranführen würde. Eine Kurskorrektur war daher nicht nötig. Bei **Venera 3** war diese nötig, da die Sonde sonst die Venus in 60.000 km Entfernung passiert hätte. Am 26.12.1965 zündete Venera 3 ihr Triebwerk, beschleunigte um 19,6 m/s und war nun auf 800 km genau auf Kollisionskurs.

Im Februar bekamen beide Venussonden Probleme. Als Erstes stiegen bei **Venera 2** am 10.2.1966 die Temperaturen an. Das Kommunikationssystem von Venera 3 fiel am 17.2.1966 aus, wahrscheinlich aufgrund von Überhitzung. Man übertrug am Vorbeiflugtag die Anweisung, die Instrumente anzuschalten, an Venera 2, doch die Sonde antworte nicht mehr. Am 4.3.1966 erklärte Russland sie für verloren.

Venera 3 trat am 1.3.1966 in die Venusatmosphäre ein. Auch von ihr hörte man nichts mehr, obwohl der Lander eine autonome Sendeanlage hatte. Eventuell musste der Bus die Batterie der Landekapsel vor dem Eintritt erst aufladen. Da man die Sonde für einen Druck von maximal 5 Bar ausgelegt hatte, wäre sie auf jeden Fall in 35 km Höhe zerquetscht worden. Immerhin reklamierte Russland als propagandistischen Erfolg, das die UdSSR als erste Nation eine Sonde auf einem anderen Planeten abgesetzt hatte. Dafür waren Plaketten mit sowjetischen Hoheitssymbolen an Bord. Viele Daten konnte man bei der Datenrate von 1 Bit/s selbst im Erfolgsfalle nicht erwarten.

Beide Sonden gingen verloren, weil sie überhitzten. Die Strategie Russlands, möglichst erdähnliche Bedingungen an Bord zu schaffen, bedeutet, dass man nicht nur den Druckteil, sondern auch Sender, Empfänger und selbst die Solarpaneele aktiv kühlte. Die weiße Farbe auf den Radiatoren, welche die Hitze wieder abstrahlten, soll sich bei Annäherung an die Sonne durch die UV-Strahlung dunkel verfärbt haben. Dadurch verloren die Radiatoren ihre hohe Reflexionsfähigkeit und gaben zu wenig Wärme ab. Die nächste Generation bekam daher ein vollständig überarbeitetes Kühlsystem mit weiteren Kühlern und einem neuen Radiator, der nun an die Hochgewinnantenne gekoppelt (und von dieser beschattet) war, anstatt an der Außenseite der Solarpaneele angebracht zu werden. An den halbkugelförmigen Domen der Radiatoren am Ende der Solarpaneele kann man die Sonden des 3MV und 4V Projekts leicht unterschieden. Auch vom Programm 3MV war nur Zond 3 ein voller Erfolg – eine von neun Sonden.

Datenblatt Zond 1 bis 3, Venera 2 und 3, Kosmos 21, 27, 96	
Start:	11.11.1963: 3MV-1A: Kosmos 21 mit Molnija Nr. 17 in eine 180 × 219 × 64,88 Grad Bahn 19.2.1964: 3MV-1A / 3MV-2: Fehlstart mit Molnija Nr. 19 27.3.1964: 3MV-2: Kosmos 27 mit Molnija Nr. 22 in eine 197 × 208 × 64,8 Grad Bahn 2.4.1964: 3MV-2: Zond 1 mit Molnija Nr. 23 30.11.1964: 3MV-4: Zond 2 mit Molnija Nr. 29 18.7.1965: 3MV-4: Zond 3 mit Molnija Nr. 31 12.11.1965: 3MV-1: Venera 2 mit Molnija Nr. 42 16.11.1965: 3MV-2: Venera 3 mit Molnija Nr. 32 23.11.1965: 3MV-2: Kosmos 96 mit Molnija Nr. 30 in einen 209 × 252 × 51,80 Grad Erdorbit
Vorbeiflug/Landung (geplant)	Zond 1: 19.7.1964 Passage der Venus in 110.000 km Entfernung Zond 2: 6.8.1965 Passage von Mars in 1.500 km Entfernung Zond 3: 20.7.1966: Mondvorbeiflug in 9.200 km Entfernung. Venera 2: Passage der Venus in 23.810 km Entfernung. Venera 3: Eintritt in die Venusatmosphäre am 1.3.1966
Missionsende:	Kosmos 21: Verglüht am 14.11.1963. Kosmos 27: Verglüht am 28.3.1964. Zond 1: Kommunikationsverlust am 5.5.1964. Zond 2: Kommunikationsverlust am 25.5.1965 in 95 bis 106 Millionen km Entfernung. Zond 3: Funkverbindung bis zum 6.5.1966 Venera 2: Kommunikationsverlust zwischen 10 und 27.2.1966, Aufgabe am 4.3.1966 Venera 3: Funkverlust am 16.2.1966. Kosmos 96: Verglüht am 9.12.1965.
Mission:	Testvehikel Vorbeiflug (3MV-2A: Zond 3) Testvehikel Venuslandung (3MV-1A: Kosmos 21) Venuslandung (3MV-1: Kosmos 27, Zond 1, 3MV-4 umgebaut Venera 3, Kosmos 96) Venusvorbeiflug (3MV-2: Fehlstart, 3MV-3 umgebaut: Venera 2) Marslandung (3MV-4: Zond 2)
Gewicht:	Zond 1: 948 kg, davon 275 kg Lander Zond 2: 893 kg, davon 131 kg Lander Zond 3: 960 kg Venera 2: 950 kg Venera 3: 963 kg, davon 290 bis 339 kg Lander
Abmessungen:	3,60 m Höhe, 4 m Spannweite
Instrumente:	**Zond 1**: • Barometer, Dichtemessung • Thermometer • Strahlenmessgerät (Geigerzähler). Erfasste Protonen mit mehr als 30 MeV Energie. • Photometer • Gerät zur Bestimmung der Zusammensetzung der Atmosphäre • Messung des Säuregehaltes der Atmosphäre • Messung der elektrischen Leitfähigkeit • Messung der Lichtintensität **Zond 2**: • Magnetometer • Kamerasystem • Spektroreflexometer • Strahlungsdetektoren (Gasentladungs- und Szintillationsdetektoren). Detektierte Elektronen über 70-80 keV und Protonen über 500 keV. • UV-Spektrograph mit Sensitivität im Ozon-Wellenbereich • Mikrometeoritendetektor: 1,5 m², detektiert Staub mit mehr als 0,1 µg Masse.

	Zond 3: • Kamerasystem mit 106 mm Objektiv, ansonsten gleiche Daten wie bei Venera 2. • Magnetometer • Ultraviolett Spektrograph (0,25-0,35 µm) • Ultraviolett und Infrarot Spektralphotometer (0.19-0.27 bzw. 3-4 µm) • Strahlungsdetektoren (Gasentladungs- und Szintillationssensoren) für kosmische Strahlen und Sonnenwindteilchen. Erfasste Protonen mit mehr als 30 MeV Energie. • Spektrograph mit Sensitivität im Ozon-Wellenbereich • Mikrometeoritendetektor: 1,5 m^2, detektiert Staub mit mehr als 0,1 µg Masse. • Radioteleskop **Kosmos 96 / Venera 2**: • Fluxgate Magnetometer an einem Mast • Lyman-α und atomarer Wasserstoff- / Sauerstoff Spektrometer • Piezoelektrischer Mikrometeoritendetektor • Empfänger für Radiostrahlung im Dezimeterband • Gasentladungsdetektor für kosmische Strahlung • Piezoelektrische Detektoren zur Erfassung von Mikrometeoriten • Ionenfallen (Feste und modulierte Energieschwelle) • Geigerzähler / Festkörperstrahlungsdetektoren. Erfasste Protonen mit mehr als 30 MeV Energie. • Empfänger für Plasmawellen von 20 bis 2.200 kHz Frequenz • 200 mm Kamera: maximal 40 Bilder auf 25,4 mm Film. Maximal 1.100 Zeilen zu 860 Punkten/Bild. Bildgröße 3.100 km aus 25.000 km Entfernung bei einer Auflösung von 4 km. Belichtungszeit abwechselnd 1/100 und 1/300 s. Gewicht 6,5 kg. • 6 bis 40 µm Infrarotspektrometer zur Bestimmung der Wärmebilanz der Atmosphäre • 190-275 nm UV-Spektrograph • 285-355 mm UV-Spektrograph **Venera 3**: • Chemische Gasanalyse, Konduktivität, Acidität • Temperatur, Dichte, Drucksensoren • Gammastrahlenzähler mittels SBT-9 Geigerzähler • Druckschwankungszähler • Airglow Photometer • Neigungswinkelmesser.
Ergebnisse:	Lediglich Zond 3 kann als voller Erfolg angesehen werden. 23 Aufnahmen der Mondrückseite. Venera 3 schlägt als erste Sonde auf einem anderen Planeten auf.

66. Abbildung: Zond 2 Modell und Zond 3

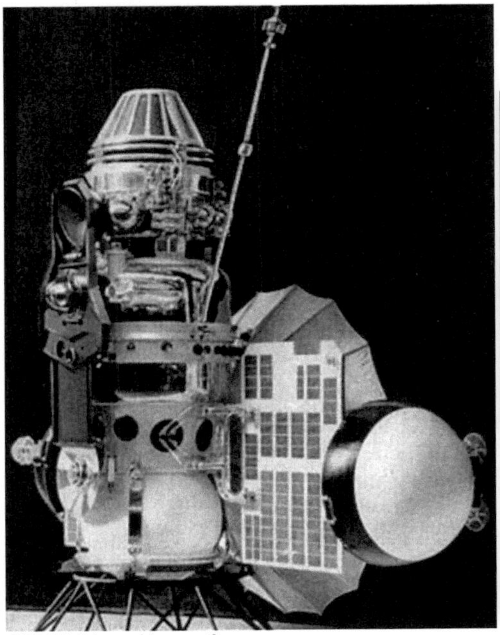

67. Abbildung: Venera 3

68. Abbildung: Venera 2

69. Abbildung: Mondfotografie von Zond 3 mit heutiger Technik digital nachbearbeitet

E-6S/E-6LF/E-6LS: Luna 10 bis 12, 14

Den pragmatischen Ansatz Russlands beim Sondenbau zeigten die Sonden Luna 10 bis 14. Während es in den USA zwei getrennte Programme für Mondlandung (Surveyor) und Mondorbiter (Lunar Orbiter) gab, war es in Russland nur eines. Russland ersetzte einfach den Landeapparat durch einen Minisatelliten. Zusätzlich ließ man einen Teil des Treibstoffs weg, da die Sonde eine kleinere Geschwindigkeitsänderung für den Orbit benötigte. Der Satellit war daher deutlich schwerer als der Landeapparat von Luna 4 bis 9. Allerdings planten die USA zeitweise die Surveyor B Sonden, die ähnlich modifizierte Surveyors waren.

Die beiden ersten Sonden, Luna 10 und Kosmos 111, waren schnell vorbereitete Modifikationen. Ziel war es zum einen, vor den USA einen Mondorbiter zu starten, zum anderen gab es einen fixen Termin: den 23-sten Kongress der kommunistischen Partei Russlands im März 1966. Dann sollte die Sonde in einem Mondorbit sein.

Das Design der Sonden des Programms E-6S (S stand für vereinfacht) bestanden aus dem Bus des Programms E-6 (Luna 4 bis 9) und einem Zylinder, der in einem stumpfen Dom endete. Er hatte 0,75 m Durchmesser, 1,50 m Höhe und ein Gewicht von 245 kg. Dieser Subsatellit wurde vom Bus im Mondorbit abgetrennt. Er war spinstabilisiert und wurde lediglich von Batterien mit Strom versorgt.

Kosmos 111 und Luna 10 wurden in weniger als einem Monat vorbereitet. Kosmos 111 startete am 1.3.1966. Die ersten drei Stufen brachten die Kombination in einen Erdorbit. Dort versagte aber die Kontrolle über die Rollachse und Block L, die letzte Stufe, zündete nicht. Russland nannte das Gespann Kosmos 111 und startete am 31.3.1966 die nächste Sonde. Diese gelangte problemlos auf eine Transferbahn zum Mond. Nach einer Kurskorrektur zielte **Luna 10** auf einen Punkt 1.000 km über der Mondoberfläche. In 8.000 km Distanz wurde Luna 10 wie bei der Landung gedreht, sodass das Triebwerk gegen die Bewegungsrichtung zeigte und bei Passieren des mondnächsten Punktes bremste der Antrieb in 20 Sekunden Luna 10 von 2,1 auf 1,25 km/s ab. Luna 10 gelangte in einen 350 × 1.071 km Orbit, 71,2 Grad zum Äquator geneigt. 20 Minuten nach Erreichen des Orbits wurde der Subsatellit abgetrennt. Damit hatte der Bus, der den größten Teil der Startmasse ausmachte, schon seine Arbeit beendet. Der batteriebetriebene Satellit wurde auf Funkkommando aktiviert und abgeschaltet, um die Batterie zu schonen.

Zuerst gab es eine Propagandaaufgabe zu erfüllen. Die Sonde hatte mehrere Oszillatoren an Bord, welche die Frequenz der Trägerwelle verändern konnten. Zudem sandte der Mondorbiter bei 183 MHz im UKW-Band. So konnte man die Signale mit einem Radio wiedergeben. Man programmierte die Oszillatoren so, dass sie als Tonfolge die Internationale abspielten. Während des Tests in der Nacht vom 2. auf 3. April 1966 klappte das. Doch bei der Generalprobe am folgenden Morgen entdeckten die Techniker, dass in der übermittelten Sequenz eine Note fehlte. Um sich nicht zu blamieren, spielten sie bei der Eröffnung des Kongresses am 3.4.1966 die Bandaufzeichnung der Nacht vorher ab und behaupteten, es wäre eine „Liveübertragung". Die Bilder der den verrauschten Klängen lauschenden Abgeordneten gingen um die Welt.

Danach begann die wissenschaftliche Phase der Mission. Es konnte um den Mond kein Magnetfeld detektiert werden und die gemessene Strahlung stellte keine Gefahr für eine bemannte Mission dar. Schon am 15.4.1966 stellte Russland signifikante Änderungen des Orbits fest: Luna 10 detektierte schon Monate vor Lunar Orbiter die Mascons. Dies wurde aber nicht publiziert, sodass die Entdeckung heute Lunar Orbiter 1 (S. 94) zugeschrieben wird. Am 30.5.1966 waren die Batterien erschöpft. Am Schluss hatte Luna 10 einen Orbit von 378 × 985 km × 72,2°.

Nachdem Russland vor den USA einen Mondorbiter gestartet hatte, begann Lawotschkin eine Serie von besser instrumentierten Mondorbitern vorzubereiten, die allerdings Zeit für die Entwicklung benötigten. Diese entsprangen nun dem Programm **E-6LF**. Luna 11 und 12 trugen eine Kamera. Das Experiment wurde von Zond 3 übernommen und arbeitete mit 25,4 mm Film. Maximal 40 Bilder passten auf den Film. Der an Bord entwickelte Film wurde mit maximal 1.100 Zeilen abgetastet. Bei Luna 11 versagte die Ausrichtung der Kamera auf den Boden. Bei Luna 12 wurden Aufnahmen mit einer Auflösung von 15 bis 20 m erhalten. Andere Experimente bestimmten kosmische Strahlen und Teilchen. Daneben wurden an den drei Orbitern die Elektromotoren der späteren Lunochods im Vakuum getestet.

Luna 11 startete am 22.8.1966. Die Sonde arbeitete bis zum 1.10.1966. Um die Auswirkungen der Mascons zu beobachten, hatte man den Subsatelliten nicht vom Bus getrennt. Ein Fremdkörper in einem Lageregelungstriebwerk verhinderte aber die Ausrichtung der Kamera auf den Mond. So wurden keine Fotos gewonnen.

Die identisch instrumentierte **Luna 12** folgte am 22.10.1966. Bei ihr funktionierte das Kameraexperiment. Erst nachdem Bilder gewonnen wurden, wurde die Sonde spinstabilisiert. Luna 12 arbeitete bis zum 19.1.1967.

Die nun folgenden Luna-Sonden des Programms **E-6LS** hatten keine wissenschaftliche Mission, auch wenn sie noch einige Instrumente zur Beobachtung von Feldern und Partikeln trugen. Ihre primäre Aufgabe war der Test der Kommunikationseinrichtungen für das bemannte russische Mondprogramm N1-L3. Durch die Vermessung der Bahn sollte eine genaue Karte der Mascons entstehen. Deren Erfassung diente der Vorbereitung der bemannten Missionen, da so die Bahnabweichungen vorhersehbar waren. Die Orbiter setzten den Bus aus dem E-6 Programm ein, gehörten aber nicht zum E-6LF Programm. Details über die Sonden sind bis heute nicht bekannt. Ebenso wurden keine wissenschaftlichen Ergebnisse publiziert.

Kosmos 159 war ausnahmsweise keine fehlgeleitete Luna-Sonde, sondern sollte absichtlich nur einen erdfernsten Punkt von 250.000 km erreichen. Da Kosmos 159 jedoch auf dem E-6S Bus basiert, wird er bei den Lunasonden aufgeführt. Die Oberstufe Block L schaltete jedoch zu früh ab und Kosmos 159 erreichte nur ein Apogäum von 60.000 km. In diesem Orbit wurde erfolgreich das N1-L3 Kommunikationssystem getestet.

Beim nächsten Start am 7.2.1968 verbrauchte der Gasgenerator der dritten Stufe zu viel Treibstoff, sodass die dritte Stufe verfrüht abschaltete und die Sonde keinen Parkorbit erreichte.

Der letzte Start von **Luna 14** am 7.4.1968 klappte dagegen. Am 10.4.1968 schwenkte Luna 14 in einen 160 × 870 × 42 Grad Orbit um den Mond ein. Weitere Details über die Mission wurden nicht veröffentlicht.

Mit Luna 14 wurde nach mehr als fünf Jahren das E-6 / E-6S / E-6LF Programm eingestellt. Zufrieden konnte man nicht sein. Es wurden 22 Sonden gebaut. Lediglich sechs (Luna 9 bis 14) waren erfolgreich. Diese Quote ist einzigartig schlecht und wird nur vom russischen Marsprogramm (kein voller Erfolg) noch unterboten.

Datenblatt Luna 10 bis 12, 14	
Start:	1.3.1966: E-6S: Kosmos 111: 182 × 193 km × 51,80 Grad Erdorbit 31.3.1966: E-6S: Luna 10 24.8.1966: E-6LF: Luna 11 22.10.1966: E-6LF: Luna 12 16.5.1967: E-6LS: Kosmos 159: 671 × 60.293 km × 51,86 Grad Erdorbit 7.2.1968: E-6LS: Fehlstart 7.4.1968: E-6LS: Luna 14
Einschwenken in Mondumlaufbahn	Luna 10: 2.4.1966 in 350 × 1.071 km × 71,2 Grad Mondorbit Luna 11: 27.8.1966 in 163,5 × 1193,7 km × 27 Grad Mondorbit Luna 12: 25.10.1966 in 100 × 1.740 km × 15 Grad Mondorbit Luna 14: 10.4.1968 in 160 × 870 km × 42 Grad Mondorbit
Missionsende:	Luna 10: 30.5.1966, 219 Kommunikationsverbindungen Luna 11: 1.10.1966, 137 Kommunikationsverbindungen Luna 12: 19.1.1967, 302 Kommunikationsverbindungen
Mission:	Mondorbiter
Gewicht:	Luna 10: 1.582 kg, Trockenmasse 785 kg Luna 11: 1.640 kg Luna 12: 1.620 kg, Trockenmasse 1.136 kg Luna 14: 1.700 kg
Abmessungen:	3,60 m Höhe, 1,00 m Durchmesser. Subsatellit: 1,50 m Länge, 0,75 m Durchmesser.
Instrumente:	• Triaxiales Magnetometer: Wertebereich 50 nT, Messfehler 10 nT an einem 1,5 m langen Ausleger. 1 Messung alle 128 s. • Gammastrahlenspektrometer (NaI-Szintillator, 0.3 bis 3.2 MeV, 32 Kanäle). • Zwei Geigerzähler für geladene Teilchen. Unterschiedliche Schwellen. Erfassten Protonen mit >5 MeV / > 50 MeV und Elektronen > 400 keV / 5 MeV • Zwei Ionenfallen: erfassten Elektronen > 50 EV und Protonen mit wählbarer Schwelle. • Infrarotdetektor • Mikrometeoritendetektor. Erfasste Teilchen > 0,01 µg. • Zählgerät für Röntgenstrahlen niedriger Energie. Messbereich 1 bis 8 keV. • Luna 11 und 12: Kamerasystem: 200 und 500 mm Objektiv, 40 Aufnahmen auf 25,4 mm Film, Auflösung bis zu 1.100 Linien/Bild. Bodenauflösung 80 bis 100 m / 15 bis 20 m. • Luna 11 und 12: Mehrkanalradiometer (30 kHz bis 1 MHz). • Luna 14: bistatisches Radar • Kosmos 159 und Luna 14: N1-L3 Kommunikationssystem • Luna 11,12: Tests der Lunochod Elektromotoren
Ergebnisse:	Aufnahmen mit 15 bis 20 m Auflösung Kein Magnetfeld detektiert. Strahlendosis im Mondorbit nicht gefährlich für bemannte Mission (5 Teilchen/cm²/s) Karte der Massekonzentrationen Lunares Gestein hat eine ähnliche Zusammensetzung wie Basalt. Gammstrahlenspektren von 14 Regionen, radiogene Elemente in 56 Regionen bestimmt. 198 Mikrometeoriteneinschläge während 56 Tagen bei Luna 10.

70. Abbildung: Luna 10. Der Subsatellit ist oben

4V: Venera 4 bis 8

Nachdem das 3MV Programm ebenso magere Ergebnisse lieferte wie die vorherigen Programme und von neun Sonden nur eine Einzige das Missionsziel erfüllte, vollzog die politische Führung einen Wechsel. Man befand, dass das OKB-1 mit der Aufgabe wohl überfordert war, oder man dort zu viele Projekte gleichzeitig verfolgte und übertrug Lawotschkin die Aufgabe, zukünftige Raumsonden zu bauen.

Lawotschkin hatte weniger als ein Jahr Zeit bis zum nächsten Startfenster, sodass die Ingenieure wie bei Luna 9 bis 14 erst einmal das 3MV-Design übernahmen, es aber verbesserten. Es entstand das 4V-Programm, die ersten beiden Sonden wurden auch **V-67** genannt. Sonden des 4V-Programmes wurden nur zur Venus geschickt und es waren reine Landesonden, die bis zur Landung die Atmosphäre sondieren sollten. Vorbeiflüge waren keine mehr geplant. Mariner 2 hatte schließlich die Venus erfolgreich passiert. Da die Landeapparate mit nur 1 Bit/s Daten direkt zur Erde funkten, hätte die Sonde beim Mars wegen der kurzen Passagezeit der Atmosphäre kaum Daten übertragen und so verzichtete man auf Mars-Atmosphärensondierungen.

Die Kühlung des Busses wurde nach den Erfahrungen mit 1VA bis 3MV überarbeitet. Das Kühlsystem, das bisher auf einem Gas-Flüssigkreislauf beruhte, wurde auf ein System umgestellt, das nur mit Gas arbeitete. Der Radiator wurde mit der entfaltbaren Hochgewinnantenne kombiniert. Die 2,30 m große Hochgewinnantenne aus einem Metallnetz konnte durch den Erdsensor, der sie ausrichtete, erst nach 45 Flugtagen genutzt werden. Der Kühler kühlte nun auch den Sender der Regenschirmantenne.

Die Telemetrie wurde wie bisher im Dezimeterband mit Datenraten von bis zu 64 Bit/s übertragen. Jeder Meßwert hatte eine „Breite“ von 6 Bit. Ein Tonbandgerät speicherte bis zu 150.000 Bits bei Perioden ohne Funkverbindung.

Das Ausrichtungssystem arbeitete mit Grob-Sonnensensoren (±10 Grad) und Sensoren zur Ausrichtung auf die Venus und Erde. Mit ihnen wurde die Hochgewinnantenne auf die Erde ausgerichtet und die Solarpaneele so gedreht, dass sie zur Sonne zeigten. Dieses System war fähig, die Sonde auf 6 Bogenminuten genau auszurichten. Für Kurskorrekturen wurden Gyroskope hinzugenommen, um eine noch höhere Genauigkeit zu erhalten. Sollte das System ausfallen, wie schon bei vorhergehenden Sonden geschehen, wurde die Sonde so gedreht, dass die Düse des Haupttriebwerks direkt auf die Sonne oder direkt gegen die Sonne zeigte. Während des Flugs war die Sonde die meiste Zeit über spinstabilisiert.

Die Solarpaneele mit einer Fläche von 2,4 m^2 waren so in jedem Falle auf die Sonne ausgerichtet. Sie speisten eine 84-Ah-Nickelcadmiumbatterie als Puffer. Die Antriebssektion wurde unverändert von 3MV übernommen.

Außen am Bus befanden sich Sensoren für Sonne, Erde und Venus und einige ungerichtete Antennen. Drei Experimente befanden sich oben auf dem Bus: ein Magnetometer an einem Ausleger, ein Plasmamessgerät und ein UV-Spektrometer.

Mehr Änderungen gab es beim Landeapparat. Er wurde nun für eine höhere Temperatur (350 anstatt 77 °C) und höheren Druck (10 anstatt 5,5 Bar) ausgelegt. Der Lander bestand aus zwei Teilen. Einem Oberen mit dem Fallschirmsystem und einem mechanischen Dämpfer, der die Schwingungen nach der Abtrennung auffing und dem unteren Instrumententeil.

Ein Radarhöhenmesser maß die Höhe, gab aufgrund der geringen Datenrate aber nur eine „Note“ als Signal zurück, die signalisierte, ob die Höhe bei unter 2, 4,5, 9, 14 oder 26 km lag.

Die Landesonde sandte Daten mit 1 Bit/s im Dezimeterband über eine ungerichtete Antenne direkt zur Erde. Die 28-Ah-Batterie ermöglichte eine Betriebsdauer von maximal 100 Minuten. Der ablative Hitzeschutzschild wurde verstärkt. Eine zusätzliche Wärmeisolation aus textilem Asbest wurde zwischen Hitzeschutzschild und Druckzelle eingezogen. Die Druckzelle stand unter 2 bar Druck zur Erhöhung der Steifigkeit.

Die Instrumente bestanden aus Drucksensoren, einem Gasanalysator und Sensoren zur Bestimmung der Dichte und Temperatur der Venusatmosphäre. Für einen Betrieb auf der Oberfläche gab es keine Experimente.

Die Mission sah vor, dass der Bus direkt auf die Venus stürzte. Das Zusammentreffen auf die Atmosphäre löst die Trennung der Landekapsel vom Bus aus. Auf dem Weg zur Venus gab es bis zu zwei Kurskorrekturen. Der Bus sollte bis zur Zerstörung Daten seiner eigenen Messinstrumente übertragen.

Der Hitzeschutzschild der Atmosphärenkapsel reduziert die Geschwindigkeit von über 11.000 auf 210 bis 240 m/s. Dabei traten Belastungen von bis zu 300 g auf. Um die Sonde zu qualifizieren, wurde sie in einer Zentrifuge auf 450 g beschleunigt. Es brachen bei Venera 4 einige Teile und diese wurden vor dem Start durch verstärkte Elemente ersetzt. Ebenso wurde sie in einer Druckkammer den erwarteten Temperatur- und Druckbedingungen unterzogen. Sobald die Abbremsung 40 g unterschritt, wird ein Zeitgeber gestartet, der nach 32 s den 2,2 m² großen Pilotfallschirm auslöste. Die Entfaltung des Pilotfallschirms wird auch durch zwei weitere unabhängige Sensoren ausgelöst: wenn die Beschleunigung unter 2 g sinkt oder der Druck 0,4 Bar übersteigt. Bei mehr als 0,7 bar Außendruck wird der 55 m² große Hauptfallschirm entriegelt, der dann vom Pilotfallschirm herausgezogen wird. Mit der Öffnung des Hauptfallschirms wurde die Abdeckung zum Instrumententeil geöffnet. Nun begannen Funkhöhenmesser, Sender und Instrumente mit ihrer Arbeit. Alle 48 s wurde ein Messzyklus abgeschlossen.

Am 12.6.1967 gelangte zuerst Venera 4 auf einen Kurs zur Venus. Vier Tage später folgte **Kosmos 167**, der nur einen Erdorbit erreichte. Block L zündete nicht, wahrscheinlich, weil die Kühlung der Turbopumpe versagte. Ab jetzt gab es zur Venus nur noch Doppelmissionen.

Die Mission von **Venera 4** verlief erstmals bei einer Venera nach Plan. Nach dreieinhalb Monaten stand die Landung an. In 45.000 km Entfernung wurde die Spinstabilisierung gestoppt und der Bus dreiachsenstabilisiert, mit dem Lander zur Venus zeigend. Als der Erdsensor einen Kontaktverlust signalisiere, wurden Lander und Bus bei 11 km/s getrennt.

Die Landesonde wurde um bis zu 300 g abbremst und begann mit ihren Messungen. Die erste Messung des Radarhöhenmessers ergab eine Höhe von 26 km. Wegen der Übertragung nur eines Bereichs war dies aber nicht die echte Höhe, sondern zu interpretieren als „mindestens 26 km“. In Wirklichkeit war, wie man Jahre später anhand der Daten über die Atmosphäre ermittelte, die Sonde noch in 61 bis 65 km Höhe. Die erste Messung ergab einen Außendruck von 0,75 Bar und eine Temperatur von -31 Grad Celsius in 55 km Höhe.

93 Minuten lang sank die Sonde ab. Der Druck- und Dichtesensor erreichte bald den maximalen Messwert, der bei 5,3 bar lag. Lediglich der Temperatursensor lieferte

Daten bis zum Schluss: Die Temperatur stieg auf 262 °C. Als Venus 4 verstummte, meinten die Wissenschaftler, sie wäre gelandet und feierten dies. Zeitgleich passierte Mariner 5 den Planeten. Sie konnte mithilfe ihres Bedeckungsexperiments den Venusradius genauer bestimmen. Russland nahm einen Radius von 6072 km an. Mariner 5 ermittelte einen von 6048 km (korrekter Wert: 6051,6 km). Berücksichtigt man diesen niedrigeren Wert, so war klar, dass die Sonde nicht die Venusoberfläche erreicht haben konnte. Venera 4 fiel bei einem Druck von 17 bis 20 Atmosphären in einer Höhe von 28 km aus. Immerhin war anhand Daten extrapolierbar, dass an der Oberfläche 500 °C und 75 bar Druck herrschen mussten.

Damit konnte Russland erstmals eine Sonde vorweisen, welche die Venus funktionsfähig erreicht hatte. Venera 4 war auch die erste Raumsonde, die zumindest in der Atmosphärenschicht eines anderen Planeten Daten geliefert hatte. Folgerichtig verwandte man das Sondendesign auch für die nächste Generation. Bei den folgenden Sonden wurde der Bus nahezu unverändert übernommen.

Nach den Erfahrungen mit Venera 4 wurde die Landesonde im Programm **V-69** auf extremere Bedingungen ausgelegt. Die neue Landesonde wurde für einen Außendruck von 25 bar ausgelegt. Offensichtlich traute Lawotschkin nicht den Daten von Mariner 5 bzw. der Extrapolation des Drucks auf das Nullniveau. Dafür wurde der interne Druck von 2 auf 2,5 bar erhöht. Die Masse des Landeapparates stieg um 33 kg. Er war für eine Maximalabbremsung von 450 g ausgelegt. Als Ausgleich wurde das 14 kg schwere Magnetometer vom Orbiter entfernt, nachdem Venera 4 kein Magnetfeld detektierte.

Damit die Sonden schneller sinken, wurden die Flächen der Fallschirme verkleinert von 2,2 auf 1,9 m² beim Pilot- und von 55 auf 12 m² beim Hauptfallschirm. Das Material der Schirme wurde gegen temperaturbeständigeres ausgetauscht. Da der Funkhöhenmesser von Venera 4 keine exakten Daten lieferte, wurde er durch ein genaueres Gerät ersetzt. Alle 45 s wurde ein Messzyklus abgearbeitet.

Erstmals im planetaren Programm der UdSSR klappten beide Starts. Die **Venera 5** und 6 getauften Sonden wurden am 5.1 und 10.1.1969 auf ihre Bahn gebracht. Venera 5 hatte nach dem Start noch eine Abweichung von 25.000 km vom Zielpunkt. Eine Kurskorrektur am 14.3.1969 um 9,2 m/s brachte sie auf Kurs. 37.000 km von der Venus entfernt wurde die Sonde vom Bus getrennt. Am 16.5.1969 trat die Kapsel in die Venusatmosphäre ein. Der Funkhöhenmesser lieferte dreimal Höhenmessungen in 40.4, 31,9 und 23,8 km Höhe. Damit war es möglich, die anderen Messdaten einer Höhe zuzuordnen. Während 52,8 Minuten übertrug Venera 5 Messdaten. Bei einem Außendruck von 27 bar, 18 km über der Oberfläche verstummte Venera 5. Bis dahin gab es Druck- und Temperaturdaten von 55 bis 18 km Höhe (+25 bis +320 °C, 0,5 bis 27 bar). Zweimal wurde die Atmosphäre bei 0,6 und 5 Bar Außendruck analysiert. Sie bestand zu 97 Prozent aus Kohlendioxid, 2 Prozent Stickstoff, <0,1 Prozent Sauerstoff. In kleinen Mengen wurde Wasserdampf nachgewiesen. Das Photometer maß einen Wärmefluss von 250 W/m^2. Der Dichtemesser für die Atmosphäre war ausgefallen.

Einen Tag später erreichte **Venera 6** nach einer Kurskorrektur am 16.3.1969 die Venus. Die Trennung vom Bus erfolgte in 25.000 km Distanz. Der Funkhöhenmesser lieferte zwei Bezugshöhen von 32,1 und 20,3 km. Druck und Temperaturprofile (50 Temperatur- und 70 Druckmessungen während der 51 Minuten langen Mission) korrespondierten mit denen von Venera 5. Ebenso die Atmosphärenanalyse bei 2 Bar (86 °C) und 10 Bar (225 °C). Auffällig war, dass Verena 6 eine deutlich niedrigere Höhe als ihre Schwester maß. Zwischen zwei gleichen Druck-/Temperaturniveaus gab es einen Höhenunterschied von mehreren Kilometern zwischen den Venera 5 und 6 Daten. Man interpretierte dies so, dass Venera 6 über einem Berg niederging. Das Landegebiet ist nach den Radaraufnahmen aber eine Ebene.

Wie Venera 5 verstummte Venera 6 bei einem Außendruck von 27 Bar in einer berechneten Höhe von 12 bis 13 km. Russland erklärte die Mission zum vollen Erfolg – zwar wurde nicht die Oberfläche erreicht, aber die Sonden hatten funktioniert, bis der Außendruck ihre Designauslegung übertraf.

Nachdem beide Raumsonden vor Erreichen der Oberfläche ausfielen, ging man für die nächste Generation **V-71** von wirklich extremen Bedingungen aus. Der Landeapparat wurde komplett neu konstruiert. Er sollte nun 150 Bar Außendruck und 540 °C über mindestens 30 Minuten standhalten. Die Hülle wurde aus Titan anstatt Aluminium-Magnesium gefertigt, sodass sie erst bei einem Außendruck von 180 Bar bersten würde. Zur Temperaturisolation wurden Glasfasern und Glaswolle eingesetzt. Das Fallschirmsystem wurde auf einen Fallschirm mit 2,8 m^2 Fläche reduziert, damit die Sonde schneller fiel.

Die Instrumente wurden komplett neu überarbeitet und auf das Notwendigste reduziert. Während des Abstiegs wurden nur noch Druck und Temperatur gemessen. Ein Gammastrahlenspektrometer sollte die Zusammensetzung der Oberfläche bestimmen. Ein Beschleunigungsmesser die Messungen des Höhenmessers ergänzen. Mit ihm bestimmte man zudem den Drift der Sonde durch Winde. Für die Versorgung von mehr Experimenten bekam Venera 7 eine leistungsstärkere Batterie.

Insgesamt wog nun der Lander 500 kg. Damit die Sonde noch zur Venus starten konnte, wurden vom Bus alle Experimente bis auf das Plasmaexperiment entfernt und die Leistung der Trägerrakete Molnija-M gesteigert, die so 140 kg mehr in den Erdorbit und 50 kg mehr zur Venus transportieren konnte.

Während der Start von Venera 7 klappte, strandete ihre Schwestersonde fünf Tage später in einem Erdorbit. Block L arbeite nur 25 Sekunden und beförderte **Kosmos 359** am 22.8.1970 in einen 171 × 908 km hohen Orbit. Ein Spannungsabfall hatte zum Ausfall des Programmschaltwerkes geführt.

Nach anfänglichen Problemen, den Leitstern Sirius zu finden, fanden am 27.10 und 2.11.1970 zwei Kurskorrekturen statt. In 60 km Höhe begann **Venera 7** mit der Übertragung von Messwerten. Sie fiel dann zuerst langsam, ab 19 km Höhe aber rasch (von 14 auf 26 km/h steigend). Man machte ein Ablösen des Fallschirms aufgrund elektrostatischer Aufladung der Sprengbolzen verantwortlich. So landete Venera nach 35 Minuten mit zu hoher Geschwindigkeit (rund 16 m/s, entsprechend auf der Erde einem Fall aus 13 m Höhe). Mit der Landung verstummte Venera 7.

Als man später die Bänder, auf denen man die Signale aufzeichnete, auswertete, stellte man fest, dass die Sonde noch knapp 23 Minuten nach der Landung weiter sandte, aber nur noch mit 3 Prozent der normalen Signalstärke. Man leitete daraus ab, dass die Antenne um 50 Grad zur Seite zeigte. Aus dem schwachen Signal konnten keine Messwerte mehr extrahiert werden.

Mit Venera 7 konnte Russland erstmals eine gelungene Venuslandung vorweisen. Der Druckmesser war ausgefallen, doch die Temperaturmesser funktionierten. Aufgrund der Annahme einer Atmosphäre im hydrodynamischen Gleichgewicht wurde der Druck zu 90 Bar bei 475 °C berechnet.

Mit Kenntnis der Oberflächenbedingungen ging Lawotschkin an einen weiter verbesserten Lander für die nächste Generation (**V-72**). Die Kapsel wurde nur noch auf maximal 105 Bar und maximal 493 Grad ausgelegt. So wurde die Kapsel um 38,3 kg leichter. Berylliumbleche an der Innenseite sollten die Wärmeübertragung verringern und es wurde ein Wärmespeicher eingeführt: Ein Salz schmolz bei 30 °C und wirkte so wie ein Eiswürfel in einem Wasserglas – bis es vollständig geschmolzen ist, bleibt die Temperatur bei 30 °C. Dazu kam eine nochmals verbesserte Fiberglasisolation.

Damit Russland auch von der Oberfläche Daten bekam, selbst wenn die eiförmige Kapsel zur Seite rollte, wurde eine zweite Antenne mit vier Reflektoren in Form eines Blütenblattes nach der Landung durch einen Schocksensor entfaltet. Das eingesparte Gewicht nutzt man, um erneut ein Photometer mitzuführen. Die nächste Generation von Venera sollte Aufnahmen machen. Dafür mussten die Ingenieure wissen, wie hell es auf der Venusoberfläche ist. Daher landete Venera 8 auf der Tagseite der Venus. Ein weiteres Gerät bestimmte den Ammoniakgehalt der Atmosphäre beim Abstieg. 30 Minuten sollte die Kapsel auf der Venusoberfläche arbeiten. Vor der Abtrennung wurde sie auf -15 °C gekühlt.

Der Start von Venera 8 glückte am 27.3.1972. Dagegen scheiterte der Start der Schwestersonde am 31.3.1972. Zwar zündete Block L diesmal korrekt, schaltete sich aber nach 125 Sekunden Brennzeit vorzeitig ab (nominelle Brennzeit 285 Sekunden). **Kosmos 482** gelangte in einen elliptischen Orbit von 204 km × 9,806 km Erdentfernung und einer Inklination von 52.0 Grad. Der unfreiwillige Satellit trat im Mai 1981 wieder in die Atmosphäre ein.

Venera 8 landete nach einer Kurskorrektur am 6.4.1972 am 17.7.1972 auf der Venus. Der Fallschirm öffnete sich in 60 km Höhe. In 50 km Höhe begannen die Instrumente mit der Arbeit. In 30 km Höhe wurde der Fallschirm gerafft. Man erhielt über 55 Minuten Daten während des Abstiegs und nach dem Aufsetzen noch weitere 50 Minuten von der Oberfläche. Bei der Landung betrug die Innentemperatur nur 20 °C. Alle Instrumente arbeiteten und lieferten Ergebnisse. Damit war die Mission von Venera 8 ein voller Erfolg. Stark limitierend war nur die geringe Datenrate von 1 Bit/s direkt zur Erde. Die nächste Generation würde daher die Busse als Relais nutzen.

Damit wurde das 4V-Programm abgeschlossen. Lawotschkin arbeitete schon an größeren Raumsonden, die auf den Ergebnissen von Venera 7 und 8 aufbauten. Die nächsten Sonden sollten nicht nur die Atmosphäre vermessen, sondern von der Venusoberfläche Bilder anfertigen und die Oberfläche untersuchen.

Datenblatt Venera 4 und Kosmos 167	
Start:	12.6.1967 Verena 4 mit Molnija-M Nr. 71 17.6.1967 Kosmos 167 mit Molnija-M Nr. 70 in eine 187 × 262 × 51,88° Bahn
Ankunft:	18.10.1967 Landung bei 19 Grad Nord, 38 Grad Ost
Missionsende:	Venera 4: 18.10.1967 Kosmos 167: 25.6.1967
Mission:	Venuslandung
Gewicht:	1.106 kg, davon 383 kg Lander
Abmessungen:	3,95 m Höhe, 5 m Spannweite. Durchmesser des Busses: 1.10 m. Durchmesser des Landers: 1,03 m
Instrumente:	Bus: • Magnetometer. Messbereich 50 nT, Genauigkeit 5 nT, 14 kg Gewicht. • Detektor für geladene Teilchen • Detektor für kosmische Strahlen • UV-Photometer zur Messung von Sauerstoff und Wasserstoff Lander: • Zwei Platindraht Widerstandsthermometer (Messbereiche 210 bis 700 K und 270 bis 600 K) • Ein Barometer (0.13 bis 6.9 ± 0.2 Bar) • Betastrahlen Ionisationsdensitometer für die Atmosphäre (0,0005-0,015 g/cm³) • Ein Radio Höhenmesser (770 MHz). • 11 Gasanalysatoren: In 11 Kammern wurden chemisch Gase gebunden und die Dichteunterschiede gaben Aufschluss über die Konzentration der Gase. Bestimmt wurden: Kohlendioxid, Wasser, Sauerstoff und Stickstoff.
Ergebnisse:	Wasserstoff bis in 9.900 km Höhe nachweisbar 1/1000 der irdischen Konzentration Kein atomarer Sauerstoff nachweisbar Kein Strahlungsgürtel nachweisbar Magnetfeldstärke 1/3000 des irdischen Magnetfelds Temperaturprofil bis in 28 km Höhe, Druckprofil bis 7,2 Bar Grenze Zusammensetzung der Atmosphäre wird bestimmt zu: • 80 bis 95 % Kohlendioxid • 7 % Stickstoff • 0,4 bis 0,8 % Sauerstoff • 0,1 bis 0,7 % Wasser

Datenblatt Venera 5 und 6	
Start:	5.1.1969 Verena 5 mit Molnija-M Nr. 72 10.1.1969 Venera 6 mit Molnija-M Nr. 73
Ankunft:	16.5.1969 Venera 5 erreicht die Venus. 17.5.1969 Venera 6 erreicht die Venus.
Missionsende:	16.5.1969 Venera 5 landet bei 3 Grad Süd, 18 Grad Ost. 17.5.1969 Venera 6 landet bei 5 Grad Süd, 23 Grad Ost.
Mission:	Venuslandung
Gewicht:	1.130 kg, davon 405 kg Lander
Abmessungen:	3,95 m Höhe, 5 m Spannweite. Durchmesser des Busses: 1.10 m. Durchmesser des Landers: 1,03 m
Instrumente:	Bus: • Detektor für geladene Teilchen • Detektor für kosmische Strahlen • UV-Photometer zur Messung von Sauerstoff und Wasserstoff Lander • 4 Widerstandsthermometer • Dichtebestimmung • Ein kapazitatives Barometer Messbereich 0,13-40 bar • Ein Radio Höhenmesser • 2 Photometer FO-69 • Chemische Atmosphärenzusammensetzung mit einem Gasanalysator
Ergebnisse:	Heckwelle des Plasmaschweifes bei 28.2000 / 19.000 km Entfernung Messwerte bis 18 km Höhe Druckprofil bis 7,2 Bar Außendruck Zusammensetzung der Atmosphäre wird bestimmt zu: • 97 % Kohlendioxid • 2 % Stickstoff • <0,1 % Sauerstoff • Spuren von Wasser
Bemerkungen:	Erste Doppelmission der UdSSR ohne Fehlstart Ausfall beider Kapseln bei einem Außendruck von 27 Bar in etwa 17 bis 18 km Höhe.

71. Abbildung: Venera 5 und 6, Venera 4 Landekapsel

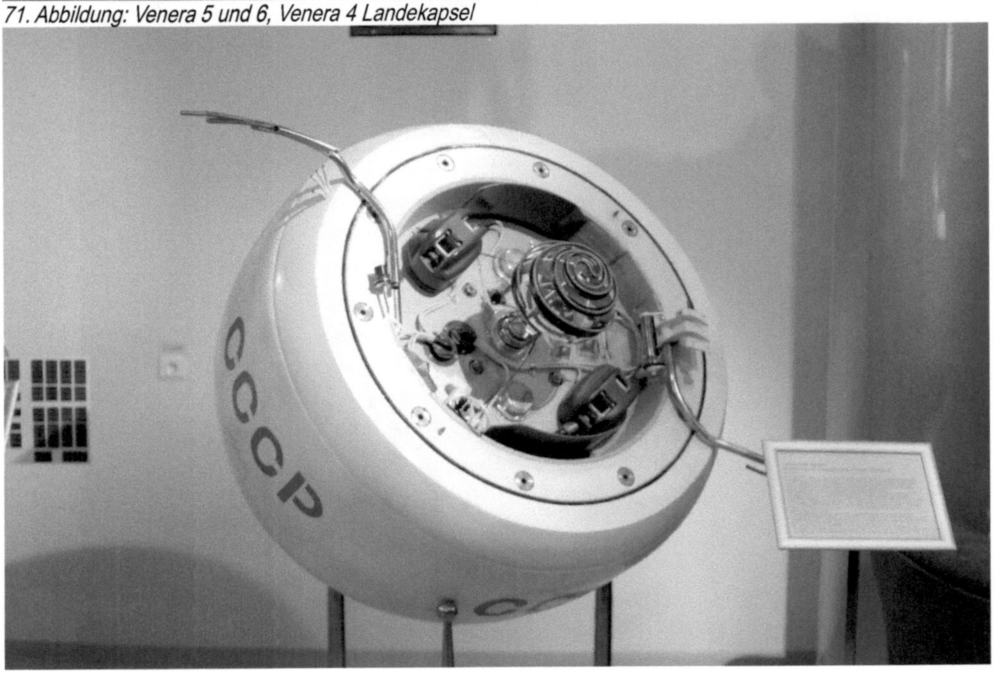

Datenblatt Venera 7 und Kosmos 359	
Start:	17.8.1970: Venera 7 mit Molnija-M Nr. 62 22.8.1970 Kosmos 359 mit Molnija-M Nr. 63 in eine 250 × 685 × 51,12 Grad Bahn
Ankunft:	Venera 7: 15.12.1970 Landung bei 5 Grad Süd, 351 Grad Ost
Missionsende:	Kosmos 359 verglüht am 6.11.1970.
Mission:	Venuslandung
Gewicht:	1.180 kg, davon 500 kg Landeapparat
Abmessungen:	3,95 m Höhe, 5 m Spannweite. Durchmesser des Busses: 1.10 m. Durchmesser des Landers: 1,03 m
Instrumente:	Bus: • Detektor für kosmische Strahlen Lander: • Thermometer • Barometer • Höhenmesser • Gammastrahlenspektrometer
Ergebnisse:	Temperaturprofil bis zum Boden. Oberflächenbedingungen 90 ± 15 bar, 475 ± 20 Grad Celsius. Windgeschwindigkeit: 2,5 m/s
Bemerkungen:	Erste erfolgreiche Landung einer Raumsonde auf einem anderen Planeten Venera 7 überlebt 23 Minuten nach der Landung.

72. Abbildung: Venera 7 Landekapsel

73. Abbildung: Venera 7 Modell

74. Abbildung: Venera 8 bei den Startvorbereitungen

Datenblatt Venera 8 und Kosmos 482	
Start:	27.3.1972 Venera 8 31.3.1972 Kosmos 482 in einen 205 × 9.732 × 52,23 Grad Orbit
Ankunft:	22.7.1972: Venera 8 landet auf der Venus.
Missionsende:	5.5.1981 Kosmos 482 verglüht beim Wiedereintritt in die Erdatmosphäre.
Mission:	Venuslandung
Gewicht:	1.184 kg, davon 495 kg Landeapparat
Abmessungen:	3,95 m Höhe, 5 m Spannweite. Durchmesser des Busses: 1.10 m. Durchmesser des Landers: 1,03 m
Instrumente:	Bus: • Detektor für geladene Teilchen • Detektor für kosmische Strahlen • UV-Photometer zur Messung von Sauerstoff und Wasserstoff Lander • 4 Widerstandsthermometer • Dichtebestimmung der Atmosphäre • Ein kapazitatives Barometer Messbereich 0,13-40 bar • Ein Radio Höhenmesser • 2 Photometer FO-69 • Chemische Atmosphärenzusammensetzung mit Gasanalysator
Ergebnisse:	50 Minuten Daten von der Venusoberfläche. Helligkeit 350 ± 150 Lux, hochgerechnet auf den Zenit 1.000 bis 3.000 Lux, ist ausreichend für TV-Kameras. Gestein ähnelt Granit und hat eine Dichte von 1,5 g/cm³. Temperatur am Boden 470 ± 8 Grad Druck am Boden 90 ± 1,5 bar Ammoniakgehalt 0,01 – 0,1 % in 33 / 47 km Höhe Windgeschwindigkeit in 50 km Höhe 50 bis 60 m/s, in 11 km Höhe 0 bis 2 m/s. In 30 bis 35 km Höhe Abnahme der Hellgkeit. Bodenprofil sehr flach mit nur geringen Höhenunterschieden.
Bemerkungen:	Erste erfolgreiche Landung einer Raumsonde auf einem anderen Planeten

7K-L1: Zond 4 bis 8

Zond 4 bis 8 waren eine Tarnbezeichnung für den unbemannten Test eines bemannten Mondprogramms. Russland hatte nicht nur ein Mondlandeprogramm, sondern auch ein Mondumrundungsprogramm. Die Proton sollte eine modifizierte Sojus zum Mond bringen. Der Mond hätte die Bahn so gedreht, dass sie wieder zur Erde zurückgelangt wäre. Das Sojus-Raumschiff, das bis heute als Zubringer für Raumstationen eingesetzt wird, wurde ursprünglich für das Mondprogramm entwickelt und hatte die gleiche Funktion wie das Apollo-CSM: In ihr hielt sich die Besatzung auf und es führte die Kurskorrekturen durch.

Eine Version der Sojus ohne das Orbitalelement, einem sphärischen Behälter mit Kopplungsadapter, der als Wohnraum diente, war leicht genug, um von einer Proton gestartet zu werden. Wohl wissend, dass das eigene Mondprogramm hinter dem der Amerikaner hinterherhinkte, erhoffte sich die Führung von einer Mondumrundung eine propagandistische Erstleistung. Genehmigt wurde das Programm im Oktober 1965. Gebaut wurden Zond 4 bis 8 vom OKB-1 Koroljows.

Die Sicherheit hatte oberste Priorität. Daher wurde die modifizierte Sojus (7K-L1) zuerst unbemannt getestet und die Starts Zond 4 bis 8 genannt. Die Treibstoffzuladung des Versorgungsmoduls war auf 400 kg beschränkt. Da keinerlei größere Bahnmanöver nötig waren, war dies ausreichend. Der Hitzeschutzschild war der gleiche wie bei den Sojus für Mondmissionen (L-3 Mondlandekomplex) und damit stärker als bei der Sojus für Erdorbitmissionen.

Die Proton hätte die Zond auf eine freie Rückkehrbahn gebracht. Das Phänomen der „freien Rückkehrbahn" wurde auch bei den ersten Apollomissionen ausgenutzt. Bei ihr lenkt der Mond die Bahn so um, dass die Zond wieder zur Erde gelenkt wird. Eine derartige Mission dauert typisch sechs bis sieben Tage.

Von den anderen Mond- und Planetensonden unterschied sich die Zond durch den ersten Computer im sowjetischen Raumfahrtprogramm. Er war für das Mondprogramm entwickelt worden. Der Argon-16 Computer mit nur 15 Befehlen und nur 5 KByte Speicher (RAM+ROM zusammen) schaffte rund 30 Rechenoperationen/s. Er wurde bis 2009 in den Sojusraumschiffen eingesetzt.

Strom lieferten zwei Solarpaneele mit einer Fläche von 11,6 m^2. Das Sojus-Raumschiff (7K-OK) wurde unbemannt, ohne Hitzeschutzschild, unter der Bezeichnung Kosmos 146 und Kosmos 154 im Erdorbit erprobt. Die Zonds waren der erste Einsatz der 7K-L1 Version, die zum Mond fliegen sollte. Sie unterschied sich aber vom Raumschiff für Mondlandungen 7K-LOK. Dieses wurde mit der N-1 getestet (S. 383).

Es gab nur zwei Experimente an Bord. Die Sonden hatten Detektoren für Protonen, um die Strahlenbelastung zu messen (Protonen, weil sie durchdringender als Elektronen sind) sowie Kameras am Fenster. Bei Zond 6 bis 8 eine Schwarz-Weiß-Kamera von 400 mm Brennweite, die 13 × 18-cm-Filmkassetten belichtete und Zond 7 und 8 noch zusätzlich eine Farbkamera mit einem 300-mm-Objektiv, das 5,6 × 5,6 cm Farbfilm auf Rolle nutzte.

Anfangs hatte die Proton zahlreiche Fehlstarts, von denen vor allem die Zond betroffen waren. Am 22.9.1967 wurde nach 97,4 s die Proton mit dem ersten Raumschiff gesprengt, als eines der Triebwerke nicht zündete. Nicht viel besser ging es beim nächsten Startversuch zwei Monate später. Diesmal zündete ein Zweitstufentriebwerk nach 125,5 s nicht und die Rakete wurde nach 129,9 s gesprengt.

Der nächste Start klappte. **Zond 4** sollte noch nicht den Mond umrunden. Sie sollte das gesamte Programm inklusive Wiedereintritt absolvieren. Zond 4 wurde auf eine Bahn mit einem erdfernsten Punkt in 354.000 km Entfernung geschossen. Damit der Mond die Bahn nicht störte, befand er sich beim Start auf der anderen Seite der Erde.

Von Anfang an arbeitete ein Sensor zur Feststellung der Lage nur sporadisch. Nach 5,22 Tagen befand sich Zond 4 kurz vor dem Wiedereintritt und wieder fiel der Sensor aus. Zond 4 kam vom Flugkorridor ab, trat ballistisch in die Atmosphäre ein, anstatt auf einer flachen Bahn. Dabei traten Verzögerungen von bis zu 20 g auf. Eine Besatzung hätte dadurch Gesundheitsschäden erlitten. Doch die Kapsel hat eine selbststabilisierende Form und überlebte den Wiedereintritt. Aber sie ging durch den falschen Kurs über dem Golf von Guinea (Westafrika) nieder, anstatt in der Sowjetunion oder dem sekundären Zielgebiet im Indischen Ozean.

Die politisch Verantwortlichen veranlassten eine Selbstzerstörung der Kapsel durch Sprengung in 10 bis 15 km Höhe. Die Projektleiter beschwerten sich über dieses Vorgehen. Man hätte die Kapsel durch die Marine bergen können. Eine Untersuchung der Kapsel hätte es erlaubt, das System zu verbessern.

Am 22.4.1968 gab die Zond beim Start selbst ein falsches Signal an die Proton ab. Diese schaltete nach 194,64 s die zweite Stufe ab und die Zond löste den Fluchtturm aus. Die Zond wurde 520 km von der Startrampe entfernt geborgen.

Der Start von **Zond 5** klappte dagegen. Diesmal hatte man ein Kamerasystem an eines der Fenster angeschlossen. Zudem befanden sich zwei Schildkröten sowie weitere Kleinlebewesen und Pflanzen mit an Bord.

Nach dem Start schien alles in Ordnung. In 328.000 km Entfernung erfolgte eine kleine Kurskorrektur, um den Flugkorridor besser zu treffen. Am 18.9.1968 passierte Zond 5 den Mond in einer minimalen Entfernung von 1.950 km. In 90.000 km Entfernung wurde das Kamerasystem aktiviert. Die später veröffentlichten Fotos waren von guter Qualität. Dann versagte erneut ein Ausrichtungssensor. Als Folge schaltete das Lageregelungssystem auf das Wiedereintrittsprogramm um. Damit würde der Wiedereintritt problemlos erfolgen. Jedoch sollte vorher Zond 4 vom sekundären Landegebiet im Indischen Ozean (Seelandung, weil die Zond schwimmen konnte, weitestgehend ohne Risiko) auf einen durch Auftrieb gleitenden Pfad zu einer Landung in Kasachstan umgelenkt werden (Landlandung, impliziert, dass alle Systeme bei der Landung funktionieren, sonst zerschellt die Kapsel).

Anders als bei Zond 4 wurde diesmal die Kapsel nicht gesprengt. Sie landete 105 km vom nächsten russischen Schiff entfernt, wurde geborgen und vier Tage nach der Landung geöffnet. Die Schildkröten hatten 10 % an Gewicht verloren, waren aber sonst wohlauf. Kosmonauten hätten sich bei der hohen Bremsverzögerung aber die Knochen gebrochen. Der amerikanische Zerstörer USS McMorris verfolgte die Bergung. Die Berichte über eine erfolgreiche Mondumrundung durch Zond 5 führten dazu, dass man Apollo 8 in einen Mondorbit entsandte, da die NASA nun annahm, der nächste Flug würde Kosmonauten zum Mond bringen.

Die Probleme rissen bei **Zond 6** nicht ab. Zond 6 kam zuerst problemlos auf einen Kurs zum Mond. Doch die Hauptantenne entfaltete sich nicht. Aber es gab mehrere Empfangssysteme. So wurde das Reservesystem genutzt. Zwischen 11.000 und 3.300 km Entfernung machte das Raumschiff Aufnahmen der erdzugewandten Mondseite. Kurz nach Passsage des Monds in 2.420 km Entfernung, sanken die Temperaturen im Wasserstoffperoxidtank des Antriebssystems. Durch Drehen der Zond, sodass die Sonne den Tank erwärmte, stiegen die Temperaturen wieder an, die Sonneneinstrahlung machte jedoch eine Gummidichtung spröde und die Luft entwich wenige Stunden vor der Landung aus der Kapsel. Die Lebewesen in der Kapsel wurden getötet. Das Ausrichtungssystem funktionierte diesmal und Zond 6 wurde über eine Strecke von 9.000 km sanft abbremst und landete nahe des Zielgebiets, 16 km von der Startrampe entfernt. Allerdings wurde der Fallschirm vorzeitig abgeworfen, da der Radarhöhenmesser durch den Druckverlust eine Fehlfunktion hatte. Die Kapsel zerschellte. Die Filmkassette wurde geborgen. Einige Aufnahmen wurden veröffentlicht. Russland erklärte die Mission zu einem vollen Erfolg.

Zond 6 war aber kein Erfolg. Die Regeln sahen vor, dass vor dem ersten bemannten Einsatz zwei aufeinanderfolgende unbemannte Missionen klappen mussten. Also bereitete man die nächste Zond zum Start vor. Nach 313,66 s fiel ein Triebwerk der dritten Stufe aus. Nach 500,03 s schaltete sich die gesamte dritte Stufe ab, als eine Treibstoffleitung des Gasgenerators brach. Die Nutzlast ging an der Grenze zu Mongolei nieder. Dieser Flug fand erst nach Apollo 8 statt, eine propagandistische Erstleitung war damit selbst bei einer bemannten Mission nicht mehr gegeben.

Zond 7 startete erst nach der Rückkehr von Apollo 11. Zu diesem Zeitpunkt war es unsinnig, den Mond nur zu umrunden. Wahrscheinlich startete Russland nur noch die schon gebauten Raumschiffe. Nach einem Kurskorrekturmanöver erreichte die Sonde am 10.8.1969 den Mond. Zwar scheiterte auch hier die Kommunikation über die Hauptantenne, aber dies beeinflusste die Mission nicht. Zond 7 war nun zusätzlich mit einer Farbfilmkamera ausgestattet. Aus 70.000 km Entfernung zum Mond wurden die ersten Bilder gemacht. Die erste Aufnahmeperiode dauerte 10 Minuten. In 10.000 km Entfernung gab es eine zweite Reihe. Der Mond wurde in 1.200 km Entfernung am 11.8.1969 passiert. Schon am 8.8.1969 hatte die Sonde Aufnahmen der Erde gemacht. Die Sonde ging planmäßig nach 6 Tagen und 18 Stunden in Kasachstan nieder. Sie blieb die einzige voll erfolgreiche Mission des Programms.

Erst nach mehr als einem Jahr Pause starteten die Sowjets die letzte Zond. **Zond 8** passierte den Mond am 23.10.1970 in 1.110,4 km Entfernung und machte Aufnahmen des Mondes in Schwarz-weiß und Farbe. Wieder gab es zwei Aufnahmeserien. Einmal aus großer Distanz, wo der ganze Mond auf eine Aufnahme passte und eine kurz vor der größten Annäherung. Auf dem Weg zum Erdmond gab es in 250.000 km Entfernung ein Kurskorrekturmanöver und zwei Korrekturmanöver auf dem Rückflug. Doch wie bei Zond 5 versagte das Wiedereintrittssystem und die Sonde landete ballistisch, 24 km vom sekundären Zielgebiet entfernt, 730 km südöstlich von den Chagos Inseln, im Indischen Ozean. Sie wurde von sowjetischen Bergungsschiffen geborgen. Die Bilder von Zond 8 hatten eine gute Qualität und konnten mit 6.000 × 8.000 Pixeln digitalisiert werden.

Es sollen noch zwei weitere Zond existieren, die aber nicht mehr gestartet wurden. Schon Zond 8 startete mehr als ein Jahr nach der letzten Mission, während es 1968 vier Starts gab.

Insgesamt war von neun Raumschiffen des 7K-L1 nur Zond 7 voll erfolgreich. Vier gingen schon bei Fehlstarts verloren. Das 7K-L1-Programm zeigt auch die Nachteile der russischen Philosophie bei bemannten Missionen auf: Die Besatzung war weitestgehend passiv. Die Missionen wurden von der Missionskontrolle aus gesteuert, bzw. bei Zond automatisch durch den Bordcomputer. Menschen an Bord hätten nach Ausfall der Lageregelung die nötigen Kurskorrekturen vornehmen können. Dann wäre es zu dem ballistischen Eintritt bei Zond 4,5 und 8 nicht gekommen. Kritisch war aber der Verlust der Atmosphäre bei Zond 6. Bei einem ähnlichen Ereignis verlor die Besatzung von Sojus 11 im Jahr 1971 ihr Leben.

Damit ging das Zond-Programm nach 15 Flügen zu Ende. Lediglich zwei Sonden (Zond 3 und 7) kann man als voll erfolgreich ansehen. Zond 4 bis 8 knüpften leider reibungslos an die anderen Fehlschläge von Sonden des OKB-1 an.

In der Retrospektive war es ein Fehler, das Russland seine begrenzten Ressourcen verteilte. Als Zond begann, standen schon die bemannten Apollomissionen an. Nur bei einem katastrophalen Ereignis im Apolloprogramm hätte man die USA zumindest propagandistisch überholen können. Dagegen hätte Russland, wenn es das E-8-5 Mondprobenbergungsprogramm forcierte, vor den USA Mondproben zur Erde bringen und somit einen Achtungserfolg erringen können.

Datenblatt Zond 4 bis 8	
Start:	27.9.1967: Fehlstart mit Proton-K/Block D Nr.229 22.11.1967: Fehlstart mit Proton-K/Block D Nr.230 2.3.1968: Zond 4 mit Proton-K/Block D Nr.231 22.4.1968: Fehlstart mit Proton-K/Block D Nr.232 14.9.1968 Zond 5 mit Proton-K/Block D Nr.234 10.11.1968 Zond 6 mit Proton-K/Block D Nr.235 20.1.1969 Fehlstart mit Proton-K/Block D Nr.237 7.8.1969 Zond 7 mit Proton-K/Block D Nr.243 20.10.1970 Zond 8 mit Proton-K/Block D Nr.250
Vorbeiflug:	18.9.1968: Zond 5 passiert den Mond in 1.950 km Entfernung. 14.11.1968: Zond 6 passiert den Mond in 2.420 km Entfernung. 11.8.1969: Zond 7 passiert Mond in 1.200 km Entfernung. 24.10.1970 Zond 8 passiert Mond in 1.110,4 km Entfernung.
Landung:	7.3.1968: Zond 4 21.9.1968: Zond 5 17.11.1968: Zond 6 14.8.1969: Zond 7 27.10.1970: Zond 8
Mission:	Mondumrundung
Gewicht:	Zond 4: 5.140 kg Zond 5: 5.375 kg Zond 6: 5.375 kg Zond 7: 5.390 kg Zond 8: 5.390 kg
Abmessungen:	Länge 4,50 m, Spannweite: 9 m. Durchmesser des Zentralteils: 2,72 m
Instrumente:	• 400 mm Kamera für 13 × 18 cm Film. Gesichtsfeld 18,46 × 25,36 Grad, Bildgröße 650 × 900 km in 10.000 km Entfernung • 300 mm Kamera für 5,6 × 5,6 cm Farbfilm. Gesichtsfeld 10,66 × 10,66 Grad, Bildgröße 186,6 × 186,6 km aus 10.000 km Entfernung • Protonen-Detektoren. Messbereiche 1,5 – 10, 10 – 21, 30 – 35 und 45 – 50 MeV
Ergebnisse:	Nur Zond 7 ist voll erfolgreich. Zahlreiche hochwertige Mondaufnahmen gewonnen, allerdings aufgrund der Bahngeometrie vor allem von der schon bekannten Mondvorderseite.

75. Abbildung: Gerenderte Grafik von Zond 8

76. Abbildung: Zond 8 Aufnahme eines Erdaufganges über dem Mond

77. Abbildung: Zond 7 Farbaufnahme der Vollerde

E-8-5 / E-8M: Luna 15,16,18,20,23,24

Das nächste Mondprogramm E-8 hatte das Ziel, Bodenproben zu gewinnen und zur Erde zu bringen. Es wurde als Backup zur bemannten Mondlandung der Führung schmackhaft gemacht. Schlussendlich wurde das russische Mondprogramm erst begonnen, als das Apolloprogramm schon zwei Jahre alt war. Man konzeptionierte es auch als Vorbereitungsprogramm: Die Sonden sollten den Landeplatz der späteren Mondlandung erkunden und mit ihrem Radiosender als „Leuchtfeuer" dienen, um eine präzisere Landung zu ermöglichen. Das zwischen E-6 (Luna 4 bis 14) und E-8 liegende Programm E-7 war ein Orbiter (gestartet mit der Molnija) mit einer reinen Fotografiemission. Dieses Programm wurde gestrichen.

Die Sonde war größer als die vorherigen Luna, da nicht nur ein leichter Lander auf die Oberfläche niedergehen sollte, sondern eine Rückkehrkapsel mit einer Raketenstufe. Die Sonden waren mehrteilig. Es gab zum einen die Landestufe KT (Abkürzung für Korrektur- und Bremseinheit). Sie war rechteckig und bestand vor allem aus Treibstoff und Druckgastanks. Sie bildete den Rahmen. In der Mitte befand sich das regelbare Haupttriebwerk. Dieses arbeitete mit einer Turbopumpe, um Schub und Effizienz zu erhöhen. An der Seite waren die druckgasbetriebenen Steuertriebwerke. Auf ihr befand sich die Instrumentensektion mit einer 584-Ah-Batterie, Sendern, Empfänger, Gyroskopen, Radarhöhenmesser in einem unter Druck stehenden Kreisring. Die Landestufe konnte 800 kg auf dem Mond absetzen.

Die Landestufe schwenkte zuerst in einen Mondorbit ein. Nach Vermessen der Umlaufbahn und Absenkung des mondnächsten Punktes wurde die Landung eingeleitet. Die Abbremsung erfolgte mit dem Haupttriebwerk, das zum Ende der Betriebszeit den Schub absenkt. Kurz vor der Landung wird das zentrale Triebwerk abgeschaltet und die Steuertriebwerke arbeiteten alleine weiter. Sie sorgen dafür, dass die Sonde mit einer konstanten Geschwindigkeit sinkt. Geplant war eine Landung mit maximal 5 m/s. Das Einschwenken in einen Mondorbit vor der Landung ist aufgrund der Vorgehensweise beim Rückstart nötig, da dadurch die Landung nur in bestimmten Zonen möglich war.

Auf der Landestufe waren zur Verfolgung der Boden-Probenentnahme und Fotografie des Landeortes eine TV-Kamera und ein Bohrer angebracht. Der Bohrer, an einem Ausleger, wurde für die Probenentnahme abgesenkt. Der Ausleger konnte an der

Basis gedreht und in der Länge ausgefahren werden. Er ermöglichte die Entnahme von Proben bis in 5,6 m Entfernung. Der Bohrkopf konnte bei lockerem Boden bis in 50 cm Tiefe eindringen. Der Bohrer hatte einen äußeren Durchmesser von 14 mm, einen inneren Hohlkern von 8 mm Durchmesser und rotierte mit 500 U/Min.

Danach wurde der Bohrkern mit dem Arm nach oben geführt und in die Rückkehrkapsel umgeladen. Die Kapsel von 80 cm Durchmesser war aus Stahl und mit einem schwarzen Hitzeschutzschild überzogen. Sie wog 34 kg. Sie wurde mit einem Stahlband an der Rückstartstufe fixiert. Abgetrennt wurde sie von der Gerätesektion durch einen Sprengbolzen. Neben einem Haupt- und Pilotfallschirm befanden sich in der Kapsel Peilsender, Antennen und Batterien. In einem hermetisch abgeschlossenen zylindrischen Behälter befand sich der Bohrkern. Theoretisch hätte die Kapsel maximal 5 kg zur Erde zurückführen können. Bedingt durch das Entnahmeverfahren waren es in der Praxis nur etwa 100 g Sand und kleine Steine.

Zwischen Landung und Rückstart der Bodenproben vergingen zwischen 25 und 28 Stunden. Die maximale Betriebszeit der batteriebetriebenen Raumsonden betrug drei Tage. Die Rückstartstufe wog 520 kg. Sie bestand aus einem Haupttriebwerk, das im Loch in der ringförmigen Instrumentensektion nach unten ragte, drei kleineren Außentanks mit dem Treibstoff und einem größeren zentralen Tank mit dem Oxydator. Drei Steuertriebwerke stabilisierten den Flug. In der oberen Instrumentensektion befanden sich zur Feststellung der Lage zwei Gyroskope. Integratoren maßen die Beschleunigung, bestimmten die Geschwindigkeit und schalteten beim Erreichen der Zielgeschwindigkeit das Triebwerk ab. Dazu kamen noch Batterien, Funkempfänger und Senden und vier Außenantennen.

Um die Mission zu erleichtern, hatte sich Lawotschkin ein besonderes Startprofil ausgedacht. Die Rückstartstufe musste nur vertikal aufsteigen und eine vordefinierte Endgeschwindigkeit von etwa 2.700 m/s erreichen. Es war keine gebogene Aufstiegsbahn nötig. Die Erde würde, wenn sie an der richtigen Stelle am Himmel war, die Kapsel durch ihre Gravitation anziehen und so zurückführen. Nach Brennschluss wurde die Stufe in Rotation versetzt. Dies stabilisierte die Kapsel auf ihrem ballistischen Flug zur Erde, bei dem keine Kurskorrektur möglich war. Die Kapsel trat dann steil in die Atmosphäre ein, was eine hohe Bremsverzögerung von bis zu 300 g zur Folge hatte. Für diese war die Kapsel aber ausgelegt. Drei Stunden vor der Landung in Russland wurde die Rückstartstufe abgetrennt. In 15 km Höhe bei einer Fallgeschwindigkeit von unter 300 m/s wurde automatisch der Landefallschirm ausgelöst.

Dieses spezielle Profil, zusammen mit der Forderung, dass die Landung über russischem Gebiet erfolgen musste, engte die Landezone auf dem Mond auf einen Bereich nördlich des Mondäquators und 56 Grad Ost, am Rand des Mare Cruisum ein. Der Startzeitpunkt war dadurch ebenfalls vorgegeben. Damit man die relativ kleinen Landeellipsen von nur 10 km Durchmesser traf, schwenkten die Sonden zuerst in einen Mondorbit ein, passten danach das Perilunäum auf rund 12 km Höhe an und leiteten dann den Abstieg ein. Die Landung ähnelte daher der von Apollo, anders als bei Luna 9/13 oder Surveyor, die direkt landeten.

System	Gewicht bei Luna 24
Startmasse:	5.795 kg
Davon Bremsstufe KT	1.640,5 kg
Bremsstufe KT Antriebssektion	1.080 kg
Bremsstufe KT Instrumentensektion	560,5 kg
Bremsstufe KT Treibstoff.	3.539 kg
Rückstartstufe	514,8 kg
Rückkehrkapsel:	34 kg
Maximale Nutzlast:	5 kg
Δv Mittkursmanöver Bremsstufe	Maximal 130 m/s
Δv Orbit und Landung	Maximal 2.784 m/s
Δv Rückstart	Typisch 2.700 m/s

Für die letzten Mondsonden (Luna 23/24) wurde die Landestufe modifiziert. Um mehr Bodenproben zu gewinnen, wurde der Bohrer verändert. Die neue L09-Bohrprobenentnahmevorrichtung bestand aus einem Bohrkopf, einer Bohrstange mit einer Säule, einem Bodenaufnahmemechanismus, einem Bohrkopfvorschub, einem Kernüberlastungstopp und einem Behälter für den Bohrkern. Beim Bohrvorgang tritt das Material in den Hohlraum ein, in dem sich ein flexibler Schlauch befindet. Er hält während des gesamten Bohrvorgangs den Kern in Form einer Säule. Am Ende des Bohrens wird der Schlauch mit dem Mterial aus dem inneren Hohlraum des Stabes herausgezogen und auf eine Trommel in dem Behälter gewickelt. Dann wird dieser Behälter in die Kapsel eingebracht. Durch das Aufwickeln konnte der Bohrkern nun länger als die maximal 50 cm bei Luna 15 bis 20 sein. Noch wichtiger: Er bewahrte die ursprüngliche Schichtung des Kerns. Der Bohrkopf von Luna 23 und 24 bohrte daher tiefer (bis zu 2 m).

Der Bohrer war schwerer, dafür entfernte man Equipment an der Sonde, auf das man am ehesten verzichten konnte. So wurde Wasser aus dem Kühlsystem und die thermische Isolation im Instrumententeil entfernt und der Radarhöhenmesser durch ein leichtes Modell ersetzt. Die modifizierten Landesonden Luna 23 und 24 hatten die Projektbezeichnung E-8-5M.

Am Beispiel des Ablaufs einer Mission wird die von Luna 16 beschrieben, die als erste Raumsonde Bodenproben zur Erde zurückführte.

Luna 16 startete am 12.9.1970 mit einer Proton-K Block D. Eine Kurskorrektur auf dem Weg am 14.9.1970 reichte aus, um den Zielkorridor zu erreichen. Eine zweite Kurskorrektur wurde daraufhin abgesagt. Am 17.9.1970 zündete das Triebwerk KTDU-417 der Bremsstufe für 236 Sekunden. Luna 16 schwenkte in einen 108,6 × 118,6 km Mondorbit mit einer Bahnneigung von 70 Grad ein. Diese hohen Inklinationen waren typisch für die Umlaufbahnen der Luna 16 bis 24 Serie.

Am 18.9.1970 wurde das Periselen auf 20,8 km Höhe über dem späteren Landepunkt angesenkt. Am Tag darauf wurde das Periselen weiter auf 11,86 km abgesenkt. Am 20.9.1970 fand die Landung statt.

In 13,28 km Höhe wurde das Triebwerk aktiviert. Es bremste die Sonde während der nächsten 267,3 s bis auf eine vorgegebene Geschwindigkeit von 2 m/s ab, die in 2,45 km Höhe erreicht wurde. Danach fiel Luna 16 im freien Fall 43 Sekunden lang, bis durch den Radarhöhenmesser gesteuert, in 600 m Höhe der Antrieb erneut im Niedrigschubmodus gestartet wurde. In 20 m Höhe hatte er die Stufe erneut auf 2 m/s abgebremst. Nun übernahmen die Steuertriebwerke. In 2 m Höhe wurden sie durch den Radarhöhenmesser abgeschaltet und die Sonde setzte mit 4,8 m/s, das entspricht auf der Erde einem Fall aus 1,20 m Höhe, auf. Dieses Profil hat eine Sicherheitszone von 2,45 bis 0,6 km Höhe. Wenn Massenkonzentrationen die Bahn verändert haben, man die Sollbahn nicht genau erreicht, oder der Schub geringer ist, federt dieser Puffer dies ab. Der Preis ist, dass die Sonde in den 1,8 km, die sie fällt, um 80 m/s beschleunigt, die nun wieder abgebaut werden müssen.

Nach der Landung wurde durch Vermessen des Funksignals die Position bestimmt. Danach schaltete die Bodenkontrolle die Kameras ein. Sie bestanden aus einem einfachen Photometer, das die Helligkeit eines Punktes bestimmte und das zuerst durch Bewegen eines Spiegels in der Höhe eine Spalte aufnahm und dann durch Drehen des Spiegels die Zeilen. Die beiden Telefotometer wurden auch bei den Lunochods verwendet. Die Bildhöhe betrug maximal 30 Grad. Maximal 500 × 6.000 Punkte konnte ein Panorama umfassen. Bei Luna 16 scheiterte die Aufnahme der Landestelle aber dreimal. Die Sonde landete bei Dunkelheit und hatte Scheinwerfer an Bord. Sie reichten aber nicht aus, die Szene ausreichend zu beleuchten. Auf zwei Aufnahmen konnte man die Erde als hellen Fleck erkennen.

Danach wurde der Probennehmer eingeschaltet, der automatisch eine Probe bis in 35 cm Tiefe entnahm. Ohne Bilder der Landestelle wurde der Azimut des Auslegers nicht angepasst. Nach Umfüllen des Bohrerkerns in die Rückkehrkapsel wurde am 21.9.1970 nach 27 Stunden der Rückstart initiiert. Die Kapsel erreichte nach 84 Stunden am 24.9.1970 die Erde. Negative Beschleunigungen von bis zu 315 g wurden in der Probenkapsel registriert. In 14,5 km Höhe wurde bei einer Geschwindigkeit von 250 m/s das Fallschirmsystem ausgelöst. Die Kapsel ging 80 km nördlich von Jezkazgan in Kasachstan nieder. Die Dauer einer Mission betrug maximal 13 Tage.

Das E-8 Programm hätte tatsächlich Bodenproben vor den USA zur Erde bringen können. Doch Russland setzte die neue Trägerrakete Proton ein. Wie bei den ersten Einsätzen der vierstufigen Molnija gab es bei den ersten Flügen zahlreiche Fehlstarts. Von den ersten 18 Starts glückten nur fünf. Dem ersten erfolgreichen Start mit Luna 15 gingen zwei Fehlstarts mit E-8 Sonden voraus.

Am 14.6.1969 fand der erste Start statt. Die vierte Stufe Block D zündete nicht und die Kombination verglühte im Pazifik. Bei einem zweiten Fehlstart am 19.2.1969 wurde ein Lunochod, das ebenfalls die KT-Stufe einsetzte (S. 285), verloren.

Luna 15 wurde bekannt, weil ihre Mission zeitgleich mit Apollo 11 erfolgte. Die Aufgabe der Sonde wurde geheim gehalten und so meinten manche Korrespondenten, dass die Sonde die Mondlandung von Apollo 11 beobachten oder gar stören sollte. Auf Anfrage des Astronauten Borman, der nach der Apollo 8 Mission eine Good-Will-Tour in Russland absolviert und Kontakte aufgebaut hatte, bekam die NASA die Bahnelemente, sodass klar war, dass Luna 15 sich Apollo 11 nicht näherte.

Nach dem Start am 13.7.1969 schwenkte Luna 15 am 17.7.1969 in eine 110 km hohe Mondumlaufbahn ein, die zweimal geändert wurde. Nach 86 Kommunikationskontakten und 52 Mondorbits wurde die Landung durchgeführt. Am 21.7.1969 (Armstrong und Aldrin waren zu diesem Zeitpunkt schon gelandet) sollte die Sonde bei 17 Grad Nord und 60 Grad Ost landen. Dazu wurde der mondnächste Punkt auf 16 km abgesenkt. In einer Höhe von 3 km über der Oberfläche verstummte die Sonde. Sie schlug mit hoher Geschwindigkeit auf. Die Ursache ist unbekannt. Sowjetische Experten vermuten, dass die Sonde an einen Berghang geraten war oder durch einen Berg das Landeradar gestört wurde. Wäre das Unternehmen geglückt, so wäre es ein unerhörter Triumph gewesen. Die Sowjets hätten durch die schnellere Rückkehrbahn vor der NASA Mondproben zur Erde gebracht.

Die beiden nächsten Starts am 13.9.1969 und 22.10.1969 endeten im Erdorbit. Beim ersten Start schloss sich nach der ersten Zündung von Block D, bei dem ein Parkorbit erreicht wurde, das Ventil für den Sauerstoff nicht. Er entwich. Das dadurch induzierte Drehmoment überforderte das Lageregelungssystem. Eine Wiederzündung war nicht mehr möglich. Die Sonde, die Russland „**Kosmos 300**" nannte, wurde bei Brennschluss von Block D automatisch abgetrennt. Nach 67 Umläufen zündete die Missionskontrolle das Landetriebwerk und führte einen kontrollieren Wiedereintritt im Pazifischen Ozean durch.

Beim Start von **Kosmos 305** war Block D bei der Wiederzündung falsch im Raum orientiert, sodass er die Nutzlast nicht zum Mond beförderte, sondern im Pazifischen Ozean versenkte.

Am 6.2.1970 war die Mission schon nach 127 s beendet, als ein fehlerhaftes Signal zum Abschalten der zweiten Stufe führte. Die Proton wurde anschließend durch den Sicherheitsoffizier gesprengt. Es folgte eine mehr als sieben Monate dauernde Pause, in der man nach Fehlern suchte und mit einem suborbitalen Start im August 1970 die Proton erneut qualifizierte. Danach klappten erheblich mehr Starts der Proton, auch wenn sie bis heute die russische Rakete mit der geringsten Zuverlässigkeit ist.

Luna 16 brachte wie oben erwähnt 101 g Bodenproben zur Erde. Luna 17 war der das Erste von zwei Lunochods.

Luna 18 startete fast ein Jahr nach Luna 16 am 2.9.1971. Nach zwei Kurskorrekturmanövern am 4 und 6.9.1971 schwenkte die Sonde am 7.9.1971 in den ersten Mondorbit ein. Nun kam es zu Problemen. Aufgrund eines methodischen Fehlers zündete das Triebwerk 15 s zu früh. Man führte die Absenkung des Periselens durch, doch aufgrund des Defekts konnte Luna 18 den Zielorbit von 16,9 × 123,9 km nicht erreichen. Stattdessen resultierte ein Orbit von 93,4 × 180,3 km. Die Umlaufbahn musste erneut angepasst werden.

Der Mehrverbrauch an Treibstoff für die Orbitanpassung führte beim Abstieg dazu, dass der Schub der Lageregelungstriebwerke stark zurückging und sich die Sonde stark neigte. Als die Sonde bei 56,30 Grad Ost und 3,34 Grad Nord landen sollte, brach der Funkkontakt ab. Die Ursache ist unklar. Sowjetische Wissenschaftler vermuten keinen Aufschlag, sondern vielmehr ein Umkippen oder eine Beschädigung bei der Landung in eventuell unzugänglichem Gelände.

Luna 19 war der Erste von zwei Mondorbitern auf Basis der KT-Bremsstufe.

Nach einer Kurskorrektur am 15.2.1972 schwenkte **Luna 20** am 19.2.1972 in einen 100 km hohen Orbit mit 65 Grad Inklination ein. Am 20.2.1972 wurde dieser in einen 21 × 100 km hohen Orbit umgewandelt. Dann begann der Landeanflug. Die Landung erfolgte in unmittelbarer Nähe zum Luna 18 Landeplatz bei 56,33 Grad Ost und 3,32 Grad Nord. Doch diesmal glückte die Landung. Zuerst begann der Abstieg bis zum Brennschluss des Hauptriebwerks. Dieser war erst in 760 m Höhe (Luna 16: noch 2.450 m Höhe). In 600 m Höhe begann die zweite Phase mit dem Endabstieg. Nach 267 Sekunden Betrieb wurde das Triebwerk planmäßig in 20 m Höhe abgeschaltet. Die Sonde landete nur 1,8 km von Luna 18 entfernt. Diesmal gelang die Auswahl der Bodenprobenentnahmestelle durch TV-Aufnahmen.

Der Bohrer kam diesmal nur bis in 15 cm Tiefe vorwärts und stoppte dann. Zweimal schaltete sich die Stromschutzschaltung ein. Einmal wurde der Bohrer durch Befehl der Missionskontrolle wieder angeschaltet. Eventuell traf er auf hartes Gestein wie einen Felsbrocken unterhalb der Staubschicht. So wurden nur 55 g Gestein geborgen. Die Bodenprobe erwies sich aber als geologisch sehr interessant. Die Probe ist loses, heterogenes Material von hellgrauer Farbe, viel leichter als der Regolith von Luna-16. Es gibt weniger verschmolzene Partikel darin. Das in der Mondkruste sehr häufige, auf der Erde aber seltene, Mineral Anorthosit konnte bestimmt werden.

Luna 21 setzte das zweite Lunochod ab und Luna 22 war ein weiterer Mondorbiter.

Luna 23 war die Erste von drei Sonden mit einem verbesserten Bohrkopf. Der Start von **Luna 23** fand am 28.10.1974 statt. Luna 23 schwenkte nach einer Kurskorrektur am 31.10.1974 am 2.11.1974 in einen 94 × 101 km hohen Orbit mit 42 Grad Inklination ein. Nach Absenken des mondnächsten Punktes (Bahn: 16,28 km × 105 km) landete Luna 23 am 6.11.1974. Die Landung verlief zuerst nach Plan: In 2.280 m Höhe war die erste Phase des Brennens beendet. In 600 m Höhe begann die zweite Phase. Die Umschaltung auf den zweiten Messbereich des Radarhöhenmessers für den zweiten Abschnitt der Bahn unterblieb aber. Der erste Messbereich war für die erste Phase gedacht und hatte in geringer Höhe eine zu geringe Auflösung. Schon in 130 m Höhe wurde daher die Höhenmessung gestoppt.

Als Folge landete Luna 23 mit zu hoher Geschwindigkeit. 11 m/s – mehr als zweimal so schnell wie vorgesehen und zudem schräg, 10 bis 15 Grad gegen die Horizontale geneigt. So kippte Luna 20 zur Seite. Leider auf die Seite mit der Bodenprobenahmevorrichtung, was zu einer mechanischen Beschädigung des Bohrapparates, einer Druckentlastung der Avionik und einem Ausfall des Senders mit hoher Datenrate führte. Versuche die Bodenprobeentnahme zu starten und die Rückstartrakete vorzubereiten, scheiterten. Man führte noch bis zum Erschöpfen der Batterien am 9.11.1974 Experimente durch. Hochauflösende Bilder des Lunar Reconnaissance Orbiter vom 12.3.2012 zeigen die Sonde auf der Seite liegend.

Am 16.10.1975 ging eine weitere Luna verloren, als die vierte Stufe, Block D, der Proton nicht zündete und die Kombination aus Block D und Luna im Pazifik versank.

Am 9.8,1976, als schon Viking 1 auf dem Mars gelandet war, startete die letzte Luna zum Mond. Nach einem Kursmanöver am 11.8.1976 erreichte die Sonde den Mond am 14.8.1976. Luna 24 schwenkte in einen kreisförmigen Orbit von 115 km Höhe und einer Bahnneigung von 60 Grad ein. Am 17.8.1976 wurde der mondnächste Punkt auf 18 km abgesenkt und der Roboter landete nahe Luna 23. Der verbesserte Bohrer erfüllte die Erwartungen: Es wurde ein 8 mm breiter Bohrkern von 225 cm Länge (da schräg gebohrt) aufgewickelt. Die Bodenprobe war mit 170,1 g Gewicht die schwerste aller drei gelungenen Bergungen. Am 19.8.1976 erfolgte der Rückstart zur Erde, gefolgt von einer Landung in Westsibirien am 23. August 1976.

Mit der Landung von Luna 24 endet das sowjetische Mondprogramm nach 18 Jahren mit 49 Starts. Von den 49 Sonden gingen 20 beim Start verloren. Weitere fünf strandeten in einem Erdorbit und wurden als „Kosmos“ ausgegeben. Von den 24 Sonden, die tatsächlich die Erde verließen und "Luna" genannt wurden, erfüllten nur Luna 2,3,9 bis 14, 16,17,19 bis 22 und 24 ihre Mission, also 15 von insgesamt 49 Missionen.

Selbst wenn man die große Zahl an Fehlstarts und im Orbit gestrandeten abzieht, ist die Erfolgsquote dieses Programms niedrig.

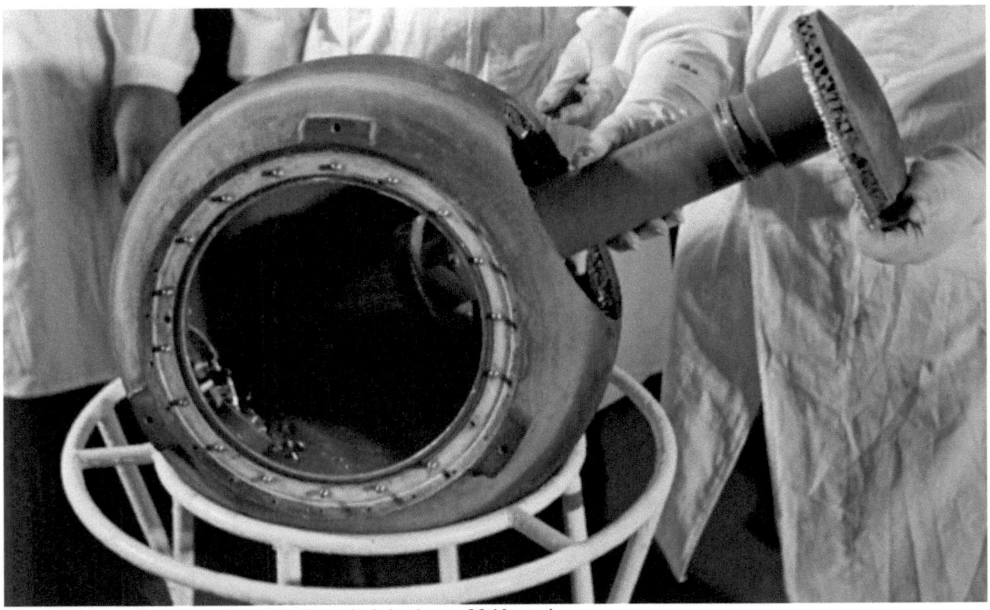

78. Abbildung: Bodenprobenentnahme bei der Luna 20 Kapsel

Datenblatt E-8-5 / E-8M	
Start:	19.2.1969 mit Proton-K/D Nr.239: Fehlstart 14.6.1969 mit Proton-K/D Nr.238: Fehlstart 13.7.1969 mit Proton-K/D Nr.242: Luna 15 23.9.1969 mit Proton-K/D Nr.244: Kosmos 300 in einen 175 × 179 × 51,45° Erdorbit 22.10.1969 mit Proton-K/D Nr.245: Kosmos 305 6.2.1970 mit Proton-K/D Nr.247: Fehlstart 12.9.1970 mit Proton-K/D Nr.248: Luna 16 2.9.1971 mit Proton-K/D Nr.256: Luna 18 14.2.1972 mit Proton-K/D Nr.258: Luna 20 28.10.1974 mit Proton-K/D Nr.285: Luna 23 16.10.1975 mit Proton-K/D-1 Nr.287: Fehlstart 9.8.1976 mit Proton-K/D-1 Nr.288: Luna 24
Landung:	21.7.1969: Luna 15 bei 17° Nord, 60° Ost 20.9.1970: Luna 16 bei 0°41‘ Süd, 56°18‘ Ost. 11.9.1971: Luna 18 bei 3°34‘ Nord, 56°30‘ Ost. 21.2.1972: Luna 20 bei 3°32‘ Nord, 56°3‘ Ost. 6.11.1974: Luna 23 bei 12,67 Nord, 62,15 Ost. 17.8.1976: Luna 24 bei 12°45' Nord, 62°12' Ost.
Missionsende:	27.9.1969: Kosmos 300 25.2.1972: Luna 20 9.11.1974: Luna 23 23.8.1976: Luna 24
Mission:	Mondbodenprobenentnahme
Gewicht:	Luna 15: 5.667 kg Luna 16: 5.725 kg beim Start, Rückstartstufe: 512 kg. Kapsel: 34 kg Luna 20: 5.725 kg beim Start, Rückstartstufe: 512 kg. Kapsel: 34 kg Luna 23: 5.795 kg beim Start Luna 24: 5.795 kg beim Start, Rückstartstufe: 514,8 kg. Kapsel: 34 kg
Abmessungen:	3,96 m Durchmesser
Instrumente:	• Bodenprobenentnahmemechanismus • Zwei Telephotometer maximal 500 × 6000 Pixel (30 × 360 Grad)
Ergebnisse:	Insgesamt 327 g an Bodenproben 101,6 g von Luna 16 55 g von Luna 20 170,1 g von Luna 24

79. Abbildung: Modell von Luna 24 bei einer Raumfahrtausstellung

M69

Über das folgende Programm ist, da beide Sonden beim Start verloren gingen, wenig bekannt. Nicht einmal beim Hersteller NPO Lawotschkin, der sonst auf seiner Webseite auch gescheiterte Sonden aufführt, findet man einen Hinweis auf die Mission. Nachdem man beim 3MV Programm (S. 232) die Marssonden gestrichen hatte, plante Russland für das 1969-er Startfenster neuere, größere Marsroboter.

Diese erforderten eine stärkere Trägerrakete und so legte Lawotschkin die M69 Sonden auf die Nutzlastkapazität der Proton aus. M69 war das erste Programm, bei dem Lawotschkin nicht einen bestehenden Bus verbesserte, wie bei Luna 9 bis 14 oder Venera 4 bis 8, sondern eine neue Raumsonde konstruierte. Viel Zeit hatte man nicht: Die Arbeit an M69 begann erst nach dem Start von Venera 4 am 12.6.1967. Das waren nur 21 Monate für Entwicklung, Konstruktion und Tests. Die Zeitnot vergrößerte sich noch, da man die Sonden zuerst auf Basis der E-8 Bremsstufe KT (S. 269) entwickelte. Dies war aber wegen des unterschiedlichen Schwerpunkts nicht umsetzbar. Daher musste man von vorne beginnen. So hatte Lawotschkin nur 13 Monate Zeit für die Entwicklung und den Bau.

Der Bus ähnelt stark den späteren Mars 2 bis 7 Raumschiffen, auffälligster Unterschied ist der relativ kleine Lander mit spitzkegeliger Form – bei Mars 2,3,6,7 war er dagegen stumpfkegelig und flacher, dafür mit größerem Durchmesser. Da Lawotschkin nicht wusste, wie dicht die Atmosphäre ist, entwickelte es den Lander so, dass er in einer dichten wie auch dünnen Atmosphäre funktionierte. Eine Messzeit (je nach Dichte) von 30 bis 900 s war so möglich. Über den Lander weiß man noch weniger als über den Orbiter. Einer Quelle zufolge sollte ein kleiner Rover mitgeführt werden. Wahrscheinlicher ist, dass der Lander mit einem Gewicht von 260 kg nur Atmosphärenmessungen durchführen sollte. Er hätte 15 kg Instrumente mitgeführt.

Gerade dieser Lander wurde aber vor dem Start entfernt. Es fehlte die Zeit, Modelle des Landers mit Höhenforschungsraketen auf eine Höhe zu bringen, die der Marsatmosphäre entspricht und so den Fallschirmabstieg zu testen. Wäre der Lander an Bord gewesen, so wäre als zweiter Unterschied zu Mars 2 bis 7 das Gespann erst in eine Umlaufbahn eingetreten. Erst dann hätte der Orbiter den Lander abgetrennt. Man ging also wie bei Viking vor. Der Vorteil dieser Taktik ist, dass vom Orbit aus die geeignete Landestelle gefunden werden kann, indem er das Landgebiet fotografiert. Der Orbiter kann auch genauere Daten über die Atmosphäre, vor allem den Bodendruck und den Druckverlauf gewinnen. Sie sind essenziell für Zeitpunkt und Höhe, in denen der Fallschirm auslöst.

Während der Entwicklung musste Lawotschkin das Tankdesign des Orbiters umkrempeln, da die Ingenieure zuerst das Design der Luna E-8 Stufe übernahmen. Bei ihr sorgten Gummimembranen, die den unter Gasdruck stehenden Teil vom flüssigen Treibstoff trennten, dafür, dass die Treibstoffe in die Leitungen gepresst wurden. Diese Membranen würden beim langen Flug zum Mars porös werden. Man konzipierte die Tanks komplett neu, sodass es nur noch zwei anstatt vier waren.

Der Orbiter bestand oben aus dem Bus mit drei Abteilen, die unter Druck standen. Das oberste enthielt die Elektronik, das Zweite das Kommunikations- und Lageregelungssystem und das Untere die Kamera und Batterien. Die Abteile wurden durch ein aktives Kühlsystem mit Kühlschlangen an Radiatoren im Schatten gekühlt. Daneben war die Sonde gut isoliert.

Zwei Solarpaneele mit einer Fläche von 7 m² waren am Bus angebracht. Sie lieferten einen Strom von 12 Ah. Eine hermetisch versiegelte 110 Ah Nickel-Cadmium Batterie pufferte Zeiten ab, in denen die Paneele nicht von der Sonne beschienen waren. Eine Parabolantenne von 2,8 m Durchmesser war am oberen Teil des Busses angebracht. Drei weitere konische Antennen an der Seite. Je nach Sender und Antenne waren Datenraten von 128 bzw. 6.000 Bit/s möglich.

Das am Bus anschließende Antriebssystem war für eine Geschwindigkeitsänderung von 1.750 m/s ausgelegt. Das Lageregelungssystem hatte weitere sechs Triebwerke mit einem eigenen Treibstoffvorrat. Der Treibstoff wurde durch neun Heliumtanks in einem Kreisring unter Druck gesetzt.

Der Orbiter sollte nach sechs Monaten in eine Umlaufbahn einschwenken, deren marsnächster Punkt in 1.000 km Höhe und deren marsfernster Punkt unterhalb 70.000 km lag. Nach Erreichen des ersten Orbits würde Mars 69 die Periapsis auf 500 bis 700 km und die Apoapsis auf 34.000 km absenken. Das entspricht einer 24-Stunden-Bahn. Drei Monate lang sollte der Planet beobachtet werden.

Die Experimente auf dem Orbiter umfassten Instrumente, die auch im interplanetaren Raum arbeiteten, wie auch Experimente für den Mars. Sie war umfangreicher als alle bisherigen Suiten und umfasste direkte Untersuchungen der oberen Atmosphäre durch Massenspektrometer, die Gewinnung von Informationen über die Oberflächenzusammensetzung durch IR- und Gammastrahlenspektrometer, Wasserdampfdetektoren, Temperaturmessungen und ein Kamerasystem.

Das Kamerasystem arbeitete mit drei Kameras und verwandte 25,4 mm Film. Die Objektive hatten 35, 50 und 250 mm Brennweite. Bei 1.024 × 1.024 Pixel pro Bild hatten die Bilder im marsnächsten Punkt eine Kantenlänge (je nach Objektiv) von 100 bis 1.500 km und eine Auflösung von 200 bis 3.000 m. Der Film wurde erst vor der Belichtung sensibilisiert, um eine Schwärzung durch kosmische Strahlen zu verringern. Danach wurde der Film an Bord entwickelt und fotoelektrisch abgetastet. Da das Kamerasystem stark dem von Mars 5 ähnelt, kann man Bilder erwarten, wie sie Mars 5 lieferte. Diese hatten in etwa die Qualität der Mariner 9 Aufnahmen.

Von Anfang an machte der knappe Zeitplan Probleme. Nachdem am 31.12.1968 die wissenschaftlichen Instrumente mit ihren Zusatzeinrichtungen zur Datenverarbeitung in Baikonur angeliefert wurden, begann der Endzusammenbau. Um die Sonden bis Mitte März fertigzustellen, arbeitete man in drei Schichten. Die Spezialisten noch länger. Für sie wurden Feldbetten in der Montagehalle aufgestellt. Nachdem am 21.2.1969 die erste N-1 nahe der Montagehalle explodierte, waren durch den Schall-

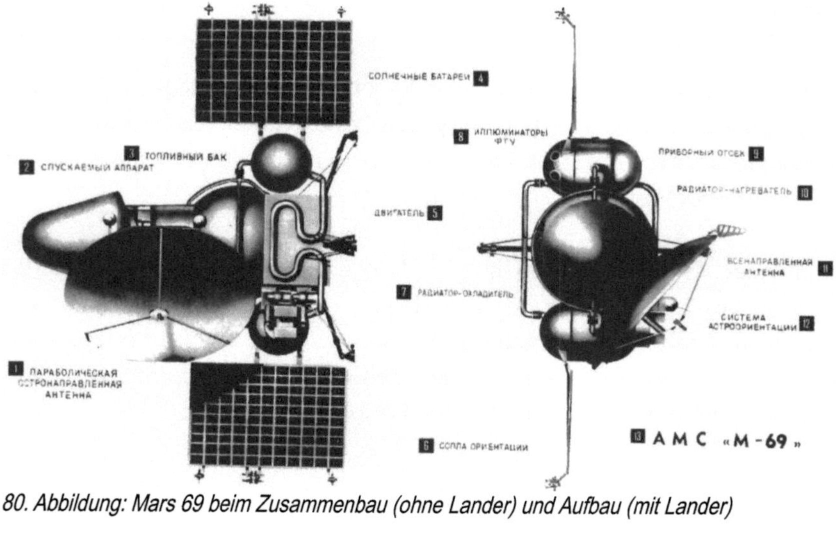

80. Abbildung: Mars 69 beim Zusammenbau (ohne Lander) und Aufbau (mit Lander)

druck alle Fenster zerbrochen. Die Kälte des russischen Winters führte dazu, dass die Heizung komplett ausfiel. Die Fenster wurden schnell ersetzt, doch es dauerte Wochen, die Heizung wieder in Betrieb zu nehmen. Mit elektrischen Radiatoren schaffte man es gerade, das Gebäude auf knapp über Null Grad zu beheizen.

Am 27.3.1969 hob die erste Mars-69-Sonde ab. Die dritte Stufe schaltete nach 438,66 s ab, weil ein Feuer durch eine Unwucht in der dritten Stufe ausbrach. Ein noch größeres Debakel war der Start der zweiten Sonde am 2.4.1969. Die Proton hob ab, doch bald nach dem Start fiel ein Triebwerk aus, die Rakete begann zu sinken und explodierte direkt neben der Nachbarstartplattform. Ein Feuer war in einem der Triebwerke ausgebrochen, als ein Monteur eine Abdeckung in der Turbopumpe vergaß und dann der flüssige Sauerstoff den Turbopumpenschaft entzündete.

Hätte die Mission geklappt, so hätte Russland die USA geschlagen, die im gleichen Startfenster Mariner 6 und 7 (S. 106) nur am Mars vorbeifliegen lies.

Datenblatt M69	
Start:	M69-1: 27.3.1969: Fehlstart mit Proton-K/Block D Nr.240 M69-1: 2.4.1969: Fehlstart mit Proton-K/Block D Nr.233
Ankunft::	Geplant: 11.9.1969
Missionsende:	Geplant: Ende Dezember/Anfang Januar 1970
Mission:	Marsorbiter
Gewicht:	3.834 kg mit, 3.574 kg ohne Lander
Instrumente:	99,5 kg Instrumente: • Radiometer • Wasserdampfdetektor • Detektor für Strahlung niedriger Frequenz • Detektor für geladene Teilchen • UV Spektrometer • IR Fourier Spektrometer • Strahlungsdetektor für kosmische Strahlen und Strahlungsgürtel • Mehrkanal Gammastrahlenspektrometer • Wasserstoff / Helium Massenspektrometer • Spektrometer für Ionen niedriger Energie • Röntgenstrahlen Spektrometer • Drei Kameras mit Brennweiten von 35,50 und 250 mm. Abtastung mit 1.024 × 1.024 Pixeln, 100 – 1.500 km Kantenlänge pro Bild. Auflösung 200 – 3000 m. • Magnetometer • Mikrometeoritendetektor
Ergebnisse:	Beide Sonden gingen beim Start verloren. Lander schon vor dem Start entfernt.

E-8: Luna 17 und 21

Ursprünglich sollte das Lunochod die bemannte Landung unterstützen. Es erkundete den Landeplatz und stellte fest, ob die Landung sicher ist. Das Lunochod würde dann ein Peilsignal ausstrahlen, um die Navigation zu erleichtern. Es war sogar vorgesehen, dass der Kosmonaut mit dem Lunochod von einem Mondlander zu einem Rettungsfahrzeug fahren sollte, wenn es eine Havarie gab. Das Programm war wegen der Unterstützungsrolle so wichtig, dass die erste Sonde des E-8 Programms ein Lunochod war. Da der Start aber fehlschlug, habe ich das Programm aufgrund der Reihenfolge der benannten Lunas hinter das E-8-5 Programm (S. 269) eingeordnet.

Wie bei dem vorherigen E-6 Programm nutzte man die schon entwickelte Landestufe KT von Luna 15 bis 24 für andere Zwecke. Man musste sie nur um eine Plattform, auf welcher der Rover befestigt war und zwei ausklappbare Rampen erweitern. Um die Landegeschwindigkeit zu reduzieren, lieferte ein Kontaktsensor anstatt der Höhenmesser das Triebwerksstoppsignal. Ohne die Rückstartstufe, Bohrapparat und assoziierte Avionik konnte die KT 800 kg auf dem Mond absetzen, dies nutzte man für zwei Mondfahrzeuge, russisch **Lunochods**. Intern lief der Rover unter der Programmbezeichnung **8YeL**.

Lunochod 1 (eigentlich Lunochod 1A, da das Erste bei einem Fehlstart verloren ging) bestand aus einem Druckkörper in einer Wanne und einem Unterbau für das Fahrwerk. Die Wanne in Form eines Kegelstumpfes konnte oben durch einen Deckel verschlossen werden, der auf der Innenseite Solarzellen trug. Der Deckel war um 180 Grad drehbar. Außen befanden sich vorne wissenschaftliche Kameras, links und rechts Navigationskameras und die Antennen.

Ein Lüfter wälzte die Luft im Inneren um. Damit die Lunochods nicht während der Mondnacht ausfielen, gab es eine Polonium-210 Quelle. Dieses Isotop zerfällt mit einer Halbwertszeit von 138 Tagen. 100 g frisch erzeugtes Po-210 geben über 1,7 kW Wärme ab, sodass man nur geringe Mengen des Isotops brauchte. Allerdings nimmt die Wärmeabgabe innerhalb von drei Monaten auf die Hälfte ab, doch da die Mission sowieso nur drei Monate dauern sollte, war dies tolerierbar. Nachts wurde zur Isolation der Deckel heruntergeklappt. Tagsüber wurde er aufgeklappt. Die Solarzellen an der Innenseite lieferten den Strom für den Betrieb und luden die Batterie auf. In der Mondnacht ruhte der Betrieb. Tagsüber wurde die überschüssige Wärme durch Radiatoren auf der Rückseite abgegeben, da sonst durch die Sonneneinstrahlung der Behälter überhitzte. Die Temperatur im Innern lag anfangs zwischen 12 und 32 Grad Celsius.

Lunochod 1A hatte sechs Kameras. Zwei für Navigationszwecke, vier für wissenschaftliche Zwecke. Alle arbeiten mit einem Telephotometer. Die Navigationskameras zeichneten 250 Pixel pro Spalte auf, die wissenschaftlichen Kameras 500 Pixel. Die Breite des Bildes war variabel. Die Navigationskameras lieferten alle 10 s ein Bild von 180 × 30 Grad Größe. Die wissenschaftlichen Kameras hatten verschiedene Formate. Die Übertragungszeit eines Bildes betrug je nach Größe 3,2, 5,7, 10,0 oder 21,1 Sekunden. Die Kameras waren um 15 Grad zur Horizontale nach vorne geneigt.

Weitere Experimente waren ein Penetrometer, das die grundlegenden Bodeneigenschaften erfasste, ein Röntgenfluoreszenzspektrometer, ein Teilchendetektor für kosmische Strahlung und Laserreflektoren.

Das Fahrwerk bestand aus acht Rädern von 51 cm Durchmesser mit einer Reifenbreite von 20 cm. Jedes Rad bestand aus seinem Metallnetz mit einem darauf befestigten Profil. Die Spurbreite betrug 1,60 m. Raupen, die ursprünglich vorgesehen waren, blieben bei Tests eher stecken als Räder. Jedes Rad war einzeln aufgehängt, gefedert und wurde separat angetrieben. Blockierte eines, so konnte es ausgehängt werden. Die Elektromotoren enthielten ein fluoriertes Schmiermittel, das im Vakuum nicht verdampfte, und waren hermetisch versiegelt. Man erprobte sie an Bord von Luna 12 und 14 (S. 243). Hinten lief ein weiteres Rad zur Messung der Strecke mit.

Die Bodenkontrolle bestand aus fünf Personen, die jeweils eigene Aufgaben hatten. So war einer nur für die Nachführung der helikalen Hochgewinnantenne zuständig. Viereinhalb bis neun Stunden pro Erdtag wurde das Gefährt gesteuert. Lunochod hatte vier Vorwärts- und zwei Rückwärtsgänge mit Maximalgeschwindigkeiten von 1 und 2 km/h. Typisch wurden 100 m pro Stunde zurückgelegt. Es gab drei Faktoren, welche die Geschwindigkeit bestimmten:

- Die Zeitverzögerung, die bei der Strecke Mond-Erde-Mond bei rund 3 s lag.

- Der Tatsache, dass es 10 Sekunden dauerte, bis auch nur ein niedrig auflösendes Navigationsbild zeilenweise übertragen wurde.

- Die Kameras waren zu tief angebracht und der Ausschnitt war klein. Man sah die Landschaft wie jemand, der in der Hocke auf dem Mond sitzt.

Typischerweise fuhr das Lunochod eine kurze Strecke, machte dann einen Halt um ein Panorama anzufertigen und die Batterien neu aufzuladen. Es gab Schutzmechanismen. So blockierte das Fahrwerk, wenn die Neigung 18 Grad überschritt.

Das **erste Lunochod**, die erste Sonde des E-8 Programms überhaupt, ging beim Start am 19.2.1969 verloren. Nach 51 s desintegrierte die Nutzlastspitze. Eine neu eingeführte Nutzlastverkleidung kollabierte kurz vor Erreichen der maximalen aerodynamischen Belastung an der schwächsten Stelle. Trotz intensiver Suche konnte man die radioaktive Polonium-Heizung des Lunochods nicht finden. Es ging das Gerücht um, die Finder hätten die Quelle zum Beheizen ihrer Baracken genutzt.

Nun wandte sich Russland zuerst dem Programm der Bodenprobenentnahme zu. Damit gab es noch die Chance, Bodenproben vom Mond vor den USA zur Erde zu bringen. Die Lunochods sollten eine bemannte Landung unterstützen, die aber noch lange nicht startklar war.

Als mit Luna 16 die erste Bodenprobe vorlag, startete mit Luna 17 das **Lunochod 1A**. Ziel war eine dreimonatige Mission auf dem Mond. Tatsächlich arbeitete Lunochod 301 Tage lang. Einmal gab es eine Sonnenfinsternis, eine Bedeckung der Sonne durch die Erde. Dabei sank innerhalb von Minuten die Temperatur von +127 auf -110 °C ab. Es gab mehrmals kritische Situationen, so fuhr die Sonde einmal in einen Krater, konnte aber wieder herausmanövriert werden. Die pro Mondtag (etwa 15 Erdtage) zurückgelegte Strecke betrug bis zu 2000 m. Am letzten Mondtag war absehbar, dass die Wärmeabgabe des Poloniums nicht mehr ausreichte, das Innere ausreichend zu erwärmen. Wenn die Batterie ausfällt, kann das Lunochod bei Sonnenaufgang den Deckel nicht mehr öffnen und erhält keinen Strom mehr von den Solarzellen. Am 14.9.1971 verlor die Bodenkontrolle den Kontakt mit Lunochod 1. Versuche, ihn nach Sonnenaufgang am 30.9. wieder zu etablieren, scheiterten. Am 4.10.1971, dem 14-ten Jahrestag des Starts von Sputnik 1, erklärte man die Mission für beendet.

Periode	Strecke
17 bis 22.1.1970	197 m 14 Aufnahmen, 12 Panoramen, 10 Kommunikationsverbindungen
9 bis 22.12.1970	1.522 m
8 bis 20.1.1971	1.936 m
8 bis 19.2.1971	1.573 m
9 bis 20.3.1971	2.004 m
8 bis 20.4.1971	1.029 m
7 bis 20.5.1971	197 m
5 bis 18.6.1971	1.559 m
4 bis 1.7.1971	220 m
3 bis 16.8.1971	215 m
31.8 bis 14.9.1971	88 m

Lunochod 1 wurde wegen seiner Laserreflektoren zur Laserentfernungsmessung genutzt. Jedoch bekamen die Observatorien, nachdem Lunochod anfing, sich zu bewegen, keine Reflexionen mehr von der angegebenen Position. Nach dem Start von Lunochod 2 wurde daher dieses angepeilt. Erst im März 2010 wurde Lunochod 1 auf Aufnahmen des LRO wiederentdeckt. Es stellte sich heraus, dass die Koordinaten, die Russland herausgab, um mehrere Kilometer falsch waren. Seitdem wird Lunochod 1 wieder als Laserziel genutzt.

Wenige Monate nach dem Missionsende von Lunochod 1 landete am 16.1.1973 Luna 21 mit Lunochod 2. **Lunochod 2** war 80 kg schwerer als Lunochod 1. Man hatte an den Stellen nachgebessert, wo sich bei Lunochod 1 Mängel zeigten. Es gab eine dritte, höher angebrachte Navigationskamera. Blenden schützten die Kameras vor direktem Sonnenlicht. Dadurch gab es einen besseren Überblick und Lunochod 2 legte pro Mondtag eine längere Strecke zurück, da die Bodenkontrolle nicht so oft stoppen musste, um ein neues Panorama anzufertigen.

Die instrumentelle Ausrüstung wurde ebenfalls verbessert. An einem 2,5 m langen Ausleger wurden die zusätzlichen Instrumente angebracht.

Lunochod 2 landete 3 m neben einem 40 m großen Krater im Innern des 60 km großen Kraters Le Monnier. Während des dritten Mondtages legte der Rover die Rekordstrecke von 16,5 km zurück, mehr als Lunochod 1 während der ganzen Mission. Die Durchschnittsgeschwindigkeit beim Fahren stieg von 140 auf 340 m/h.

Lunochod 2 erkundete verschiedene Trassen in Landegebiet. Als die Sonde am 8.5.1973 in einen Krater rollte, wirbelte sie beim Herausfahren Staub auf, der sich auf den Deckel legte. Die Aufladung der Batterie wurde so unterbrochen. Als der Deckel geschlossen wurde, um den Staub abzuschütteln, fiel der Regolith auf den Kühler und wirkte als Isolator. Die Temperatur im Inneren stieg auf 47 °C. Am 10.5.1973 verstummte Lunochod 2. Er hat damit vier Mondtage, länger als das Soll von drei Mondtagen durchgehalten, erreichte aber nicht die Lebensdauer von Lunochod 2.

Periode	Strecke
18.1. bis 24.1.1973	1.260 m
8 bis 23.2.1973	9.088 m
11 bis 12.3.1973	16.533 m
9 bis 22.4.1973	8.600 m
8.5 bis 10.5.1973	880 m

81. Abbildung: Lunochod 1A auf Landestufe KT

Ein drittes Lunochod wurde gebaut, aber da es nicht genügend Trägerraketen gab, nicht mehr gestartet und steht heute in einem Museum.

Der Weltraum-Tourist Richard A. Garriott (Sohn des Astronauten Owen Garriott) kaufte 1993 Lunochod 2 für 68.500 Dollar von der wissenschaftlichen Abteilung Lawotschkins, welche die Sonde bei Sotheby versteigern ließen. Wie er seinen "Besitz" abholen will, hat er nicht gesagt.

Die zurückgelegte Strecke von Lunochod 2 wurde nach Vermessung russischer Experten von Lunar Reconnaissance Orbiter Fotos auf 42,2 bis 42,9 km bestimmt, während Lawotschkin 36,5 km angab. US-Experten, welche die Fotos dann genauer untersuchten, kamen auf 39 km. Wie bei Lunochod 1 erwies sich der Streckenmesser als ungenau. Heute ist durch Laserpeilung der Reflektoren die Position von Lunochod 2 auf den Meter genau bekannt.

Datenblatt Luna 17 und 21	
Start:	19.2.1969 Lunochod 1 mit Proton-K/Block D Nr.239: Fehlstart 10.11.1971 Luna 17 mit Lunochod 1A mit Proton-K/Block D Nr.251 8.1.1973 Luna 21 mit Lunochod 2 mit Proton-K/Block D Nr.259
Ankunft::	17.11.1971 Landung von Luna 17 bei 38°17' Nord und 35° West. 16.1.1973: Landung von Luna 21 bei 25°51' Nord und 30°27' West.
Missionsende:	14.9.1972: Lunochod 1A 10.5.1973: Lunochod 2
Mission:	Mondrover
Gewicht:	Startmasse Luna 17: 5.700 kg, Lunochod 1: 756 kg Startmasse Luna 21: 5.950 kg, Lunochod 2: 836 kg. Landemasse 1.814 kg
Abmessungen:	Lunochod 1: Höhe 1,35 m, mit Antennen: 1.92 m. Breite 2,15 m, Länge 2,21 m, mit Solarzellendeckel 4,42 m. Lunochod 2: Höhe 1,35 m. 1,70 m lang, 1,60 m breit
Instrumente:	Lunochod 1+2: • Kamerasystem: zwei niedrig auflösende und vier hochauflösende Telephotometer. (Lunochod 2: drei Kameras), 30 Grad Gesichtsfeld in der Höhe, maximal 500 Pixel/Spalte. • Röntgenfluoreszenzspektrometer: Zwei Detektoren, je 6,5 cm² Fläche, detektierte Röntgenstrahlen von 1,5 bis 6 keV Energie. 3 Grad Auflösung bei 6 h Beobachtungszeit. • Penetrometer. • Laserreflektor • Strahlendetektor für Protonen, Alphastrahlen, Röntgenstrahlung. Detektierte Protonen mit mehr als 30 MeV Energie. • Strecken und Geschwindigkeitsmesser • Lunochod 2: Magnetometer • Lunochod 2: UV/Visuelles Spektrometer: 268 und 544 nm Wellenlänge, 17,4 bzw. 12,5 Grad Gesichtsfeld.
Ergebnisse:	**Lunochod 1**: 10,54 km gefahren, 80.000 m² Fläche erfasst, 20.000 TV Aufnahmen, 206 Panoramen, 500 Bodenuntersuchungen mit dem Penetrometer, 25 Bodenanalysen. 301 Tage überlebt bei 3.390 Stunden Fahrbetrieb. Gestein ähnelt irdischem Basalt (Silizium (20 %), Eisen (12 %), Calcium (8 %), Aluminium (7 %), Magnesium (7 %), Titan (<4 %) und Kalium (<1 %). **Lunochod 2:** 80.000 TV Aufnahmen, 86 Panoramen 39 km gefahren. Starke Abweichungen in der chemischen Zusammensetzung der Oberfläche über kleine Distanzen. Das Spektrometer entdeckte bei Beobachtungen die Aufhellung des Horizonts durch Staub über der Oberfläche.

82. Abbildung: Lunochod 1-Nachbau

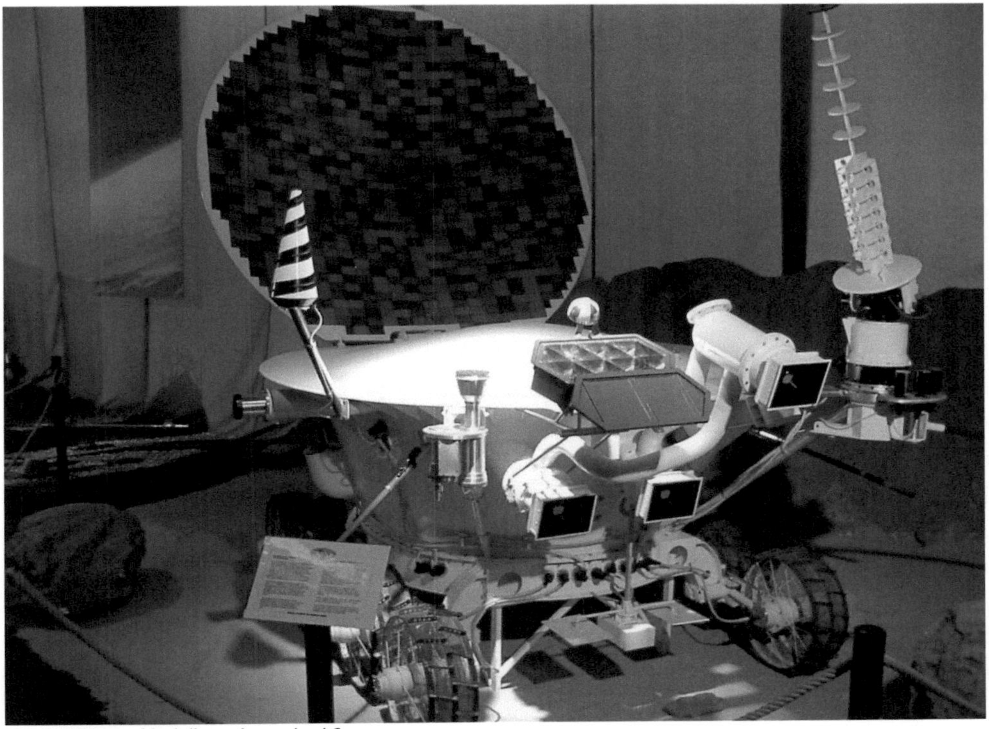

83. Abbildung: Modell von Lunochod 2

84. Abbildung: Panorama aufgenommen von Lunochod 2

M71 (Mars 2 und 3)

Startfenster zum Mars sind wegen der elliptischen Umlaufbahn des Planeten von unterschiedlicher Qualität. Eine Sonde kann den Mars nahe des Aphels (in 249 Millionen km Entfernung) erreichen oder nahe des Perihels (in 206 Millionen km Entfernung). Beim letzteren Fall ist sowohl die Geschwindigkeit, die man beim Start benötigt, wie auch die Differenz, wenn man in einen Orbit einschwenkt, am kleinsten. Solche günstigen Startfenster wiederholen sich in einem Zyklus von abwechselnd 17 und 15 Jahren: 1971, 1988, 2003, 2020. Das günstige 1971-er Startfenster wurde daher von den USA und Russland zum Start von Orbitern genutzt. Die NASA brachte Mariner 9 (S. 114) auf den Weg, Russland Mars 2 und 3. Das günstige Startfenster erlaubte es, mit einem Start sowohl eine Sonde in die Umlaufbahn zu bringen, wie auch einen schweren Landeapparat zusätzlich mitzuführen. Anders als die bisherigen Lander sollte er nicht nur in der Atmosphäre Messungen durchführen, sondern zusätzlich nach der Landung aktiv sein. Dafür war der Landeapparat viermal schwerer und musste vor Erreichen des Orbits abgetrennt werden.

Das Programm hieß M71 oder **71P** P für Posadka = Landepparat. Doch es gab zwei Probleme. Das eine war, das der Lander nun die Landung überleben musste. Dafür waren Kenntnisse der Marsatmosphäre erforderlich, damit die Landung weich erfolgte. Weiterhin ist der Winkelbereich, mit dem die Landesonde auf die Atmosphäre treffen darf, klein. Um den Winkel zu treffen, muss die genaue Position des Mars bekannt sein. Über beide Daten verfügte die UdSSR nicht, weil bisher keine ihrer Raumsonden den Mars erreicht hatte. Die logische Vorgehensweise wäre eine Orbitermission 1971 und dann eine Landemission 1973. Nur sah sich Russland immer noch im Wettlauf mit den USA. Diese Lösung war nicht akzeptabel.

Man beschloss daher, neben der Doppelmission mit zwei Marslandern eine dritte Sonde ohne Lander zu bauen. Dieser Roboter war leichter und konnte auf eine schnellere Bahn zu Mars geschickt werden. Am Mars angekommen, benötigte die Sonde mehr Treibstoff, um in einen Orbit einzuschwenken. Dieser reine Orbiter (**71S**, S für Sputnik = Satellit) hatte 800 kg mehr Treibstoff an Bord. Der Orbiter würde nach dem Einschenken in den Marsorbit die nötigen Bahndaten und durch die Instrumente auch die benötigten Eckdaten der Atmosphäre liefern. Die zusätzliche Mission wurde anstandslos von der Führung genehmigt, die wusste, dass zeitgleich Mariner 8 und 9 starteten und zum damaligen Zeitpunkt für 1973 die Viking Mission geplant war.

Erstmals setzte man in Russland die Netzplantechnik (PERT) ein, die im Apolloprogramm eingeführt wurde und dieses so erfolgreich gemacht hatte. Man hatte die Technik in amerikanischen Veröffentlichungen entdeckt. Am Schluss hatte die Projektleitung ein 3,50 m langes Diagramm mit den Subprojektpunkten. Es gab nicht wenige Ressentiments gegen PERT, doch die Organisationstechnik bewährte sich auf Anhieb.

Das größere Tankvolumen (verglichen mit Mars 1969) machte eine komplette Neukonstruktion der Tanks nötig. Er war nicht mehr ein Anhängsel des Busses, sondern machte den Großteil der Höhe aus. Oben wurde der Lander angebracht, unten in einem Ring um das Triebwerk die Instrumentensektion.

Erstmals bekam eine sowjetische Raumsonde ein digitales Kontrollsystem und wurde nicht durch Kommandos gesteuert. Das für die N-1 entwickelte Kontrollsystem wurde übernommen. Wichtigstes Argument war die Zeitnot – wie bisher wurde M71 erst nach dem Fehlstart von M69 entwickelt. Das Computersystem war enorm schwer und stromverbrauchend. Es wog 167 kg und benötigte 800 Watt im Betrieb. Russische Autoren preisen aber die Vorzüge des Systems. Es sparte mehr Gewicht ein, als es selbst wog, da man so die Treibstoffreserven durch genauere Navigation stark reduzieren konnte. Hauptvorteil war, dass dieses System auch die Steuerung von Block D einsparte und so die Nutzlast deutlich anhob.

Der Lander war wegen fehlender Daten über den Auftrieb der Marsatmosphäre für einen ballistischen Abstieg konzipiert. Damit er die Atmosphäre nicht zu schnell passierte, bekam er eine stumpfkegelige Form mit einem Winkel von 120 Grad. Dies sorgte für genügend Reibung beim Abstieg, um auch bei einer dünnen Atmosphäre den Lander wirksam abzubremsen.

Die Mission sah vor, dass der Lander in 65.000 km vom Mars entfernt abgetrennt wird. In sicherer Distanz vom Bus zündet er ein Feststofftriebwerk, das ihn um 120 m/s beschleunigt und vom Vorbeiflugkurs auf Eintrittkurs bringt. Während der nächsten 6 Stunden wird er stabilisiert, indem er durch Kaltgastriebwerke in Rotation gebracht wird. Sobald die Abbremsung 2 g erreicht, bremsen Retroraketen die Rotation. Von nun an ist er durch die Windströmung stabilisiert. 100 s nach diesem Punkt wird eine Automatik scharf geschaltet, die sobald die Geschwindigkeit 1.000 km/h unterschreitet, den 13 m^2 großen Pilotfallschirm entfaltet. Der Pilotfallschirm stabilisiert den Lander. Nach nur 2,1 s zieht er den 140 m² großen Hauptfallschirm heraus und die Leinen des Pilotfallschirms werden durchtrennt. 10 s später wird der Hitzeschutzschild abgetrennt. Der Hauptfallschirm bremst die sphärische Kapsel auf 65 m/s ab. Ein Radarhöhenmesser wird aktiv. Kurz vor der Landung wird der Fallschirm abgetrennt und ein Feststofftriebwerk zieht ihn vom Lander weg, damit er nicht vom Fallschirm getroffen wird. In 16 bis 30 m Höhe zündet ein weiteres Feststofftriebwerk in der Kapsel, das den Landeapparat auf 6,5 m/s abbremst. Die Methode ähnelt der Landung einer Sojuskapsel.

Die Restenergie nimmt eine 200 mm starke Schicht aus verformbarem Dämmmaterial auf. Nach der Landung werden vier obere Abdeckungen wie Blütenblätter entfaltet, vier Antennen ausgefahren und der Minirover PROP-M abgesetzt. Dieses Mini-Raupengefährt von nur 4,5 kg Masse enthält ein Penetrometer, Röntgenfluoreszenz- und Gammastrahlenspektrometer. Über eine Nabelschnur mit Strom versorgt, kann er sich maximal 15 m vom Lander entfernen. Die Kamera auf Basis eines Telephotometers (wie bei Luna 9 und 17, auch der Lander ähnelt stark dem von Luna 9) hätte ein 30 × 360 Grad Panorama erstellt. Durch Batterien als Stromversorgung beträgt die Betriebsdauer (mit Pausen) des Landers nur wenige Tage. Nach einer ersten Periode von 18 bis 23 Minuten Dauer, in der das erste Panorama übertragen wird, geht der Lander in einen Schlafmodus und wird erst auf ein Signal hin wieder aktiv. Die zweite Kommunikationssaison sollte 5 bis 7,5 Minuten dauern. Die gesamte Betriebsdauer auf der Oberfläche wurde mit minimal 1 Stunde angegeben.

Der Lander hatte ein extensives Testprogramm absolviert. Mit einem Katapult wurde er auf bis zu 28,5 m/s Fallgeschwindigkeit und 12 m/s seitliche Geschwindigkeit beschleunigt. M100B Höhenforschungsraketen testeten den Hitzeschutzschild, indem sie verkleinerte Modelle des Landers auf 130 km Höhe brachten. Höhenballone das Fallschirmsystem, indem Modelle aus 30 km Höhe abgeworfen wurden.

Die Kamera des Orbiters arbeitete mit Film. 440 Aufnahmen konnten mit einer 25,4-mm-Rolle gemacht werden. Die Bilder wurden in 12-er Serien aufgenommen mit Abständen von 35 oder 140 s zwischen zwei Bildern. Es gab zwei Objektive mit 52 und 350 mm Brennweite. Das Normalobjektiv hatte vier Filter: Rot, Grün, Blau und Orange. Das Teleobjektiv nur mit einem festen Orangefilter für monochrome Aufnahmen. Die Verschlusszeit betrug 1/50 s. Der Film wurde an Bord entwickelt und dann fotoelektrisch abgetastet. Es gab drei Modi. Einen Vorschaumodus mit 250 × 250

Pixeln – 140 s Übertragungszeit mit der Hochgewinnantenne, den Normalmodus mit 1.000 × 1.000 Pixeln (Übertragungszeit 35 Minuten) und einen hochauflösenden Modus (2.000 × 2.000 Pixel).

Weitere Experimente bestimmten Oberflächentemperaturen, den Wasserdampf- und Kohlendioxidgehalt der Atmosphäre sowie die UV-Emissionen von angeregten Sauerstoff-, Wasserstoff- und Argonatomen. Ein Gammastrahlenspektrometer würde die chemische Zusammensetzung der Oberfläche bestimmen. Es war im wesentlichen die gleiche Suite wie bei Mars 69. An Bord von M71s (Kosmos 419) und Mars 3 befand sich noch das STEREO-Experiment. Das Instrument der CNES war das erste ausländische Experiment, das auf einer planetaren Sonde mitflog. Es maß die solaren Plasmawellen auf dem Weg zum Mars bei einer Frequenz von 169 MHz.

Den Anfang machte am 10.5.1971 das M71S Raumschiff. Die Proton setzte die Nutzlast mit Block D in einem Orbit aus. Nach einer Stunde sollte Block D erneut zünden. Er tat es nicht. Es war vor dem Start ein Statuswort aus acht Ziffern in verkehrter Reihenfolge eingegeben worden war. Es gab den Zündzeitpunkt nach dem Abheben an. Anstatt 1,5 Stunden nach dem Abheben würde Block D so erst nach 1,5 Jahren zünden. Gemäß der Auslegung war die Zündung durch Funkkommando nicht möglich. Nach zwei Tagen verglühte die **Kosmos 419** getaufte Nutzlast.

Nun gab es das Problem, das 71S die Daten für das Absetzen der Lander liefern sollte. Die Missionskontrolle erarbeitete eine Alternative. Sie machte Gebrauch von den Fähigkeiten des Bordcomputers und sollte autonom erfolgen. Der Computer sollte die Position von Mars relativ zu den Sternen vermessen. Zuerst bestimmte er die Kurskorrektur, die nötig war, um den Lander auf einem korrekten Flugpfad auszusetzen. Nach Ausführen der Kurskorrektur sollte er den Lander absetzen und dann eine zweite Vermessung machen, um den Orbiter 1.500 km neben Mars vorbeifliegen zu lassen, und erneut das Triebwerk zünden. Diese Korrektur musste vollautomatisch erfolgen, denn die zweite Messung würde in nur 20.000 km Entfernung vom Mars stattfinden, das war weniger als zwei Stunden, bevor die Sonde den Mars passiert.

Die Starts von Mars 2 und 3 klappten problemlos, ebenso die Kurskorrekturen am 4. und 8.6.1971 Am 25.6.1971 fielen bei beiden Sonden die Sender im Dezimeterband aus. Man schaltete auf die Reservesender um, doch auch diese Sender fielen nach kurzer Zeit aus. Nun nutzte die Missionskontrolle die Sender im Zentimeterband an der parabolischen Hauptantenne. Darüber sollten eigentlich nur wissenschaftliche Daten übertragen werden, doch auch diese Sender verloren stark an Signalstärke. Die Flugkontrolle schaltete alles ab und untersuchte die Situation.

Man fand schließlich heraus, dass die Sender im Dezimeterband unter bestimmten Betriebsbedingungen arbeiteten, allerdings mussten sie immer wieder abgeschaltet werden. Die Sender für das Zentimeterband mit hoher Datenrate konnten nicht mehr genutzt werden. Ein Sensor, der die Ausrichtung der Parabolantenne zur Erde sicherstellte, lieferte kein Signal mehr. Vier Monate vor Erreichen des Mars war damit klar, dass beide Marssonden deutlich weniger Daten (nur etwa ein Fünfzigstel der Daten, die mit der Hochgewinnantenne möglich waren) liefern würden.

Im November fanden weitere Kurskorrekturen statt. Am 21.11.1971 schlug die Bewährungsprobe des neu entwickelten Kurskorrekturprogramms. Während das Computerprogramm den Orbiter **Mars 2** in eine 1.380 × 24.940 km Umlaufbahn brachte (geplant 1.500 × 33.000 km) – was im Rahmen des Fehlers der Methode war, war die Korrektur beim Lander falsch. Er trat zu steil in die Atmosphäre ein, erreichte den Boden zu schnell, bevor die Auslösung des Fallschirmsystems „scharf“ geschaltet war, und schlug mit hoher Geschwindigkeit auf den Mars auf.

Am 4.12.1971 näherte sich **Mars 3** dem Planeten. Erneut wurde das Computerprogramm zur Kurskorrektur aktiv. Während diesmal der Lander auf den korrekten Flugpfad ausgesetzt wurde, gelangte Mars 3 in einen unplanmäßigen Orbit: Das Perizentrum war in der richtigen Höhe, aber das Apozentrum in 190.000 km Höhe mit einer Umlaufszeit von fast 13 Tagen.

Später wurde bekannt, dass die Missionsleitung die Computerprogramme aus Zeitmangel so gut wie nicht getestet hatte. Die Geschwindigkeit änderte sich so schnell, dass der Computer für die korrekte Ausrichtung laufend die Veränderungen, die ihm die Gyroskope meldeten, berücksichtigen musste. Das tat er nicht. So kam es zu den Fehlern. Während des Einschwenkens in den Orbit lauschte Mars 3 nach den Signalen seines Landers, die der Lander mit 72.000 Bit/s an den Orbiter übertrug. Mars 3 hatte in drei Minuten die Atmosphäre durchquert. Das war schnell. Viking brauchte 9 Minuten dazu. Der Orbiter zeichnete die Daten auf Magnetband auf. Als man das Band abrief, waren darauf nur einige undeutliche Zeilen des Panoramas zu sehen.

Der Lander blieb zudem weiterhin stumm. Als Ursache nannten russische Forscher eine Koronalentladung. Diese wurde während des Zweiten Weltkriegs beim britischen Expeditionschor in Afrika beobachtet: Staub machte die Atmosphäre elektrisch leitend, ein Sender verursacht eine atmosphärische Entladung, die ihn durch Kurzschluss lahmlegt. Als Mars 3 landete, tobte gerade der größte globale Staubsturm seit 1956.

Die Orbiter absolvierten ihr Messprogramm. Ab Januar 1972 war die Atmosphäre wieder klar. Trotzdem gibt es nur sehr wenige Bilder von beiden Sonden und sie sind unscharf. Den ungeplanten Orbit von Mars 3 hat man nie korrigiert, obwohl das Triebwerk wiederzündbar war. Mars 2 scheint größere Probleme mit der Übertragung gehabt zu haben. Von ihm gibt es gar keine Bilder. Mars 3 hat zwischen Dezember und März 1972 viermal Bilder vom Mars aufgenommen. Bedingt durch den Ausfall der Hauptantenne wurden sie aber nur im Vorschaumodus (250 × 250 Pixel) in niedriger Auflösung übertragen.

Ab März 1972 nahm durch die steigende Entfernung des Mars die Datenmenge stark ab und im Juli 1972 verlor man innerhalb weniger Tage den Kontakt zu beiden Sonden. Nach weiteren Versuchen zur Kontaktaufnahme erklärte man die Mission am 22.8.1972 für beendet.

Mars 2 und 3 kann man bestenfalls als Teilerfolge ansehen. Neben dem Ausfall der Hauptantenne, das ihren Nutzen stark einschränkte waren sie zu unflexibel. Sie wickelten eines festes Programm ab. Das erklärt, warum man den Orbit von Mars 3 niemals anpasste. Die Experimente, die keine hohe Datenrate benötigten, lieferten die erwarteten Ergebnisse, wenn auch nur über wenige Monate. Einige Ergebnisse waren herausragend, so die Bestimmung der Auswirkungen des Staubs und die Entdeckung des schwachen Magnetfelds.

Datenblatt Mars 2 und 3, Kosmos 419	
Start:	10.5.1971: Kosmos 419 (71S) mit Proton-K/Block D Nr.253 19.5.1971: Mars 2 (71P) mit Proton-K/Block D Nr.254 28.5.1971: Mars 3 (71P) mit Proton-K/Block D Nr.249
Ankunft:	27.11.1971: Mars 2 schwenkt in einen 1.380 × 24.940 km Orbit ein. 2.12.1971: Mars 3 schwenkt in einen 1.530 × 190.700 km Orbit ein.
Missionsende:	Wahrscheinlich Juli 1972. Offiziell beendet am 22.8.1972.
Mission:	Marsorbiter und Marslander

Gewicht:	Kosmos 419 (M71S): 4.549 kg, Trockenmasse: 2.164 kg Mars 2+3 (M71P): 4.650 kg, Trockenmasse 2.265 kg Lander: 1.000 kg Startgewicht, 358 kg Landegewicht
Abmessungen:	4,1 m Höhe, 5,9 m Spannweite. Busdurchmesser 1,80 m Lander: 2,70- 2,90 m Durchmesser, 1,60 m Höhe, Kapsel: 1,20 m Durchmesser
Instrumente:	Orbiter: 11 Experimente im Gesamtgewicht von 89,5 kg • Infrarotradiometer: Bestimmung der Temperatur der Marsoberfläche • Wasserdampfdetektor: Bestimmung des Wasserdampfgehaltes der Atmosphäre • Kohlendioxiddetektor: Bestimmung der optischen Dichte der Atmosphäre und des Kohlendioxidgehaltes. • UV Photometer: Detektion von atomarer Wasserstoff, Sauerstoff und Argon. Drei Kanäle 105 – 118 nm, 105 – 134 nm, 122,5 – 134 nm. 20 – 2.000 Ereignisse/s. • Lyman-Alpha Sensor: Messung von Wasserstoff in der oberen Atmosphäre. • Visuelles Photometer: Bestimmung der Reflexionseigenschaften der Marsatmosphäre. • Radioteleskop: Messung der Oberflächenrauigkeit und Temperatur bis 35 bis 50 cm unter der Oberfläche • Ein Radiometer zur Bestimmung der dielektrischen Eigenschaften und Temperaturen • Dreiachsen-Fluxgate-Magnetometer • Detektor für kosmische Strahlen • Spektrometer für Teilchen des Sonnenwindes (30-10.000 eV in 8 Kanälen) • Von Frankreich: Untersuchung der Winkelabhängigkeit der solaren Radiostrahlung bei 169 MHz (Stereo 1, CNES) • Tele- und Weitwinkelkamera 52 / 350 mm Brennweite Lander: 8 Experimente im Gesamtgewicht von 16 kg • Zwei Fernsehkameras mit einem 360°-Gesichtsfeld. Max 500 × 6.000 Pixel, 30 × 360 Grad • Gammastrahlenspektrometer und • Röntgenstrahlenspektrometer zur Bestimmung der chemischen Zusammensetzung des Bodens • Temperatur (Thermometer), Druck- (Barometer) und Windsensoren (Aerometer) • Massenspektrometer • Penetrometer um die Bodeneigenschaften zu untersuchen.
Ergebnisse:	Temperaturen entlang des Nadirpfads -93 bis +13°, an der Südpolkappe bis -110 °C Temperaturen sanken während des Staubsturms global um 25 bis 30 °C,. Temperaturen ändern sich in 25 bis 50 cm Tiefe tagsüber kaum. (-50 bis -70 °C) Druck am Boden zu 5,5 bis 6 hPa ermittelt. Wasser ist nach den Messungen nur ein Spurengas. Es gibt weniger als ein 5000-stel des Anteils in der Erdatmosphäre. Die Ionosphäre beginnt beim Mars in 80 bis 110 km Höhe. Maximale Dichte in 138 km Höhe. Wasserstoff und Sauerstoff in der Ionosphäre nachgewiesen (bis 20000 / 800 km Höhe) Staub reicht bis in 7 bis 10 km Höhe. 100 Mill. Staubteilchen von 1 µm Durchmesser / cm³ Mehrere Millionen t Staub in der Atmosphäre 60 Bilder von Mars 3, 6 km (Telekamera) / 50 km (Weitwinkelkamera) Auflösung Marsmagnetfeld 7 bis 10-mal größer als interplanetares Magnetfeld (60 nT Äquator, 100 bis 120 nT Pole).

85. Abbildung: Mars 2

86. Abbildung: Mars 2 Lander

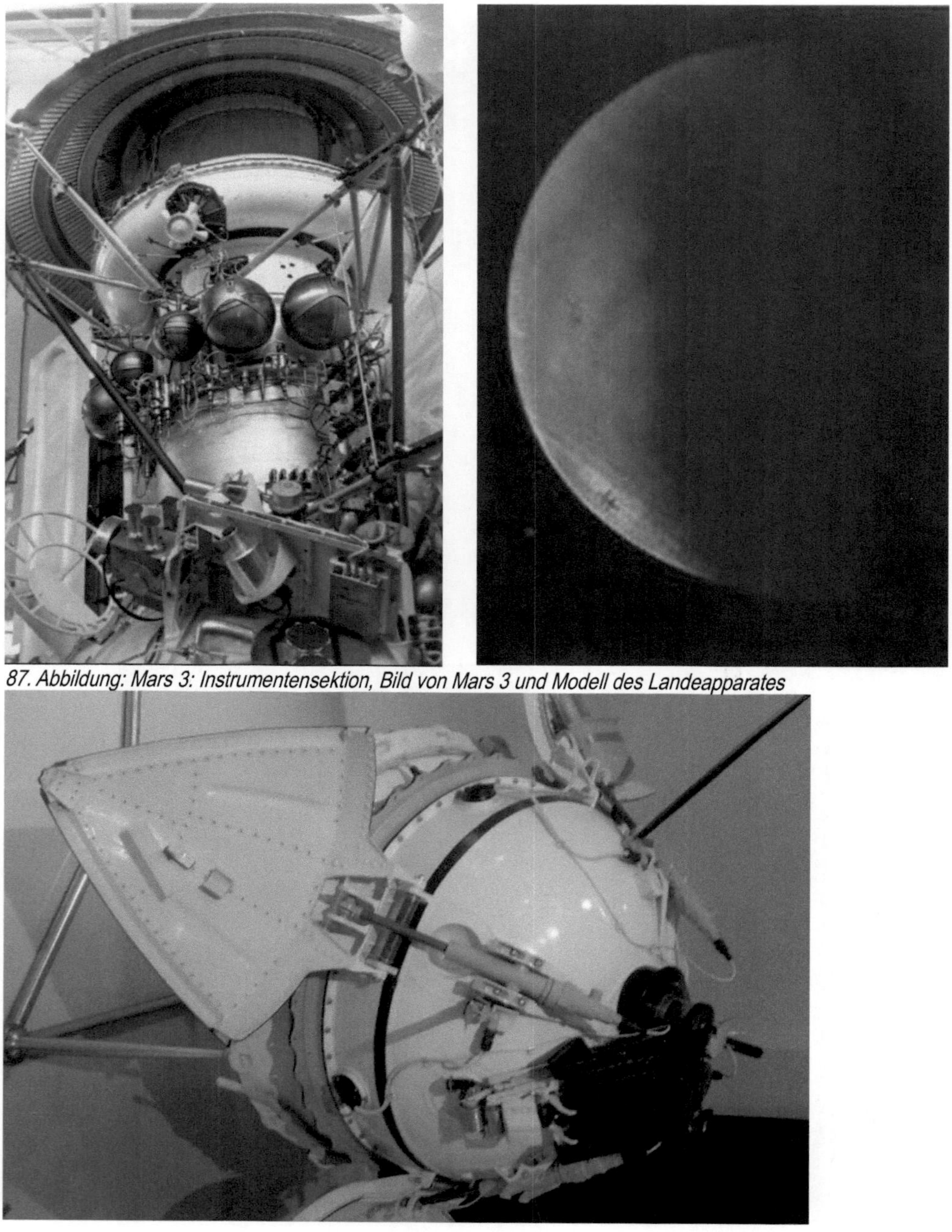

87. Abbildung: Mars 3: Instrumentensektion, Bild von Mars 3 und Modell des Landeapparates

E-8LS: Luna 19 und 22

Es konnte die Bremsstufe KT des Programms E-8, anstatt auf dem Mond zu landen, im Mondorbit verbleiben. Dafür musste sie nur ein Drittel der Geschwindigkeit abbauen, was eine hohe Nutzlast ermöglichte. Russland nutzte dies, um zwei Mondorbiter auf Basis des E-8 Programms zu entwickeln. Limitierend für die Lebensdauer war der Manövriertreibstoff, der sonst in der Endphase der Landung eingesetzt wurde. Treibstoff für das Haupttriebwerk hatte die Sonde mehr als genug. Beide Systeme waren aber voneinander getrennt.

Basis der Konstruktion war das E-8-Programm mit dem Lunochod. Es wurden die Rampen entfernt, der Höhenmesser war nicht mehr an der Regelung beteiligt, maß aber das Höhenprofil, die Dopplerausrüstung wurde entfernt. Als Bus für die Instrumente dient ein Lunochod ohne Fahrwerk und Polonium-Heizung. Der Kühler wurde zur Seite verlegt. Auf den durch den Wegfall der Rampen freigewordenen Flächen wurden weitere Solarzellen angebracht. Lawotschkin hatte das Kunststück fertiggebracht, ein Mondfahrzeug zu einem Mondorbiter umzubauen.

Die Kamera basierte auf der Lunochod-Kamera. Da sie nun in einer Umlaufbahn arbeitete, wurde sie modifiziert. So scannte sie nur quer zur Bahnebene, da durch die Vorwärtsbewegung die Spalten generiert wurden. Die Breite des Streifens war von 30 auf 180 Grad erhöht worden. Die Auflösung betrug bei lediglich 4 Scanzeilen/s 400 m in Flugrichtung und minimal 100 m quer dazu.

Luna 19 hatte eine Mission von nominell drei Monaten Dauer. Nach dem Einschwenken in einen anfänglichen 140 km hohen Orbit wird die Periapsis auf 16 km abgesenkt. Die Periapsis war für die Kartierungsphase so niedrig, weil das Telephotometer eine niedrige Auflösung hatte. Danach wurde der Orbit wieder auf 100 km Höhe angehoben. Erst jetzt wurden die anderen Experimente, die vor allem Teilchen und Strahlung erfassten, aktiviert.

Nach zwei Kurskorrekturen am Starttag und am 1.10.1971 gelangte **Luna 19** am 3.10.1971 in eine erste Umlaufbahn von 133,9 × 141,2 km Höhe bei einer Neigung von 40,5 Grad zum Mondäquator. Die am 6.10.1971 geplante Absenkung des Orbits auf 16 km auf der Mondrückseite scheitert aufgrund einer falschen Ausrichtung und es wird nur eine 126 km hohe Periapsis erhalten. Anstatt das Manöver zu wiederholen, wird die Kartierungsphase stark gekürzt. Es werden nur 41 Bilder in 12 Sitzungen erhalten, die noch dazu durch die Spinstabilisierung verschmiert sind. Nach Plan verläuft jedoch die anschließende Beobachtung der Sonnenaktivität und der Mondumgebung sowie die Kartierung des Mondmagnetfelds. Mit Ausnahme des Gammastrahlenspektrometers lieferten alle Instrumente Daten.

Luna 19 arbeitete erheblich länger als vorgesehen. Am Ende der Betriebszeit wurde am 26. und 28.9.1972 der Orbit erneut angehoben, um einen Absturz zu verhindern. Die letzte Triebwerkszündung erfolgte am 21.10.1972. Offizielles Missionsende war der 1.11.1972. Damit hatte die Sonde 13 anstatt drei Monate lang gearbeitet.

Luna 22 hatte eine ähnliche Instrumentierung. Es gab zusätzlich zu den Experimenten von Luna 19 noch zwei technische Experimente. Zum einen acht Materialien, die aneinander rieben und zwischen denen verschiedene Schmiermittel im Vakuum erprobt wurden. Das zweite waren 12 Beschichtungen mit unterschiedlichen reflektierenden Eigenschaften, deren Veränderung untersucht wurde.

Luna 22 startete am 29.5.1974. Nach einer Kurskorrektur am Folgetag schwenkte Luna 22 am 2.6.1974 in eine Mondumlaufbahn von 219 × 222 km × 19,63 Grad ein. Am 9.6.1974 begann, nach Absenkung der Umlaufbahn auf 25,4 × 244 km, die Fotografie ausgewählter Gebiete. Vier Sitzungen gab es. Am 12.6. musste die Fünfte abgebrochen werden, als das Periselen auf nur noch 15,4 km Höhe abgesunken war. In dieser Phase gab es zudem Untersuchungen der chemischen Zusammensetzung der Mondoberfläche durch das Gammastrahlenspektrometer und Höhenmessungen durch den Radarhöhenmesser. Am 13.6.1974 wurde die Bahn wieder auf 181 × 299 km Höhe angehoben. Für ein noch genaueres Modell der Mondgravitation wurde die Bahn am 11.11.1974 auf 171 × 1.437 × 19,5 Grad angehoben. Insgesamt sieben Bahnänderungen gab es während der 18 Monate dauernden Mission. Am 2.9.1975 war der Manövriertreibstoff erschöpft und Anfang November 1975 wurde kurz vor dem Aufschlag die Mission beendet. Luna 22 blieb bis zum Start des Lunar Reconnaissance Orbiters (Band 2, S.278) der Mondsatellit mit der längsten Betriebsdauer.

Aus heutiger Sicht wirken die Missionen von Luna 19 und 22 sehr starr. Kaum zu verstehen ist, warum die erste Missionsphase, bei denen Fotos gemacht werden sollten, nur wenige Tage dauerte und die Missionskontrolle bei der verfügbaren Menge an

Treibstoff nicht diese Missionsphase verlängerte, bzw. bei Luna 19 die Bahnabsenkung nicht wiederholte. Schließlich arbeiteten beide Satelliten erheblich länger als vorgesehen.

Datenblatt Luna 19 und 22	
Start:	Luna 19: 28.9.1971 mit Proton-K/Block D Nr.257 Luna 22: 29.5.1974 mit Proton-K/Block D Nr.282
Ankunft:	Luna 19: 3.10.1971 Luna 22: 2.6.1974
Missionsende:	Luna 19: 1.11.1972 Luna 22: Anfang November 1975
Mission:	Mondorbiter
Gewicht:	Luna 19: 5.330 kg, im Mondorbit 4.100 kg Luna 20: 5.700 kg, im Mondorbit 4.100 kg
Abmessungen:	3,96 m Durchmesser
Instrumente:	Acht Instrumente: • Kamerasystem. Auflösung 100 × 400 m/Pixel, 180 Grad Scanbreite • Gammastrahlenspektrometer • Radarhöhenmesser (32 cm Wellenlänge) • Meteoritendetektoren • Magnetometer • Detektoren für kosmische Strahlen • Strahlenmessgeräte • Empfänger für Radiowellen von 60 Hz bis 1 MHz (Luna 22) • Luna 22: Erprobung von Schmierstoffen und Oberflächenbeschichtungen
Ergebnisse:	**Luna 19**: 46 Magnetogramme. Restmagnetisierungen der Mondoberfläche nachgewiesen Mikrometeoritenkonzentration im Mondorbit vergleichbar dem Raum zwischen 0,8 und 1,2 AE. 14 Sonneneruptionen und 14 Abnahmeereignisse der galaktischen Strahlung wurden beobachtet. Langzeitmodulation der solaren Strahlung über eine Sonnenrotation 827 Tage) nachgewiesen. Luna 19 war 75 % ihrer Zeit einer erhöhten Sonnenaktivität ausgesetzt. 41 Bilder in 12 Sitzungen erhalten. **Luna 22**: Regionale Magnetfelder von wenigen Kilometern bis 50 bis 60 km Durchmesser bestimmt Chemische Zusammensetzung der Mondoberfläche aus dem Orbit festgestellt Kosmische Strahlung mit einer Zeitauflösung von 20 Minuten vermessen Höhenprofile der Elektronendichte in der Mondumgebung. Überwachung der Röntgenstrahlung von Sonne und Jupiter. Anstieg der Röntgenemission von Jupiter nach einem Anstieg der Sonne.

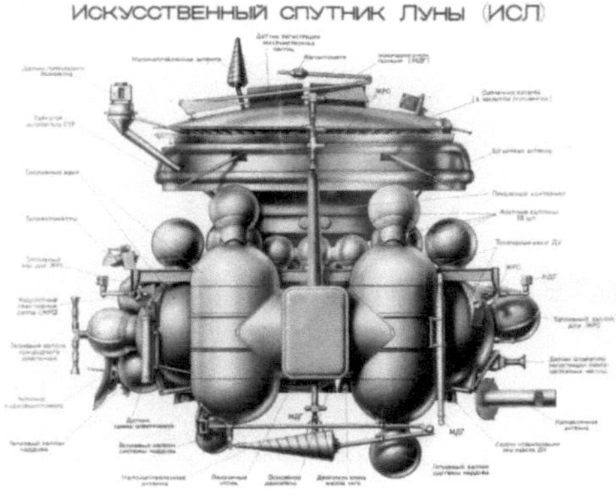

88. Abbildung: Luna 19 und 22 und Panoramastreifen angefertigt von Luna 22

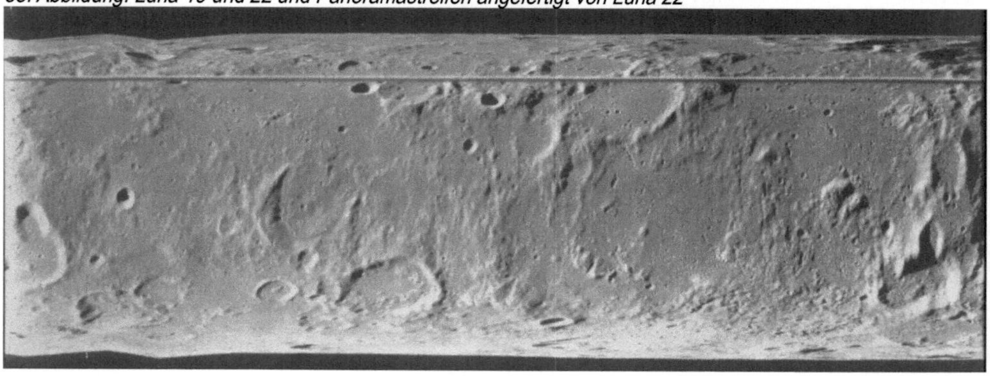

M73 (Mars 4 bis 7)

Das 1971-er Startfenster war, wie schon beim Programm M71 (S. 292) beschrieben, eine günstige Fluggelegenheit. Das 1973er Startfenster erforderte eine höhere Startenergie. Da Russland der Viking-Landung, die inzwischen auf 1975 verlegt wurde, zuvorkommen wollte, musste es 1973 seine Marssonden auf den Weg bringen. Nach dem ersten Marsorbiter Mariner 9 (S.114) strebte die UdSSR die Landung als Erstleistung an.

Aufgrund des ungünstigeren Startfensters war es unmöglich, Orbiter und Lander gemeinsam zu starten. Die Sonden wären zu schwer gewesen. So baute man vier Sonden: Zwei Orbiter, ohne Lander, aber voll instrumentiert und zwei Busse mit Landern, aber ohne den Treibstoff, um in eine Umlaufbahn einzuschwenken und nur den Experimenten, die in der interplanetaren Bahn Daten lieferten. Die rund 1.100 kg eingesparten Treibstoff erlaubten es, den 1.000 kg schweren Lander mitzuführen.

Das zugehörige Programm hieß M73 oder 3MS (Orbiter): S: Sputnik = Satellit bzw. 3MP (Lander/Bus): Pasadka = passierend.

Technisch waren die Sonden weitestgehend identisch zum M71 Programm. Es gab Verbesserungen, die auf den Erfahrungen beruhten. So gab es ein weiteres Radiosystem auf dem Lander, das schon beim Abstieg einige Daten mit kleiner Datenrate direkt zur Erde sandte. Daneben wurden die Experimente verbessert.

Vier Monate vor dem Start versagte bei Tests das Stromverteilungssubsystem. Man entdeckte, dass der Hersteller eines Transistors schon vor zwei Jahren den Kontaktpin durch Aluminium ausgetauscht hatte. Vorher war er aus Gold. Ein „schlauer Mann“ wollte so kostbares Material sparen. Das Stromverteilungssubsystem war „gefüllt“ mit diesen Transistoren. Eine Analyse zeigte, dass durch interkristalline Korrosion die Chance bestand, dass die Sonden vor Ankunft beim Mars mit einer Wahrscheinlichkeit von 50 Prozent ausfallen würden. Wissenschaftler plädierten für eine Verschiebung der Mission auf 1975, da es Monate dauerte, die Produktion des Transistors umzustellen. Die Projektleitung war dagegen. Mit einer schnellen Bahn könnte man zwar Viking (S. 137) zuvorgekommen, aber angesichts der Ausrüstung der Vikinglander wäre der Vergleich gegen die Mission ausgegangen. So mussten sie 1973 starten.

Dazu kam neben der zeitlichen Beanspruchung (es arbeiteten acht Teams in 12-Stunden-Schichten an den vier Sonden) kurz vor dem Start noch, dass Überprüfungen entdeckten, dass trotz dreifacher Kontrolle Platinenverbindungen falsch gesetzt worden waren. Dadurch mussten alle Verbindungen nochmals geprüft werden.

Instrumentell waren die beiden Sonden unterschiedlich ausgestattet. Bei Mars 6 / 7, den 3MP-Sonden mit dem Lander, lies man alle Experimente weg die bei einem Vorbeiflug nur wenige Daten geliefert hätten. Auf Mars 6 und 7 waren wieder zwei Experimente der CNES angebracht. Mars 4 und 5 erhielten neben den mit Film operierenden Kameras, die man von M71 übernahm, noch ein Telephotometer, dass im Orangenen und im roten Spezialbereich mit zwei Photokathoden jeweils eine Zeile von 250 Bildpunkten aufnahm. Pro Sekunde wurden vier Zeilen aufgenommen. Durch die Vorwärtsbewegung im Orbit wurde ein 30-Grad-Streifen mit einer Auflösung von etwa 1 km pro Bildpunkt erhalten.

Die Lander waren identisch zu denen von Mars 2 und 3 und wurden nach derselben Methode gelandet. Einziger Unterschied war, dass sie erst in 46.000 bis 48.000 km anstatt 65.000 km Distanz abgetrennt wurden. Mars 4 und 5 erreichten den Mars einen Monat vor Mars 6/7 und sollten deren Daten übertragen.

Nach einem problemlosen Start, bei dem erstmals im russischen Marsprogramm alle vier Sonden in die interplanetare Bahn gelangten, kam, was kommen musste: Es fielen die Transistoren aus.

Mars 4 machte eine Kurskorrektur am 30.7.1973. Kurz danach fielen zwei der drei Kommunikationskanäle des Bordcomputers aus. Ein zweites Kurskorrekturmanöver war so nicht mehr möglich, ebenso wie das Zünden des Triebwerks zum Einschwenken in den Orbit. Mars 4 passierte den Mars in 1.844 km Entfernung. Man aktivierte beim Vorbeiflug die Kamera und konnte so ein Panorama von der TV-Kamera und eine Bildsaison (typisch 12 Bilder) von der Filmkamera erhalten. Die 350-mm-Kamera war wenige Tage vorher ausgefallen, so waren es nur globale Aufnahmen im Maßstab 1:5 Millionen möglich (Auflösung etwa 1 bis 2 km/Bildpunkt)

Mars 6 machte die erste Kurskorrektur am 30.8.1973. Fünf Tage später fielen auch bei Mars 6 Kanäle aus, diesmal der Kanal, der die Telemetrie des Busses übertrug. Die Kanäle zur Steuerung des Landers waren aber intakt. Ohne Kommunikation mit der Erde führte der Bordcomputer autonom sein Programm aus und setzte den Lander aus, der mit kleiner Datenrate zur Erde sandte. Die Verbindung brach 30 s vor dem Aufsetzen ab. Mars 6 sank langsamer als Mars 3 und brauchte fünf Minuten zum Durchqueren der Atmosphäre. Die genaue Ursache konnte nie geklärt werden. Theorien gehen entweder von dem Versagen des Funksystems oder dem Aufschlagen in unebenem Gebiet aus. Je nach Quelle wurden zwischen 150 und 224 s lang Daten erhalten, die jedoch teilweise nicht lesbar waren. Mars 5, der die Daten beider Lander übertragen sollte, war eine Woche vorher ausgefallen. Russland veröffentlichte als ein Ergebnis, das die Atmosphäre zu einem Drittel aus Argon besteht. Tatsächlich sind es nur 1,93 Prozent.

Mars 7 hatte die gleichen Probleme. Nach einer Kurskorrektur am 16.8. fielen bald einige Kommunikationskanäle aus. Der Lander wurde vom Bus trotzdem nach Programm abgesetzt. Sein Feststofftriebwerk feuerte jedoch nicht. Der Lander verfehlte den Mars um 1.300 km. Er übertrug über den Bus noch Daten, die jedoch nutzlos waren.

Lediglich **Mars 5** erreichte problemlos den Mars. Er schwenkte in einen Orbit ein, der genau den Vorgaben entsprach. Diesmal gab es kein Problem mit fehlerhaften Transistoren, sondern das unter Druck stehende Bussystem mit Instrumenten und der Elektronik verlor langsam Stickstoff. Ursache war wahrscheinlich ein Mikrometeoritentreffer. Ohne das Druckgas würde der Sender überhitzen und die Filmentwicklung wäre unmöglich. Man beschleunigte das wissenschaftliche Programm. Zwischen dem 17.2.1974 und 26.2.1974 gab es fünf Aufnahmesequenzen, bei denen 108 Bilder, davon 43 auswertbare gemacht wurden. Dazu kamen vier Panoramen durch die Scankamera. Der letzte Kontakt kam am 28.2.1974 zustande. Russland stufte die Mission als teilweise erfolgreich ein.

Damit war das Mars-Programm (zumindest was die Sonden mit dem Namen „Mars“ angeht) abgeschlossen. Nimmt man Zond 2 hinzu, so wurden 18 Sonden gestartet, von denen nur acht den Erdorbit verließen und keine Einzige ihre Mission voll erfüllte. Auch die folgenden vier Raumsonden zum Mars, die nun unter anderen Bezeichnungen gestartet wurden, scheiterten alle.

Das russische Marsprogramm hat bis heute eine „positive“ Folge: Immer, wenn eine US-Raumsonde zum Mars aufbricht oder ein kritisches Manöver ansteht, verweist die

NASA darauf, wie viele Sonden schon verloren gingen. Dabei werden alle russischen Sonden in die Betrachtung einbezogen, was angesichts von nur fünf eigenen Verlusten (Mariner 3,8, Mars Observer, Mars Climate Orbiter und Mars Polar Lander) die Bilanz deutlich senkt und für die nötige Dramatik sorgt.

Datenblatt M73 (Mars 4 bis 7)	
Start:	21.7.1973: Mars 4 mit Proton-K/Block D Nr. 261 25.7.1973: Mars 5 mit Proton-K/Block D Nr. 262 5.8.1973: Mars 6 mit Proton-K/Block D Nr. 281-01 9.8.1973: Mars 7 mit Proton-K/Block D Nr. 281-02
Ankunft:	10.2.1974: Mars 4 passiert den Mars in 1.844 km Entfernung. 12.2.1974: Mars 5 schwenkt in einen 1.760 × 32.976 × 35°19‘ Orbit ein. 12.3.1974: Mars 6 geht bei 23°54' Süd und 19°25' West nieder, Bus passiert Mars in 1.660 km Entfernung. 9.3.1974 Mars 7 setzt Lander ab, Lander verfehlt Mars um 1.300 km.
Missionsende:	Mars 4: 10.2.1974 Mars 5: 28.2.1974 Mars 6: 12.3.1974 Mars 7: 25.3.1974
Mission:	Marsorbiter: Mars 4 und 5 Marsvorbeiflug und Landung: Mars 6 und 7
Gewicht:	Mars 4 und 5: 4.000 kg beim Start, 2.187 kg Trockenmasse Mars 6 und 7: 3.880 kg beim Start, 3.199,4 kg Trockenmasse, davon 1.000 kg Lander
Abmessungen:	5,90 m Spannweite, 4.10 m Höhe, Busdurchmesser 1,80 m Lander: 2,90 bis 3,20 m Durchmesser, 1.60 m Höhe, Kapsel 1,20 m Durchmesser
Instrumente:	**Mars 4 und 5**: 18 Instrumente im Gesamtgewicht von 117,8 kg. • Atmosphärenuntersuchungen durch Bedeckungsexperimente der Transponder • Radioteleskop mit einem Sender bei 3.5 cm Wellenlänge (8,6 GHz). 4 Grad Gesichtsfeld. • Infrarot Radiometer (8-40 µm). 2 Kanäle: 8 – 13 und 17 – 40 µm Wellenlänge. Temperaturbereich 110 bis 310 K, 2 K Messfehler. • IR-Spektometer: 1,7 bis 5,5 µm mit 8 Breitbandfiltern. 600 mm F710 Teleskop, 60 km Auflösung auf der Oberfläche. 4 kg Gewicht. • Spektrometer (0.35-0.8 µm) für Studien der Emissionen der oberen Atmosphäre • Weitband-Photometer (0.3-0.8 µm) für Atmosphärenstudien • Engbandiges Photometer im Absorptionsband von Kohlendioxid (bei 2.05 µm). 40 mm Teleskop, Gesichtsfeld 34 Bogenminuten = 18 km im marsnächsten Punkt. • Engband Photometer im Absorptionsband von Wasser (bei 1.38 µm). Gesichtsfeld 5 mrad, (9 km im marsnächsten Punkt). • Engband Interferenz-Polarisationsphotometer: 0,32 – 0,70 mit 7 Filtern und 0,77 – 0,87 µm. Gesichtsfeld 1 Grad / 0,25 Grad je nach Modus. • UV-Photometer (0.26 und 0.28 µm) um Ozon zu bestimmen. Gesichtsfeld 0,08 Grad. • Lyman-Alpha-Photometer (0.1216 µm). 3 Kanäle 105 nm – 134 nm, 5 Grad Gesichtsfeld • Bildaufnahmesystem 52 mm Brennweite, f2,8, vier Filter und 350 mm, f/4,5, Orangefilter, 25,4 mm Film, 480 Aufnahmen. Auflösung 220 × 235, 440 × 470, 880 × 940, 1.880 × 1.940 Pixel. Blickwinkel 27,45 / 5,67 Grad, Auflösung 650 / 70 m. Belichtungszeit 1/50 und 1/150 s. • 30° VPM-73 Kamera. Auflösung 2,4 × 1 km. 4 Zeilen/s, 512 Pixel/Zeile.

	• Zwei Photopolarimeter (0.32-0.8 µm) um Oberflächenminerale zu charakterisieren. VPM-1: 8 Filter 342 bis 749 nm. 1 Messung/s, VPM-II fester Filter bei 592 nm, 8 Messungen/s. Auflösung 10 mrad, (20 km in der Periapsis) • Photometer für die gestreute Sonnenstrahlung • Gammastrahlenspektrometer mit 256 Kanälen. Erfassung von Gammastrahlung im Bereich von 1-9 MeV Energie. 11 % Energieauflösung. • Magnetometer: 60 nT Messbereich, Messfehler 1 nT. • Plasmafallen • Mehrkanalanalysator von geladenen Teilchen **Mars 6 und 7 Bus**: sieben Experimente im Gesamtgewicht von 114 kg • Magnetometer • Plasmafallen • Detektoren für energiereiche kosmische Strahlung • Mikrometeoritendetektoren • Telephotometer • Lyman-Alpha Photometer (0.1216 µm) • Zhemo: Studium der Verteilung und Fluss von solaren Protonen (CNES) • Stereo-2: Untersuchungen der solaren Radiostrahlung (CNES) **Mars 6 und 7 Lander**: acht Experimente im Gesamtgewicht von 19,1 kg. • Thermometer • Barometer • Windmesser • Geschwindigkeitsmesser • Radarhöhenmesser • Massenspektrometer: Messbereich zwischen 12 und 48 u. • Oberflächenanalysator • TV-Photometer: 30 × 360 Grad, 500 × 6.000 Pixel. Auflösung 3,6 Bogenminuten.
Ergebnisse:	**Mars 4**: 12 Bilder aus 1.900 bis 2.500 km Entfernung, Maßstab 1:.5.000.000 **Mars 5**: 108 Bilder, 4 Panoramen, Auflösung bis 100 m Mehrere Hundert IR-Spektren zwischen 2 und 5 µm Wellenlänge Druckdaten und Ionosphärendaten gewonnen Temperaturmessungen der Oberfläche Gammastrahlenspektren der Oberfläche Magnetfeldmessungen: 30 nT an der Oberfläche Bestimmung des Wasserdampfgehaltes: Wassersäule: 60 µm, verglichen mit 3 bis 10 µm, 1972 bei Mars 2/3. Ozon in der oberen Atmosphäre nachgewiesen Erste Temperaturbestimmung der oberen Atmosphäre: 350 K **Mars 6**: 150 bis 224 s lang Daten von der Atmosphäre, Daten nur teilweise lesbar. Argon soll 30 bis 35 % der Atmosphäre ausmachen. Bodendruck 6 mb.

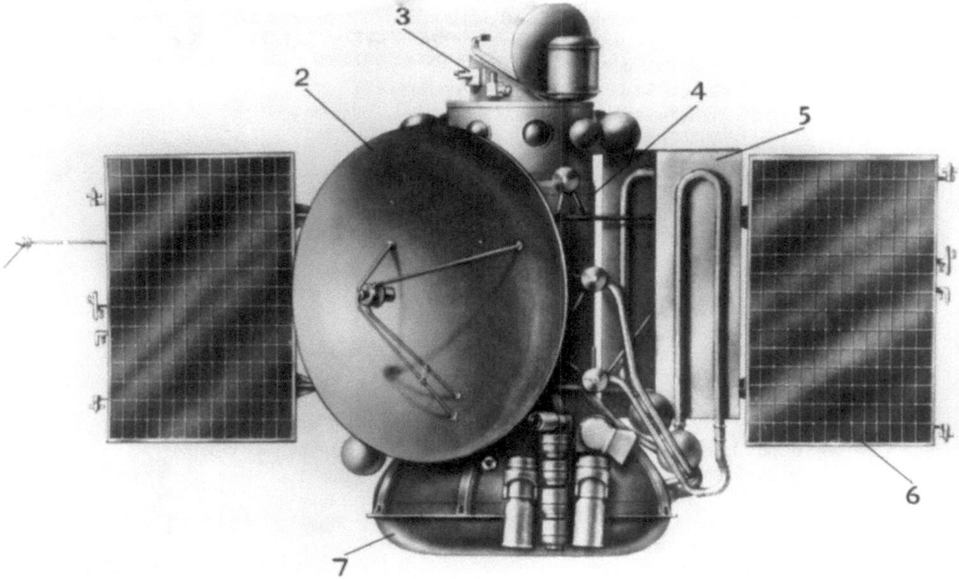

89. Abbildung: Mars 4+5

90. Abbildung: Mars 6+7

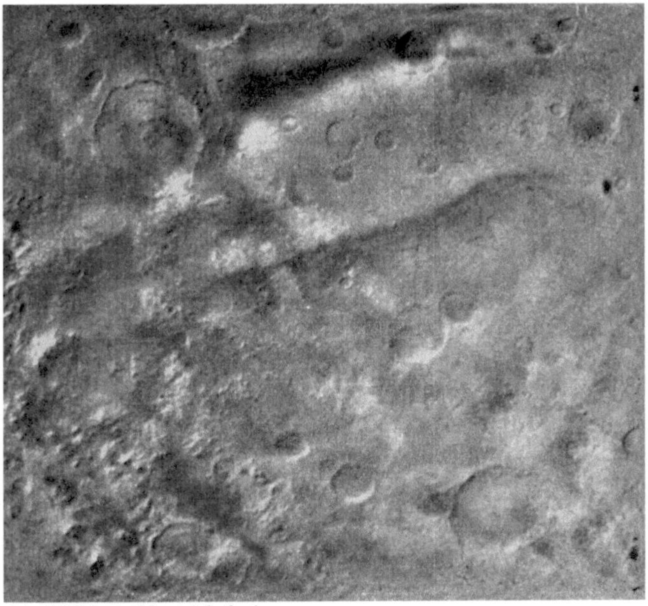
91. Abbildung: Mars 5 Aufnahme

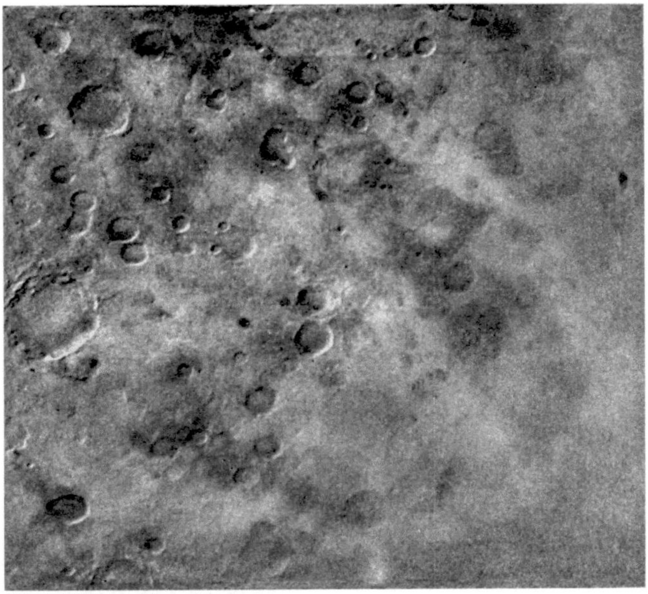
92. Abbildung: Mars 5 Aufnahme

4V-1 (Venera 9 bis 14)

Nachdem mit Venera 7 die erste Landung einer Raumsonde auf der Venus gelang, konzentrierte sich Russland auf die Erforschung der Venus, da die Versuche, die USA beim Mars zu schlagen, scheiterten. Die Venus hatte zwei Vorteile: Sie stand nicht im Fokus der NASA. Zudem war die Venusatmosphäre dicht. Das machte eine Landung einfach. Es konnte eigentlich nichts schiefgehen. Am Boden ist die Atmosphäre so dicht, dass eine Sonde ohne Fallschirm landen kann. Zudem überlebt eine Kapsel maximal einige Stunden. Es wirkten sich Fehler oder ein unflexibles Programm weniger aus und der Vorteil des JPL, über ausgeklügelte Elektronik zu verfügen, war geringer.

Russland startete von 1975 bis 1981 sechs Landesonden zur Venus. Anders als die vorherigen Sonden erfüllten alle ihre Mission. Offiziell hieß das Programm 4V-1, was nach einer Abänderung von 4V (Venera 4 bis 8, S. 248) klingt. Dies täuscht. Es wurde die gesamte Raumsonde neu konstruiert, während 4V aus dem 3MV Programm hervorging.

Die Basis des 4V-1 Programms war ursprünglich der Bus von M71. Aufgrund der unterschiedlichen Anforderungen entschloss sich Lawotschkin, nur die Form beizubehalten und einen neuen Bus zu konstruieren. Der Bus war wesentlich kleiner als bei M71. Der Durchmesser des zylindrischen Teils betrug nur 1,1 anstatt 1,8 m und er war 1 m kürzer. Der Aufbau war identisch. Im unteren, breiteren Bereich waren die Avionik und die Instrumente untergebracht. Der Orbiter führte 1.100 kg Treibstoff mit sich, ausreichend für eine Geschwindigkeitskorrektur von 1.170 m/s. 940 bis 980 m/s wurden für das Einschwenken in den Orbit benötigt. Venera 10 war etwas schwerer, da sie mehr Geschwindigkeit abbauen musste.

Gegenüber M71 war der Landeapparat größer: 2,40 m Durchmesser bei 1.560 kg Startmasse. Venera 9 und 10 waren mit über 5.000 kg Startmasse lange Zeit die schwersten Raumsonden und übertrafen den Rekord von Mars 2 und 3 von 1971.

Die Landekapsel bestand aus einer kugelförmigen Hülle. Sie war für einen ballistischen Abstieg ausgelegt, ohne eine besondere Orientierung. Die Hülle mit dem Hitzeschutzschild bremste den Lander ab. In ihm saß der eigentliche Landeapparat von 2 m Höhe. Er war um eine bis 100 bar druckdichte Hülle von 80 cm Durchmesser herumgebaut. Unten gab es ein Landegestell aus einem Kreisring mit Stoßdämpfern an der Befestigung zum Druckkörper, oben eine wendelförmige Hauptantenne und darüber einen zylindrischen Fallschirmbehälter. Zwischen Antenne und Kapsel lag der 2,1 m große aerodynamische Schild, für das Absinken während der letzten 50 km. Über der Hülle aus Titan gab es eine 120 mm dicke Isolierung aus Fiberglas und eine weitere äußere Verkleidung. Innen gab es, bei Experimenten, bei denen die Temperatur niedrig bleiben musste, einen Vorrat des Salzes $LiNO_3$ • 3 H_2O, dass bei 30° schmilzt und dabei Wärme aufnimmt. Vor dem Wiedereintritt kühlte sich der Lander auf -8 bis -10 °C ab, um die Betriebsdauer zu verlängern. Strom lieferten Blei-Zink-Batterien. Die geforderte Mindestbetriebszeit auf der Oberfläche war 32 Minuten. Diese Zeit benötigte man, um ein Panorama komplett zu übertragen.

Der Orbiter würde in eine hochelliptische Umlaufbahn einschwenken. Er hatte Kameras, basierend auf den Telephotometer-Scankameras von Mars 4 und 5: Zwei einzelne Fotodioden empfindlich im UV und blauen Spektralbereich tasteten zwei Spalten pro Sekunde ab. Durch die Fortbewegung der Sonde wurde daraus ein Streifen von bis zu 6.000 Pixel Länge bei 512 Pixeln Breite. Bedingt durch den langsamen Scan und die Datenrate von nur 3.072 Bit/s, betrug die Auflösung 30 bis 6 km/Pixel je nach Entfernung. Dazu kamen weitere Experimente zur Bestimmung der Zusammensetzung der Atmosphäre, Messung von Temperaturen, Untersuchung der Zusammensetzung der Ionosphäre und zur Detektion von Feldern, kosmischen Strahlen oder geladenen Teilchen. Mitgeführt wurde ein abbildendes UV-Photometer der CNES.

Das Abstiegsprogramm wurde nach den Erfahrungen mit Venera 4 bis 8 optimiert. Ziel war eine lange Betriebszeit auf der Oberfläche und ein schnelles Durchqueren der Atmosphäre. Nach Auftreffen auf die Atmosphäre in 125 km Höhe, wurde die Venera in acht Minuten von 11 km/s auf 250 m/s abbremst, wobei Spitzenverzögerungen von 180 g auftreten. Sobald die Beschleunigung 2 g unterschritt, öffnete sich der Pilotfallschirm. Er bremste die Venera von 720 km/h auf 150 km/h ab und aktivierte die Sender. Dies geschieht nominell in 66 km Höhe. Sobald die Geschwindigkeit auf 150 km/h sank, wurde der zweite, größere Bremsfallschirm von 2,8 m Durchmesser entfaltet. Dabei zog der Pilotfallschirm die obere Verkleidung der Hülle weg. 15 s später wurde durch den Zeitgeber der Hauptfallschirm aus drei Einzelfallschirmen mit je 4,3 m Durchmesser entfaltet. Kurz darauf wurde die untere Hülle abgetrennt. Der Lander war nun aus seiner kugelförmigen Hülle befreit. Diese langsame

Fallphase am Fallschirm diente dazu, mehr Zeit in der Wolkenschicht zu verbringen, die sich zwischen 50 und 70 km Höhe erstreckt. Die Instrumente für die Atmosphärenanalyse beginnen mit ihrer Arbeit, sobald die untere Hülle abfällt.

In 49 km Höhe, nach Passage der Wolkenschicht, etwa 20 Minuten nach dem Eintritt, wird der Hauptfallschirm abgetrennt. Nun wird die Venera nur noch durch den uhrenglasförmigen aerodynamischen Schild über der Kugel abgebremst. Die Venusatmosphäre ist nahe der Oberfläche so dicht (0,0635 kg/l), dass die Sonde trotzdem nur mit 6 bis 8 m/s landet. Das entspricht auf der Erde einem Fall aus 3,3 bis 3,7 m Höhe. Die Passagezeit der Atmosphäre betrug trotzdem 55 Minuten.

Drei Minuten nach der Landung begann die Sonde mit der Übertragung eines Panoramas. Dafür gab es eine Scankamera auf Basis eines Photometers. Wie bei anderen russischen Sonden scannte ein Photometer eine Spalte ab und durch Bewegung der Spalte dann ein Panorama. Ein Panorama hatte 45 × 180 Grad, davon waren 37 Grad nutzbar. Es gab zwei Kameras, eine an jeder Seite, die aus rund 90 cm Höhe, 50 Grad nach unten schauend, die Landschaft aufnahmen. Aufgrund des kleinen Blickwinkels und der Sicht nach unten ist der Horizont nur am Rand sichtbar. Die Panoramen sind verzerrt, da die Kameras durch ein Fenster aus Quarzglas schauten, das als Fischaugenobjektiv ausgelegt war, also die ganze Umgebung abbildet. Ein Panorama hatte 128 × 512 Pixel zu je 6 Bits pro Pixel. Je zwei Lampen auf jeder Seite sollten die Szene beleuchten, falls das Licht nicht ausreichen würde.

Der Lander hatte Experimente an Bord, die beim Abstieg Druck, Temperatur und chemische Zusammensetzung der Atmosphäre bestimmten. Es gab einen Entwicklungssprung. Anstatt einer groben Bestimmung der Hauptbestandteile bei Venera 4 bis 8 wurde die Zusammensetzung mit einem Massenspektrometer bestimmt. Ein Nephelometer bestimmte die Größe von Aerosolen in den Wolken und darunter.

Am Boden war ein Gammastrahlenspektrometer aktiv. Es maß die Konzentration der Elemente Thorium, Uran und Kalium. Aus der Häufigkeit dieser drei Elemente kann man ableiten, zu welcher Gesteinsgruppe der Boden gehört.

Die Sonden übertrugen die Daten mit 256 Bit/s an die Orbiter, bevor diese in eine Umlaufbahn einschwenkten. Die Übertragung zweier Panoramen dauerte fast eine Stunde. Auf den Original-Panoramen gibt es immer wieder fehlende Spalten bzw.

dort ist „Griesel“ zu sehen. Das waren Zeitpunkte, in denen Telemetrie oder die Ergebnisse anderer Instrumente übertragen wurden.

Beide Sonden starteten problemlos zur Venus. Nach zwei Kurskorrekturen am 16.6.1975 und 15.10.1975 fand zwei Tage vor der Landung die Trennung von **Venera 9** Orbiter und Lander statt. Der Lander trat am 22.10.1975 mit 10,7 km/s in die Venusatmosphäre ein. Der Winkel von 20 Grad war unplanmäßig steil, wodurch Bremskräfte von bis zu 170 g entstanden. Nach etwa 20 Minuten hatte Venera 9 die Wolkenschicht passiert und der letzte Fallschirm wurde abgetrennt. Für die restlichen 50 km bis zum Boden brauchte Venera 9 weitere 35 Minuten.

Die Landegeschwindigkeit betrug 7 m/s. Venera 9 landete neben einem Hügel, 2,5 km über dem mittleren Venusdurchmesser. Nur ein Panorama wurde gewonnen. Bei der zweiten Kamera löste sich der Verschlussdeckel nicht. Das Bild zeigte eine Szene, in der Geröll vorherrscht, es aber kaum größere Steine gibt. Es war nicht so dunkel, dass die Scheinwerfer aktiviert wurden. Viele Steine sind erstaunlich rund, obwohl es auf der Venus kaum Wind und kein Wasser gibt. Die Oberfläche ist zwischen 1 Million und 1 Milliarde Jahre alt.

53 Minuten überlebte die Sonde in der Gluthitze der Venusoberfläche. 44,5 Minuten lang wurden Bilddaten übertragen. Gemessen wurden Temperaturen von 455 Grad Celsius und ein Bodendruck von 90 Bar. Das Densitometer bestimmte die Oberflächendichte zu 2,8 g/cm^3. Das Gammastrahlenspektrometer ermittelte geringere Konzentrationen an Uran und Thorium als bei Venera 8. Die Werte von Dichte und Menge der radioaktiven Elemente passten zu Basaltgestein.

Am 25.10.1975 trat der Lander von **Venera 10** in die Venusatmosphäre ein. Er setzte etwa 2.200 km von Venera 9 entfernt auf. Beim Eintritt gab es Verzögerungen von bis zu 168 g und Temperaturen von 12.000 Grad Celsius am Hitzeschutzschild. Auch Venera 10 übermittelte nur ein Panorama, das ein deutlich glatteres Terrain mit anliegendem Grundgestein zeigt. Auch bei Venera 10 löste sich ein Deckel nicht von der Kamera. Es gab ein vollständiges Panorama und 17 und 63 Grad Scans vom zweiten Panorama. 50 Minuten lang wurden Bilddaten übertragen. Venera 10 landete in einem steilen, 20 Grad geneigten Gelände. Auf dem Bild sind keine Felsbrocken auszumachen. Spätere Radaraufnahmen zeigten, dass es sich um eine tektonische Verschiebung handeln könnte. Der Dichtesensor ermittelte eine mittlere Dichte der Oberfläche von 2.7 – 2.9 g/cm^3.

Die Analyse des Gammastrahlenspektrometers ergab eine ähnliche Zusammensetzung wie Basalt. Venera 10 überlebte sogar 65 Minuten auf der Oberfläche. Jahre später wurde bekannt, dass das Missionsende beider Sonden nicht auf Versagen dieser zurückzuführen war, sondern weil die Orbiter aus dem Empfangsbereich flogen und keine Daten mehr empfangen konnten. Maximal 125 Minuten Kommunikationszeit (Atmosphärenphase mit eingeschlossen) war möglich. Die Temperaturen waren in der Stunde am Boden von 23 auf 56 bzw. 60 Grad geklettert, doch die Lander arbeiteten noch immer.

Genauso wichtig wie die Oberflächenaufnahmen waren die Vermessungen der Atmosphäre. Erstmals gab es genaue Analysen durch das Massenspektrometer. Leider fiel es schon in großer Höhe aus, da Aerosole den Einlass verstopften. In den Wolken wurden die Konzentrationen von Spurengasen bestimmt. Die Venuswolken bestanden nach den Analysen aus Schwefeldioxid. Auch freies Chlor und Fluor wurden gefunden. Wasser ist dagegen selten. Die Isotopenverhältnisse legen nahe, dass die Venus einmal mehr Wasser besaß, dieses aber verloren haben muss.

Die Orbiter schwenkten in hochelliptische Umlaufbahnen mit einer Periode von zwei Tagen ein. Die von der Sowjetunion veröffentlichten Fotos waren gröber als die von Mariner 10 (S. 127). Venera 9 sandte in 17 Übertragungen Bilder vom 27.10.1975 bis zum 25.12.1975. Auf der Nachtseite der Venus konnten Blitze nachgewiesen werden. Venera 9 arbeitete bis zum 22.3.1976.

Über die Mission des Venera 10 Orbiters gibt es keine Informationen. Beide Sonden versuchten eine passive Radartechnik, bistatisches Radar genannt. Dazu sandten die Sonden Signale mit der Hauptantenne in Richtung Venus. Die Echos mit 32 cm Wellenlänge wurden auf der Erde aufgefangen. Dies erlaubte es die höheren Breiten besser zu untersuchen, die Auflösung ist jedoch so gering wie bei der erdgebundenen Untersuchung mit Radar. Insgesamt gab es 55 Streifen von jeweils etwa 100 bis 200 km Breite und 400 bis 1.200 km Länge. Die Radaraufnahmen hatten eine Auflösung von 20 bis 80 km. 19 Bedeckungsmessungen der Atmosphäre mit dem Radiosender im Dezimeter- und Zentimeterband wurden durchgeführt.

Venera 11 und 12 folgten beim übernächsten Startfenster 1978. Venera 9/10 waren an der Grenze der Nutzlastkapazität der Proton. 1978 war das Startfenster nicht so günstig wie 1975, zudem waren die Landesonden schwerer geworden. Daher verzichtete Lawotschkin auf den Orbiter. Zur Erhöhung der Übertragungsdauer wird der Landeapparat zwei Tage vor Erreichen der Venus abgetrennt und der Bus entfernt sich durch eine Kurskorrektur, um die Kommunikationsdauer zu maximieren.

Venera 11/12 gehörten zum Programm **4V-1B**. Die Lander waren 90 kg schwerer. Man hatte die Isolierung nochmals überarbeitet und einen zusätzlichen hitzebeständigen Polyurethanschaum eingezogen. Das lohnte sich: Venera 12 arbeitete doppelt so lange wie ihre Vorgänger. Für die Übertragungsdauer der Farbpanoramen war die geforderte Mindestbetriebsdauer nun 60 Minuten.

Primäres Ziel waren wesentlich höher aufgelöste und farbige Panoramen der Oberfläche. Jedes Panorama hatte nun 252 × 1.000 Pixel anstatt 128 × 512 bei Venera 9/10. Es war in Farbe und es gab 9 Bits für den Helligkeitswert, sodass die Kontraste nicht so stark waren. Zur Kalibration wurde nach der Landung ein Streifen mit Farbfeldern ausgeklappt. Da Russland die Datenrate durch einen neuen Empfangskomplex bei der Bodenstation um den Faktor 12 erhöht hatte, konnte trotz des mehrfachen Informationsgehalts ein Panorama schneller übertragen werden. Allerdings bestand ein Farbpanorama aus drei Einzelpanoramen, jeweils durch einen anderen Farbfilter aufgenommen, sodass man letztendlich die längere Betriebszeit benötigte.

Gegenüber Venera 9 und 10 wurde die Fläche des letzten Fallschirms von 180 auf 24 m^2 reduziert und von dreien auf einen Fallschirm reduziert. Die Sonde sollte so 15 Minuten schneller die Oberfläche erreichen.

Der Bus würde die Venus in 35.000 km Entfernung passieren. Durch die größere Passagedistanz hatte er länger Funkkontakt als bei Venera 9 und 10. Er trug vornehmlich Experimente zur Vermessung des interplanetaren Raums: zur Detektion energiereicher Strahlung und Teilchen. Zwei Tage vor der Landung trennte er die Kapsel ab und bremste dann um 210 m/s ab. Dies reichte aus, um an der Venus vorbeizufliegen.

Die Instrumentierung der Landesonden war verbessert worden. Man hatte operative Erfahrungen einfließen lassen. So öffnete sich der Verschluss des Massenspektrometers erst in einer Region, die nach den Venera 9/10 Messungen ärmer an Aerosolen war, nachdem der Einlass bei den beiden letzten Kapseln in den Wolken von Aerosoltropfen verschlossen wurde. Zudem arbeitete das Massenspektrometer nun bis zu einem Druck von 24 anstatt 10 bar. Erstmals versuchte Russland, eine Bodenprobe zu entnehmen und in der Kapsel zu analysieren. Dies scheiterte jedoch.

Nach zwei Kurskorrekturen am 16.9.1978 und 17.12.1978 wurde Venera 11 zwei Tage vor der Landung vom Bus getrennt. Am 25.12.1978 trat die Kapsel in die Venusatmosphäre ein. Ab 62 km Höhe gab es Messungen und ab 40 km Höhe fiel die Sonde nur gebremst durch den aerodynamischen Schild. Die Sonde landete mit 7 bis 8 m/s. Bis der Bus nach 95 Minuten aus dem Empfangsbereich verschwand, lieferte die Sonde Daten, wie lange sie überlebte, ist unbekannt. Die Temperatur an Bord betrug 70 Grad Celsius beim Verlust des Funkkontakts. Vom Auftreffen auf die Atmosphäre in 125 km Höhe bis zur Landung vergingen 62 Minuten 41 Sekunden. Bis zur Landung wurden 52 Minuten 58 Sekunden lang Daten übertragen.

Der Lander von **Venera 12** wurde nach zwei Kurskorrekturen am 21.9.1978 und 14.12.1978 am 19.12.1978 vom Bus getrennt. Venera 12 hatte Venera 11 überholt und kam vier Tage früher an. Am 21.12.1978 landete die Sonde 850 km von ihrer Schwestersonde entfernt. Die Sonde hatte eine günstigere Position zum Orbiter. Sie sandte über 110 Minuten Daten nach dem Aufsetzen. Eine bei der Landung aufgewirbelte Staubwolke brauchte 20 bis 30 Sekunden zum Setzen. Bei Venera 11 gab es keine derartige Beobachtung. Venera 12 sandte 52 Minuten 11 Sekunden lang Daten ab 62 km Höhe bis zum Aufsetzen. Die Gesamtzeit vom Eintritt in die Atmosphäre bis zur Landung betrug 61 Minuten 12 Sekunden. Beide Sonden lieferten bei 12,5 km Höhe Messwerte außerhalb der Skala und es gab eine elektrische Entladung. Ähnliches trat auch bei den zeitgleich gelandeten Pioneer Venus in 14 km Höhe auf.

Russland publizierte zahlreiche Daten über die Atmosphäre, schwieg aber über den Versuch Bodenproben zu entnehmen und die Kameraexperimente. Bei den Kameras wurden die Abdeckungen aufgrund eines Designfehlers nicht abgelöst. Bei der Gewinnung der Bohrproben versagten die Dichtungen und das benötigte Vakuum wurde nicht erreicht. Es gab weitere Ausfälle. Das Röntgenfluoreszenzspektrometer, der Gaschromatograph und das Spektralphotometer fielen nach der Landung von Venera 11 aus, die Daten vom Röntgenfluoreszenzspektrometer von Venera 12 waren von schlechter Qualität und das Nephelometer von Venera 12 fiel aus.

Die Busse arbeiteten nach der Passage weiter. Am 7.2.1979 machte man bei Venera 11 und 12 eine größere Kurskorrektur um 350 m/s, um Gammastrahlenausbrüche genauer zu untersuchen. Mit steigendem Sonnenabstand gab es Probleme mit dem Sonnensensor und den Gyroskopen. Der Treibstoff zur Lageregelung war durch die Kursänderung weitestgehend verbraucht. So beendete man die Missionen im Februar und April 1980. Venera 12 konnte am 17.2.1980 und 13.3.1980 noch UV-Spektren des Kometen Bradfield aufnehmen. Immerhin hatten die Sonden mit 17 bzw. 19 Monaten Betriebszeit einen neuen russischen Rekord aufgestellt. Der Bus von Venera 11 führte alle nötigen Manöver durch, um den Kometen Halley zu erreichen. Man wusste, dass er nicht so lange arbeiten würde (Halley erreichte das innere Sonnensystem erst Ende 1984), aber Russland konnte so die geplante Vega Mission schon einmal durchspielen. Erstmals gab es ein wissenschaftliches Austauschprogramm mit den USA, die zeitgleich die Pioneer-Venus Mission (S. 164) durchführten. Ein Unikum des Austauschs ist, das vornehmlich die USA davon profitierten, den selbst mit den Ausfällen gewannen Venera 11 und 12 weitaus mehr und bessere Daten als die Pioneer-Venus-Multiprobe.

Die letzten Sonden gehörten zum Programm **4V-1M** (M für modifiziert). Man hatte 18 Modelle gebaut, um das Versagen von Experimenten, vor allem die fehlende Ablösung der Kappen der Kameras zu vermeiden. 78 Tests wurden durchgeführt. Die Flugmodelle wurden vor dem Start auf 450 °C erhitzt und fallengelassen, um festzustellen, ob die Kappen abfallen. Man untersuchte Modelle im Windkanal. Weitere Anpassungen gab es beim Dämpfer des Fahrwerks, da die Landung von Venera 11 und 12 zu hart war. Dies führte eventuell zu den Ausfällen der Experimente. Wie bei der letzten Mission wurden die Landeapparate von einem Bus zur Venus getragen, der nicht in einen Orbit einschwenkte.

Beim Lander gab es zwei neue Experimente: ein Feuchtigkeitsmesser und ein Seismometer. Letzteres wahrscheinlich, weil die Daten der Sonden von 1978 auf vulkanische Tätigkeit schließen ließen. Der Bodenprobennehmer, der bei Venera 11 und 12 versagte, wurde komplett überarbeitet. Der Lander verfügte über Batterien mit höherer Kapazität für eine noch längere Arbeitszeit auf der Venus. Um ein Versagen des Probennehmers zu vermeiden, wurde er mit Molybdändisulfid geschmiert, das bis 1.000 Grad Celsius einen Gleitfilm bildet.

Die Kameras arbeiteten zwei unterschiedliche Programme ab. Eine Kamera hatte ein kurzes Programm: Sie scannte zuerst ein 180-Grad-Panorama durch einen klaren Filter, fuhr dann um 60 Grad zurück und scannte jeweils die letzten 60 Grad durch die drei Farbfilter. Dann ging sie über 120 Grad durch den klaren Filter zurück zur Startposition. Dieses kurze Programm dauerte 30 Minuten. Die zweite Kamera absolvierte ein langes Programm und tastete nacheinander ein 180-Grad-Panorama durch alle vier Filter ab. Dieses dauerte 60 Minuten. Danach wiederholten beide Kameras wieder ihr Programm. Die Kameras wurden erst nach 4 Minuten aktiviert, um vorher die Daten der anderen Experimente abzurufen.

Nach dem Start von **Venera 13** und zwei Kurskorrekturen am 10.2.1982 und 21.2.1982 wurde am 27.2.1982 der Lander vom Bus abgetrennt. Er trat zwei Tage später in die Venusatmosphäre ein. Der Abstieg dauerte 62 Minuten. Ab 47 km Höhe sank die Kapsel ohne Fallschirm. Sie landete mit 7,5 m/s. Die Innentemperatur betrug bei der Landung 30 °C. Die Beschleunigungsmesser registrierten, dass der Boden recht hart war. Die Landestelle bei 7,5 Grad Süd und 303 Grad Ost wurde aufgrund der Pioneer-Venus Aufnahmen ausgesucht. So lag das Landegebiet höher und die Temperaturen am Boden betrugen „nur" noch 457 °C bei 84 Bar Druck. Die Mikrofone an Bord maßen das Geräusch des Windes (und des Bohrers). Man errechnete eine Windgeschwindigkeit von 0,5 bis 1,0 m/s.

Nach der Landung wurde eine Bodenprobe aus 31 mm Tiefe in eine hermetisch abgeschlossene Kammer befördert, in der eine Atmosphäre von 0,05 Bar Druck und 30 Grad herrschten. Dort wurde die Bodenprobe durch das Röntgenfluoreszenzspektrometer analysiert Sie entpuppte sich als kaum differenzierter Basalt. Am wichtigsten waren jedoch die Bilder, welche die Sonde machte. In den etwa 2 Stunden auf der Oberfläche gab es Veränderungen. So sind Änderungen des Kontrastes nach 70 Minuten feststellbar und auf dem Landering konnte man feststellen, wie der bei der Landung aufgewirbelte Staub innerhalb einer Stunde abnahm. Die Sonde absolvierte zwei komplette Übertragungszyklen und begann dem Dritten, als der Empfang durch den Bus durch ein Kommando beendet wurde.

Auf der Venus ist die Atmosphäre giftgrün. Das liegt an der dicken Atmosphäre. Die Rayleigh-Streuung streut die Strahlung proportional der vierten Potenz der Wellenlänge. Während die Erdatmosphäre nur das blaue kurzwellige Licht streut, macht die dichtere Venusatmosphäre das auch mit dem langwelligen gelben und grünen Licht.

Zudem gibt es in der Venusatmosphäre Aerosole, die den kurzwelligen Anteil der Strahlung stärker absorbieren als den langwelligen Teil. Der Horizont ist so gelbgrün und der Boden durch die Atmosphäre in Orange getaucht. Venera 13 bestimmte die Helligkeit zu 3.000 Lux, das ist in etwa so hell wie an einem trüben Wintertag bei uns. Venera 13 überlebte mit 127 Minuten nochmals 17 Minuten länger als Venera 11. Dies wurde bis heute nicht überboten.

Den Bus kontaktierte man nach dem Vorbeiflug alle drei bis fünf Tage. Nach einigen Kurskorrekturen ging schließlich der Treibstoff für Lageänderungen aus. Am 25.4.1983 kam der letzte Kontakt zustande.

Venera 14 startete am 4.11.1981. Nach einer Bahnkorrektur am 14. November 1981 war die Zielbahn noch nicht erreicht, daher wurde am 23. November ein zweites Kurskorrekturmanöver angesetzt. Die letzte Feinjustierung erhielt Venera 14 am 23. Februar 1982. Am 3.3.1982 wurde der Lander abgetrennt und der Bus veränderte seinen Kurs. Am 5.3.1982 öffnete der Lander seinen Fallschirm in 62 km Höhe, warf ihn in 47 km Höhe wieder ab und erreichte die Oberfläche nach 62 Minuten 20 Sekunden. Für ihn war ein höherer Landeplatz bei 310 Ost und 13.25 Grad Süd ausgesucht worden. Er lag 950 km vom Landeplatz von Venera 13 entfernt. Die Bodentemperatur betrug 465 Grad Celsius und der Druck 94 Bar.

Während die Übertragung der Bilder ohne Probleme funktionierte, hatte der Bodengreifer Pech. Wie man auf dem Foto sieht, landete er genau auf dem Deckel der Kamera, der vorher abgesprengt worden war. So war keine Bodenprobenentnahme möglich. Wie beim Landeplatz von Venera 10 war die Landschaft sehr glatt. Sie erinnert an Lavafelder, was sich mit der basaltischen Natur des Gesteins deckt. Die NASA verwandte die Farben zur Einfärbung der Radarbilder Magellans.

Venera 14 übertrug nur Daten über 57 Minuten. Die Ursache lag beim Bus. Der hatte bei den Kurskorrekturen starke Schwierigkeiten, der Schub war nur ein Bruchteil des Nominellen und es kam zu Vibrationen. Zuletzt war noch eine dritte Korrektur nötig um die richtige Vorbeiflugdistanz zu erreichen. Um die Sonde nicht zu verlieren, setzte die Missionskontrolle keine weitere Korrektur der Bahn an, als eine Vermessung ergab, dass man mindestens 17 Minuten Übertragungszeit mit einer Reserve nach der Landung hatte und 32 Minuten ohne Reserve. Das würde ausreichen, ein Schwarz-Weiß-Panorama zu übertragen (17 Minuten) bzw. (bei 32 Minuten) auch noch einen Durchlauf mit dem Rotfilter zu absolvieren. Der Bus passierte die Venus in 26.050 km Distanz anstatt geplanter 36.000 km. Durch die verkürzte Distanz riss der Funkkontakt schon nach 57 Minuten ab. Auch der Bus von Venera 14 wurde nach dem Vorbeiflug weiter kontaktiert. Das letzte Mal am 9.4.1983. Auch Venera 13/14 erlitten einen kurzzeitigen Ausfall von Experimenten, als sie 12,4 km Höhe passierten.

Sonde	**Betriebszeit Atmosphäre / vom Eintritt (125 km Höhe)**	**Betriebszeit Boden**	**Gesamtbetriebszeit**
Venera 4	93 Minuten		93 Minuten
Venera 5	52,5 Minuten		52,5 Minuten
Venera 6	52 Minuten		52 Minuten
Venera 7	30 Minuten	23 Minuten	53 Minuten
Venera 8	58 Minuten	50 Minuten 11 Sekunden	108 Minuten 11 Sekunden
Venera 9	55 Minuten	53 Minuten	108 Minuten
Venera 10	55 Minuten	65 Minuten	120 Minuten
Venera 11	52 Minuten 58 Sekunden / 62 Minuten 41 Sekunden	95 Minuten	147 Minuten 58 Sekunden
Venera 12	52 Minuten 11 Sekunden / 61 Minuten. 53 Sekunden	110 Minuten	162 Minuten 11 Sekunden
Venera 13	/ 62 Minuten	127 Minuten	188 Minuten
Venera 14	/ 62 Minuten 20 Sekunden	57 Minuten	119 Minuten 20 Sekunden
Vega 1	/ 62 Minuten 17 Sekunden	56 Minuten	118 Minuten 17 Sekunden
Vega 2	/ 60 Minuten 18 Sekunden	57 Minuten	117 Minuten 18 Sekunden

Datenblatt 4V-1 (Venera 9 und 10)	
Start:	8.6.1975: Venera 9 mit Proton-K Block D1 (286/81) 14.6.1975: Venera 10 mit Proton-K Block D1 (285/82)
Ankunft:	22.10.1975: Venera 9 in 1.500 × 111.700 × 34,10 Grad Orbit Landung bei 31,01Grad Nord, 291,64 Grad Ost 23.10.1875: Venera 10 in 1.400 × 114.000 × 29,30 Grad Orbit Landung bei 15,42° Nord, 291,51 Grad Ost
Missionsende:	Venera 9 Lander: 53 Minuten auf der Oberfläche, 55 Minuten Daten aus der Atmosphäre Venera 10 Lander: 65 Minuten auf der Oberfläche, 55 Minuten aus der Atmosphäre Venera 9 Orbiter: 22.2.1976 Venera 10 Orbiter: 25.12.1975
Mission:	Venusorbiter + Venuslander
Gewicht:	Venera 9: 4.936 kg, davon 2.233 kg Orbiter ohne Treibstoff, 1.560 kg Lander, Lander auf der Venusoberfläche: 660 kg, 1093 kg Treibstoff, 53 kg Druckgas Venera 10: 5.033 kg, davon 2.230 kg Orbiter ohne Treibstoff, 1.560 kg Lander, Lander auf der Venusoberfläche: 660 kg, 1193 kg Treibstoff 53 kg Druckgas
Abmessungen:	6,7 m Spannweite, 2,80 m Höhe ohne Lander Lander: 2,35 m Durchmesser
Instrumente:	Lander: • 2 Panoramakameras auf dem Telephotometer Prinzip: 5,8 kg: 512 × 128 Pixel, 180 × 45 Grad, 6 Bit/Pixel. Nutzbar: 117 × 512 Pixel, 41 × 180 Grad. • 5 Thermometer, verschiedene Messbereiche • 6 Barometer, verschiedene Messbereiche • Beschleunigungsmesser • Massenspektrometer: Betrieb zwischen 0,1 und 10 Bar Außendruck. • Anemometer • VIS/IR Spektrometer in 3 Kanälen im sichtbaren und 3 im IR. • Wasser und Kohlendioxid-Absorptionsbandphotometer • Rückstreuungsnephelometer: Maß die Lichtstärke in den Wellenlängen von Gelb, Grün, Rot und zwei Infrarotbändern. • Mehrwinkel Nephelometer: Maß die Rückstreuung des Lichts unter 4,15,45 und 180 Grad. • Gammastrahlenspektrometer: Bestrahlt Oberfläche mit Cs-137 Quelle, misst Emissionspektren. Bestimmt K, Th, U. • Gammastrahlendensitometer: Misst Dichte mit Cs-137 Quelle, 2 kg Masse. Orbiter: • 355-445 nm und 345-380 nm Telephotometer Kamera, 2 Zeilen/s, 512 Pixel Zeile. Auflösung 3,5 mrad, 6-30 km, bis 6.000 Zeilen/Bild. • Infrarotradiometer (8-28 µm) • IR Spektrometer (1.6-2.8 µm) (CNES) • UV Spektrometer (0.24-0.7 µm) • UV-Photometer (0.352 µm) • Triaxiales Magnetometer • 2 Photopolarimeter zur Beobachtung der Wolken (0.335-0.8 µm) • 6 Elektrostatische Analysatoren • 2 Detektoren für geladene Teilchen mit variabler Energieschwelle • Airglow Spektrometer im sichtbaren Bereich (0.3-0.8 µm). • Lyman-Alpha H/D Detektor • 2 Gasentladungsdetektoren (Geigerzähler) • 3 Halbleiter Detektoren für geladene Teilchen • Detektor für Elektronen niedriger Energie • Detektor für Protonen/Alpha Teilchen niedriger Energie

	• Tscherenkowdetektor
Ergebnisse:	Erste Bilder von der Oberfläche eines anderen Planeten 5-10 % des Lichts erreicht die Oberfläche. 25-mal mehr Energie in Blitzentladungen als auf der Erde Die oberste Wolkenschicht ist auf der Nachtseite der Venus wärmer als die Tagseite. Partikelgröße der Aerosole in den Wolken bei 2 bis 5 µm, darunter 0,3 bis 0,4 µm. Dichte an der Oberfläche 2,80 g/cm³ und 2,8 g/cm³. Oberflächengestein hat eine ähnliche Zusammensetzung wie irdischer Basalt. Oberflächentemperatur 455 °C, 90 Bar Druck Zusammensetzung der obersten Wolkenschicht bestimmt. Kohlendioxid bildet den Hauptbestandteil. Stickstoff maximal 5 %. Spuren von Chlor, Fluor und Wasser nachgewiesen. Die Oberfläche ist weitestgehend windstill: 0,4 – 0,7 m/s bei Venera 9, 0,8 – 1.3 m/s bei Venera 10 Landeort. Druck und Temperaturprofile von 40 bis 95 km Höhe. Zwischen 51 und 62 km Höhe gibt es mehrere Stockwerke aus Wolkenschichten.
Kosten:	100 Millionen Rubel pro Lander, in etwa 100 bis 200 Millionen Dollar.

93. Abbildung: Venera 10 Panorama

94. Abbildung: Venera 9 Panorama

Datenblatt 4V-1B (Venera 11 und 12)	
Start:	9.9.1978: Venera 11 mit Proton-K Block D1 (297/82) 14.9.1978: Venera 12 mit Proton-K Block D1 (296/82)
Ankunft:	Venera 9: 25.12.1978 bei 14 Grad Süd, 299 Grad Ost, 95 Min Betrieb auf der Oberfläche Bus passiert Venus in ~ 34.000 km Abstand. Venera 12: 21.12.1978 bei 7 Grad Süd, 294 Grad Ost, 110 Min Betrieb auf der Oberfläche Bus passiert Venus in 34.370 km Abstand.
Missionsende:	Venera 11: Februar 1980 Venera 12: April 1980
Mission:	Venuslandung
Gewicht:	Venera 11: 4.447,3 kg, Lander 1.645 kg, (Oberfläche: 750 kg). Treibstoff: 687,4 kg Verena 12: 4.457,9 kg, Lander 1.645 kg, (Oberfläche: 750 kg). Treibstoff: 685,3 kg
Abmessungen:	6,7 m Spannweite, 2,80 m Höhe, Lander: 2,35 m Durchmesser
Instrumente:	Lander: • 2 Farbkameras: 252 × 1.000 Pixel, 10 Bit/Pixel, 45 × 180 Grad, klar, rot, blau, grün Filter. • Sigma Gaschromatograph • Massenspektrometer, 9,5 kg, 10 – 105 u, Δm/m =35. Messgrenzen 0,05 ppm (Methan) bis 0,2 % (Stickstoff) • Gammastrahlenspektrometer • GROZA Blitzdetektor: 25 cm Antenne für Radiowellen von 10,18,36,80 kHz Frequenz. • 4 Thermometer. Daten ab 105 km Höhe • 3 Barometer. Daten ab 105 km Höhe • Rückstreuungsnephelometer: 0,8 bis 10 mm Teilchengröße, 0,1 -10.000 Teilchen/m³. • Anemometer / Mikrofon • Optisches Spektralphotometer (0.43 bis 1.17 μm Wellenlänge, 0,022 μm Auflösung) • Bodenaufnahmegerät (26 kg) • Röntgenfluoreszenz Aerosol Analysator: Bestrahlte Aerosole radioaktiv, bestimmte Röntgenspektren von 1-7,5 und 1,5-15 keV Energie. Detektiert Elemente oberhalb Al, 8 kg • Röntgenfluoreszenzspektrometer mit Bohrer (10 kg, 31 mm maximale Tiefe) Bus: • SIGNE Gammastrahlenspektrometer: empfindlich zwischen 0,08 und 2,5 meV, maximale Zeitauflösung 2 ms. Ortsauflösung 5 Bogenminuten. • Konus Gammastrahlendetektor (CNES) • 30-166 nm Ultraviolett Spektrometer • Protonenspektrometer: 0,1 bis 100 MeV, 10 Kanäle > 10.000 Protonen/cm². • Detektor für das Sonnenwindplasma: Elektronen 10-200 eV, Protonen 0,25-10 keV 24 Kanäle • Elektronen und Protonen-Spektrometer: Elektronen 5-500 keV, Protonen 0,05-200 MeV. • Verzögerungsfeldanalysator
Ergebnisse:	Neben Kohlendioxid wurde Stickstoff (ca. 5 %) und in geringen Mengen Wasserdampf, Chlor, Schwefel und deren Verbindungen festgestellt. Die Isotopenzusammensetzung von Kohlenstoff entspricht etwa der terrestrischen Zusammensetzung. Das Isotopenverhältnis von Argon, Neon und Krypton wurde ermittelt. Blitze in der Venusatmosphäre viel häufiger bis 30 Blitze pro Sekunde bis in 14 km Höhe. 22 MS-Analysen und 8 Gasanalysen, 3-6 % des Lichts erreicht den Boden bei 25 Grad Sonnenstand Die Wolkenuntergrenze liegt bei 48 bis 49 km Höhe. Bodenbedingungen: 462 °C / 92 Bar am Landeplatz von Venera 11, 470 "C / 90 bar bei Landeplatz von Venera 12 143 Gammastrahlenausbrüche registriert 2 Spektren von Komet Bradfield

95. Abbildung: Venera 10 Modell

96. Abbildung: Venera 9 Lander und Orbiter als Modell

Datenblatt 4V-1M (Venera 13 und 14)	
Start:	30.10.1981: Venera 13 mit Proton K / Block D1 (311-81) 4.11.1981: Venera 14 mit Proton K / Block D1 (311-82)
Ankunft:	1.3.1982: Venera 13 bei 7 Grad Süd, 303 Grad Ost, Überlebenszeit: 127 Minuten 5.3.1982: Venera 14 bei 13,15 Grad Süd, 310 Grad Ost, Überlebenszeit: 57 Minuten
Missionsende:	Venera 13 Bus: 21.4.1983 Venera 14 Bus: 9.4.1983
Mission:	Venuslandung
Gewicht:	Venera 13: 4.397,85 kg, Lander: 1.643,2 kg / 760 kg, 629,98 kg Treibstoff Venera 14: 4.394,5 kg, Lander: 1.632,71 kg / 750 kg, 641,35 kg Treibstoff
Abmessungen:	6,7 m Spannweite, 2,80 m Höhe ohne Landeapparat, Lander: 2,35 m Durchmesser
Instrumente:	Bus: • Magnetometer • Verzögerungspotential-Teilchenfallen • Detektoren für Teilchen des Sonnenwindes • Signe-2MS3 Gammastrahlen Detektor • UV Spektrometer • KONUS-2 Gammastrahlen Burst Detektor • Protonen Spektrometer • Elektronen und Protonen Spektrometer Lander: • Farbkamera, 37 × 180 Grad, 205 × 1000 Pixel, 10 Bit/Pixel, 11 Bogenminuten Auflösung. • Sigma 2 Gaschromatograph • Massenspektrometer • Seismometer • Groza-2 Blitzdetektor • Thermometer • Barometer • Nephelometer • Anemometer • Optisches Spektralphotometer (GaPh Photozelle, 320 bis 400 nm) • Bodenaufnahmegerät / Gerät zur Feststellung der Bodeneigenschaften • Röntgenfluoreszenz Aerosol Analysator für Aerosole • Arakhis Röntgenfluoreszenzspektrometer mit Bohrer • Konzentrationsmessung von Wasser und Kohlendioxid durch IR Photometrie in 3 Spektralkanälen
Ergebnisse:	Farbaufnahmen der Oberfläche Schwefeldioxid-Aerosole stellen die Wolkenschicht. Erste Bodenanalysen der Venusoberfläche mit Röntgenfluoreszenzspektrometrie bei Venera 13: stark alkalische Basalte Boden ist nach den Aufnahmen stark erodiert und jung, Festigkeit wie feiner Sand Windgeschwindigkeit am Boden 0,3 bis 0,6 km/h Venera 13 Landeplatz: 465°C, 94,7 Bar, 1.3 km über mittlerem Venusradius UV wird unterhalb 60 km Höhe komplett absorbiert und könnte die Energie für die Wolken liefern. Genaue Analyse der Spurenbestandteile H_2S COS, Neon, Xenon, Krypton

97. Abbildung: Perspektivisch korrigierte Panoramen von Venera 13 +14 © Don P. Mitchell

98. Abbildung: Perspektivisch korrigierte Aufnahme von Venera 9 und 10 © Ted Stryker

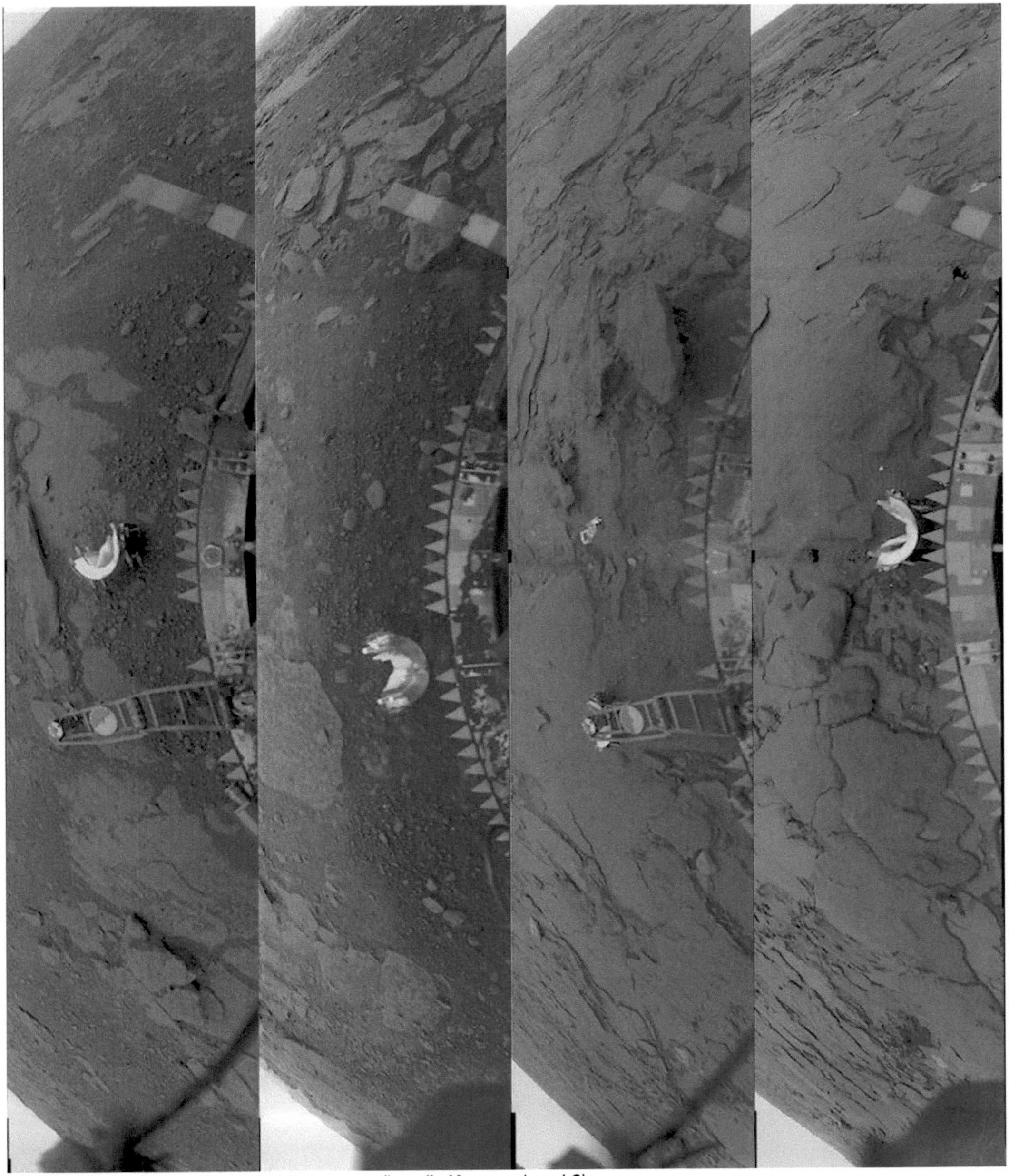

99. Abbildung: Venera 13 und 14 Panorama (jeweils Kamera 1 und 2)

4V-2 (Venera 15 und 16)

Pioneer Venus erstellte ab 1978 die erste Oberflächenkarte der Venus – grob, aber global. Auf der NASA-Liste der zukünftigen Missionen war lange Zeit eine RADAR-Kartierung der Venus vorgesehen. So verwundert es nicht, das Russland dem zuvorkommen wollte, und Venera 15 und 16 zur Radarkartierung der Venus entsandte.

Wie die Programmbezeichnung 4V-2 verrät, handelt es sich um eine Abwandlung des 4V-1 Projektes. Anstatt des rund 1.600 kg schweren Landers wurde eine SAR-Antenne mitgeführt. Lawotschkin musste noch vor dem Start das Design nachbessern: Kurz vorher hatte Russland den Radioastronomiesatelliten „Astron" gestartet, der ebenfalls eine bewegliche Antenne hatte. Sehr bald gab es bei Astron Probleme mit der Lageregelung, da der Satellit nun kein starrer Körper mehr war. Zudem wurde ein Verschaltungsfehler erkannt, den auch Venera 15 und 16 aufwiesen. Er konnte daher vor dem Start korrigiert werden. Zudem erhielt der zukünftige Venussatellit leistungsfähigere Lageregelungstriebwerke und eine Regelung dämpfte Eigenschwingungen, die durch die bewegliche Antenne entstanden.

Mit bis zu 5.300 kg Masse waren Venera 15 und 16 noch schwerer als die bisherigen Rekordhalter Venera 9 und 10. Dies war durch die verbesserte Oberstufe Block D1 möglich. Die Radarorbiter würden in eine elliptische Umlaufbahn mit einer Periode von 24 Stunden einschwenken. Diese Bahn erlaubt im venusnächsten Punkt Radarbeobachtungen, im venusfernsten Punkt die Übertragung der Daten.

Beide Orbiter gelangten in eine Umlaufbahn mit einer Bahnneigung von 87 Grad. Aufgrund der Bahngeometrie konnten sie nur die nördliche Hälfte der Venus erfassen. Eine polare Bahn mit venusnächsten Punkt am Südpol war nicht möglich, aber eine dem der Periapsis am Äquator. Offen ist, warum Russland nicht eine der beiden Sonden in eine Bahn mit niedriger Inklination einschwenken ließ. Dies hätte die Abdeckung bis in die mittleren südlichen Breiten vergrößert. Wie bei anderen russischen Raumsonden war die Mission beider Sonden identisch. Das scheint eine grundlegende Designentscheidung zu sein.

Die Umlaufbahnen hatten einen venusnächsten Punkt 1.000 km über der Oberfläche bei 62 Grad nördlicher Breite und venusfernsten Punkt in 65.000 km Höhe. Sobald die Sonde eine geographische Breite von 80 Grad überquerte, zeichnet sie einen

6.000 bis 7.000 km langen und 120 km breiten Streifen mit dem Seitensichtradar auf. Dies dauert etwa 16 Minuten. Die Höhe über der Oberfläche nimmt dabei von 2.000 km auf 1.000 km ab und dann wieder auf 2.000 km zu. Entsprechend variiert die Auflösung zwischen einem und zwei Kilometern. Der Streifen endet bei etwa 30 Grad nördlicher Breite. Innerhalb von vier Monaten sollten so 12 % der Venusoberfläche kartiert werden. Die Dauer ist vorgegeben durch die Rotation der Venus. Vier Monate sind ein halber Venustag. Die zweite Venera erfasst dann die Lücken. Zusammen würden beide Missionen die Nordhalbkugel bis 30 Grad nördlicher Breite erfassen, also rund ein Viertel der Planetenoberfläche.

Außer der 298,9 kg schweren, (entfaltet) 6 m langen und 1,6 m breiten SAR-Antenne, gab es nur vier Instrumente zur Untersuchung der Venus. Ein Fourierspektrometer der CNES mit hoher Auflösung untersuchte die chemische Zusammensetzung der Atmosphäre (Vorläufer des PFS von Mars 96, Mars- und Venus Express). Ein Infrarotradiometer aus der DDR maß Temperaturen. Ein Radarhöhenmesser lieferte Daten über das Höhenprofil entlang des Flugpfads. Dazu kamen Detektoren für geladene Teilchen, die vor allem während des Flugs zur Venus aktiv waren.

Das Sendesystem wurde überarbeitet, um die Daten des SAR mit 100 Kbit/s zu übertragen. Die Daten der anderen Instrumente wurden mit 3 Kbit/s zusammen mit der Telemetrie übertragen. Dazu wurde der Durchmesser der Parabolantenne von 1,6 auf 2,6 m vergrößert.

Bei **Venera 15** gab es schon beim Flug zur Venus Probleme mit dem Fourier-Infrarotspektrometer. Als die Sonde in eine Bahn einschwenkte, waren die Bahnabweichungen relativ hoch. Daher musste die Bodenkontrolle die Bahn anpassen. Aufgrund der Probleme bekam Venera 15 die Rolle eines Reservegerätes. Venera 16 sollte primär die Kartierung durchführen. Venera 15 wurde in eine Bahn gebracht, die eine Region genau drei Tage nach Venera 16 überflog, um, wenn diese eine Lücke hinterließ, diese zu schließen. War dies nicht nötig, so wurde anfangs sehr oft das Fourier-Spektrometer eingesetzt. Es fiel jedoch bald aus. Weiterhin wurde der Sender von Venera 15 für Bedeckungsexperimente zum Durchleuchten der Venusatmosphäre genutzt.

Nach Ende der Kartierungsmission wurden von Venera 15 in der erweiterten Mission Bedeckungsmessungen und Temperaturmessungen durchgeführt. Am 30.12.1984 war der Stickstoff für die Lageregelung von Venera 15 aufgebraucht. Die Sonde hatte trotz mehrerer Bahnänderungen noch große Treibstoffvorräte, doch war das Antriebssystem vom Lageregelungssystem auf Basis von Druckstickstoff getrennt. So konnte die Antenne nicht mehr der Bewegung der Erde nachgeführt werden. Am 7.1.1985 riss nach 13 Monaten der Kontakt zu Venera 15 ab.

Venera 16 bekam als Hauptaufgabe die Kartierung. Mehrfach gab es Kurskorrekturen (einmal um 450 m/s um 12 Tage „aufzuholen") damit die Sonde die Nordhalbkugel komplett kartieren konnte. Andere Experimente wurden deswegen nur sporadisch aktiviert. Venera 15 und 16 hatten keine Probleme während der Primärmission, die bis zum 10.3.1984 dauerte. Bis dahin wurden 60 Millionen km^2 der Nordhalbkugel kartiert. Aufgrund des guten Zustands wurde die Mission bis 10. Juli 1984 verlängert. Ab Mitte Mai 1984 begann aufgrund der steigenden Entfernung der Venus von der Erde und der Nähe zur Sonne das Signal immer schwächer zu werden, sodass man zwischen dem 10.6. und 14.6 in der Oppositionsphase die Kartierung aussetzte. Am 18.6.1984 hatte man wieder Kontakt und am 15.7.1984 wurde die zweite Missionsphase beendet. Nun waren 115 Millionen km^2 der Nordhalbkugel kartiert. Nach dem Ende der erweiterten Mission wurden mit Venera 16 Temperaturmessungen durchgeführt. Das Missionsende kam durch einen Ausfall der Dreiachsenstabilisierung bei Vega 1 am 13.6.1985. Um Vega 1 zu stabilisieren, wurde von der Bodenkontrolle der Befehl, einen neuen Referenzstern zu suchen, geschickt. Leider war auch Venera 16 im Empfangsbereich und führte dasselbe Programm durch. Dadurch wurde der letzte Stickstoff an Bord verbraucht. Am 18.6.1985 kam kein Kontakt mehr zustande.

Venera 15 arbeitete fünf Monate, Venera 16 elf Monate länger als geplant. So ist es unverständlich, warum die Missionskontrolle diese zusätzliche Zeit nicht nutzte um die Kartierung, primäre Aufgabe der Sonde, zu verbessern. Die Flugleitung hätte den venusnächsten Punkt auf 250 km Höhe absenken können und so Teile der Oberfläche in höherer Auflösung von bis zu 250 m erfassen können. Alternativ erlaubten die Treibstoffvorräte eine Absenkung der Bahnneigung um 30 Grad. Dies hätte die Erfassung der Oberfläche bis zum Äquator ausgedehnt, die kartierte Fläche fast verdoppelt. Die Aufgabe der Venusorbiter war vor dem Start genau festgelegt. Daran wurde auch nichts mehr geändert, als die Mission erfolgreich abgeschlossen war. Ebenso unflexibel ging man mit Venera 15 um. Die Doppelmission sollte garantieren, dass eine Raumsonde ihre Mission durchführt. Doch wenn man zwei Sonden im Orbit hat, warum ist dann die Zweite nur noch Reservegerät?

Datenblatt 4V-2 (Venera 15 und 16)	
Start:	2.6.1983: Venera 15 mit Proton K / Block D1 (321-81) 7.6.1983: Venera 16 mit Proton K / Block D1 (321-82)
Ankunft:	10.10.1983: Venera 15 schwenkt in eine 873 × 64.687 × 87° Umlaufbahn, Periapsis bei 62 Grad nördlicher Breite ein. 14.10.1983: Venera 16 schwenkt in eine 944 × 65.336 × 87,5° Umlaufbahn, Periapsis bei 62,5 Grad nördlicher Breite ein.
Missionsende:	Venera 15: 7.1.1985 Venera 16: 18.6.1985
Mission:	Venusorbiter
Gewicht:	Venera 15: 5.250 kg, 2.807 kg ohne Treibstoff Venera 16: 5.300 kg, 3.050 kg ohne Treibstoff
Abmessungen:	5,00 m Höhe, 6,00 m Durchmesser (mit Antenne), 6.70 m Durchmesser (mit Solarpaneelen)
Instrumente:	• SAR, 6 × 1,6 m Antennengröße. Auflösung 1 km aus 1.000 km Entfernung. Streifenbreite 120 × 7.500 km. 16 Minuten Datenerfassung pro Umlauf. • Radarhöhenmesser: 1m Antenne. Sendefrequenz 3,75 GHz, 230 m Höhenauflösung, eine Messung alle 2,5 km. • IR-Radiometer (DDR) • Fourier-IR-Spektrometer (Omega, CNES). Gewicht 30 kg, Gesichtsfeld: 4 Grad = 60 km in 1.000 km Entfernung, Messbereich 6 – 25 µm. Untersucht die Atmosphäre, besondern zwischen 60 und 70 km Höhe. • Detektor für geladene Teilchen
Ergebnisse:	115 Millionen km² kartiert, Auflösung 0,9 bis 2,5 km. Die Venusoberfläche ist geologisch jung, maximal 1,5 Milliarden Jahre alt. Zahlreiche Calderen aktiver und erloschener Vulkane entdeckt Ovoid-Strukturen entdeckt Dachziegelartige Strukturen entdeckt 49 IR Untersuchungen von Venera 15 und 10 von Venera 16 mit 1.500 IR-Spektren zwischen 60 und 90 km Höhe: 415.000 Höhenmessungen alle 1,5 km entlang des Flugpfads. Auflösung der Karte 7,2 km horizontal, 50 m in der Höhe. Temperaturabhängigkeit der oberen Atmosphäre vom Breitengrad entdeckt. Am Pol Obergrenze in 65 km, in mittleren Breiten 72 km, über heißen Punkten in nur 60 km Höhe. Temperaturmessungen ergaben Hinweise auf bis zu 700 °C heiße Punkte, die aktive Vulkane sein können.

100. Abbildung: Venera 15

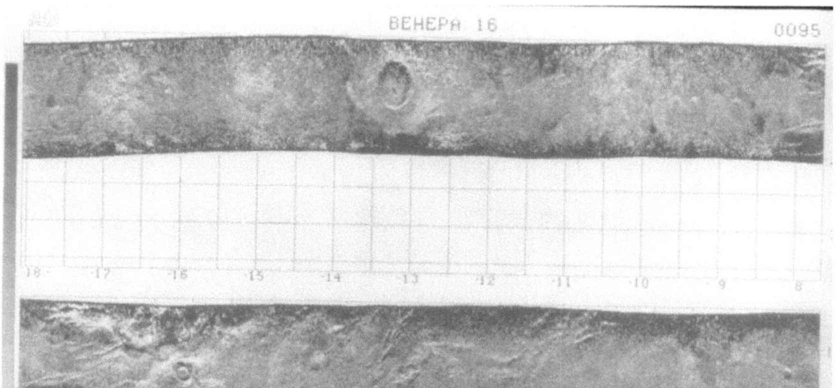

101. Abbildung: Rohdatenbild von Venera 16

5VK (Vega 1 und 2)

1986 durchlief der Halleysche Komet wieder sein Perihel. Der Halleysche Komet ist der bekannteste Komet. Die erste Sichtung stammt aus dem Jahr 1066. Seine Wiederkehr ist so vorhersehbar. Er ist auch ein Komet mit hohem Gas- und Staubausstoß, obwohl er ein periodischer Komet ist, also bei jedem Durchlauf Masse verliert. Die meisten periodischen Kometen haben eine kurze Periode. Sie haben daher oft den sonnennächsten Punkt passiert, viel Gas und Staub verloren und sind inaktiv.

Es wurde international vereinbart, den Periheldurchgang 1986 mit irdischen Teleskopen genauestens zu beobachten. Mehrere Raumfahrtagenturen kündigten an, Roboter zum Kometen zu schicken. Damit begann die Erforschung der kleinen Himmelskörper, nachdem bisher nur Raumsonden zu den Planeten und zum Erdmond aufgebrochen waren.

Russland kündigte das Vega-Sondenpaar an. Das Wort setzt zusammen aus **Ve**nera und **G**alley, der russischen Schreibweise von Venus und Halley. Erstmals war es ein Programm mit größerer internationaler Zusammenarbeit. Es gab seit Beginn der Siebziger Jahre eine Zusammenarbeit mit der CNES. Bei Vega waren aber neben der UdSSR noch Deutschland, Frankreich, Österreich, DDR, Ungarn, Polen, Tschechoslowakei, Bulgarien und sogar die USA beteiligt.

Die Experimentatoren vom Westen staunten nicht schlecht, als es darum ging, einen Platz für die Experimente zu finden. Bei Giotto, der europäischen Sonde, wurde um jedes Kilogramm Masse, jedes Watt Strom und vor allem um die Position gekämpft. Bei Vega suchte man sich einfach einen Platz aus. Masse und Strombedarf spielten keine Rolle. Erstmals hatte eine sowjetische Sonde eine drehbare Instrumentenplattform. Bisher waren die Instrumente fest angebracht und die Sonde drehte sich zum Beobachtungsobjekt. Auf der Plattform waren die Instrumente angebracht, die Halley beobachten sollten. Dies war notwendig, weil Halley retrograd die Sonne umrundet: Auf irdische Verhältnisse übertragen ist er ein „Geisterfahrer". Wenn eine Raumsonde einen Planeten erreicht, dann ist das wie, wenn man auf der Autobahn jemanden überholt – effektiv tut man dies nur mit der Differenzgeschwindigkeit, bei einer Venussonde typisch 3 km/s. Halley rotiert im Gegenuhrzeigersinn um die Sonne und das ist wie, wenn einem ein Geisterfahrer entgegenkommt. Die Geschwindigkeitsdifferenz beträgt dann nicht 10 – 20 km/h, sondern 250 – 300 km/h. Im Falle von Halley sind es 68 bis 78 km/s, entsprechend schnell wandert er aus dem Gesichtsfeld einer Kamera. Da ist es einfacher die Plattform nachzuführen, als die ganze Sonde zu drehen. Auf der Instrumentenplattform waren Kamerasystem TVS, Dreikanalspektrometer und Infrarotspektrometer angebracht. Das Kamerasystem war für Russland ein Quantensprung. Es wurde zusammen mit Ungarn und der CNES entwickelt. Als erste Kamera auf einer Raumsonde setzte es CCD als Detektoren ein. Bisher nutzte Russland entweder Film- oder Scankameras, bei denen ein Bild aus vielen Messungen eines Bildpunktes aufgebaut wurde (Telephotometer). Damit hätte man von Halley keine scharfen Abbildungen erhalten.

Das Kamerasystem bestand aus einer Weitwinkel- und einer Telekamera. Beide arbeiteten mit einem CCD von 512 × 512 Pixeln Größe. Die Weitwinkelkamera hatte nur die Aufgabe den Kern zu orten, um die Telekamera genau auszurichten. Es waren durch acht Farbfilter Farbaufnahmen möglich. Die Telekamera übertrug nur die 128 × 128 Pixel um die hellste Stelle, damit man trotz der schnellen Passsage möglichst viele Bilder erhielt. Die Daten wurden mit 65 Kbit/s übertragen. Alle 12 Sekunden konnte eine Kamera ein Bild übertragen.

Vega war, wie die Projektbezeichnung **5VK** andeutet, auch eine Venusmission. Wie bei Venus 9 bis 14 würde man einen Lander auf der Venus absetzen. Danach wurde die Bahn angepasst und Halley passiert. Das Manöver hatte Venera 11 schon 1979 erprobt. (S. 319). Der Bus basierte daher auf dem Bus von 4V-1 der Venussonden Verena 9 bis 14.

Der Bus war der Gleiche wie beim 4V-Projekt, ebenso die Landesonde. Der Bus erhielt einen doppelten Whipple-Schild (S. 361), als Schutz vor Staubteilchen.

Neu waren bei der Landesonde die Ballone, die in der oberen Atmosphäre ausgesetzt wurden. Sie waren der Grund, warum man auf Kameras bei den Landern verzichtete: Die Ballone mussten auf der Nachtseite ausgesetzt werden, da die Sonneneinstrahlung der Tagseite sie zum Platzen bringt. Die Ballone stammten von Frankreich. Ein Ballon wog je nach Quelle mit Gondel nur 20.8 bis 25 kg. Er trug an einem 12 m langen Seil eine (je nach Quelle 6,87 bis 7,5 kg) schwere und 1,2 m lange Gondel mit den Sensoren, Batterien und Sendern.

Der Ballon bestand aus einer Teflonhülle mit 3,4 m Durchmesser. Die Gondel wurde an einem Nylonseil daran befestigt. Während des Aufblasens mit Helium wurde der Ballon durch einen 35 m² großen Fallschirm am zu schnellen Absinken gehindert. Drucksensoren überwachten das Füllen, um ein Platzen oder zu starkes Absinken zu verhindern. Gesendet wurden die Daten mit 1 bis 4 Bit/s direkt zur Erde. Durch Differenzmessungen wurde die Position der Ballone auf 15 km genau und die Geschwindigkeit auf 1 m/s genau bestimmt.

Der Ballon wurde auf der Nachtseite der Venus ausgesetzt und trieb mit der Venusatmosphäre passiv mit. Nominell wurde in 64 km Höhe die hintere Verkleidung weggezogen. In ihr war das Ballonpaket angebracht. Durch einen Zeitgeber gesteuert trennte sich in 62 km Höhe die Verkleidung vom Ballonpaket. In 57 km Höhe öffnet sich ein eigener Fallschirm, der den Ballon aus seiner Verkleidung herauszieht. Die Ballonfüllung beginnt in 55 km Höhe. In 53 km Höhe wurde das Füllsystem abgetrennt und in 50 km Höhe Ballast abgeworfen. Das Ganze dauert 430 Sekunden. Der Ballon treibt dann in rund 54 km Höhe mit dem Wind. Diese Zone bietet mit einem Druck von 0,5 bis 0,6 Bar und Temperaturen von 40 Grad Celsius erdähnliche Temperatur- und Druckwerte.

Verfolgt wurde der Ballon durch ein Netz von zwölf Bodenstationen außerhalb und sechs innerhalb der Sowjetunion. VLBI-Messungen erlaubten es, den Weg und die Höhe genau zu rekonstruieren. Wenn der Ballon auf der Tagseite der Venus ankam, wurde er durch die Sonneneinstrahlung erhitzt und platzte. Dann war die Mission beendet. Da die Venusatmosphäre mit 360 km/h rotiert, war die Missionsdauer auf maximal 2 Tage beschränkt. Die Batterien erlaubten einen Betrieb über 46 Stunden.

Schon vor dem Start bemerkte die Öffentlichkeit, dass etwas anders war. Der Start der Raumsonden wurde von Russland erstmals angekündigt. Ebenso das Datum des Venusvorbeiflugs und wann sie Halley erreichten. Die Zusammenarbeit mit der ESA erstreckte sich nicht nur auf die Experimente. Vega 1 und 2 hatten auch eine wichtige Rolle als Vorhut für Giotto. Giotto sollte den Kern in einer Distanz von weniger als 1.000 km passieren. Die Bahn von Halley war für diese nahe Passage nicht genau genug bekannt. Vega 1 und 2 würden Halley eine Woche bzw. wenige Tage vor Giotto erreichen. Anhand ihrer Aufnahmen konnte man die Position des Kerns feststellen und letzte Kurskorrekturen an Giottos Bahn vornehmen.

Der **Vega 1 Lander** trat am 11.6.1985 in die Venusatmosphäre ein. In 65 km Höhe wurde der Pilotfallschirm entfaltet, der 11 Sekunden später in 64,5 km Höhe den Hauptfallschirm herauszog. Dabei wurde die obere Verkleidung mit entfernt. Mit dem Abtrennen des hinteren Schildes begann die Mission des Ballons. Vier Sekunden später wurde in 64,2 km Höhe der untere Hitzeschutzschild abgeworfen. Die Kapsel lag frei und begann mit den Messungen. In 47 km Höhe wurde der Fallschirm abgeworfen, um die Abstiegsdauer zu verkürzen.

Alles verlief problemlos, bis in 18 km Höhe eine elektrische Entladung auftrat. Sie löste das Bodenprogramm aus. Die Geräte wurden ausgefahren und bei der eigentlichen Landung beschädigt. Dies war nicht das einzige Mal, das dies vorkam. Elektrische Entladungen und Störungen beobachteten alle vier Pionier-Venus Landesonden und Venera 14 in dieser Region. Die Bodenprobenentnahme fiel damit bei Vega 1 aus, das Gammastrahlenspektrometer arbeitete trotzdem problemlos. Nach einigen Quellen soll aus dem gleichen Grund auch das Massenspektrometer in 18 km Höhe ausgefallen sein.

Vega 1 machte über 62 Minuten während des Abstiegs Messungen. Am Boden überlebte die Sonde weitere 56 Minuten. 20 Minuten lang gab es Daten vom Boden. Die Daten wurden über den Bus, der die Venus in 39.000 km Entfernung passierte, übertragen. Bei Vega 1 fielen Massenspektrometer und Temperatur- / Druckmessungen aus. Beide UV-Spektrometer lieferten die ersten Spektren der Atmosphäre der Venus. Ab 10 km Höhe absorbierte auf dem Fenster abgelagertes Material allerdings das UV-Licht vollkommen. Der Ballon arbeitete 46,5 Stunden bis zum Erschöpfen der Batterien.

Der Abstieg des **Vega 2 Landers** verlief im wesentlichen wie bei Vega 1. Die Landestelle lag 0,1 km unter dem mittleren Venus Radius. Die Temperatur betrug 463 °C bei einem Druck von 91 Bar. Diesmal konnte der Bohrer mit Bodenprobenentnahme eingesetzt werden. Die Bodenprobe entpuppte sich als Anthrosit-Troctlit Gestein. Dies ist sehr selten auf der Erde, aber häufig in den Hochländern des Mondes. Von allen gelandeten Venus Sonden hat Vega 2 das älteste Gestein gefunden. Vega 2 lieferte Daten während 60 Minuten beim Abstieg und 57 Minuten von der Oberfläche. Die bei beiden Sonden fast gleiche Lebensdauer lässt darauf schließen, dass danach die Busse außer Funkreichsweite waren. Ohne TV-Aufnahmen mussten die Lander auch nicht so lange funktionsfähig sein.

Beim Vega 2 Ballon konnte man in den letzten Stunden noch Effekte beobachten, die darauf hindeuteten, dass er auf der Tagseite ankam. Er sank nach 37 Stunden von 53 auf 50 km Höhe, was sich in einem von 0,6 bis 0,9 Bar steigenden Druck bemerkbar machte, stieg dann aber wieder auf das ursprüngliche Niveau. Kurz danach waren die Batterien erschöpft. Der Ballon hatte in weniger als zwei Tagen rund 11.600 km zurückgelegt.

Nach der Passage der Venus korrigierten beide Sonden ihren Kurs, um Halley zu erreichen. Mit geforderten 15 Monaten Betriebszeit war es die bisher längste Mission Russlands. Am 10.2.1986 gab es ein letztes Korrekturmanöver zur Anpassung der Distanz zum vermuteten Treffpunkt. Am 4.3.1986 begann die Beobachtungsphase von Halley durch **Vega 1**, noch 14 Millionen km von Halley entfernt. Bei einer Relativgeschwindigkeit von 77,7 km/s reduzierte sich die Distanz sehr schnell. Die heiße Phase der Begegnung am 6.3.1986 dauerte nur 2,5 Stunden vor bis 0,5 Stunden nach der Annäherung. In dieser Zeit wurden 500 Fotos aufgenommen. Die Beobachtungen durch Vega 1 setzten sich bis zum 8.3.1986 fort.

Vega 1 näherte sich Halley auf 8.889 km und wurde von Staubteilchen eingedeckt, doch alle Instrumente überlebten die Begegnung. Geplant war eine Passage zwischen 6.000 und 10.000 km Entfernung.

Vega 2 sollte sich noch stärker Halley nähern. Vor dem Start hoffte man auf eine minimale Distanz von 3.000 bis 6.000 km. Soweit ging die Missionskontrolle dann nicht. Vega 2 näherte sich bis auf 8.030 km an Halley. Man befürchtete, dass Staub die Kameras vom Ziel ablenken würde. Tatsächlich fiel der Zielsuchprozessor von Vega 2 eine halbe Stunde vor der Passage aus und die Kamera wechselte in einen anderen Modus.

Am 7.3.1986 wurden die ersten 100 Fotos von Halley gemacht. Am 9.3.1986 fand die nächste Begegnung statt, bei der 700 Fotos gemacht wurden. Die nähere Passage führte zur Beschädigung von sieben Experimenten. Die Raumsonde verlor 80 Prozent der Stromversorgung, verglichen mit 40 Prozent bei Vega 1. Der Plasmasensor und eine Antenne wurden abgerissen. Das österreichische Magnetometer verlor einen Sensor. Vega 2 setzte ihre Mission bis zum 11.3.1986 fort. Die wichtigsten Aufnahmen entstanden innerhalb von nur drei Minuten und zeigten den Kern mit einer Auflösung von 50 m. Beide Kameras litten unter Problemen. Die Kameras von Vega 2 hatten mit erhöhtem Rauschen zu kämpfen. Bei Vega 1 war das Bild schärfer, aber überbelichtet.

Dagegen gewann das deutsche PUMA-Instrument erheblich bessere Daten als das ähnliche Instrument PIA auf Giotto, auch weil die Massenvorgabe nicht so restriktiv war und daher ein leistungsfähigeres Instrument auf Vega mitflog. Das Instrument bestimmte die Zusammensetzung des Staubs.

Die Aufnahmen wurden vermessen. Zusammen mit den Daten, wohin die Plattform jeweils ausgerichtet war, wurde die Position des Kerns ermittelt. Mit diesen Daten konnte Giotto am Tag vor dem Vorbeiflug eine letzte Korrektur durchfuhren, die sie bis auf 500 km an den Kern heranführen würde.

Die Bedeutung von Vega liegt nicht nur im wissenschaftlichen Bereich, sondern auch im politischen Bereich. Bei keiner Mission vorher gab es so eine intensive Zusammenarbeit, nicht nur bei gemeinsamen Experimenten, sondern auch zwischen den Raumfahrtagenturen. Das führte dazu, dass am 18.3.1986 Michael Gorbatschow die Wissenschaftler und Manager zu einem Treffen im den Kreml einlud – das hatten Russlands Forscher bisher in fast 30 Jahren der Erforschung mit Raumsonden noch nie geschafft.

Datenblatt 5V (Vega 1 und 2)	
Start:	15.12.1984: Vega 1 mit Proton K / Block D1 (329-81) 21.12.1984: Vega 2 mit Proton K / Block D1 (325-82)
Ankunft:	11.6.1985: Vega 1 landet bei 7,2° Nord, 177,8° West. Vega 1 arbeitet 56 Minuten auf der Venusoberfläche. Bus passiert Venus in 39.000 km Entfernung. 15.6.1985: Vega 2 landet bei 8,5° Süd, 161,1° West. Vega 2 arbeitet 57 Minuten auf der Venusoberfläche. Bus passiert Venus in 30.000 km Entfernung. 6.3.1986: Vega 1 passiert Halley in 8.890 km Entfernung. 9.3.1986: Vega 2 passiert Halley in 8.030 km Entfernung.
Missionsende:	Frühjahr 1986
Mission:	Venuslandung, Halleyvorbeiflug
Gewicht:	4.923 kg, davon 1.645 kg Lander, 760 kg auf der Oberfläche. Bus ohne Treibstoffe: 2.500 kg. Ballon: 115 kg.
Abmessungen:	6,7 m Spannweite, 2,80 m Höhe ohne Landeapparat, Lander: 2,40 m Durchmesser
Instrumente:	**Bus**: 125 kg Instrumente • Television System (TVS, Ungarn, Russland, CNES): zwei Kameras mit 150 und 1200 mm Brennweite. 512 × 512 Pixel CCD, je acht Farbfilter. Gesichtsfeld 211 × 316 Bogenminuten bzw. 26,4 × 39,6 Bogenminuten. Auflösung 24,75 × 33 Bogensekunden und 3,1 × 4,1 Bogensekunden. Gewicht 32 kg. • Dreikanal-Spektrometer (TKS: Russland, CNES): 4 Kanäle, 115-1800 nm. Auflösung 75 × 3 bzw.

	300 × 3 km. Gewicht 14 kg. • Infrarotspektrometer (IRS: CNES, Russland). 1 Grad Gesichtsfeld, 3 Kanäle, 2,5 – 14 µm, 18 kg • Staub-Massenspektrometer (PUMA: Deutschland, CNES, Russland): 10 – 110 u, Δm/m = 200. Erfasst Teilchen > 3 10^{-16} g. Gewicht 19 kg. • Staubteilchenzähler (SP-1 und SP2: Russland). Erfasste Energie und Zahl von Staub, 2 kg. • Neutralgas-Massenspektrometer (NGE: Deutschland, ESA) ionisierendes Massenspektrometer 1-28, Massenauflösung 4% und Flugzeitmassenspektrometer 1-80 u Messbereich, Gewicht 7 kg. • Plasmaenergie Analysator (PLASMA: Russland, Deutschland, Ungarn, Bulgarien) • Partikel Analysator für hochenergetische Teilchen (TUNDE-M: Ungarn) 5kg, 20 keV – 20 MeV • Magnetometer (MISCHA: Österreich, Russland). Gewicht 4 kg. • Wellen- und Plasmaanalysator (APV: CSSR, Russland) 10-1000 Hz, 8-300 KHz, Gewicht 9 kg. • Staubpartikeldetektor (DUCMA: USA, Russland): Zählte Staubteilchen bis 10.000/s. 3 kg. • Schutzschild Penetrationsdetektor (PHOTON: Russland): detektierte schwere Staubteilchen **Lander**: 117 kg Instrumente: (Daten siehe Venera 13 und 14) • Ein UV-Spektrometer bestimmte die Konzentration von Spurenbestandteilen der Atmosphäre, wie Schwefeldioxid oder Fluorwasserstoff. • Ein Hygrometer bestimmte die Konzentration des Spurengases Wasser. • Ein Aerosoldetektor maß die Dichte der Aerosole. • Ein Nephelometer maß die Größe und in Kombination mit einem Spektrometer, die chemische Zusammensetzung von Staub und Aerosolen. • Ein Gaschromatograph bestimmte die chemische Zusammensetzung der Atmosphäre. • Röntgenspektrometer: chemische Zusammensetzung von Staub der Oberfläche. • Ein Massenspektrometer die chemische Zusammensetzung der Atmosphäre • Temperatur und Drucksensoren. (Barometer / Thermometer) • Gammastrahlenspektrometer: chemische Zusammensetzung der Oberfläche. **Ballone** (20 kg / 115 kg (mit Hülle, Gasvorrat etc.), 7,5 kg Instrumente und Avionik): • Oszillator hoher Frequenzstabilität zur Ermittlung der Dopplerverschiebung. • Thermometer • Barometer • Anemometer (Windmesser) • (400-1100 nm Rückstreuungsspektrometer • Nephelometer.
Ergebnisse:	**Venus**: Die beiden Ballons arbeiten 46 und 46,5 Stunden und liefern Daten über die Venusatmosphäre. Der Lander führt eine Bodenanalyse mit dem Gammastrahlenspektrometer durch, die Bodenprobenentnahme scheitert jedoch. 80 Prozent der Aerosole haben einen Brechungsindex von 1,7, 20 Prozent einen von 1,4. Der Wasserdampfgehalt wurde zu 0.1 – 0.2 Prozent bestimmt. Das Deuterium/Wasserstoffverhältnis ursprüngliche Wassermenge 2/3 der irdischen Menge. Bodenbedingungen: 467° C / 95 bar und 463° C / 91 bar **Halley**: Erste Aufnahmen von Halleys Kern, insgesamt 1.500 Aufnahmen. Halleys Kern ist kartoffelförmig und dreht sich alle 52,2 Stunden um seine eigene Achse. Die drei Hauptträgheitsachsen haben eine Länge von 16, 7 und 4,5 km. Die Dichte des Kerns ist gering, er ist weitestgehend undifferenziert. Die Albedo ist sehr gering, dunkle Schicht aus Staub und Gestein an der Oberfläche. Die Zusammensetzung von Staub und Gas entspricht seit 4,6 Mrd. Jahren unveränderter Materie. An einer Stelle in der Koma verschwindet das interplanetare Magnetfeld.

102. Abbildung: Vega Modell

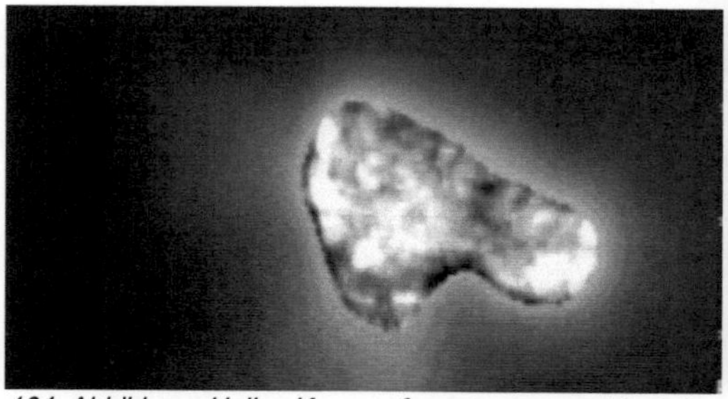

104. Abbildung: Halley Kern, aufgenommen von Vega 2

103. Abbildung: Der Ballon der Vega

1F (Phobos 1 und 2)

1988 war nach 1971 das nächste besonders günstige Startfenster zum Mars. Russland nutzte es für die schweren Raumsonden Phobos 1 und 2. Im Russischen heißen sie „Fobos“, allerdings heißt auch der Mond dort „Fobos“. Im Deutschen ist daher die Übernahme der deutschen Mondbezeichnung Phobos üblich.

Das Ziel war, wie der Name schon sagt, der Marsmond Phobos. Dieser Mond hat einen maximalen Durchmesser von 27 km. Die Schwerkraft ist so gering, dass ein Fußballspieler einen Ball auf Fluchtgeschwindigkeit befördern kann. Das macht es leicht, den Mond zu erkunden. Phobos 1/2 sollten ihn aus der Nähe erkunden und dabei zwei kleine Landesonden absetzen.

Phobos war seit seiner Entdeckung 1877 ein mysteriöser Mond. Er befindet sich extrem nahe am Mars, weniger als 6.000 km über der Oberfläche. Es wurde gemutmaßt, er wäre künstlichen Ursprungs. Nach den Vikingmissionen wusste man: Phobos ist ein eingefangener Asteroid. Doch das verminderte nicht den Reiz des Objektes. In der Marsumlaufbahn ist er leicht erreichbar, viel einfacher als andere Asteroiden. Zudem kann eine Phobossonde auch den Mars selbst untersuchen.

Am 1.8.1983 wurde bei Lawotschkin vorgeschlagen, einen neuen Bus zu bauen. Er sollte für Missionen im Sonnensystem bis zum Jahr 2000 eingesetzt werden. Der Bus 1F fürs äußere Sonnensystem und 1FS für das innere Sonnensystem sollte den Bus ablösen, der die Basis von Mars 2 bis 7 und Venera 9 bis 16 war. Der alte Bus war bewährt, aber schwer. Mars 2 und 3 wogen ein Drittel mehr als Viking bei einer gleich hohen Landermasse. Nur in günstigen Startfenstern war eine Orbiter- und Landermission möglich. Die Architektur bestand aus einer autonomen Antriebseinheit, bestehend aus einer kreisförmigen Instrumenteneinheit, acht kugelförmigen Treibstofftanks und dem Haupttriebwerk in der Mitte. Sie sollte alle Kurskorrekturen und das Einschwenken in die Umlaufbahn durchführen. Danach wird sie abgetrennt.

Diese Architektur erlaubte es, das Gewicht zu reduzieren. Mit der Zahl der Tanks war die Größe des Treibstoffvorrats an die Mission anpassbar. Es gab ein Triebwerk und außen 28 kleinere Lageregelungstriebwerke mit eigenem Treibstoff. Dazu kamen noch Druckgastanks. Diese Antriebseinheit wog 3,6 t, davon 3 t Treibstoff. Zudem konnte die Antriebseinheit, aus der später die Fregatoberstufe hervorging, noch im

Erdorbit gezündet werden und dadurch die Nutzlast erhöhen. Das nutzte man bei Phobos aus: Die Raumsonde ist mit 6.220 kg Startgewicht schwerer als die maximale Nutzlast der Proton für den Mars. Ihr eigene Antriebseinheit beschleunigte sie nach Abtrennung von der Oberstufe auf den Marskurs.

Auf der automatischen Antriebseinheit saß der eigentliche Orbiter. Er basierte auf dem 4V-1 Bus von Venera 9 bis 16. Er hatte unten die Instrumenteneinheit in Form eines Torus, an der die wissenschaftlichen Instrumente angebracht waren. Durch den Kreisring konnte ein weiteres Triebwerk feuern. Der Treibstoff saß im oberen Zylinder. Bei Phobos war aber kein Triebwerk eingebaut. Ganz oben gab es die drehbare Parabolantenne. Andere Sonden hätten dort einen Lander untergebracht. Phobos war für eine Betriebszeit von mindestens 460 Tagen, davon neun Monate beim Mars ausgelegt. Zwei Jahre Betrieb beim Mars sollten möglich sein.

Wie bei Vega, bemühte sich Russland um internationale Zusammenarbeit. Das Projekt wurde 1984 offiziell angekündigt und andere Nationen zur Zusammenarbeit eingeladen. Schon zwei Jahre vor dem Start zeigte Russland Mockups der Sonde. Phobos wurde eine multinationale Mission und trug nicht weniger als 22 Experimente und zwei Landegeräte. Lediglich an sechs Experimenten war Russland alleine beteiligt. Es gab so viele Experimente, dass einige nur auf Phobos 1 installiert waren.

Unter den Experimenten befanden sich einige, die technisch auf dem neuesten Stand waren. Damit konnten russische Raumsonden bisher selten glänzen. Die Experimente LIMA-D und DION sandten einen Laserstrahl bzw. hoch beschleunigte Kryptonionen auf die Oberfläche von Phobos. Das dadurch freigesetzte Oberflächenmaterial sollte vom Massenspektrometer untersucht werden. GRUNT durchleuchtete mit einem Radar den Mond, von dem man annimmt, das er innen Hohlräume aufweist, und sollte eine Reliefkarte erstellen.

Das Kamerasystem Fregat setzte CCD-Sensoren ein und machte neben Bildern auch ein Spektrum. THERMOSCAN konnte erstmals im infraroten Spektralbereich Bilder des Mars aufnehmen. Viele Instrumente untersuchten die Sonne, Magnetfelder, hochenergetische Strahlung und Teilchen. 12 der Experimente lieferten auch auf dem Weg zum Mars Ergebnisse, weshalb Russland die Mission auch nicht als vollständigen Fehlschlag einstufte.

Dazu kamen zwei Landeapparate. Der zusammen mit der CNES gebaute LAL (**L**ong-Term **A**utomated **L**ander) sollte sich mit einem Anker auf Phobos verankern. Er wurde mit drei Solarzellenflächen mit Energie versorgt. Er hatte zwei Kameras an Bord, daneben ein Alphateilchenspektrometer, Seismometer und Oberflächensensoren. Der LAL sollte bis zu einem Jahr auf Phobos arbeiten. Er sandte seine Daten direkt zu einer Bodenstation auf der Erde.

Nur auf Phobos 2 war noch der russische Springer (auch Frosch oder Hopper genannt) an Bord. Der Roboter mit einem Röntgenfluoreszenzspektrometer und Oberflächensensoren sollte mit Federn bis zu zehn Sprünge von maximal 40 m Distanz über die Oberfläche machen. Nach jedem Sprung hätte er mit der Instrumentenplattform eine Untersuchung angestellt. Wie bisherige russische Landesonden hatte der Springer nur Batterien als Stromversorgung. Die Batterien erlaubten eine maximale Betriebsdauer von drei Stunden. Er hätte seine Daten über Phobos 2 zur Bodenstation gesandt.

Nach der Reise von 200 Tagen sollte die Sonde zuerst in einen elliptischen Marsorbit einschwenken, in dem sie 35 Tage lang den Mars erkundet. Dann passte sie in den nächsten zwei Umläufen den Orbit an. Zuerst wird die Periapsis leicht über die Bahn Phobos angehoben, dann der marsfernste Punkt abgesenkt. Die Sonde hat nun eine Bahn, die 320 km außerhalb des Orbits Phobos verläuft. Während der nächsten 30 Tage wird Phobos auf dieser Bahn gegen den Sternenhintergrund fotografiert, um seine Bahn genauer zu bestimmen. Alle sechs Tage passiert Phobos die Sonde und es sind Aufnahmen und Positionsbestimmungen möglich. Der Traktorblock wird nach Erreichen dieser Bahn abgesprengt. Nun machen die kleineren Steuertriebwerke des Orbiters die notwendigen Feinkorrekturen. Erst jetzt können einige Instrumente, die vorher vom Traktorblock abgedeckt wurden, Messungen vornehmen.

Die nächste Bahn hat die gleiche Umlaufzeit wie der Marsmond und einen Abstand von 35 bis 60 km von Phobos. Während zweier Monate nähert sich der Roboter Phobos bis auf 2 km. Eine Zündung führt die Sonde dann auf einen Kurs, der minimal 30 bis 80 m über die Oberfläche führt. Sie passiert den Mond mit einer Geschwindigkeit von 5 – 6 m/s. Sobald sie diese Distanz erreicht hat, hält ein Kontrollsystem den Abstand 20 Minuten lang. Einige Experimente brauchen diese Nähe, wie der Laser LIMA-D, der Teile des Oberflächengesteins verdampft, das von einem Massenspektrometer untersucht wird. Sieben Experimente untersuchen Phobos im Detail. Die

Kameras machen Weitwinkelaufnahmen mit bis zu 6 cm / Teleaufnahmen mit 1 cm Auflösung. Zuletzt werden die beiden Landegeräte abgesetzt. Kaltgasdüsen drücken sie von der Hauptsonde weg, hin zur Oberfläche. Man erwartete 1.000 Bilder. Mindestens 100 Messungen der Zusammensetzung der Oberfläche mit dem Laser und Ionenstrahl waren geplant. Nach dieser nahen Passage geht der Roboter wieder auf 2 km Distanz.

Russische Quellen sprechen nur von einer Annäherung, obwohl die Bahn bei genügend Treibstoffvorräten auch mehrere zulässt. Es gab aber den Plan, wenn Phobos 1 seine Mission vollständig erfüllt hätte, Phobos 2 zu Deimos, dem zweiten, äußeren Marsmond, zu senden. Nach Beendigung der Beobachtung von Phobos würde die Raumsonde in einen Orbit 500 km oberhalb von Phobos manövriert.

Beide Sonden zündeten nach Abkopplung vom Block D2 ihren eigenen Antrieb und brachten mit diesem die noch fehlenden 500 m/s Geschwindigkeit auf. Das reduzierte die Masse, welche die Erde verlässt auf etwa 5.300 kg. Am 16.7.1988 gab es eine Zündung des Traktorblocks bei Phobos 1 zur Korrektur von Ungenauigkeiten beim Start.

Bis zum 2.9.1988 lieferten die Experimente auf Phobos 1, welche die Sonnenaktivität beobachteten, 140 Röntgenaufnahmen der Sonne und weitere Daten. Die meisten dieser Experimente waren nur auf Phobos 1 installiert. Da Phobos 2 den Hüpfer zusätzlich trug, musste man bei Phobos 2 einige Experimente streichen. Als man am 2.9.1988 Phobos 1 in 17 Millionen km Distanz ansprach, antwortete sie nicht mehr. Alle Versuche, sie wieder zu aktivieren, scheiterten. Am 3. November wurde Phobos 1 offiziell aufgegeben. Die Sonde passierte den Mars am 23.1.1989. Die Ursache war eine neue Software, die am 29/30. August zur Sonde überspielt wurde.

Diese enthielt einen Programmfehler, der die Steuerungsdüsen deaktivierte, anstatt das er das Gammastrahlenspektrometer abschaltete. Ein Zeichen war in der Kommandosequenz vergessen worden. Die Sonde geriet ins Taumeln. Ohne die korrekte Ausrichtung wurden die Solarpaneele nicht mehr beschienen. Die Batterie an Bord von Phobos 1 entlud sich. So ging die Sonde verloren. Im Normalfall wurden die Kommandos von Jewpatrovia Sendekomplex geprüft, nachdem sie vom Moskauer Kontrollzentrum übermittelt wurden, doch an diesem Tag war die entsprechende Hardware nicht aktiv. Das kann den Fehler aber nur teilweise erklären. Eigentlich dürfte der Computer einen Befehl, der die Sonde in Bedrängnis bringt, gar nicht ausführen. Das war das eigentliche Problem. Das Programm wurde für Tests vor dem Start genutzt. Man hatte vergessen, es zu löschen.

Ende 1988 fiel auf Phobos 2 das Experiment SOWICOMS aus. Bei DION, eine der beiden Kanonen, mit dem auf Phobos „geschossen" werden sollte, wurde die Abdeckung des Massenspektrometers nicht abgetrennt. Es häufen sich weitere Probleme mit der Antenne und Ausrichtung. Einer der drei Prozessoren des Fluglagekontrollsystems fiel aus. Die NASA berichtete von einer drastischen Reduktion der Datenrate.

Trotzdem schwenkte Phobos 2 problemlos am 29.1.1989 in die erste Umlaufbahn ein. Die Missionsleitung beschleunigte das Forschungsprogramm, da Russland nur noch eine Sonde hatte. Anstatt über einen Monat lang den Mars zu beobachten, korrigierte man schon am 12.2.1989 die Periapsis. Sechs Tage später auch die Apoapsis. Phobos 2 gelangte in eine Umlaufbahn, die etwas außerhalb der Umlaufbahn von Phobos lag. Seit dem 23.2 gab es Aufnahmen des Marsmondes. Diese Phase diente dazu, den Orbit genau zu bestimmen, schließlich sollte Phobos 2 in geringer Entfernung über die Oberfläche fliegen und dabei nicht aufschlagen. Nach weiteren Korrekturen wurde am 25.3.1989 eine Synchronbahn zu Phobos erreicht. Auf der Synchronbahn umkreiste Phobos 2 den Mars mit der gleichen Umlaufszeit wie Phobos, näherte sich dabei 200 km mehr dem Mars und entfernt sich 400 km weiter vom Mars als der Marsmond. Von Phobos aus war dies eine elliptische Bahn der Sonde um den Mond.

Am 27.3.1989 sollten neue Bilder des Mondes gemacht werden. Die Raumsonde hatte sich bis auf 35 km an den Marsmond herangepirscht. Der Vorbeiflug war für den 4/5.4.1989 geplant. Nun galt es, für den LAL und Hüpfer Landeplätze auszumachen. Dazu musste die Missionskontrolle die Sonde drehen, um Bilder anzufertigen. Nach dieser Kommunikationspause empfing die Bodenstation 17 Minuten lang ein schwaches Signal ohne auswertbare Telemetrie. Phobos 2 hatte die Orientierung verloren. Die Antenne zeigte nicht mehr zur Erde. Die Sonde rotierte und die Solarzellenflächen waren nicht auf die Sonne ausgerichtet. Ohne korrekte Ausrichtung kühlte die Sonde aus, wäre spätestens am 13.4.1989 tot. Alle Versuche, Phobos 2 wieder unter Kontrolle zu bringen, scheiterten. Am 15.4.1989 wurde das Scheitern des Unternehmens bekannt gegeben. Die Ursache konnte nicht endgültig geklärt werden. Es wurde vermutet, dass der Computer der Sonde versagt hatte.

Nach dem Verlust der Sonde gab es noch ein Nachspiel. Wie in Sowjetzeiten schoben die Manager die Ursache auf externe Ereignisse, wie den Einschlag eines Mikrometeoriten auf Phobos 2. Die Wissenschaftler sahen dies anders und forderten eine Offenlegung der wahren Ursache, was in dem Geist von Perestroika und Glasnost auch erfolgte. So wurden Details bekannt, die über das unmittelbare Versagen der Sonde hinausgingen. Lawotschkin entwickelte die Sonde weitestgehend nach eigenem Ermessen. Das IKI, das Institut für Weltraumforschung der russischen Akademie der Wissenschaften, bekam es als „kostenlosen" Träger ihrer Experimente, hatte aber keinerlei Einfluss auf die Auslegung.

Es gab Probleme, die man erst im Flug erkennen konnte, wie ein ungünstiger Schwerpunkt, der dazu führte, dass sich die Sonden bei Kameraaufnahmen zur Sonne drehten und viel Lageregelungstreibstoff verbrauchen. Der Treibstoffvorrat für die Lageregelung war daher nicht ausreichend. Die Techniker meinten, dass das Projekt zu ambitioniert war. Ein solches Projekt unter Einsatz neuester Technologien, wie Mikroprozessoren, hätte sechs bis sieben Jahre zur Umsetzung gebraucht. Es standen aber nur dreieinhalb Jahre zur Verfügung. So verließen „Beta-Raumschiffe" ohne erprobte Komponenten die Erde. Insbesondere die Computer waren nicht ausreichend getestet worden. So gab keine Safemode-Programme, die eingreifen, wenn eine bedrohliche Situation auftritt und es fehlte an Redundanzen.

Der Zusammenarbeit Europas mit Russland tat der Verlust der Mission keinen Abbruch: Auch bei der nächsten Mission, Mars 96, (Band 2, S. 32) stellte Europa erneut Experimente, sogar noch mehr als bei Phobos 1 und 2.

Datenblatt 1F (Phobos 1+2)	
Start:	7.7.1988: Phobos 2 mit Proton-K/Block D2 Nr. 356-02 12.7.1988: Phobos 2 mit Proton-K/Block D2 Nr. 356-01
Ankunft:	23.1.1989: Phobos 1 passiert den Mars in 800 km Entfernung. 29.1.1989: Phobos 2 schwenkt in eine Marsumlaufbahn ein.
Umlaufbahnen:	29.1.1989: 867 × 81.347 km × 0,806 Grad, 79,11 Stunden Umlaufsdauer 12.2.1989: 6.407 × 81.200 km × 0,806 Grad, 86,5 Stunden Umlaufsdauer 18.2.1989: 6.148 × 6.390 km × 1,26 Grad, 8,013 Stunden Umlaufsdauer 21.3.1989: 5.693 × 6.277 km × 1.0582 Grad, 7,6597 Stunden Umlaufszeit.
Missionsende:	2.9.1988: Phobos 1 27.3.1989: Phobos 2
Mission:	Marsorbiter / Phobosvorbeiflug und -landung
Gewicht:	Startmasse: 6.220 kg, Trockenmasse: 2.600 kg. Davon 3.600 kg Traktorblock, 3000 kg Treibstoff im Traktorblock Davon LAL: 67 kg, Hüpfer: 43 kg
Abmessungen:	10,0 m Spannweite, 3,50 m Höhe mit, 2,50 m Höhe ohne Traktorblock
Instrumente:	22 Experimente im Gesamtgewicht von 362 kg • LIMA-D / DION: Verdampfen von Gestein mit Laser / hochenergetischen Krypotonionen. Massenspektrometrie der freigesetzten Atome bis zur Atommasse von Nickel. Gewicht LIMA 70 kg / DION: 18 kg. • VSK: Drei Kameras je 580 × 290 Pixel. Zwei Gesichtsfelder 28,2 × 21,4 und einmal 5,2 × 4 Grad. Auflösung 3,4 × 4,1 Bogenminuten und 0,83 × 0,63 Bogenminuten, jeweils belegt mit unterschiedlichen Filtern. Angeschlossenes Spektrometer mit 36 Kanälen. Gewicht 51,7 kg. • KFRM: abbildendes Spektrometer in 6 IR und 10 Kanälen im sichtbaren Bereich. Gewicht 18 kg. • ISM: abbildendes Spektrometer in 128 Kanälen. Gewicht 9,5 kg. • THERMOSKAN: abbildende IR-Kamera: 512 × 3.100 Pixel, 1,8 km Auflösung. 8 -13 µm Wellenlänge. Gewicht 28 kg. • GS-14: Gammastrahlenspektrometer. Gewicht 11,4 kg. • IPNM: Neutronenspektrometer. Gewicht 12 kg. • AUGUST: IR-Spektrometer. Gewicht 17,5 kg. • ASPERA: Plasmaspektrometer. Gewicht 8,7 kg. • SOVIKOMS: Energie-Masse-Spektrometer für den Sonnenwind. Gewicht 8,0 kg. • TAUS: Protonen und Alphateilchen-Spektrometer. Gewicht 8,0 kg. • AEG+F: Detektion niederenergetischer Elektronen und Ionen. Gewicht 3,5 kg. • PLAZMA, GRUNT: Radiosondierung und Radarsondierung Oberfläche von Phobos Gewicht PLASMA 7,7 kg. Gewicht GRUNT 35 kg. • LET, SLET: Spektrometer für niedrig-energetische / hochenergetische Strahlung. Gewicht LET 4,4, Gewicht SLED 0,8 kg • APV-F: Empfänger für Plasmawellen. Gewicht 7,3 kg • FGMM, 5,1 kg, MAGMA: Magnetometer, 4,5 kg • TEREK: Sonnenteleskop/Spektrograph: Gewicht 36 kg. • VGS, LILAS: Gamma-Burst-Spektrometer. Gewicht 2,2 / 3,6 kg. • RF-15: Röntgenstrahlenphotometer: Gewicht 5,3 kg. • SUFR: Extrem-UV Spektrometer. Gewicht 3,6 kg • IPHR: Sonnenfotometer. Gewicht 6,3 kg

Ergebnisse:	140 Aufnahmen der Sonne im Röntgenbereich. 14.000 IR-Spektren vom Mars. 700 IR-Spektren des Phobos. 37 Aufnahmen des Phobos. IR-Kartierung des Mars 15 Grad um den Äquator mit 1,8 km Auflösung Schwaches Magnetfeld (30-38 Gamma) entdeckt. Kein Hinweis auf aktive Vulkane. In 950 km Höhe 100-mal mehr Teilchen als im Sonnenwind. Oberfläche von Phobos: Dichte 1,2 g/cm³, poröse Schicht. Phobos Orbit auf 20 m genau bestimmt.
Kosten:	272 Millionen Rubel, davon Phobos 1+2 + Start: 51 Millionen Rubel, ausländische Experimente 60 Millionen Rubel. Rest Entwicklung, Teststände, Modernisierung Antennenkomplexe = 200 Millionen Pfund.
Bemerkung:	Letzte in der Sowjetunion gebaute und gestartete Raumsonde. Beteiligung von 14 Staaten an den Experimenten.

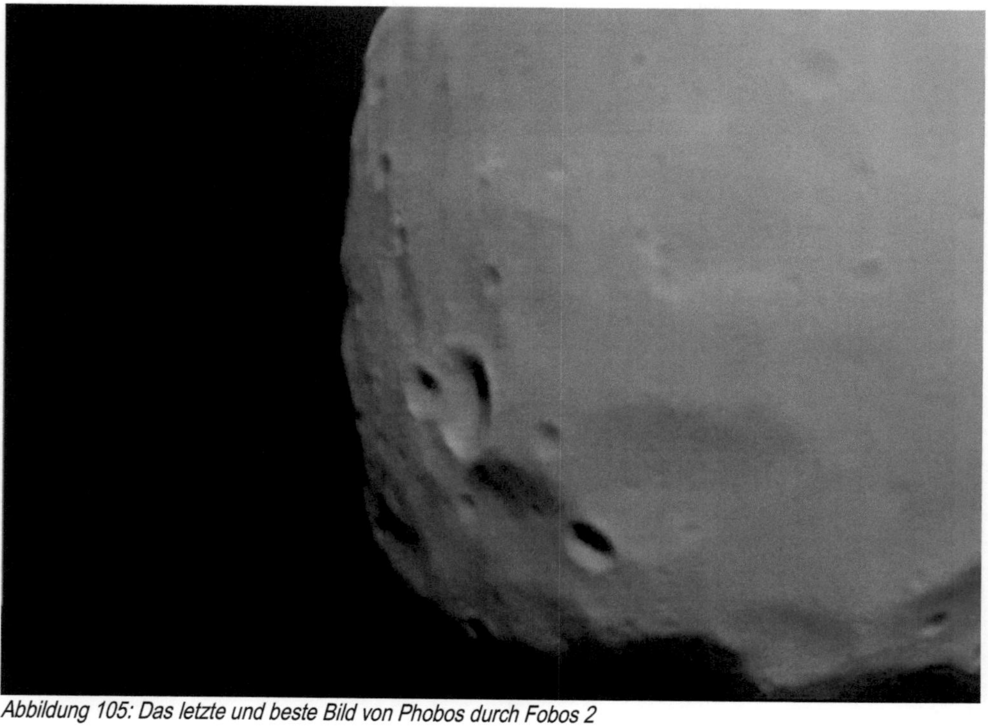

Abbildung 105: Das letzte und beste Bild von Phobos durch Fobos 2

106. Abbildung: Phobos 1 vor dem Start

107. Abbildung: Phobos Raumsondenmodell

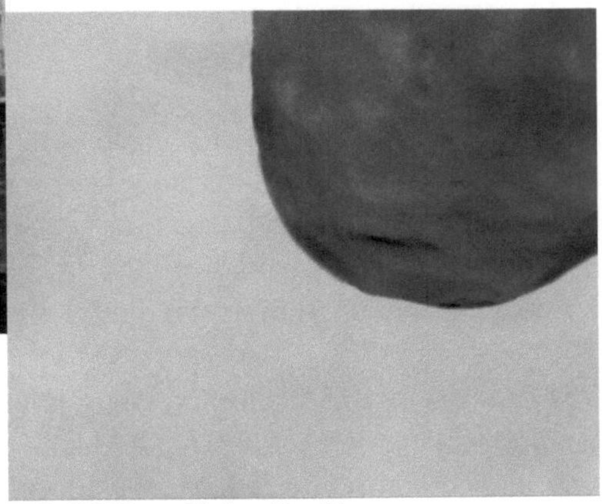

108. Abbildung: Phobos über Mars

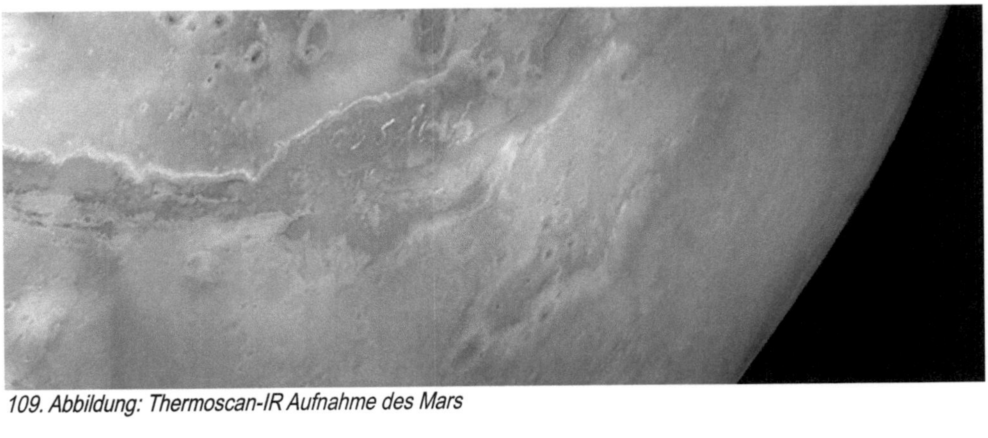

109. Abbildung: Thermoscan-IR Aufnahme des Mars

Europa und Japan

Europa und Japan begannen deutlich nach den beiden Großmächten mit dem Start von Raumsonden, obwohl Japan wie auch die europäischen Länder schon wenige Jahre nach den USA und der UdSSR ihre ersten Satelliten starteten.

Für ein Jahrzehnt war das deutsch-amerikanische Heliosprojekt die einzige europäische Raumsonde. Gemessen an dem Stand, den Deutschland bei der Weltraumforschung hatte – als die Sonde genehmigt wurde, hatte Deutschland noch nicht einmal einen Satelliten gestartet, war Helios ein Riesensprung mit einem anspruchsvollen Ziel – ihre Annäherung an die Sonne wird erst von der Parker Solar Probe um 2020 übertroffen werden.

Mit der Gründung der ESA 1975 gab es in den achtziger Jahren weitere Raumsonden. Die ESA setzte vor allem auf die Zusammenarbeit mit der NASA. Das begrenzte die Kosten und man konnte das gut ausgebaute Deep Space Network der NASA für die Sonden nutzen. Die ersten Schritte kamen spät, doch die europäischen Raumsonden waren ausgereift und übertrafen die Erwartungen bei Weitem.

Das Erstwerk der ESA, die Kometensonde Giotto, war eine bemerkenswerte Sonde. Mit der Annäherung auf 600 km an Halleys Kern ist sie die bis heute riskanteste Mission einer Raumsonde. Diese glückte nicht nur, Giotto konnte einige Jahre später noch einen zweiten Kometen besuchen.

Japan vertritt dagegen einen Autarkiekurs. Das bedeutet, dass Japan die Raumsonden nicht nur selbst entwickelt, sondern auch mit eigenen Raketen startet. Die eingesetzten Feststoffraketen der My-Serie hatten aber nur eine kleine Nutzlast. Die ersten Raumsonden Japans waren daher klein und Technologiedemonstratoren – sie sollten Techniken erproben, die wissenschaftliche Ausrüstung und die Qualität der Forschungsergebnisse standen an zweiter Stelle.

Die große Zeit Asiens und Europa sollte erst kommen – um die Jahrtausendwende starteten JAXA und ESA deutlich mehr Sonden. Die ESA baute auch ein eigenes Bodennetzwerk für die Kommunikation auf. Zudem betraten mit China und Indien zwei weitere Nationen das Feld.

Helios

Helios begann als politische Mission. 1966 gab es eine Vereinbarung zwischen US-Präsident Johnson und Bundeskanzler Erhard. Beide Nationen sollten gemeinsam eine Raumsonde entwickeln. Das sollte die technische Zusammenarbeit zwischen Deutschland und den USA fördern. Das Projekt war aber auch als Transfer gedacht. Weniger von Technologien als vielmehr von Managementstrukturen, die sich in der US-Raumfahrt bewährt hatten. Die Politik hielt sich heraus, was gebaut werden sollte. Dies wurde seitens der wissenschaftlichen Gemeinde abgesprochen. Die Wahl fiel auf eine Sonde zur Erforschung der Sonne und des interplanetaren Raums zwischen Erde und Sonne. Deutschland betrieb schon Forschung in diesem Gebiet, untersuchte die Ionosphäre, Staub, das Zodiakallicht, die Interaktion von Kometen mit der Sonne. Ludwig Biermann hatte 1954 den Sonnenwind postuliert, der 1962 von Mariner 2 (S. 73) nachgewiesen wurde. Auch die ersten Satelliten Deutschlands untersuchten diese Fragestellungen.

Am 10.6.1969 wurde der Vertrag über die Helios-Mission unterzeichnet. Deutschland baute die Sonde und vergab den Auftrag an einen Hauptauftragnehmer: MBB. Die finanzielle Aufteilung betrug 70:30. Deutschland baute sieben Experimente. Die USA stellten die Trägerraketen und unterstützten die Mission mit dem Deep Space Network und bauten drei Experimente. Die geplanten Kosten wurden nur um 15 Prozent überschritten.

Helios wurde nach dem griechischen Sonnengott benannt. Der Name war Programm: Die Sonde sollte den interplanetaren Raum, möglichst nahe der Sonne, untersuchen. Eine Distanz von unter 50 Millionen km zur Sonne war die Zielvorgabe.

Der hohen Sonneneinstrahlung wurde die Konstruktion angepasst. Helios hatte die Form einer riesigen Garnrolle aus einem 16-Eck. Die obere und untere Fläche war um 32,5 Grad zur Rotationsachse geneigt. Damit nahm sie weniger Energie auf. Auf ihr befanden sich die Solarzellen. Der größte Teil der Oberfläche war mit Quarzspiegeln belegt, die 93 % der Sonneneinstrahlung reflektierten. In der Mitte befanden sich die Sendeantennen, die einzigen Bauteile, die dauernd der Sonne ausgesetzt waren. Es gab drei Antennen mit unterschiedlichem Gewinn, aber keine bündelnde Hochgewinnantenne. Die Antennen wurden im Mittel 154 °C heiß, 370 °C war die höchste Temperatur, die auftrat. Zusätzlich rotierte Helios mit 60 U/Min, sodass eine Fläche nur kurzzeitig der Sonneneinstrahlung ausgesetzt war. Die Rotation ermöglichte den Experimenten, den ganzen Raum um Helios zu erkunden. Das Thermalmanagement und die Isolation waren so gut, dass die Elektronik nur eine Temperatur von -10 bis +20 °C aufwies. In Erdnähe wurde die Elektronik aktiv geheizt, weil die meiste Sonneneinstrahlung reflektiert wurde.

Ein Sonnensensor und ein Sternsensor dienten zur Feststellung der Lage. Stickstoff-Druckgas wurde zur Lageregelung genutzt. Die Rotationsachse wurde senkrecht zur direkten Linie zur Sonne und der Ekliptik gehalten.

Die Daten wurden von den 64 m Antennen des DSN empfangen. Auf deutschem Boden wurde eine 30-m-Antenne der Post bei Weilheim genutzt. Sie war nicht nur Empfangsantenne, sondern auch Sendeantenne. Zeitweise wurde als zusätzliche Sendeantenne das 100-m-Radioteleskop vom Effelsberg in der Eifel hinzugenommen.

Helios wurde durch 256 Kommandos gesteuert. In Zeiten, in denen die Sonde hinter der Sonne war, wurden die Daten auf einen Magnetkernspeicher mit einer Kapazität von 500.000 Bit zwischengespeichert.

Die Experimente wurden einfach nur durchnummeriert und hatten die Abkürzung "E" für Experiment. E4, E5 und E7 stammten von den USA. Eigentlich waren es fünf Experimente, denn die USA fassten drei Instrumente zum Experiment 5 zusammen. Die meisten Experimente befanden sich im zentralen Ring. Dazu kamen noch Antennenausleger. Da die Sonde nur eine geringe Datenrate hatte, gab es einen sogenannten „Schockmodus". Wurde ein Ereignis, wie ein Sonnensturm detektiert, so maßen die Instrumente von sich aus mit höherer Frequenz und legten die Daten im Magnetkernspeicher ab, von dem sie später langsam ausgelesen wurden. Das war für die damalige Zeit sehr fortschrittlich.

Die Experimente untersuchten drei Aufgabestellungen:

- Detektion von Elektronen, Protonen, Ionen, hochenergetischer Strahlung.
- Messung interplanetarer Magnetfelder und Radiostrahlung der Sonne.
- Untersuchungen des kosmischen Staubs. (Zodiakallicht, Mikrometeoriten).

Die Sonden wurden für eine Lebensdauer von 18 Monaten (drei Umläufe) ausgelegt. Helios 1 wurde als erste Raumsonde von der Titan 3E gestartet. Zum Erreichen der hohen Geschwindigkeit wurde die Titan mit einer Burner II Oberstufe ausgerüstet. Damit erprobte Helios auch die Konfiguration, mit der Voyager starten sollte. Um eine möglichst sonnennahe Bahn zu erreichen, wurden beide Sonden um den 23.12, dem sonnennächsten Punkt der Erdumlaufbahn gestartet. Beide Bahnen waren leicht gegen die Ekliptik geneigt, um das Zodiakallicht besser untersuchen zu können. Ihre Startgeschwindigkeit wurde erst 1990 von der ESA-Sonde Ulysses übertroffen.

Helios 1 durchlief ihr erstes Perihel am 15.3.1975. Da nur maximale Temperaturen von 20 Grad Celsius auftraten, beschloss man Helios 2 noch etwas näher zur Sonne zu entsenden. Helios 2 startete ein Jahr nach Helios 1. Es sollte mindestens sechs Monate lang überlappende Messungen geben. Helios 2 war etwas schwerer, es wurden einige Defekte bei den Experimenten nachgebessert, was Gewicht addierte.

Die Sonden arbeiteten viel länger als vorgesehen. Helios 2 fiel als Erstes aus, bei ihr traten auch höhere Temperaturen von bis zu 38 Grad in der Elektronik auf. Der letzte Funkkontakt war am 3.3.1980. Ab August 1984 rief man keine Daten mehr von Helios 1 ab, kontaktierte die Sonde aber noch regelmäßig. Am 15.3.1986 schwieg nach elf Jahren auch Helios 1.

Die beiden Sonden waren für Deutschland ein großer Erfolg, schlussendlich hatte man, als man die Sonden baute, noch keinen Satelliten gestartet. Sie waren deutlich komplexer als Sakigake und Suisei, Japans erste Raumsonden. Dabei arbeiteten beide Sonden länger als jede russische Sonde, Helios 1 länger, als jede bis dahin gestartete US-Sonde, mit Ausnahme von Pioneer 6 bis 9. Auch die Betriebsdauer von Helios 2 wurde damals nur von den beiden Viking Landern und Viking Orbiter 1 übertroffen.

Mit der Gründung der ESA 1975 stellte Deutschland den Bau eigener Raumsonden ein. Die im deutschen Museum ausgestellte Sonde ist das dritte Flugexemplar. Es wäre bei einem Fehlstart zum Einsatz gekommen. Zeitweise war ein Start von Helios 3 im Jahr 1980 geplant. Helios 3 hätte den Staubschweif von Komet Encke passiert, sowie die Sonne zum Zeitpunkt maximaler Aktivität untersucht.

Datenblatt Helios	
Start:	10.12.1974 Helios 1 mit Titan 3E Centaur (23E-2/TC-2) 15.1.1976 Helios 2 mit Titan 3E Centaur (23E-5/TC-5)
Ankunft:	15.3.1975 erstes Perihel Helios 1 (147,35 × 46,21 Millionen km, 192 Tage Umlaufdauer) 15.4.1976 erstes Perihel Helios 2 (147,14 × 43,43 Millionen km, 187 Tage Umlaufdauer)
Missionsende:	Helios 1: 11.8.1986 Helios 2: 3.3.1980
Mission:	Untersuchung des interplanetaren Raums zwischen Sonne und Erde
Gewicht:	Helios 1: 370,2 kg Helios 2: 376,5 kg
Abmessungen:	277,8 cm Durchmesser, Höhe: 212,3 cm. Mit Sendeantenne 420,78 cm Maximaler Durchmesser mit Antennen: 17,4 m
Instrumente:	10 Experimente im Gesamtgewicht von 72,2 kg (Helios 1) bzw. 76,5 kg (Helios 2): • E1: Plasmazusammensetzung: Bestimmte Verteilung, Geschwindigkeit, Zusammensetzung, Richtung und Energie von Elektronen von 0,5 bis 1660 eV, Protonen und Alphateilchen 0,155 bis 15,32 keV/Ladung. • E2: Magnetometer für schwache Felder. An einem 2,75 m langen Ausleger, maß viermal pro Sekunde das Magnetfeld, Bereich 100 / 400 nT, Auflösung 0,2/0,6 nT. • E3: Magnetometer für normale Felder: Vier Messbereiche 16 – 432 nT, Auflösung 0,03 – 0,84 nT, 1-16 Messungen/s. Montiert am 2,75 m langen Ausleger. • E4: Magnetometer für sich rasch verändernde Magnetfelder. Messbereich 8,75 – 275 nT in drei Raumachsen. Bis zu 128 Messungen/s. • E5: Plasmawellen und Radiowellenempfänger: Eine 32-m-Antenne und drei Empfänger: für Plasmawallen von 20 Hz bis 200 kHz, (E5A), 3 Empfänger 1 – 205 KHz (E5B) Radiowellenempfänger 26,5 kHz bis 3 MHz mit 16 Bändern und 11,25 Grad Ortsauflösung (E5C). Bei Helios 1 wurde nur die halbe Antenne entfaltet. • E6: Detektor für kosmische Strahlen. 5 Halleiterdetektoren und ein Tscherenkow-Detektor übereinander ergeben 6 Energiekanäle, bestimmen Masse, Energie, Ladung von Elektronen > 0,3 MeV und Protonen > 3 MeV Energie. Gewicht 6,8 kg. • E7: hochenergetische galaktische und solare Strahlen. Drei Detektoren erfassten Teilchen hoher Energie und Röntgenstrahlen. Detektor 1: Elektronen 2-8, Protonen 20-56, Alphateilchen bis 280 MeV Energie. Detektor 2: Protonen und Elektronen 0,12 – 2,1 MeV, Alphateilchen 0,5-21 MeV. Detektor 3:Röntgenstrahlen von 2 – 8 keV Energie. • E8: Detektion energiereicher Elektronen und Protonen. Bestimmte Einfallswinkel und Energie von Elektronen von 80 bis 1.000 keV und Protonen von 20 bis 2.000 keV Energie. • E9: Photometer zur Bestimmung des Zodiakallichts: 3 Photometer, 15,30 und 90 Grad zur Ekliptik orientiert maßen die Helligkeit des Zodiakallichts im UV, blauen und visuellen Bereich. • E10: Mikrometeoritendetektor. Flugzeitmassenspektrometer ermittelte Masse, Energie, Zusammensetzung von Mikrometeoriten von mehr als 10^{-13} g Masse.
Ergebnisse:	Das Zodiakallicht steigt symmetrisch zur Inklination an. Die Staubmenge nimmt im inneren Sonnensystem um den Faktor 15 zu und der Staub ist homogen verteilt. Der Staub hat sowohl kreisförmige wie elliptische/hyperbolische Bahnen. Zahlreiche neue Daten über den Sonnenwind, Sonnenaktivität und das interplanetare Magnetfeld.
Kosten:	700 Millionen DM, 465 Millionen DM BRD, 80 Millionen Dollar USA BRD: 278 Millionen DM Raumsonden, 65 Millionen DM deutsche Experimente, 40 Millionen DM Datenempfang und -auswertung. 50 Millionen DM Versuchs- und Bodenanlagen. USA: 70 Millionen Dollar Startdurchführung, 10 Millionen Dollar Experimente und DSN-Support.

Abbildung 110: Helios 1 vor dem Start

Sakigake und Suisei

Japans erste Raumsonden, Sakigake und Suisei, gehörten zur internationalen Halley-Flotte. Verglichen mit den Zielen, die Vega und Giotto hatten, war der japanische Anspruch bedeutend kleiner. Die Sonden sollten nicht den Kometenkern fotografieren oder Untersuchungen vor Ort machen. Stattdessen sollten sie die Koma aus der Ferne fotografieren und den interplanetaren Raum untersuchen.

Beide Sonden waren relativ einfach aufgebaut und leicht. Sakigake und Suisei waren im Aufbau identisch, jedoch unterschiedlich instrumentiert. Die Sonden erinnerten im Aussehen eher an Kommunikationssatelliten und machten Anleihen von diesem Satellitentyp. Sie bestanden aus einem Zylinder, unten war die Mantelfläche mit Solarzellen belegt, oben befanden sich die Instrumente. Eine 0,8 m große, parabolische Kommunikationsantenne in der Mitte wurde durch einen Motor gegen die Rotationsrichtung gedreht, sodass ihre Ausrichtung räumlich stabil blieb.

Ungewöhnlich war, dass Suisei zwei Rotationsraten hatte: 0,2 und 6,3 U/min. Ein Schwungrad beschleunigte oder bremste die Rotation ab. Dies war nötig, da ein Experiment eine langsame Rotation erforderte. Sakigake rotierte immer mit 6,3 U/Min. Stern- und Sonnensensoren stellten die Lage fest. Triebwerke, die Hydrazin katalytisch zersetzten, änderten die Lage.

Es wurden zwei Sonden gebaut, weil die Trägerrakete My-3 SII zum ersten Mal eingesetzt wurde. Vom Vorgängermodell wurde nur eine Stufe übernommen, die anderen wurden ersetzt, wodurch sich die Nutzlast fast verdreifachte. Da bei einer neuen Rakete das Risiko eines Fehlstarts höher ist, baute man zwei Sonden: Sakigake (übersetzt: Pionier) sollte die Rakete erproben und Suisei (übersetzt Komet) sollte Halley untersuchen.

Entsprechend der Natur als Pionier, hatten die drei Experimente von Sakigake die Aufgabe, das interplanetare Medium zu erforschen. Suisei hatte nur zwei Experimente an Bord. Eine UV-Kamera und ein Experiment zur Messung der Geschwindigkeit und Temperatur des Sonnenwinds. Das UV-Experiment machte die Reduktion der Rotation auf 0,2 U/Min nötig. Es wurde eine ungewöhnliche Technik eingesetzt: Anstatt das Bild direkt auf den CCD abzubilden, wurde das Bild auf eine im UV empfindliche Photokathode geworfen, von dieser verstärkt und in sichtbares Licht umgewandelt und das CCD nahm das Bild der Photokathode auf. Da die Datenrate von Suisei bei Halley nur 64 Bit/s betrug, konnte die Sonde maximal 20 Bilder am Tag machen.

Sakigake (vor dem Start MS-T5) startete schon im Januar 1985 zu Halley. Suisei folgte erst sieben Monate später. Die Pause erlaubte es, den Flug zu analysieren und bei einem Fehlstart nachzubessern. Beide Sonden gelangten direkt auf die interplanetare Bahn. Dies war durch die Verwendung einer reinen Feststoffrakete nicht anders möglich. Sakigake begann einen Monat nach dem Start mit den Messungen des interplanetaren Mediums. Nach zwei Kurskorrekturen passierte er am 13.3.1986 den Halleyschen Kometen in fast 7 Millionen km Entfernung.

Suisei (vor dem Start: Planet-A) begann ab November 1985 mit UV-Aufnahmen von Halley. Dazu wurde die Sonde zuerst auf 0,2 Umdrehungen abbremst, machte sechs UV-Aufnahmen, die in einem 1 MBit großen Magnetblasenspeicher abgelegt wurden. Dann wurde die Rotationsrate wieder auf 6,3 U/Min erhöht. Wenn die Sonde im Empfangsbereich der japanischen Bodenstation Usuda mit einer 64-m-Antenne war, wurde der Speicher in vier Stunden ausgelesen. Danach wurden vier Stunden lang Daten über den Sonnenwind gesammelt und übertragen. Suisei passierte nach zwei Kurskorrekturen am 8.3.1986 Halley in 152.400 km Entfernung. Zwei Staubeinschläge wurden detektiert. Bis Mitte April wurde Halley weiter beobachtet.

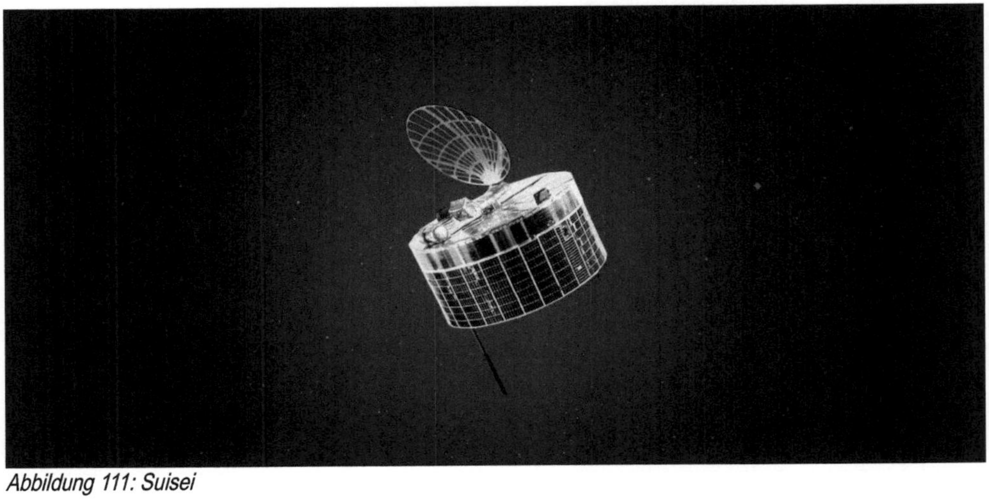

Abbildung 111: Suisei

Es gab Pläne für eine erweiterte Mission. Doch verbrauchten beide Sonden ihren Treibstoff, bevor sie die nötigen Swing-Bys an der Erde durchführen konnten. Sakigake flog dreimal an der Erde vorbei, jedoch war kein Vorbeiflug nahe genug, um die Bahn entscheidend zu verändern. Bei Suisei ging der Treibstoff schon vor dem ersten Erdvorbeiflug aus. Am 22.1.1991 verstummte die Sonde. Geplant war, dass Sakigake Honda-Mrkos-Pajdusakova am 3.2.1996 in 10.000 km Entfernung und Giacobini-Zinner am 29.11.1998 in 14 Millionen km Entfernung passiert. Suisei sollte Giacobini-Zinner am 24.11.1998 passieren. Von Sakigake gab es bis zum 15.11.1995 noch auswertbare Telemetrie, bis 17.1.1999 konnte man das Signal noch empfangen.

Datenblatt Sakigake und Suisei	
Start:	7.1.1985: Sakigake mit My-SII Nr.1 18.8.1985: Suisei mit My-SII Nr.2
Ankunft:	8.3.1985: Passsage von Halley durch Suisei in 152.400 km Entfernung 13.3.1985: Passsage von Halley durch Sakigake in 6.990.000 km Entfernung 8.1.1992: Erdvorbeiflug von Sakigake in 88.977 km Entfernung 20.8.1992: Erdvorbeiflug von Suisei in 900.000 km Entfernung (geplant) 14.6.1993: Erdvorbeiflug von Sakigake in 254.840 km Entfernung 28.10.1994 Erdvorbeiflug von Sakigake in 547.900 km Entfernung
Missionsende:	22.1.1991: Suisei 17.1.1999: Sakigake
Mission:	Erforschung des interplanetaren Mediums (Sakigake), Kometenobservation (Suisei)
Gewicht:	Sakigake: 138,1 kg Startmasse, 128,1 kg Trockenmasse Suisei: 139,5 kg Startmasse, 129,5 kg Trockenmasse
Abmessungen:	Zylinder: 140 cm Durchmesser, 70 cm Höhe. Gesamthöhe mit Antenne 251 cm
Instrumente:	**Sakigake**: drei Experimente im Gesamtgewicht von 15,1 kg: • Plasmaexperiment: Bestimmte die dreidimensionale Verteilung des Sonnenwinds. 30 Grad um die Ekliptik. Räumliche Auflösung 1,47 × 5,5 Grad. Ionen und Elektronen mit Energien von 0.03 – 15.8 keV. Gewicht 4,7 kg. • Plasmawellenexperiment: Empfing Radiowellen von bewegtem Plasma mit einer 10-m-Dipolantenne zwischen 70 Hz und 196 kHz. 128 Kanäle je 2 KHz Breite. .Empfindlichkeit 0,1 µV für das elektrische Feld, 5 pT für das Magnetfeld. • Magnetometer: Bestimmung des interplanetaren Magnetfelds und seiner Veränderung. Messbereich 64 und 128 nT. Fehler: 0,03 bis 1 nT. Gewicht 5,4 kg. **Suisei**: zwei Experimente im Gesamtgewicht von 9,5 kg: • UV-Kamera: Aufnahmen in der Lyman-Alpha-Wellenlänge bei 121,6 nm auf einen 122 × 153 Pixel großen CCD-Chip. Blickfeld 2,5 × 2,5 Grad. Gewicht 7,5 kg. • Sonnenwindexperiment: Bestimmte die Geschwindigkeit und Plasmatemperatur des Sonnenwinds. Spannungen zwilchen 1,5 und 40 V. Räumliche Auflösung 1,4 Grad. Gewicht 2 kg.
Ergebnisse:	Bestimmung der Rotationsperiode der Koma. Messung der Veränderung der Wasserabgabe durch die Koma.
Bemerkung:	Die Sonden hatten primär technologische Funktionen.

Giotto

Europas erste Raumsonde Giotto sollte den Halleyschen Kometen in weniger als 1.000 km Abstand passieren. Das war für den Erstling eine anspruchsvolle Mission. Zum einen passierte Giotto den Kometen mit einer Relativgeschwindigkeit von 78 km/s – Mars wird mit maximal 6 km/s, die Venus mit 11 km/s passiert. Der Kern ist klein. Daher gibt es nur wenig Zeit für Beobachtungen und Halley bewegt sich schnell aus dem Blickfeld von Instrumenten.

Vor allem aber stößt 1P/Halley 18 t Staub und Gase pro Sekunde aus. Ein Staubkorn hat bei einer Relativgeschwindigkeit von fast 80 km/s die gleiche kinetische Energie wie ein Gewehrprojektil. Die Sonde muss vor ihnen geschützt werden. Bis heute ist die Leistung einzigartig. Zwar passierten seitdem weitere Sonden Kometen in naher Distanz. Doch dabei handelte es sich um Kometen, die schon viele Umläufe hinter sich haben und kaum aktiv sind. Vor allem umrunden sie – anders als Halley – die Sonne (wie die Planeten) im Uhrzeigersinn. Die Relativgeschwindigkeit und entsprechend die Energie von Staub sinken dann auf einen Bruchteil ab.

Um Giotto zu schützen, erhielt die Sonde am Boden einen „Whipple Schild". Der von dem gleichnamigen Planetenforscher vorgeschlagene Schild besteht aus mehreren dünnen Platten, die mit einem Zwischenraum zwischen den Platten an der Unterseite von Giotto montiert sind. Sie nutzen die Tatsache aus, dass der Staub eine hohe Energie, aber nur geringe Festigkeit hat. Ein Staubkorn kann die erste Platte durchschlagen, wird dabei aber zusammengedrückt und zerfällt bei Druckentlastung im Zwischenraum. Kleine Bruchstücke konnte eine zweite Platte aufhalten. Größere konnten die zweite Platte noch durchschlagen, zerplatzten dann aber in noch kleinere Teile, die ungefährlich sind.

Bei Giotto variierte man das Prinzip und nutzte nur eine Platte, dafür war die Unterseite von mehrfachen Lagen aus dickem Gewebe überzogen, in der die Bruchstücke stecken bleiben sollten. Der Schild wurde im Labor getestet und konnte Teilchen von 1 Gramm Masse aufhalten. Er wurde auch als Experiment genutzt, indem man die durch die Aufschläge induzierten Erschütterungen mit dem Experiment DID maß. Allerdings übertrug er die Energie auf die Sonde und ein Teilchen von 1 g Masse hat so viel Energie, dass es die Rotationsachse soweit verschieben kann, das die Hauptantenne nicht mehr zur Erde zeigt. Ein kalkulierbares Restrisiko war, dass einige

Instrumente, die freie Sicht benötigten, über den Schild ragten, damit sie den Kern beobachten konnten.

Basis für Giotto war der geostationäre ESA-Forschungssatellit Geos. Zuerst plante man, ein noch vorhandenes Modell umzubauen. Doch gab es so viele Änderungen, das Geos nur die Vorlage war. Giotto wurde weitestgehend neu entwickelt.

Wie Geos rotierte Giotto mit 15 U/Min um die eigene Achse. Die trommelförmige Sonde flog mit der Unterseite, wo sich der Schild befand, zu Halley. Die Hauptantenne war fest in einem Winkel von 44,3 Grad zur Rotationsachse eingebaut, so zeigte sie beim geplanten Vorbeiflugzeitpunkt zur Erde. Der stand schon vor dem Start fest: Halleys Bahn ist um 18 Grad zur Ekliptik geneigt. Aus kinetischen Gründen musste Giotto in der Ebene der Ekliptik bleiben. Daher konnte sie Halley nur an dem Punkt der Bahn passieren, bei dem Halley die Ebene der Ekliptik durchstößt. So begegneten alle vier Sonden Halley zwischen dem 6 und 13. März 1986.

Die Oberfläche war oben mit Solarzellen bedeckt, unten befanden sich in einem Kreisring die Experimente. Oben befand sich die Hochgewinnantenne. Da die ESA noch kein eigenes Netzwerk für Planetenmissionen hatte, war die primäre Empfangsstation die deutsche 30 m Antenne der Post in Weilheim, die schon Helios unterstützt hatte. Unten in der Mitte von Giotto befand sich der Feststoffantrieb.

Giotto wurde so ausgelegt, dass sie eine Beschädigung überleben konnte. So gab es ein System, das eine Nutation (Pendeln der Rotationsachse durch einen Einschlag) erkannte und dämpfte. Sie hatte viel mehr Treibstoff an Bord als erforderlich, was Proteste bei den Wissenschaftlern auslöste, die lieber mehr Instrumente als Hydrazin unterbringen wollten. Der Projektverantwortliche wollte aber die Möglichkeit offen halten, Giotto nach der Begegnung mit Halley zu einem weiteren Ziel umzulenken.

Das Kameraexperiment war nicht nur das öffentlichkeitswirksamste, sondern auch das umstrittenste. Es wurde vorgebracht, dass man aufgrund der schnellen Begegung nur wenige Bilder bekommen würde. Da die Sonde rotierte, wäre es sehr aufwendig, scharfe Bilder zu gewinnen. Die Halley Multicolor Camera HMC löste aber das Problem und war ein ingenieurtechnisches Meisterstück. Die Kamera bestand aus zwei CCD, der dritte Einsatz dieser Technologie auf einer Raumsonde, noch vor dem ersten Einsatz durch die USA. Es waren Frametransfer-CCD. Das bedeutet, eine Hälfte des Chips war abgedeckt und diente als Speicher. Dabei wird das Bild vom belichteten Teil schnell in den unbelichteten kopiert. Drei Mikroprozessoren mit einer 50 KByte großen Software übertrugen nur die Zeilen, die belichtet waren. Um festzustellen, wo sich der Kern befindet, gab es noch ein Zeilen-CCD, das parallel zum Aufnahme-CCD angeordnet war. Es war schneller auslesbar und liefert die Information, welche Zeilen des CCD ausgelesen werden mussten. Der Mikroprozessor wählte die 10.000 Bildpunkte aus, die pro Rotation maximal übertragbar waren und ob ein Summationsmodus eingesetzt werden musste. Die Kamera hatte einen Suchmodus und konnte im Bild den Kern finden und bei Annäherung dann synchron zur erwarteten Position den CCD auslesen. Als zusätzliches Feature speichert die Kamera alle 1,3 s ein „Best of Bild". Es wird so lange durch ein neues Bild ersetzt, bis die Software ein Verschmieren der Aufnahme wahrnahm.

Zum Schutz der Kamera schaute diese nicht direkt auf Halley, sondern über ein Periskop – ein Spiegelsystem lenkte das Licht auf die CCD um. Die HMC bewährte sich. Die Software übertrug die Zone um die hellsten Pixel, das war aber ein Staubjet. So zeigten die letzten Bilder nicht mehr den eigentlichen Kern, sondern den Staubjet.

Andere Experimente analysierten die chemische Zusammensetzung von Molekülen oder vom Sonnenwind erzeugten Ionen mit einem Massenspektrometer, untersuchten die Masse, Zusammensetzung Geschwindigkeit und Richtung von Staub, beobachteten die Interaktion von Halley mit dem Sonnenwind.

Giotto, so benannt nach einem italienischen Maler, der 1301 der die erste bekannte bildliche Darstellung von Halley malte, sollte als gemeinsame europäisch-amerikanische Raumsonde entstehen. Das schied bald aus, da Ende der Siebziger Jahre die USA ihre eigene Kometensonde planten. Später gab es noch Gespräche mit der NASA, die Instrumente gemeinsam zu entwickeln. Die ESA war interessiert an der Nutzung des Deep Space Networks und dem Start mit einer Delta, da Giotto für eine Ariane zu leicht war. Doch für die Unterstützung durch das DSN verlangten die USA 10 Millionen Dollar Aufwandsentschädigung und Experimente wollten sie nicht im Austausch gegen einen Start stellen. Man traute der jungen ESA eine so anspruchsvolle Mission schlicht und einfach nicht zu.

Giotto startete daher mit einer Ariane 1 zu Halley. Dies war der erste Einsatz einer europäischen Rakete bei einer europäischen Planetenmission. Ursprünglich war der

Einsatz auf einer Ariane 3 geplant, da Giotto so leicht war, dass ein Doppelstart möglich war. Wegen des festen Startfensters entschloss sich die ESA aber dazu, eine Ariane 1 einzusetzen, deren Fertigung auslief. Man änderte das Flugprogramm der Ariane nicht ab und setzte die Sonde in einem Standard-GTO aus. Dort zündete sie den integrierten Mage-Feststoffmotor, der sie auf Kurs zu Halley brachte.

Während es mit den USA anfangs keine Zusammenarbeit gab, arbeitete die ESA mit Russland zusammen. Vega sollten Halley vier bzw. sieben Tage vor Giotto passieren und fotografieren. So erarbeitete man das Pathfinder-Konzept. Die Position des Kerns war Anfang März durch Teleskopbeobachtungen auf 100 × 370 km genau bekannt. Vega fotografierten den Kern aus rund 9.000 km Distanz, da war diese Positionsungenauigkeit tolerierbar. Für Giotto war sie untragbar. Durch Kombination der Aufnahmen von Vega und Vermessung des Funksignals von Vega konnte man die Unsicherheit der Position auf 80 km reduzieren. Erst damit war der Weg für eine nahe Passage frei. Ohne Pathfinder hätte Giotto den Kern in größerem Abstand passiert – aber wahrscheinlich keine Beschädigungen erhalten.

Nach Erhalt der Daten von Vega fand eine Konferenz statt, in der die Wissenschaftler die Passagedistanz festlegte. Man einigte sich auf eine Distanz von 540 km. 500 km sollten nicht unterschritten werden, 40 km waren als Puffer, für die Unsicherheit der Kenntnis der genauen Position von Giotto und Halley, vorgesehen. Am 12.3.1986 reduzierte Giotto die Vorbeiflugdistanz von 1.000 auf geplante 540 km (reale Distanz: 597 km). Am selben Tag gab es in 7,8 Millionen km Entfernung das erste Indiz auf Halley: Atomarer Wasserstoff aus der Koma wurde vom JPA detektiert.

In der Nacht von 13 auf den 14.3.1986 begann die heiße Phase. Ohne eigene Mission leistete nun doch die NASA Schützenhilfe und schaltete ihre DSN-Antennen zum Antennenverbund der ESA hinzu – ohne finanziellen Ausgleich. Vier Stunden vor der Passage wurde in 1,084 Millionen km der Bugschock, die Grenze zum interplanetaren Raum, passiert. Ab jetzt war Giotto in einer Region, die von Halley dominiert wurde. Die Kamera wurde aktiviert und suchte nach dem Kern. Die ersten Bilder der Koma gab es drei Stunden vor der Passage in 750.000 km Entfernung. Erst in 124.000 km Entfernung war der Kern auf den Bildern erkennbar. Im ESOC, der Zentrale für die Überwachung Giottos, waren 2.500 Besucher. Es begann ein Medienrummel, der die ESA vollkommen überraschte. 56 Fernsehteams aus 37 Ländern waren vor Ort. Das ZDF machte eine Sondersendung „Die große Nacht des Kometen“ und übertrug die Bilder live. Die NASA hatte das zuletzt 1965 bei Ranger 9 gewagt. Allerdings zeigte das ZDF nicht die echten Bilder, sondern Falschfarben-Vorschaubilder. Bis heute sind einige Zuschauer der Meinung, Halleys Kern ist in Popart-Farben eingefärbt.

Die letzten Kommandos zu Giotto gab es drei Stunden vor der Begegnung. Danach gab es nur noch Instruktionen für die Experimente. Die letzten Anweisungen ergingen um 23:51, 14 Minuten vor der Begegnung, um die Kamera neu zu orientieren. Um 23:01, 62 Minuten vor der Passage, schlug das Erste von 230 größeren (und 12.000 kleineren) Staubteilchen auf Giotto ein.

Erst 5 Minuten vor dem Vorbeiflug schaltete die HMC in 20.100 km Entfernung auf den Nahbereich um. Sie hatte bis dahin schon 1.372 Aufnahmen gemacht. 70 weitere vom Kern folgten, die Letzte aus 1.372 km Entfernung. Danach fiel die HMC durch eine Entladung aus. Durch die Fokussierung auf das hellste Objekt im Blickfeld (einen Staubjet) stammt das beste Bild des Kerns aus 10.000 km Entfernung. Der Kern selbst war extrem dunkel. Das war überraschend.

Um 00:00:05 meldete der Staubdetektor die ersten Einschläge auf dem hinteren Schild, das bedeutete, dass der vordere Schild schon perforiert war. Giotto war nun 14.000 km vom Kern entfernt. Die Massenspektrometer maßen jetzt Bestandteile, die nicht durch den Sonnenwind verfälscht waren, wie Wasser. In größerer Entfernung konnten sie nur OH* Radikale und Wasserstoffmoleküle nachweisen. Das Magnetfeld ging auf Null zurück und die Temperatur sank von 2.000 auf -100 °C: Giotto war in der Cavity, dem innersten Bereich, der nicht von der Sonne beeinflusst wurde.

Um 00:02:47, etwa 15 Sekunden vor der geringsten Distanz, begann die Raumsonde leicht zu torkeln. Nur 7,6 Sekunden vor der Passage durchschlug ein Teilchen den Schutzschild und brachte die Sonde ins Taumeln: Die Rotationsachse verschob sich um 0,9 Grad, die Rotationsgeschwindigkeit stieg von 15 auf 16 U/Min. Die Daten kamen so mal bei der Erde an, wenn die Antenne zur Erde zeigte, mal nicht. 22 Sekunden lang wusste man nichts von der Sonde, danach gab es kurze Bruchstücke von Datenpaketen. Das automatische Nutationsdämpfungssystem wurde aktiv. Um 00:43 GMT, 42 Minuten nach dem Vorbeiflug war die Nutation abgebaut worden und der Datenempfang wieder möglich. Dann war Giotto aber schon wieder 130.000 km vom Kern entfernt.

Doch Staubjets von Halley hatten während dieser unkontrollierten Phase etwa die Hälfte der Instrumente schwer und andere Instrumente leicht beschädigt. Große Staubteilchen haben Material von der Raumsonde abgeschlagen, darunter den Tubus der Kamera, was zu einem Ungleichgewicht in der Massenverteilung der Raumsonde führte. Giotto hatte 0,6 kg an Masse verloren. Eine elektrische Entladung 9 Sekunden vor der nächsten Annäherung beschädigte oder zerstörte alle Hochspannungsexperimente. Das Kontrollsystem für den Antennenmotor wurde ebenfalls beeinträchtigt mit der Folge, dass eine falsche Drehrate an den Motor übermittelt wurde, sich die Antenne von der Erde wegdrehte und das Trägersignal verloren ging.

Die Kamera war defekt, ebenso RPA, IMS und NMS. Von JPL und DID war je einer der beiden Sensoren ausgefallen. Die anderen Instrumente lieferten Daten, bis die Sonde wieder die Koma verlassen hatte. Insgesamt wurde die Sonde von lediglich 2 g Staub getroffen. Trotzdem reichten diese 2 g aus, um die Sonde um 23 cm/s abzubremsen, obwohl die Sonde 300.000-mal schwerer war.

Bis um 2:40 am 14.3.1986 wurde der wissenschaftliche Betrieb, soweit möglich fortgeführt. Danach analysierte man die Lage. Vier Experimente waren komplett ausgefallen, darunter die Kamera. Vier weitere waren teilweise beschädigt. Lediglich zwei hatten keine Beschädigungen. Trotz der Beschädigungen entschloss sich das ESOC für eine Kurskorrektur, die eine erweiterte Mission ermöglichte. Bisher hatte Giotto eine Umlaufbahn mit einer Periode von 301,28 Tagen. Mit drei Kurskorrekturen wurde daraus eine Bahn mit 304,8 Tagen Umlaufszeit. Diese Bahn wird in fünf Jahren genau sechsmal durchlaufen und führt so genau fünf Jahre nach dem Start zur Erde zurück. Am 2.4.1986 wurde Giotto in einen Schlafmodus versetzt, in dem nur der Kommandoempfänger aktiv war. Ob Giotto reaktiviert werden konnte, wusste man nicht, den dafür war Giotto nicht ausgelegt.

In den nächsten vier Jahren suchten die Wissenschaftler nach Zielen, die Giotto noch erreichen konnte, schließlich wurde mit der Bahnkorrektur $^{2}/_{3}$ des Treibstoffs an Bord verbraucht. Zudem mussten von der ESA die Mittel für eine weitere Mission freigegeben werden, es war ja klar, dass die Sonde schwer beschädigt war. Würde sie überhaupt noch etwas messen können?

Als Ziel, das war recht bald klar, kam nur der Komet 26P/Grigg-Skjellerup infrage. Er gehört zur Gruppe der von Jupiter eingefangenen Kometen. Diese haben ein Aphel in

Jupiterentfernung und typisch 5 bis 6 Jahre Umlaufszeit. Alle seitdem durch Raumsonden besuchten Kometen gehören zu dieser Gruppe. Grigg-Skjellerup ist als typischer Vertreter der Gruppe kaum aktiv und die Begegnung fand mit einer viel kleineren Relativgeschwindigkeit von 14 km/s statt.

Es dauerte einige Tage, den Kontakt wiederherzustellen. Danach wurden die Systeme nach und nach hochgefahren und die Lage stabilisiert. Es folgten weitere Bahnkorrekturen. Um Grigg-Skjellerup zu erreichen, musste Giotto die Erde in 22.730 km Entfernung passieren. Das tat sie am 2.7.1990. Nach einer letzten Korrektur der Bahn wurde Giotto erneut in den Schlafmodus versetzt, bis die Begegnung mit Grigg-Skjellerup stattfand. In der Zwischenzeit erarbeitete die Missionskontrolle einen Arbeitsplan für die Experimente und Stromsparpläne. Durch den Vorbeiflug in höherer Sonnenentfernung hätte man sonst kein Experiment mehr aktivieren können.

Am 12.7.1992 passierte Giotto Grigg-Skjellerup. Der Komet entpuppte sich als 200-mal weniger aktiv als Halley. In 440.000 km Entfernung (Halley: 7,8 Millionen km) gab es erste Ionen vom Kometen. Die Schockwelle zum Sonnenwind lag in 19.900 km Entfernung (Halley: 47.000 km). Die Koma wurde in 17.000 km Entfernung detektiert. Wider Erwarten lieferten die meisten Instrumente brauchbare Daten. Dreimal wurde die Sonde von Staub getroffen, geriet erneut ins Torkeln, diesmal aber nur leicht. Nach einer weiteren Kurskorrektur wurde Giotto erneut deaktiviert. Die Kurskorrektur sorgte dafür, das Giotto am 1.7.1999 erneut die Erde passierte. Die ESA verzichtete aber darauf, sie nochmals zu aktivieren.

Giotto war eine extrem anspruchsvolle Mission, die sich die USA bis heute nicht zutrauen und trotzdem ein voller Erfolg. Damit rückten auch deutsche Forschungsinstitute in die erste Garde vor: Staubdetektoren und Massenspektrometer deutscher Institute fliegen seitdem auf US-Raumsonden wie Galileo, Cassini, Stardust, CONTOUR und anderen mit.

Die geringe Vorbeiflugdistanz an Halley, die schließlich zur Beschädigung von Giotto führte, wurde niemals in Frage gestellt, obwohl Giotto, wenn sie den Kern in 1.200 km anstatt 600 km Distanz passiert hätte, von dem Teilchen wahrscheinlich nicht getroffen worden wäre, nach der Passage noch Daten geliefert hätte und mit allen Instrumenten Grigg-Skjellerup hätte untersuchen können.

Datenblatt Giotto	
Start:	2.7.1985: Start mit der Ariane 1 V14
Ankunft:	14.3.1986 Passage von Halley in 596 km Entfernung. 2.7.1990: Vorbeiflug an der Erde in 22.730 km Entfernung. 12.7.1992: Passage von Grigg-Skjellerup in 200 km Entfernung. 1.7.1999: Vorbeiflug an der Erde in 219.000 km Entfernung.
Missionsende:	23.7.1992
Mission:	Kometenvorbeiflug
Gewicht:	960 kg beim Start, 515 kg ohne Treibstoff
Abmessungen:	1,85 m Durchmesser, 1,10 m Zylinderhöhe, 2,85 m Gesamthöhe
Instrumente:	10 Experimente im Gesamtgewicht von 59 kg • HMC: Kamera mit zwei CCD je 290 × 390 nutzbare Pixel, 1000 mm Brennweite F/6.7. Blickfeld 4,9 × 3,7 Grad, Auflösung 22 m aus 1.000 km Entfernung. Gewicht 13,5 kg. • NMS: Massenspektrometer für neutrale Teilchen (Moleküle). Atommasse 1 bis 36. Massenauflösung 0,15 u. Ein Spektrum alle 0,9 s. Ortsauflösung 200 km. Gewicht 12,7 kg. • IMS: Massenspektrometer für (schwere) Ionen: Atommasse 12 bis 65, ein Spektrum alle 4 s. Räumliche Auflösung 5 × 22,5 Grad. Gewicht 9,0 kg. • PIA: Staubmassenspektrometer: Bestimmt chemische Zusammensetzung von Staub bis zur Atommasse von Platin. Atommasse 1 bis 110, Auflösung 50 bis 200. Maß Teilchen > $3x10^{-16}$ g. Ein Spektrum alle 0,25 s. Gewicht: 9,9 kg. • DID: Staubdetektor: Bestimmt die Masse und Geschwindigkeit von Staub. Verschiedene Dertektren am Whipple Schild maßen Zahl und Masse der Teilchen von $1x10^{-17}$-$1x10^{-3}$ g mit 20 % Genauigkeit. Gewicht 2,26 g. • JPA: Bestimmt die Energie / Masse von Ionen des Kometenschweifs. Elektronen 10 eV – 20 keV, Ionen 100 eV – 70 keV. Bis 1 Million Teilchen/s, 5 Grad Ortsauflösung, Gewicht 4,7 kg. • RPA: Plasmaanalysator für Elektronen und Ionen im Sonnenwind und der Koma. Bestimmt die Richtung und Energie von Teilchen niedriger Energie. • EPA: Richtung und Geschwindigkeit in 3D von Protonen (15 keV – 20 MeV) und Elektronen (15 – 140 keV), sowie von Alphateilchen (140 keV – 12.5 MeV). Gesichtsfeld 30 × 45 Grad, Zeitaufkösung 0,5 s. Gewicht 2,0 kg. • MAG: Magnetometer. Messbereich 0,004 bis 65536 nT. Dynamische Umschaltung in Zweierpotenzen. 28,4 Messung/s. Gewicht 2,4 kg. • OPA: Messung optischet Eigenschaften. Blickfeld 3 Grad, 8 Spektralfilter. Gewicht 1,32 kg. • GRE: Nutzung der Sender der Sonde als Instrument. Die Experimente HMC, NMS, MAG und PIA stammten von deutschen Instituten. Bei Grigg-Skjellerup waren OPA, MAG und EPA unbeschädigt, IMS, PIA, DID, JPA, RPA teilweise beschädigt, HMC und NMS ausgefallen.
Ergebnisse:	Alleine im ersten Jahr 370 Fachartikel. Halleys Kern ist 8 × 8 × 15 km groß und reflektiert nur 2-4 % des Lichts. 80 % aus Wasser, 10 % Kohlenmonoxid, 2 % Methan, 2 % Formaldehyd, 1.5 % Kohlendioxid und 1 % Stickstoff. Spurengase waren Schwefelwasserstoff, Methanol und Blausäure. Der Gehalt an Ammoniak und Methan war geringer als erwartet. 18 t Materie werden pro Sekunde abgegeben. 230 Staubteilchen wurden detektiert. 600 g Masse von der Sonde abgeschlagen. Grigg-Skjellerups Kern ist rund 3 km groß. Er emittiert nur 90 kg Materie pro Sekunde, mehr Staub als Gas. Drei Einschläge auf Giotto. 39 mg Massenzunahme.
Kosten:	243 Millionen €, davon 114,9 Millionen € Raumsonde, 69,4 Millionen € Experimente, 13,4 Millionen € erweiterte Mission.

Abbildung 112: Giotto bei den Startvorbereitungen

Abbildung 113: Aufnahme von Halleys Kern

Hiten / Hagoromo

Hiten mit dem Tochtersatelliten Hagoromo war eine technologische Sonde. Sie sollte zum einen das Swing-by am Mond erproben, das Japan später bei Nozomi (Band 2, S. 73) nutzte. Dabei sollte der Hagoromo-Orbiter in eine Mondumlaufbahn abgesetzt werden. Daneben erprobte Hiten einen fehlertoleranten Computer, optische Navigation bei einer rotationsstabilisierten Sonde und die Technik des Aerobrakings. Für die optische Navigation wurde das Signal eines CCD-Sensors pixelweise entsprechend der Rotation verschoben und ausgelesen.

Der Aufbau gleicht Suisei und Sakigake: Hiten war eine spinstabilisierte, trommelförmige Sonde. Sie rotierte mit 10 bis 25 U/Min. Das einzige Experiment war ein Staubdetektor. Er sollte die Geschwindigkeit und Masse von Mikrometeoriten bestimmen. Oben auf Hiten befand sich der Hagoromo-Orbiter, ein nur 16 kg schwerer Subsatellit. Er hatte einen Sender, dessen Verfolgung mit Bodenstationen war das einzige Experiment von Hagoromo. Solarzellen auf der Oberfläche der Sonden lieferten 173 bzw. 10 Watt Leistung.

Die Sonde wurde nach dem singenden buddhistischen Mönch Hiten benannt. Hagoromo ist der Name eines Schleiers, den Hiten trug.

Hiten startete am 24.1.1990 mit einer japanischen My-3S-II, einer reinen Feststoffrakete. Geplant war ein Apogäum von 476.000 km Höhe. Die Rakete erreichte aber nur ein Apogäum in 290.000 km Höhe. Mit dem eigenen Treibstoffvorrat erweiterte Hiten dann selbst das Apogäum.

Am 18.3.1990 passierte Hiten den Mond. Hagoromo wurde abgetrennt und zündete sein Feststofftriebwerk. Er gelangte in einen 9.000 × 22.000 km Orbit. Schon am 21.3.1990 fiel der Sender des Hagoromo-Orbiters aus.

Der Mond senkte die Bahn von Hiten leicht ab, sodass Hiten am 19.3.1990 einen erdnächsten Punkt in nur 126 km Höhe passierte. Die Sonde führte dabei das weltweit erste Aerobraking-Manöver aus, auch wenn sie nur 1,7 m/s verlangsamt wurde. Das senkte den erdfernsten Punkt um 8.665 km ab. Das nächste Aerobraking Manöver fand am 30.3.1991 in 120 km Höhe statt und senkte die Geschwindigkeit um weitere 2.8 m/s und das Apogäum um 14.000 km. Damit hatte Hiten ihre Missionsziele erfüllt und die Technologien und Manöver getestet.

Man nutzte nun den Mond, um systematisch die Bahn zu verändern. So hob man den erdfernsten Punkt auf bis zu 1,35 Millionen km an. Der zehnte Vorbeiflug am Mond brachte Hiten am 2.10.1991 in einen lang gestreckten Orbit um Erde und Mond, bei denen die Sonde die L4 und L5 Librationspunkte (60 Grad vor und hinter der Position des Monds auf seiner Bahn) kreuzte. Wissenschaftler erwarteten, dass sich um diese stabilen Punkte Staub ansammelte. Doch Hiten fand keine erhöhte Staubkonzentration.

Am 15.2.1992 passierte Hiten zum elften und letzten Mal den Mond. Die Missionskontrolle bremste sie nun mit den Triebwerken in einen elliptischen Mondorbit ein. Mit der Kamera für die optische Navigation entstanden einige Bilder der Mondoberfläche. Nach Verbrauch der Treibstoffvorräte stürzte Hiten am 11.4.1993 auf die Mondoberfläche.

Datenblatt Hiten / Hagoromo	
Start:	24.1.1990
Ankunft:	18.3.1990
Missionsende:	11.4.1993 Hiten 21.3.1991 Hagoromo
Mission:	Mondvorbeiflug / Mondorbiter
Gewicht:	197 kg mit Hagoromo. 181 kg ohne 139 kg ohne Treibstoff. Hagoromo: 16 kg beim Start, 12 kg ohne Treibstoff, 11 kg ohne Feststoffantrieb.
Abmessungen:	Hiten: 140 cm Durchmesser, 79 cm Höhe. Hagoromo: 40 cm maximaler Durchmesser
Instrumente:	Staubdetektor CCD-Kamera mit 290 × 480 Pixel für die optische Navigation
Ergebnisse:	Erfolgreicher Test von Technologien Keine erhöhte Staubkonzentration in den L4 und L5-Librationspunkten nachweisbar.

Abbildung 114: Ulysses bei den Startvorbereitungen

Abbildung 115: Hiten mit Hagoromo (oben)

Ulysses

Ulysses war der europäische Rest eines gemeinsamen US-europäischen Sonnenforschungsprojektes unter der Bezeichnung ISPM (**I**nternational **S**olar **P**olar **M**ission). Es wurde 1979 von NASA und ESA beschlossen. Geplant waren zwei Sonden, beide gestartet mit dem Space Shuttle und einer dreistufigen IUS. Anders als bisherige Sonnensonden sollten sie senkrecht zur Ekliptik die Sonne überfliegen und damit erstmals die Sonnenpole beobachten. Zwei Sonden erlaubten es, gleichzeitig den Nord- und Südpol der Sonne zu beobachten. Die Äquatorregion der Sonne konnte mit ICE (S. 175) untersucht werden. Mit allen drei Raumschiffen hätte man ein dreidimensionales Bild der Emissionen der Sonne bekommen.

Eine Bahn senkrecht zur Ekliptik ist alleine mit einem chemischen Antrieb nicht erreichbar. So sollten die Sonden zuerst zu Jupiter geschickt werden. Dessen Gravitationskraft würde sie um 80 Grad aus der Ekliptik drehen. Als Folge benötigten die Sonden wegen der hohen Entfernung von der Sonne RTG als Stromversorgung.

Die Experimente sollten jeweils zur Hälfte aus den USA und Europa kommen. Die Sonden würden identisch instrumentiert werden, das heißt, US-Experimente würden auf der ESA-Sonde installiert werden und ESA-Experimente auf der NASA-Sonde. 1979 begann man bei der ESA mit der Entwicklung der europäischen Sonde.

Anfang 1982 stellte die Reagan-Administration den US-Part von ISPM und zahlreiche andere Projekte ein. Die NASA bemühte sich um Schadensbegrenzung. Es wurde mit der ESA vereinbart, dass die NASA für die Gegenleistung, dass nach wie vor die Hälfte der Experimente aus den USA kommen würde, die RTG stellen, für den Start aufkommen und das Deep Space Network zur Kommunikation zur Verfügung stellen.

Im Herbst 1983 war ISPM fertig und wurde nach Tests eingelagert, da das Space Shuttle hinter dem Zeitplan zurücklag und der Startzeitpunkt ungewiss war. Auch welche Stufe die Sonde zu Jupiter bringen sollte, war noch nicht festgelegt. Die Experimente wurden demontiert und zu den Instituten zurückgeschickt. Die Sonde wurde 1984 nach dem Vorschlag von Prof. Bruno Bertotti von der Universität Pavia nach dem griechischen Helden Odysseus aus Dantes „Inferno" benannt.

1987 erarbeitete die NASA Startpläne für die Starts des Space Shuttle, die nicht auf Trägerraketen verschoben werden konnten. Da Galileo und Ulysses beide ihr Startfenster im Oktober 1989 hatten, wurde vereinbart, dass Ulysses 1990 starten würde. Startfenster zu Jupiter gibt es alle 13 Monate. Dass Ulysses nun nicht mit einer Centaur, sondern einer IUS/PAM Kombination zu Jupiter geschickt wurde, war anders als bei Galileo (S. 185) kein Nachteil, da die Sonde leicht genug war.

Dornier war Hauptauftragnehmer für die Sonde. Ulysses bestand aus einem rechteckigen Kasten, auf dem die 1,65 m große Hochgewinnantenne montiert war. Die Antenne sendete mit bis zu 8.192 Bit/s an die 34 m Antennen des DSN. Der S-Band-Empfänger war leicht zum X-Band Sender verschoben. Dadurch ergab sich eine Modulation des Uplink-Signals und Ulysses erkannte damit Verschiebungen der Rotationsachse und korrigiert diese selbstständig. Ulysses rotierte mit 4,7 U/Min um ihre eigene Achse.

Ulysses ist durch mehrere Lagen von Gewebe isoliert und zuletzt in reflektierende Folien gepackt. Sie sollen die meiste Sonneneinstrahlung reflektieren. Stattdessen wird sie aktiv geheizt. Ein System zur Beheizung ist immer aktiv, ein Zweites wird in 1,3-facher Erdentfernung von der Sonne hinzugenommen. Die Abwärme des RTG wird nicht genutzt. Der Bordcomputer verwandte ein Echtzeitbetriebssystem, bei dem jede Achtelsekunde eine Aktion möglich ist. Eine Tabelle erlaubte eine Planung von 256 Ereignissen über 32 s Dauer. Danach wiederholt sich die Sequenz.

Die Experimente untersuchen vor allem Teilchen, die von der Sonne, aber auch von extragalaktischen Quellen kommen, darüber hinaus empfangen sie Plasmawellen. Weiterhin nutzte man die besondere Position über den Polen, um mit den Sendern von Ulysses die Korona, die äußere Hülle der Sonne aus ionisierten Atomen, zu durchleuchten. Um vor allem Magnetfeldänderungen mit hoher Genauigkeit zu messen, hatte man das Magnetometer nicht nur 6 m von der Sonde entfernt, sondern auch viel Aufwand für die Abschirmung von eigenen Magnetfeldern getrieben. Ulysses ist bis heute die „magnetisch reinste" Sonde, die jemals gestartet wurde. Ihr Magnetometer kann noch Magnetfelder von 0,1 nT messen, rund 300.000 bis 600.000-mal kleiner als das Erdmagnetfeld auf der Erdoberfläche. Zwei weitere Ausleger von 7,5 und 72 m Länge bilden die Antennen des URAP-Experiments. Die Sonde war für einen Betrieb über fünf Jahre ausgelegt, das war eine komplette Passage beider Sonnenpole und entsprach einem Sonnenumlauf.

Am 6.10.1990 startete Ulysses problemlos mit einer IUS, die mit einer PAM-S, der Oberstufe der Delta 3925, erweitert worden war, zu Jupiter. Sie brachte Ulysses auf die höchste Geschwindigkeit, die bis dahin eine Raumsonde erreichte: 15,4 km/s. Täglich gab es acht Stunden Kontakt zu den 34 m Antennen des Deep Space Network. Dann wurden Realzeitdaten mit mindestens 1.024 Bit/s übertragen. Dazu wurden auf zwei Bandrekorder aufgezeichnete Daten der letzten 16 Stunden, die mit 512 Bit/s aufgezeichnet wurden, hinzugefügt. Ulysses war während 97 Prozent der Missionsdauer verfügbar.

Die Passage bei Jupiter nach nur 14 Monaten drehte die Bahn, sodass Ulysses Bahn nun eine Neigung von 82 Grad zur Ekliptik hatte. Die Teilchenexperimente untersuchten die Magnetosphäre von Jupiter. So konnte der Bugeschock schon in 110 Jupiterradien Abstand gemessen werden. Als Voyager und Pioneer (S. 120) Jupiter passierten, war diese Grenzregion noch in 60 Radien Abstand.

Jupiter drehte nicht nur die Bahn, sondern hob auch den sonnennächsten Punkt an. Ulysses war in einer 1,35 × 5,4 AE Umlaufbahn mit einer Periode von 6,2 Jahren. 1994/95 passierte Ulysses innerhalb von zehn Monaten beide Pole und maß die Interaktion der Sonne mit dem interplanetaren Medium über 170 solare Breitengrade. Danach schloss sich die 5 Jahre dauernde Reise zum Aphel und zurück an.

Ende 2000/2001 stand die zweite Passsage an. Später unterstützte Ulysses die Raumsonde Voyager 1 (S. 148). Voyager detektierte Plasmawellen der Echos von Sonnenstürmen, die auf das interstellare Medium trafen. In den Daten von Ulysses konnte man den verursachenden Sonnensturm einige Monate vorher finden. Daraus war die Entfernung der Grenze der Heliosphäre und Voyagers 1 Entfernung von dieser Grenze abschätzbar.

Nach 2002 reichte die Leistung des RTG nicht mehr aus, alle Instrumente zu betreiben. Nach der dritten Sonnenpassage 2006/7 reichte dann der Strom nicht mehr aus, das Hydrazin zu beheizen, als sich Ulysses wieder von der Sonne entfernte. Mit steigender Sonnenentfernung friert es aus und damit ist die räumliche Lage nicht mehr kontrollierbar. Am 30.3.2008, nach der dritten Passage, schloss die ESA die letzte Messkampagne ab. Telemetrie von Ulysses wurde noch bis zum 30.9.2009 empfangen. Dann wurde Ulysses nach 19 Jahren Betriebszeit abgeschaltet. Die ESA hatte den Termin bewusst gewählt: 20 Tage vorher hatte Ulysses den IUE-Satelliten, als dienstälteste aktive ESA-Mission, überholt. Ulysses wurde in der Öffentlichkeit kaum wahrgenommen, da die Sonde ohne Kamerasystem keine Bilder lieferte. Dies bezeichneten Projektverantwortliche als großen Fehler.

Datenblatt Ulysses	
Start:	6.10.1990 mit STS-36 Discovery mit IUS/PAM-S Oberstufe
Ankunft:	8.2.1992 Jupiter in 378.400 km Entfernung November 1994 erste Sonnensüdpolpassage September 1995 erste Sonnennordpolpassage Januar 2001 zweite Sonnensüdpolpassage November 2001 zweite Sonnennordpolpassage 17.11.2006: dritte Sonnensüdpolpassage September 2007 dritte Sonnennordpolpassage
Missionsende:	30.6.2009
Mission:	Sonnenforschung
Gewicht:	370 kg beim Start, 337 kg Trockenmasse
Abmessungen:	Zentralkörper 3,2 × 3,3 × 2,1 m Größe, mit Auslegern 77 m Durchmesser
Instrumente:	10 Experimente im Gesamtgewicht von 55 kg: • SWOPS: Sonnenwindplasmaanalysator. Bestimmt Ionen (36-257 keV) und Elektronen niedriger Energie (0-903 eV). 140 / 80 Grad Blickwinkel, 4,1 kg Gewicht. • URAP: gemeinsamer Radiowellen und Plasmawellenempfänger. 3 Antennen und vier Empfänger für Wellen von 57 Hz bis 1 MHz. Gewicht 7,3 kg. • DUST: Staubdetektor der Masse, Geschwindigkeit, Ladung und Richtung von Staub $5x10^{-19}$ bis $6x10^{-10}$ g bestimmt. 3,8 kg Gewicht. • MAG: Magnetometer. Messfrequenz < 0,01 Hz, Gewicht 4,75 kg. • SCE: Koronadurchleuchtung mit den Sendern von Ulysses • GAS: Bestimmte die Temperatur, Dichte und Geschwindigkeit von interstellarem Helium > 30 eV Energie. Gesichtsfeld 4,9 / 7,3 Grad. Gewicht 1,6 kg. • GWE: Gravitationswellenexperiment: maß Frequenzverschiebungen des Bordsenders. • EPAC: Zusammensetzung energiereicher Partikel (Wasserstoff bis zum Eisen). Gesichtsfeld 35 Grad. Messbereich 0,4 bis 4 MeV/Nukleon. Gewicht 2,69 kg. • GRB: Detektion solarer Röntgenstrahlen und extrasolarer Gammastrahlenausbrüche. • COSPIN: Bestimmt das Spektrum und Masse solarer Partikel. Gewicht 14,6 kg. • HISCALE: Bestimmung niederenergetischer Elektronen (von Flares freigesetzt). • SWICS: Geschwindigkeit, Zusammensetzung und Temperatur des Sonnenwindes. Die Experimente DUST, GAS, EPAC, SWICS stammen aus Deutschland.
Ergebnisse:	Erste direkte Messungen der Polregion der Sonne, unter anderem direkte Messungen der Geschwindigkeit des Sonnenwinds, Bestimmung des Verlusts an Sonnenmaterie und Veränderungen des solaren Magnetfeldes über alle Breitengrade. Entdeckung von „Reservoire“ von energiereichen Teilchen um die Sonne. Entdeckung von interstellarem Staub im Sonnensystem. Starke Schwankungen des solaren Magnetfeldes detektiert, 1996 in 3,8 AE Entfernung noch den Schweif von Komet Hyakutake detektiert. Erste Detektion interstellaren Heliums. Keine Gravitationswellen nachweisbar.
Kosten:	750 Millionen DM (383 Millionen €), davon 318 Mill. DM für die Sonde, 110 Millionen DM für die Experimente, NASA-Anteil für Start, RTG, DSN-Support: 300 Millionen DM.

Anhang

Im Anhang finden sie zahlreiche statistische Daten zu den Missionen. Den Anfang macht eine chronologische Startliste aller in diesem Buch besprochenen Sonden.

Startliste

Alle Startdaten sind (wie in den Datenblättern in Universal Time, UTC). Das ergibt Abweichungen zu Angaben in der US-Zeitzone, z. B. bei Pioneer 10 und 11, die um 1:49 und 2:11 UTC starteten, nach US-Ostküstenzeit noch am Vortag. Die Tabelle ist nach Jahren abwechselnd hellgrau und weiß eingefärbt.

Sonde	Startdatum	Nation	Gewicht	Trägerrakete	Mission	Bemerkung
Pioneer 0	17.8.1958	USA	38 kg	Thor Able I	Mondorbiter	Rakete explodiert in 15,2 km Höhe
E-1 Nr.1 (Luna)	23.9.1958	UdSSR	360 kg	Luna	Mondaufschlag	Fehlstart. Rakete explodiert nach 93 s.
Pioneer 1	11.10.1958	USA	38,3 kg	Thor Able I	Mondorbiter	Erreicht nur ein 144.000 km Apogäum.
E-1 Nr.2 (Luna)	11.10.1958	UdSSR	360 kg	Luna	Mondaufschlag	Fehlstart. Rakete explodiert nach 104 s.
Pioneer 2	8.11.1958	USA	39,6 kg	Thor Able I	Mondorbiter	Dritte Stufe zündet nicht.
E-1 Nr.3 (Luna)	4.12.1958	UdSSR	360 kg	Luna	Mondaufschlag	Fehlstart, dritte Stufe schaltet vorzeitig ab
Pioneer 3	6.12.1958	USA	5,87 kg	Juno II	Mondvorbeiflug	Erreicht nur 102.230 km Apogäum.
Luna 1	2.1.1959	UdSSR	361,3 kg	Luna	Mondaufschlag	Verpasst Mond.
Pioneer 4	3.3.1959	USA	6,3 kg	Juno II	Mondvorbeiflug	Erfolgreich
E-1 Nr.5 (Luna)	18.6.1959	UdSSR	390 kg	Luna	Mondaufschlag	Sprengung R-7 nach Kursabweichung
Luna 2	12.9.1959	UdSSR	390,2 kg	Luna	Mondaufschlag	Erfolgreich. Aufschlag 29,1° N, 0° O
Luna 3	4.10.1959	UdSSR	278,5 kg	Luna	Mondumrundung	Erste Fotos der Mondrückseite
Pioneer P3	26.11.1959	USA	175,3 kg	Atlas Able	Mondorbiter	Fehlstart, Nutzlasthülle kollabiert.
Pioneer 5	11.3.1960	USA	43,2 kg	Thor Able IV	Sonnenumlaufbahn	Betrieb bis 36 Millionen km.
E-3 Nr.1 (Luna)	15.4.1960	UdSSR	278,5 kg	Luna	Mondumrundung	Erreicht nur 200.000 km Apogäum.
E-3 Nr.2 (Luna)	16.4.1960	UdSSR	278,5 kg	Luna	Mondumrundung	Rakete fällt auf die Startrampe zurück.
Pioneer P30	15.9.1960	USA	168,9 kg	Atlas Able	Mondorbiter	Fehlstart. Oberstufe taumelt.
1M Nr. 1	10.10.1960	UdSSR	480 kg	Molnija	Marsvorbeiflug	Drittstufe schaltet nach 304 s ab
1M Nr. 2	14.10.1960	UdSSR	480 kg	Molnija	Marsvorbeiflug	Drittstufe schaltet nach 290 s ab
Pioneer P31	15.12.1960	USA	175,3 kg	Atlas Able	Mondorbiter	Fehlstart. Oberstufe zündet nicht.
1VA Nr.1 / Sputnik 7	4.2.1961	UdSSR	645 kg	Molnija	Venusvorbeiflug	Block L zündet nicht. Nutzlast strandet im 212 × 380 km Erdorbit.
Venera 1	12.2.1961	UdSSR	645 kg	Molnija	Venusvorbeiflug	Kommunikation bis zum 22.2.1960
Ranger 1	23.8.1961	USA	306,18 kg	Atlas-Agena B	Erdumlaufbahn	Erreicht nur niedrigen Erdorbit.
Ranger 2	18.11.1961	USA	306,18 kg	Atlas-Agena B	Erdumlaufbahn	Erreicht nur niedrigen Erdorbit.

Sonde	Startdatum	Nation	Gewicht	Trägerrakete	Mission	Bemerkung
Ranger 3	26.1.1962	USA	330 kg	Atlas-Agena B	Mondaufschlag	Passiert Mond in 36.780 km Distanz.
Ranger 4	23.4.1962	USA	330 kg	Atlas-Agena B	Mondaufschlag	Schlägt auf Mond auf, fällt aber kurz nac dem Start aus.
Mariner 1	22.7.1962	USA	202,8 kg	Atlas-Agena B	Venusvorbeiflug	Fehlstart. Kursabweichung.
2MV-1 Nr.1	25.8.1962	UdSSR	1.097 kg	Molnija	Venuslandung	Fehlstart, Block L fällt aus. Sputnik 19
Mariner 2	27.8.1962	USA	202,8 kg	Atlas-Agena B	Venusvorbeiflug	Passiert Venus in 34.000 km Entfernung
2MV-1 Nr.2	1.9.1962	UdSSR	1.097 kg	Molnija	Venuslandung	Fehlstart, Block L fällt aus. Sputnik 20
2MV-2 Nr.1	12.9.1962	UdSSR	1.097 kg	Molnija	Venusvorbeiflug	Fehlstart, Block L fällt aus. Sputnik 21
Ranger 5	18.10.1962	USA	342,46 kg	Atlas-Agena B	Mondaufschlag	Kurzschluss an Bord, passiert Mond in 720 km Entfernung.
2MV-3 Nr.1	24.10.1962	UdSSR	893 kg	Molnija	Marsvorbeiflug	Explosion im Erdorbit
Mars 1	1.11.1962	UdSSR	893 kg	Molnija	Marsvorbeiflug	Ausfall in 106 Millionen km Entfernung am 1.3.1963
2MV-4 Nr.1	4.11.1962	UdSSR	893 kg	Molnija	Marslandung	Fehlstart, Block L fällt aus. Sputnik 24
E-6 Nr.1	4.1.1963	UdSSR	1.420 kg	Molnija	Mondlandung	Fehlstart, Block L fällt aus. Sputnik 25
E-6 Nr.2	3.2.1963	UdSSR	1.420 kg	Molnija	Mondlandung	Fehlstart, dritte Stufe zündet nicht.
Luna 4	2.4.1963	UdSSR	1.422 kg	Molnija	Mondlandung	Passiert Mond in 8.336 km Entfernung.
Kosmos 21 Zond 3MV-1A	11.11.1963	UdSSR	800 kg	Molnija	Venus-Landungstest	Strandet im Erdorbit. Block L zündet nicht. 180 × 219 × 64,8 Grad Bahn.
Ranger 6	30.1.1964	USA	364,69 kg	Atlas-Agena B	Mondaufschlag	Keine Bilder vor dem Aufschlag
Zond / 3MV-1A	19.2.1964	UdSSR	800 kg	Molnija	Venus-Landungstest	Dritte Stufe explodiert.
E-6 Nr.4	21.3.1964	UdSSR	1.476 kg	Molnija	Mondlandung	Dritte Stufe schaltet vorzeitig ab.
3MV-2 Nr.1 / Kosmos 27	27.3.1964	UdSSR	948 kg	Molnija	Venuslandung	Strandet im Erdorbit. Die letzte Stufe Block L zündet nicht. 197 × 208 km Bahn
Zond 1 / 3MV-2	2.4.1964	UdSSR	948 kg	Molnija	Venuslandung	Kommunikation bis 25.5.1964
E-6 Nr.5 / Kosmos 60	20.4.1964	UdSSR	1.420 kg	Molnija	Mondlandung	Strandet im Erdorbit. Die letzte Stufe Block L zündet nicht.
Ranger 7	28.7.1964	USA	364,69 kg	Atlas-Agena B	Mondaufschlag	4.308 Bilder vor dem Aufschlag
Mariner 3	5.11.1964	USA	260,8 kg	Atlas-Agena B	Marsvorbeiflug	Nutzlastverkleidung löst sich nicht.
Mariner 4	28.11.1964	USA	260,8 kg	Atlas-Agena B	Marsvorbeiflug	21 Bilder vom Mars.
Zond 2 / 3MV-4	30.11.1964	UdSSR	996 kg	Molnija	Marsvorbeiflug	Ausfall 5.5.1965 vor Erreichen des Mars
Ranger 8	17.2.1965	USA	366,87 kg	Atlas-Agena B	Mondaufschlag	7.137 Aufnahmen
E-6 Nr.6	12.3.1965	UdSSR	1.470 kg	Molnija	Mondlandung	Drittstufe schaltet nach 340 s vorzeitig ab
Ranger 9	21.3.1965	USA	366,87 kg	Atlas-Agena B	Mondaufschlag	5.814 Aufnahmen
E-6 Nr.8	10.4.1965	UdSSR	1.476 kg	Molnija	Mondlandung	Dritte Stufe zündet nicht.
Luna 5	9.5.1965	UdSSR	1.476 kg	Molnija	Mondlandung	Aufschlag bei 8°West, 31° Süd
Luna 6	8.6.1965	UdSSR	1.442 kg	Molnija	Mondlandung	Passiert Mond in 159.613 km Entfernung
Zond 3/ 3MV-4 Nr. 2	18.7.1965	UdSSR	950 kg	Molnija	Mondvorbeiflug / Sonnenbahn	Erfolgreich: Betrieb bis 6.5.1966
Luna 7	4.10.1965	UdSSR	1.507 kg	Molnija-M	Mondlandung	Aufschlag bei 49°West, 9° Nord
Venera 2/	12.11.1965	UdSSR	963 kg	Molnija	Venusvorbeiflug	Ausfall vor Erreichen der Venus am

Sonde	Startdatum	Nation	Gewicht	Trägerrakete	Mission	Bemerkung
3MV-1 Nr. 1						27.2.1966
Venera 3/ 3MV-1 Nr. 3	16.11.1965	UdSSR	958 kg	Molnija	Venuslandung	Lander liefert keine Daten. Ausfall vor Erreichen der Venus.Erste Venuslandung
Kosmos 96/ 3MV-2 Nr. 4	23.11.1965	UdSSR	950 kg	Molnija	Venuslandung	Strandet im Erdorbit. Dritte Stufe bringt Oberstufe und Nutzlast ins Taumeln.
Luna 8	3.12.1965	UdSSR	1.552 kg	Molnija	Mondlandung	Aufschlag bei 63,18°West, 9,8° Nord
Pioneer 6	16.12.1965	USA	62,14 kg	Thor Delta E	Sonnenumlaufbahn	Betrieb bis 8.12.2000
Luna 9	31.1.1966	UdSSR	1.522 kg	Molnija-M	Mondlandung	Weiche Landung bei 7.08 Grad Nord, 64.37 Grad West
Kosmos 111/ E-6S Nr. 1	1.3.1966	UdSSR	1.580 kg	Molnija-M	Mondorbiter	Strandet im Erdorbit. Block L zündet nicht. 182 × 193 × 51,8 Grad Orbit.
Luna 10	31.3.1966	UdSSR	1.562 kg	Molnija-M	Mondorbiter	Betrieb bis 30.5.1966
Surveyor 1	30.5.1966	USA	995,2 kg	Atlas Centaur D	Mondlandung	11.240 Aufnahmen
Lunar Orbiter 1	10.8.1966	USA	385,6 kg	Atlas-Agena D	Mondorbiter	205 Aufnahmen, nur 19 auswertbare Teleaufnahmen.
Pioneer 7	17.8.1966	USA	62,75 kg	Thor Delta E1	Sonnenumlaufbahn	Betrieb bis März 1995
Luna 11	24.8.1966	UdSSR	1.640 kg	Molnija-M	Mondorbiter	Betrieb bis 1.10.1966
Surveyor 2	20.9,1966	USA	995,2 kg	Atlas Centaur D	Mondlandung	Aufschlag bei 5°30‘ Nord, 12° West.
Luna 12	22.10.1966	UdSSR	1.620 kg	Molnija-M	Mondorbiter	Betrieb bis 19.1.1967
Lunar Orbiter 2	6.11.1966	USA	385,6 kg	Atlas-Agena D	Mondorbiter	205 Aufnahmen, primäre Landeplätze erfasst.
Luna 13	21.12.1966	UdSSR	1.620 kg	Molnija-M	Mondlandung	Weiche Landung 18°5' Nord, 62°3‘ West.
Lunar Orbiter 3	5.2.1967	USA	385,6 kg	Atlas-Agena D	Mondorbiter	Nur 133 Aufnahmen, Kartierung der Landeplätze abgeschlossen.
Surveyor 3	17.4.1967	USA	997,9 kg	Atlas Centaur D	Mondlandung	6.315 Aufnahmen
Lunar Orbiter 4	4.5.1967	USA	385,6 kg	Atlas-Agena D	Mondorbiter	163 Aufnahmen, Kartierungsmission
Kosmos 159/ E-6LS Nr. 1	16.5.1967	UdSSR	1.620 kg	Molnija-M	N1-L3 Kommun- ikationstest	Zu geringes Apogäum in 60.273 km Distanz. Tests trotzdem erfolgreich.
Venera 4	12.6.1967	UdSSR	1.106 kg	Molnija-M	Venuslandung	Verstummt in 28 km Höhe.
Mariner 5	14.6.1967	UdSSR	244,9 kg	Atlas-Agena D	Venusvorbeiflug	Passiert Venus in 3.990 km.
Kosmos 167	17.6.1967	UdSSR	1.106 kg	Molnija-M	Venuslandung	Strandet im Erdorbit. Block L zündet nicht
Surveyor 4	14.7.1967	USA	1037,4 kg	Atlas Centaur D	Mondlandung	Kontaktverlust in 14,9 km Höhe. Aufschlag.
Lunar Orbiter 5	1.8.1967	USA	390 kg	Atlas-Agena D	Mondorbiter	163 Aufnahmen. Kartierung und Aufnahmen sekundärer Landeplätze.
Surveyor 5	8.9.1967	USA	1.006 kg	Atlas Centaur D	Mondlandung	19.118 Aufnahmen
7K-L1 Nr. 1	27.9.1967	UdSSR	5.375 kg	Proton K Block D	Mondumrundung	Fehlstart. Ein Triebwerk zündet nicht.
Surveyor 6	7.11.1967	USA	1.030 kg	Atlas Centaur D	Mondlandung	29.952 Aufnahmen
7K-L1 Nr. 2	22.11.1967	UdSSR	5.375 kg	Proton K Block D	Mondumrundung	Fehlstart. Zweite Stufe zündet nicht.
Pioneer 8	13.12.1967	USA	65,36 kg	Thor Delta E1	Sonnenumlaufbahn	Betrieb bis Juni 2001
Surveyor 7	8.1.1968	USA	1.038 kg	Atlas Centaur D	Mondlandung	21.038 Aufnahmen
E-6LS Nr. 2	7.2.1968	UdSSR	1.700 kg	Molnija-M	Mondorbiter	Dritte Stufe schaltet vorzeitig ab.

Sonde	Startdatum	Nation	Gewicht	Trägerrakete	Mission	Bemerkung
Zond 4 7K-L1 Nr. 3	2.3.1968	UdSSR	5.375 kg	Proton K Block D	Mondumrundung	Nach Kursabweichung beim Wiedereintritt gesprengt.
Luna 14	7.4.1968	UdSSR	1.700 kg	Molnija-M	Mondorbiter	Erfolgreich.
7K-L1 Nr. 4	22.4.1968	UdSSR	5.375 kg	Proton K Block D	Mondumrundung	Fehlstart. Zond schaltet zweite Stufe ab.
Zond 5	14.9.1968	UdSSR	5.375 kg	Proton K Block D	Mondumrundung	Landet unplangemäß im Indischen Ozean.
Pioneer 9	8.11.1968	USA	65,4 kg	Thor Delta E1	Sonnenumlaufbahn	Betrieb bis 19.5.1983
Zond 6 7K-L1 Nr. 5	10.11.1968	UdSSR	5.375 kg	Proton K Block D	Mondumrundung	Ohne Fallschirm harte Landung im Zielgebiet
Venera 5	5.1.1969	UdSSR	1.130 kg	Molnija-M	Venuslandung	Verstummt in 18 km Höhe.
Venera 6	10.1.1969	UdSSR	1.130 kg	Molnija-M	Venuslandung	Verstummt in 13 km Höhe.
7K-L1 Nr. 7	20.1.1969	UdSSR	5.375 kg	Proton K Block D	Mondumrundung	Dritte Stufe schaltet vorzeitig ab.
E-8 Nr.1	19.2.1969	UdSSR	5.700 kg	Proton K Block D	Mondfahrzeug	Fehlstart. Nutzlasthülle kollabiert.
Mariner 6	25.2.1969	USA	381 kg	Atlas SLV-3C Centaur	Marsvorbeiflug	75 Marsaufnahmen. Passage in 3.412 km Distanz.
M69 Nr. 1	27.3.1969	UdSSR	3.574 kg	Proton K Block D	Marsorbiter	Dritte Stufe schaltet vorzeitig ab.
Mariner 7	27.3.1969	USA	381 kg	Atlas SLV-3C Centaur	Marsvorbeiflug	126 Marsaufnahmen. Passage in 3.431 km Distanz.
M69 Nr. 2	2.4.1969	UdSSR	3.574 kg	Proton K Block D	Marsorbiter	Rakete schlägt neben Nachbarpad auf.
E-8-5 Nr.1	14.6.1969	UdSSR	5.700 kg	Proton K Block D	Mondbodenproben-entnahme	Fehlstart. Block D zündet nicht. Verglüht über dem Pazifischen Ozean.
E-8-5 Nr.2	13.7.1969	UdSSR	5.700 kg	Proton K Block D	Mondbodenproben-entnahme	Bei 3 km über der Oberfläche Verlust des Funkkontaktes
Zond 7	7.8.1969	UdSSR	5.375 kg	Proton K Block D	Mondumrundung	Einzige voll erfolgreiche Zond 4 –8.
Pioneer E	27.8.1969	USA	65,4 kg	Thor Delta E1	Sonnenbahn	Sprengung nach Kursabweichung.
Kosmos 300/ E-8-5 Nr.3	23.9.1969	UdSSR	5.700 kg	Proton K Block D	Mondbodenproben-entnahme	Strandet im Erdorbit. Wiederzündung von Block D scheitert.
Kosmos 305/ E-8-5 Nr.4	22.10.1969	UdSSR	5.700 kg	Proton K Block D	Mondbodenproben-entnahme	Falsche Orientierung von Block D. Deorbitierung im Pazifischen Ozean
E-8-5 Nr.5	6.2.1970	UdSSR	5.700 kg	Proton K Block D	Mondbodenproben-entnahme	Fehlstart. Zweite Stufe schaltet nach 127 s vorzeitig ab.
Venera 7	17.8.1970	UdSSR	1.180 kg	Molnija-M	Venuslandung	Erste erfolgreiche Venuslandung
Kosmos 359	22.8.1970	UdSSR	1.180 kg	Molnija-M	Venuslandung	Block L arbeitet nur 25 s lang.
Luna 16	12.9.1970	UdSSR	5.667 kg	Proton K Block D	Mondbodenpro-benentnahme	101 g Bodenproben gewonnen
Zond 8	20.10.1970	UdSSR	5.375 kg	Proton K Block D	Mondumrundung	Landet im sekundären Landegebiet.
Luna 17	10.11.1970	UdSSR	5.700 kg	Proton K Block D	Mondfahrzeug	10,54 km zurückgelegt
Mariner 8	9.5.1971	USA	997,9 kg	Atlas SLV-3C Centaur	Marsorbiter	Fehlstart. Centaur taumelt und hat vorzeitigen Brennschluss.
Kosmos 419	10.5.1971	UdSSR	4.549 kg	Proton K Block D	Marsorbiter	Falsches Zündkommando für Block D
Mars 2	19.5.1971	UdSSR	4.650 kg	Proton K Block D	Marsorbiter + Marslander	Lander zerschellt auf der Oberfläche, keine Bilder vom Orbiter.
Mars 3	28.5.1971	UdSSR	4.650 kg	Proton K Block D	Marsorbiter +	Lander verstummt nach wenigen Sek.

Sonde	Startdatum	Nation	Gewicht	Trägerrakete	Mission	Bemerkung
					Marslander	Orbiter gelangt in ungeplanten Orbit.
Mariner 9	30.5.1971	USA	997,9 kg	Atlas SLV-3C Centaur	Marsorbiter	7.329 Aufnahmen. Globale Karte des Mars angefertigt.
PFS-1	4.8.1971	USA	35,6 kg	Apollo 15	Mondorbiter	Betrieb bis 22.1.1973
Luna 18	2.9.1971	UdSSR	5.725 kg	Proton K Block D	Mondbodenproben-entnahme	Verlust des Funkkontakts kurz vor der Landung.
Luna 19	28.9.1971	UdSSR	5.330 kg	Proton K Block D	Mondorbiter	Betrieb bis 1.11.1972
Luna 20	14.2.1972	UdSSR	5.725 kg	Proton K Block D	Mondbodenproben-entnahme	55 g Bodenproben gewonnen
Pioneer 10	3.3.1972	USA	258 kg	Atlas SLV-3C Centaur	Jupitervorbeiflug	Betrieb bis 22.1.2003. 180 Jupiteraufnahmen.
Venera 8	27.3.1972	UdSSR	1.184 kg	Molnija-M	Venuslandung	23 Minuten Daten von der Venusoberfläche erhalten
Kosmos 482	31.3.1972	UdSSR	1.184 kg	Molnija-M	Venuslandung	Block L arbeitet nur 125 s lang.
PFS-2	24.4.1972	USA	42 kg	Apollo 16	Mondorbiter	Betrieb nur bis 29.5.1972
Luna 21	8.1.1973	UdSSR	5.950 kg	Proton K Block D	Mondfahrzeug	39 km zurückgelegt
Pioneer 11	6.4.1973	USA	258 kg	Atlas SLV-3D Centaur	Jupiter- / Saturnvorbeiflug	Aktiv bis 31.3.1997. 121 Jupiter und 220 Saturnaufnahmen.
Mars 4	21.7.1973	UdSSR	4.000 kg	Proton K Block D	Marsorbiter	Kein Einschwenken in den Orbit
Mars 5	25.7.1973	UdSSR	4.000 kg	Proton K Block D	Marsorbiter	Betrieb über 16 Tage.
Mars 6	5.8.1973	UdSSR	3.880 kg	Proton K Block D	Marslandung	Lander verstummt kurz vor der Landung.
Mars 7	9.8.1973	UdSSR	3.880 kg	Proton K Block D	Marslandung	Lander verfehlt Mars.
Mariner 10	3.11.1973	USA	502,9 kg	Atlas SLV-3D Centaur	Venus- / Merkurvorbeiflug	Drei Merkurvorbeiflüge. 45 % der Oberfläche erfasst.
Luna 22	29.5.1974	UdSSR	5.700 kg	Proton K Block D	Mondorbiter	Betrieb bis November 1975
Luna 23	28.10.1974	UdSSR	5.795 kg	Proton K Block D	Mondbodenpro-benentnahme	Bohrgestänge durch harte Landung beschädigt. Keine Probenentnahme.
Helios 1	10.12.1974	BRD/ USA	370,1 kg	Titan 3E Centaur	Sonnenbahn	Perihel: 46,21 Millionen km. Betrieb bis 11.8.1986
Venera 9	8.6.1975	UdSSR	4.936 kg	Proton K Block D	Venusorbiter + Venuslander	Überlebt 53 Min auf der Oberfläche. Panorama übermittelt
Venera 10	14.6.1975	UdSSR	5.033 kg	Proton K Block D	Venusorbiter + Venuslander	Überlebt 65 Min auf der Oberfläche. Panorama übermittelt.
Viking 1	20.8.1975	USA	3.527 kg	Titan 3E Centaur	Marsorbiter + Marslander	Orbiter arbeitet bis 7.8.1980, Lander bis November 1982.
Viking 2	9.9.1975	USA	3.527 kg	Titan 3E Centaur	Marsorbiter + Marslander	Orbiter arbeitet bis 25.7.1978, Lander bis 11.4.1980.
E-8M Nr.2	16.10.1975	UdSSR	5,795 kg	Proton K Block D1	Mondbodenpro-benentnahme	Fehlstart, Block D zündet nicht. Kombination verglüht im Pazifik.
Helios 2	15.1.1976	BRD/ USA	376,5 kg	Titan 3E Centaur	Sonnenbahn	Perihel: 43,43 Mill. Km Betrieb bis 3.3.1980
Luna 24	9.8.1976	UdSSR	5,795 kg	Proton K Block D1	Mondbodenpro-benentnahme	170,1 g Bodenproben gewonnen
Voyager 2	20.8.1977	USA	825 kg	Titan 3E Centaur	Jupiter-/	Bei Drucklegung noch aktiv. Vorbeiflüge

Sonde	**Startdatum**	**Nation**	**Gewicht**	**Trägerrakete**	**Mission**	**Bemerkung**
					Saturnvorbeiflug	an Uranus und Neptun
Voyager 1	5.9.1977	USA	825 kg	Titan 3E Centaur	Jupiter-/ Saturnvorbeiflug	Bei Drucklegung noch aktiv
Pioneer Venus 1	20.5.1978	USA	582 kg	Atlas SLV-3D Centaur	Venusorbiter	Radarkarte mit 20 bis 75 km Auflösung, Betrieb bis 8.10.1992
Pioneer Venus 2	8.8.1978	USA	904 kg	Atlas SLV-3D Centaur	Venuslandung	Eine Sonde überlebt 67 min am Boden.
ICE (ISEE-C)	12.8.1978	USA	479 kg	Delta 2914	Sonnenbahn / Kometenpassage	Vorbeiflug an Giacobini-Zinner am 11.9.1985
Venera 11	9.9.1978	UdSSR	4.473 kg	Proton K Block D1	Venuslandung	Landesonde überlebt 127 Minuten auf der Oberfläche. Keine Bilder
Venera 12	14.9.1978	UdSSR	4.458 kg	Proton K Block D1	Venuslandung	Landesonde überlebt 110 Minuten auf der Oberfläche. Keine Bilder
Venera 13	30.10.1981	UdSSR	4.397,8 kg	Proton K Block D1	Venuslandung	Landesonde überlebt 57 Minuten. Farbpanorama übermittelt.
Venera 14	4.11.1981	UdSSR	4.394,5 kg	Proton K Block D1	Venuslandung	Landesonde überlebt 127 Minuten. Farbpanorama übermittelt.
Venera 15	2.6.1983	UdSSR	5.250 kg	Proton K Block D1	Venusorbiter	Zusammen 115 Millionen km² kartiert mi einer Auflösung von 0,9 bis 2,5 km. 415.000 Höhenmessungen
Venera 16	7.6.1983	UdSSR	5.300 kg	Proton K Block D1	Venusorbiter	
Vega 1	15.12.1984	UdSSR	4.923 kg	Proton K Block D1	Venuslandung / Halleyvorbeiflug	Annäherung an Halley auf 8.990 km, beschädigt
Vega 2	21.12.1984	UdSSR	4.923 kg	Proton K Block D1	Venuslandung / Halleyvorbeiflug	Annäherung an Halley auf 8.030 km, stark beschädigt
Sakigake	7.1.1985	Japan	138,1 kg	My-3 SII	Sonnenumlaufbahn / Halleyvorbeiflug	Passiert Halley in 6,99 Millionen km Entfernung.
Giotto	2.7.1985	Europa	960 kg	Ariane 1	Halleyvorbeiflug	Erweiterte Mission zu Grigg-Skjellerup am 12.7.1992.
Suisei	18.8.1985	Japan	139,5 kg	My-3 SII	Halleyvorbeiflug	Passiert Halley in 152.400 km Entfernung.
Phobos 1	7.7.1988	UdSSR	6.220 kg	Proton K Block D2	Phobosvorbeiflug	Fällt am 2.9.1988 in der Transferbahn aus.
Phobos 2	12.7.1988	UdSSR	6.220 kg	Proton K Block D2	Phobosvorbeiflug	Fällt am 27.3.1989 kurz vor Phobospassage aus.
Magellan	4.5.1989	USA	3.447 kg	Space Shuttle + IUS	Venusorbiter	Globale Kartierung mit 100 m Genauigkeit
Galileo	18.10.1989	USA	2.562 kg	Space Shuttle + IUS	Jupiterorbiter + Jupiterlandung	Stark beeinträchtigt durch Ausfall der HGA-Antenne.
Hiten / Hagoromo	24.1.1990	Japan	197,4 kg	My-3 SII	Mondorbiter	Schwenkt am 15.2.1992 in Mondorbit eir Betrieb bis 11.4.1993.
Ulysses	6.10.1990	Europa / USA	370 kg	Space Shuttle + IUS+PAM S	Sonnenbahn	Arbeitet bis zum 30.9.2009. Wird dann abgeschaltet.
Mars Observer	25.9.1992	USA	2.573 kg	Commercial Titan 3	Mars Orbiter	Fiel am 20.8.1993, vier Tage vor Erreichen der Umlaufbahn aus.

Weitere Starts

Dies sind Starts, die das Gravitationsfeld, der Erde verlassen (sollten), aber nicht im Textteil berücksichtigt wurden (siehe Vorwort). Sie wurden auch nicht bei der folgenden Erfolgsstatistik berücksichtigt.

Sonde	Startdatum	Nation	Gewicht	Trägerrakete	Mission	Bemerkung
Surveyor Modell 1	2.3.1965	USA	951 kg	Atlas Centaur	Testflug	Atlas Centaur Teststart (5) Fehlstart
Surveyor Modell 2	11.8.1965	USA	950 kg	Atlas Centaur	Testflug	Atlas Centaur Teststart (6) erfolgreich
Surveyor Modell 3	8.4.1966	USA	784 kg	Atlas Centaur	Testflug	Atlas Centaur Teststart (8) Fehlstart
Explorer 33	1.7.1966	USA	93,4 kg	Thor Delta E1	Space Weather Beobachtung	Auch IMP-D. Gelangt nur in Elliptischen Erdorbit.
Explorer 35	19.7.1967	USA	104,3 kg	Thor Delta E1	Space Weather Beobachtung	Auch IMP-E. Gelangt in einen 800 × 7.447 km Mondorbit.
N1-Teststart (L3)	21.2.1969	UdSSR	6.900 kg	N1	Testflug	Testflug ohne Mondlander. Fehlstart.
N1-Teststart (L5)	3.7.1969	UdSSR	6.900 kg	N1	Testflug	Testflug ohne Mondlander. Fehlstart.
N1-Teststart (L6)	26.6.1971	UdSSR	7.500 kg	N1	Testflug	Testflug ohne Mondlander. Fehlstart.
N1-Teststart (L7)	23.11.1972	UdSSR	7.500 kg	N1	Testflug	Testflug ohne Mondlander. Fehlstart.
Explorer 49	10.6.1973	USA	330,2 kg	Thor Delta 1913	Radio-astronomie	Erreicht einen 1.053 × 1.064 km Mondorbit.

Es wurden dreimal Massemodelle von Surveyor Sonden gestartet, das bedeutet Ballast mit dem Schwerpunkt und Gewicht einer Surveyormondsonde. Das diente zur Qualifikation der Atlas Centaur. Diese Tests fanden sogar noch nach dem Start von Surveyor 1 statt, da die Centaur anfangs nicht fähig zur Wiederzündung war.

Die N-1 Teststarts waren zur Qualifikation der N-1 Trägerrakete gedacht. Sie enthielten das 7K-Mondraumschiff auf Basis der Sojus als Nutzlast. Bei Erfolg wäre dieses in einen Mondorbit eingeschenkt und hätte diesen später wieder verlassen.

IMP D+E waren Bestandteil der **I**nterplanetary **M**onitoring **P**lattform, des ersten Frühwarnsystems vor Sonneneruptionen. Sie sollten in einen Mondorbit gelangen. Bei IMP-D wurde der Mond verfehlt. Er verblieb in einem 15,897 × 435,330 km elliptischen Erdorbit. Explorer 49 / RAE-B war ein Radioastronomiesatellit. Er sollte Radiowellen aus dem Kosmos empfangen. Nachdem sein Vorgänger RAE-A in einer Erdbahn stark durch irdische Emissionen gestört wurde RAE-B in eine 1.060 km hohe Mondumlaufbahn gebracht. Mit einem Durchmesser von 460 m (mit Antennen) war er eines der größten je gestarteten Objekte.

Erfolgsstatistik

Bei der folgenden Tabelle habe ich folgende Einstufung getroffen: erfolgreich: Erfüllen der primären Missionsziele. Teilweise erfolgreich: Nicht komplettes Erfüllen der primären Missionsziele, mindestens Transferbahn zum Ziel erreicht. Fehlstart: Verlässt nicht die Erde (schließt im Erdorbit gestrandete Sonden mit ein).

Bei russischen Starts ist die Einstufung diskutabel. Ich habe Venera 4 bis 6 als erfolgreich eingestuft, weil sie bis zu ihrer Designauslegung funktionierten. Venera 11 und 12 dagegen als Teilerfolg, denn die Aufnahmen als wichtigste Aufgabe entfielen. Vega wegen der zwei Missionsziele je ein Erfolg bei Venus und andere Ziele.

Land	Fehlstart	Teilweise erfolgreich	Erfolgreich	Gesamt	Erfolgsquote
USA Mars	2	1	6	9	66,7 %
USA Mond	9	7	15	31	48,3 %
USA Venus	1	0	5	6	83,3 %
USA interplanetar	1	1	5	7	71,4 %
USA andere		1	5	6	80 %
USA gesamt	13	10	36	59	61 %
UdSSR Mars	7	9	0	16	0 %
UdSSR Mond	26	14	16	56	29,6 %
UdSSR Venus	9	6	13	28	46,4 %
UdSSR interplanetar	2	1	1	4	25 %
UdSSR andere			1	1	100 %
UdSSR gesamt	43	30	31	104	30 %
Europa gesamt			4	4	100 %
Japan gesamt			3	3	100 %

An der Statistik ist der Titel des Buches deutlich zu erkennen: Nach Ende des Wettlaufs zum Mond sank die Startzahl ab. Ab 1979 ist der Rückgang noch drastischer, nun gibt es erstmals sogar Jahre ohne Starts.

Jahr	USA	UdSSR	ESA /BRD	Japan	Gesamt	Mond	Venus	Mars	Andere Ziele
1958	4	3			7	7			
1959	2	4			6	6			
1960	3	4			7	4		2	1
1961	2	2			4	2	2		
1962	5	6			11	3	5	3	
1963		4			4	3			1
1964	4	7			11	5	2	3	1
1965	3	11			14	9	3		2
1966	5	6			11	10			1
1967	9	5			14	10	3		1
1968	2	6			8	7			1
1969	3	11			14	7	2	4	1
1970		6			6	4	2		
1971	3	5			8	3		5	
1972	2	3			5	2	2		1
1973	2	5			7	1		4	2
1974		2	1		3	2			1
1975	2	3			5	1	2	2	
1976		1	1		2	1			1
1977	2				2				2
1978	3	2			5		4		1
1981		2			2		2		
1983		2			2		2		
1984		2			2		1		1
1985			1	2	3				3
1988		2			2			2	
1989	2				2		1		1
1990			1	1	2	1			1
1992	1				1			1	
Summe	**59**	**104**	**4**	**3**	**169**	**88**	**33**	**26**	**23**

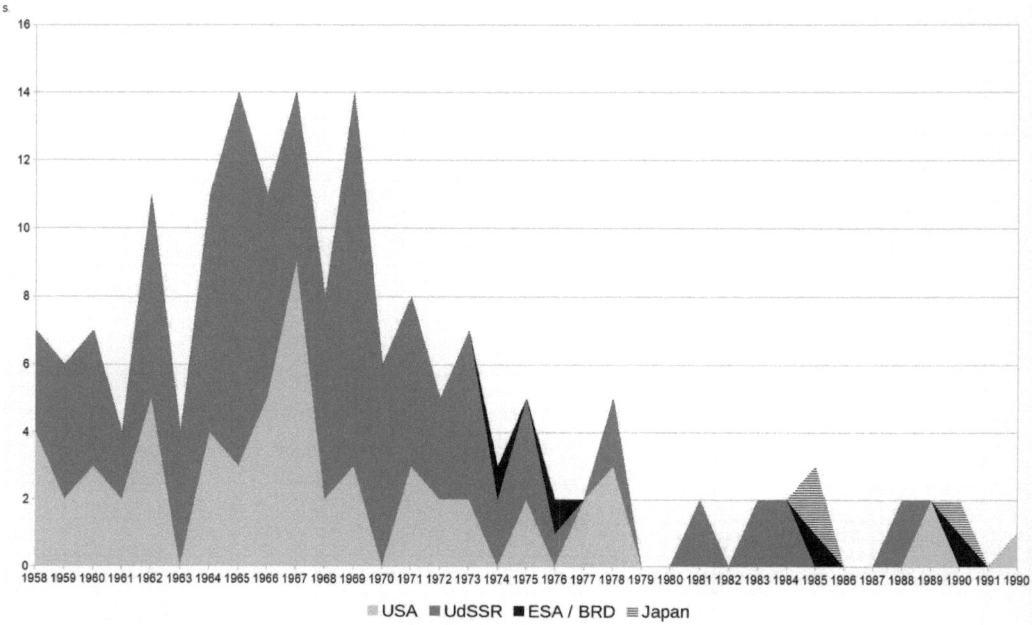

Abbildung 116: Verteilung der Starts nach Nation und Startjahr

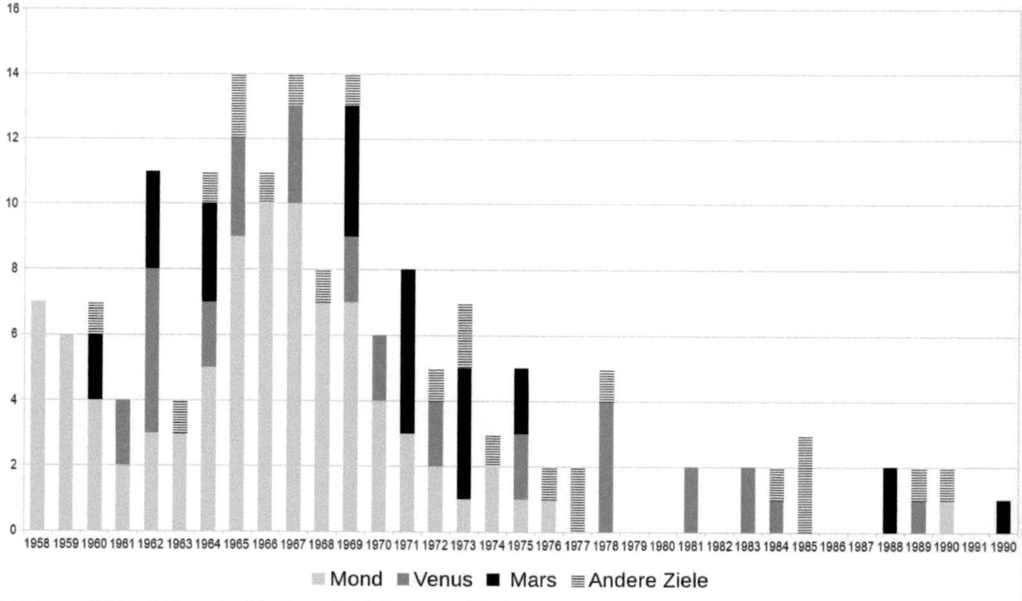

Abbildung 117: Verteilung der Starts nach Nationen und Ziel

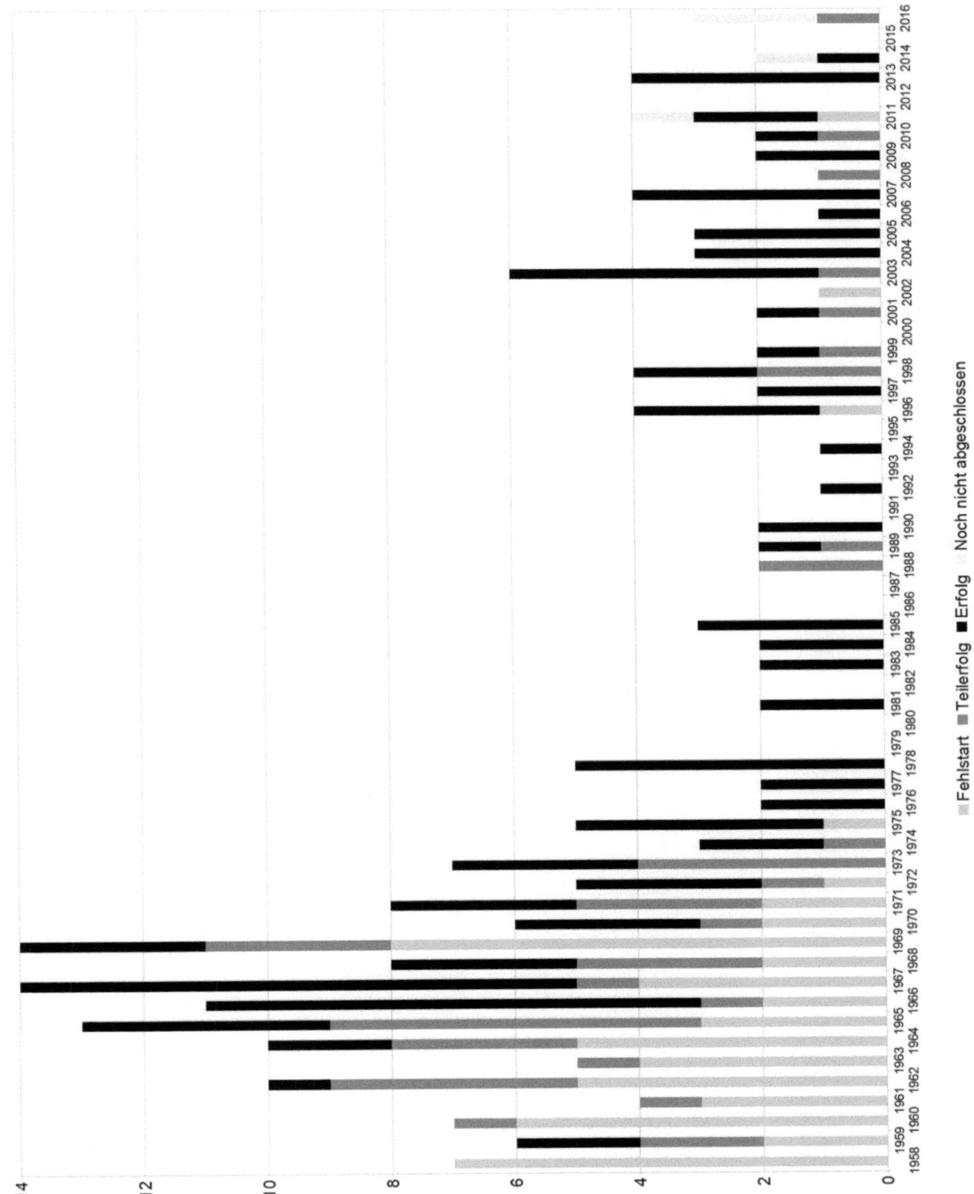

Abbildung 118: Starts nach Erfolgen gruppiert (1958 bis 2016)

Erstleistungen

Früher Bestandteil jedes Raumfahrtbuchs, heute nur noch von historischem Interesse, die Liste der Erstleistungen:

Erstleistung	Erbracht von	Erbracht am	Nation
Erste Raumsonde	Pioneer 0	17.8.1958	USA
Verlassen des Sonnensystems	Luna 1	2.1.1959	UdSSR
Harter Mondaufschlag	Luna 2	13.9.1959	UdSSR
Erste Fotografie der Mondrückseite	Luna 3	7.10.1959	UdSSR
Erster Venusvorbeiflug	Mariner 2	12.12.1961	USA
Erster Marsvorbeiflug	Mariner 4	15.7.1965	USA
Erste weiche Mondlandung	Luna 9	3.2.1966	UdSSR
Erste (harte) Venuslandung	Venera 3	1.3.1966	UdSSR
Erster Mondorbiter	Luna 10	3.4.1966	UdSSR
Erste Daten der Venusatmosphäre	Venera 4	18.10.1967	UdSSR
Erste Mondumkreisung	Zond 5	21.9.1968	UdSSR
Erste Mondbodenrückführung	Luna 16	21.9.1970	UdSSR
Erste weiche Venuslandung	Venera 7	15.12.1970	UdSSR
Erster Marsorbiter	Mariner 9	13.11.1971	USA
Erstes Mondmobil	Luna 17	17.11.1971	UdSSR
Erste harte Marslandung	Mars 3	27.11.1971	UdSSR
Erster Jupitervorbeiflug	Pioneer 10	3.12.1972	USA
Erste Flucht aus dem Sonnensystem	Pioneer 10	3.12.1972	USA
Erstes Swing-By Manöver	Mariner 10	5.2.1974	USA
Erster Merkurvorbeiflug	Mariner 10	29.3.1974	USA
Erster Venusorbiter	Venera 9	20.10.1975	UdSSR
Geringste je erreichte Sonnenentfernung	Helios 2	15.4.1976	BRD/USA
Erste weiche Marslandung	Viking 1	20.7.1976	USA
Erste Sonde im L1-Librationspunkt	ISEE-C	20.11.1978	USA
Erster Saturnvorbeiflug	Pioneer 11	1.9.1979	USA
Erster Kometenvorbeiflug	ICE	11.9.1985	USA
Erster Uranusvorbeiflug	Voyager 2	24.1.1986	USA
Erster Neptunvorbeiflug	Voyager 2	25.8.1989	USA

Erstleistung	Erbracht von	Erbracht am	Nation
Erster Erdvorbeiflug	Giotto	2.7.1990	ESA
Erster Asteroidenvorbeiflug	Galileo	29.10.1991	USA
Erste Passage der Sonnenpole	Ulysses	November 1994	ESA
Erster Jupiterorbiter	Galileo	8.12.1995	USA
Erste Jupiteratmosphärensondierung	Galileo	8.12.1995	USA
Erster Asteroidenorbiter	NEAR	14.2.2000	USA
Erstes Marsfahrzeug	Spirit	14.1.2004	USA
Erster Saturnorbiter	Cassini	30.6.2004	USA
Erste Rückführung von Sonnenwind	Genesis	8.9.2004	USA
Erste Titanlandung	Huygens	14.1.2005	ESA
Erster Kometenimpakt	Deep Impact	4.7.2005	USA
Erste Bergung von Asteroidenmaterie	Hayabusa	13.6.2010	Japan
Erster Merkurorbiter	MESSENGER	18.3.2011	USA
Erster Kometenorbiter	Rosetta	6.8.2012	ESA
Erste Kometenlandung	Philae	12.11.2012	ESA
Erster Zwergplanetenorbiter	Dawn	6.3.2015	USA
Erster Vorbeiflug an einem KBO	New Horizons	14.7.2015	USA

Einige überflüssige Fakten

Beliebt bei „Angebern" und Quizsendungen sind überflüssige Fakten. Für alle Liebhaber von überflüssigen Wissen hier eine kleine Auswahl.

Fakt	Erbracht von	Wert	Nation
Leichteste Raumsonde	Pioneer 3	5,8 kg	USA
Schwerste Raumsonde	Phobos 1 und 2	6.220 kg. Mars 96 kann noch schwerer sein. Es werden bis 6.700 kg genannt.	UdSSR
Kleinste Raumsonde	Pioneer 3 und 4	Maximaler Durchmesser 0,58 m	USA
Größte Raumsonde	ICE	Durchmesser mit Plasmaantennen: 91 m	USA
Erfolglosestes Programm	Pioneer P	Keine Sonde erreicht auch nur einen Erdorbit	USA
Erfolgreichstes Programm	Voyager	Sowohl in Betriebszeit wie erreichten Zielen Designvorgabe weit übertroffen	USA
Schnellste Raumsonde beim Start	New Horizons	16,204 km/s relativ zur Erdoberfläche	USA
Größte Sonnenannäherung	Helios 2	43,41 Millionen km	BRD/USA
Größte Sonnenentfernung	Voyager	21,078 Milliarden km am 3.11.2017 und ansteigend	USA
Teuerstes Raumsondenprogramm	Cassini	3,9 Mrd. Dollar, 5,255 Mrd. Dollar inflationsjustiert	USA
Billigstes Raumsondenprogramm	PFS	22,7 Millionen Dollar (im Wert von 2016)	USA
Niedrigste Datenrate	Venera 4 bis 8	1 Bit/s	UdSSR
Höchste Datenrate	MRO	500.000 – 6.000.000 Bit/s	USA
Kleinste Datenmenge (soweit bekannt)	Mariner 2	22.491 Bits (1 Bit kostete rund 2.000 Dollar)	USA
Größte Datenmenge	MRO	300 Terabit bis zum 30.3.2017	USA
Nächster Vorbeiflug an einem Ziel	Cassini	25 km an Enceladus am 9.10.2008	USA
Größte (geplante) Annäherung	ICE	40.100.000 km an Halley	USA
Meiste Vorbeiflüge an verschiedenen Zielen (ohne Monde)	Galileo / Rosetta	Galileo: Venus, Erde, Gaspra, Ida, Jupiter Rosetta: Erde, Mars, Steins, Lutetia, Komet 67P	USA ESA
Langlebigste Sonde	Voyager 2	> 40 Jahre beim Schreiben des Buchs	USA
Kurzlebigste Sonde	E-3 Nr. 3	Rakete schlägt nach 10 s auf.	UdSSR
Entferntester besuchter Planet	Voyager 2	Neptun war beim Vorbeiflug am 25.8.1989 weiter entfernt als Pluto.	USA
Erfolgreichstes Land	Helios 1 und 2	Beide Raumsonden übertrafen ihre Missionsdauer deutlich. Kein Fehlstart.	Deutschland
Erfolglosestes Land		Voll erfolgreich nur 29,2 % der Missionen	Russland
Längste Reise zum Zeil	Rosetta	67P: 10 Jahre, 5 Monate, 4 Tage nach dem Start	ESA

Kosten von Raumsonden

Die Kosten eines Projekts auf die heutige Zeit zu übertragen, ist nicht einfach. Die NASA nutzt dazu den „Chained GDP-Index", also den Anstieg des Bruttoinlandsproduktes. Mit ihm habe ich die Daten auf das Jahr 2016 hochgerechnet. Als Fehler bleibt, dass die Mittel in verschiedenen Jahren ausgegeben wurden. Ich habe als Bezugsjahr das Startjahr genommen. So ist die wahre Summe aufgrund der Inflation größer. Lediglich bei Sonden mit sehr langen Betriebszeiten wurde dies noch um die Angabe bei Missionsende ergänzt.

Programm	Kosten	Kosten 2016	Bezugsjahr
Pioneer P	40 Millionen Dollar	263 Millionen Dollar	1959
Ranger	280 Millionen Dollar	1.707 Millionen Dollar	1965
Mariner 1 / 2	48 Millionen Dollar	305 Millionen Dollar	1962
Mariner 3 / 4	120 Millionen Dollar	744 Millionen Dollar	1964
Surveyor	469 Millionen Dollar	2.712 Millionen Dollar	1967
Lunar Orbiter	200 Millionen Dollar	1.194 Millionen Dollar	1966
Mariner 5	33 Millionen Dollar	191 Millionen Dollar	1967
Mariner 6 / 7	145 Millionen Dollar	775 Millionen Dollar	1969
Mariner 8 / 9	157 Millionen Dollar	758 Millionen Dollar	1971
PFS	4,7 Millionen Dollar	22,7 Millionen Dollar	1971
Pioneer 10 / 11 (bis zum Start)	200 Millionen Dollar	883 Millionen Dollar	1973
Pioneer 10 / 11 (bis Missionsende)	350 Millionen Dollar	1.106 Millionen Dollar	1995
Mariner 10	98 Millionen Dollar	432 Millionen Dollar	1973
Viking	914,5 Millionen Dollar	3.408 Millionen Dollar	1975
Voyager (bis zum Start)	486,6 Millionen Dollar	1.639 Millionen Dollar	1977
Voyager (bis 1990)	865 Millionen Dollar	2.277 Millionen Dollar	1990
Pioneer Venus Multiprobe	83 Millionen Dollar	252 Millionen Dollar	1978
Pioneer Venus Orbiter	125 Millionen Dollar	378 Millionen Dollar	1978
Magellan (bis zum Start)	469 Millionen Dollar	820 Millionen Dollar	1989
Magellan (Missionsende)	680 Millionen Dollar	1.153 Millionen Dollar	1994
Galileo (bis zum Start)	895 Millionen Dollar	1.564 Millionen Dollar	1989
Galileo (Missionsende)	1390 Millionen Dollar	2.273 Millionen Dollar	1997
Mars Observer	813 Millionen Dollar	1.288 Millionen Dollar	1992

Programm	Kosten	Kosten 2016	Bezugsjahr
Mars Observer (Missionsende)	980 Millionen Dollar	1.541 Millionen Dollar	1995
Helios	700 Mill. DM / 270 Mill. Dollar	1.480 Mill. € / 1.110 Millionen $	1974
Giotto	243 Millionen Euro	467 Millionen Euro	1986
Ulysses	750 Mill. DM	669 Millionen Euro	1989
Mars 1M	36 Millionen Rubel	353 Millionen Dollar	1960
Venera 9 bis 14 (je Doppelmission)	100 Millionen Rubel	454 Millionen Dollar	1978
Phobos	200 Millionen Pfund	456 Millionen Dollar	1989

Bei Angaben von Nicht-US-Sonden kommt neben dem Umrechnungsfaktor in US-Dollar (Kursschwankungen) noch hinzu, dass das Bruttosozialprodukt nicht parallel zu dem der USA gestiegen ist.

Die Kosten der frühen Raumfahrtprogramme wirken heute hoch. Man sieht aber auch den Trend, der bis heute anhält: tendenziell werden die Raumsonden immer billiger. Vor allem bekommt man „mehr Wissenschaft“ für den gleichen Preis. Inflationsbereinigt waren Mariner Mars 64 und 71 fast gleich teuer. Von Mariner 4 gab es aber nur 21 grob aufgelöste Aufnahmen, von Mariner 9 über 7.000 hoch aufgelöste Aufnahmen.

Der 2005 gestartete MRO war in etwa genauso teuer (720 Millionen Dollar), wie eine Mariner-Mission, hat bisher über 300 Terabit an Daten übertragen. Bei Mariner 9 waren es noch 54 GBit, etwa als ein 6000-stel der Datenmenge.